高等学校教材

# 物 理 化 学

（供药学类及医学检验技术等专业用）

主　编　崔黎丽　赵先英
副主编　刘　坤　王巧峰
编　者　（按照姓名拼音顺序排列）

程远征（潍坊医学院）

崔黎丽（海军军医大学）

邓　萍（重庆医科大学）

李武宏（海军军医大学）

刘　坤（青岛大学）

马豫峰（南方医科大学）

王巧峰（空军军医大学）

王全军（空军军医大学）

赵先英（陆军军医大学）

周春琼（南方医科大学）

U0336764

高等教育出版社·北京

**内容提要**

本书是由七所院校联合编写的药学专业系列教材之一。全书共九章，包括热力学第一定律、热力学第二定律、化学平衡、相平衡、电化学、化学动力学、表面现象、胶体分散系、大分子化合物，以及附录、汉英索引。各章后均附有思考题、习题和参考文献。全书采用以国际单位制(SI) 单位为基础的"中华人民共和国法定计量单位"和国家标准(GB 3100～3102—93)所规定的符号。

本书编写中，力求系统、简明、通俗、严谨，为学生后续课程的学习打下基础；注重启发思维，充分激发学生的创新意识和探索精神，为学生知识、素质和能力的协调发展创造条件。

与本书配套的数字化教学资源同时发布，使用方法详见说明页。

本书可作为高等医学院校及综合性大学药学、药物制剂、医学检验技术和预防医学等专业的物理化学课程教材，也可供相关专业的学生或教师参考。

## 图书在版编目（CIP）数据

物理化学 / 崔黎丽，赵先英主编. -- 北京：高等教育出版社，2018.6

供药学类及医学检验技术等专业用

ISBN 978 - 7 - 04 - 049337 - 5

Ⅰ.①物… Ⅱ.①崔… ②赵… Ⅲ.①物理化学-高等学校-教材 Ⅳ.①O64

中国版本图书馆 CIP 数据核字（2018）第 014852 号

WULIHUAXUE

| | | | |
|---|---|---|---|
| 策划编辑 郭新华 | 责任编辑 沈晚晴 | 封面设计 于文燕 | 版式设计 徐艳妮 |
| 插图绘制 杜晓丹 | 责任校对 吕红颖 | 责任印制 田 甜 | |

出版发行 高等教育出版社　　　　　　　　　网　　址　http：//www.hep.edu.cn
社　　址 北京市西城区德外大街 4 号　　　　　　　　　　http：//www.hep.com.cn
邮政编码 100120
印　　刷 北京宏伟双华印刷有限公司　　　网上订购　http：//www.hepmall.com.cn
开　　本 787mm×1092mm　1/16　　　　　　　　　　　　http：//www.hepmall.com
印　　张 18.75　　　　　　　　　　　　　　　　　　　　http：//www.hepmall.cn
字　　数 440 千字　　　　　　　　　　　版　　次　2018 年 6 月第 1 版
购书热线 010-58581118　　　　　　　　印　　次　2018 年 6 月第 1 次印刷
咨询电话 400-810-0598　　　　　　　　定　　价　35.10 元

# 物理化学

主编 崔黎丽 赵先英

1 计算机访问http://abook.hep.com.cn/12334711，或手机扫描二维码，下载并安装 Abook 应用。

2 注册并登录，进入"我的课程"。

3 输入封底数字课程账号（20位密码，刮开涂层可见），或通过 Abook 应用扫描封底数字课程账号二维码，完成课程绑定。

4 单击"进入课程"按钮，开始本数字课程的学习。

课程绑定后一年为数字课程使用有效期。受硬件限制，部分内容无法在手机端显示，请按提示通过计算机访问学习。

如有使用问题，请发邮件至 abook@hep.com.cn。

扫描二维码
下载 Abook 应用

# 前　言

　　物理化学是高等医学院校药学类专业的一门重要基础课,它为后续课程的学习建立了必要的理论与实验基础。目前,物理化学教材已有许多版本,有的教材内容丰富,水平很高,但适合药学类专业的简明教材还不多。我们在借鉴国内外优秀教材的基础上,结合多年的教学经验,力求编写一本系统而又简明、通俗而又严谨、便于学生掌握和教师教学的物理化学教材。

　　本教材的编写注重基础理论、基本知识、基本技能的阐述,同时力求体现思想性、科学性、先进性、启发性和实用性,从基础、能力和综合应用三个层次上搭建物理化学教学内容框架体系,条理清晰,知识点明确,便于学生掌握和教师教学。

　　本教材在结构体系和内容选编方面主要有以下特点:(1)案例教学。在不改变现有教学体系和知识体系的情况下,教材中增加案例。每章编写了1～2个与本章内容相关的案例,大多数案例来自于药学、医学、军事或科研、生产实际。案例描述后,根据案例提出相关问题,并应用理论知识对案例进行分析和总结,这样既启发学生思维、激发学习兴趣,又培养学生的创新意识和创新能力。(2)突出药学专业特色。在内容、例题、习题的选编上注重与药学、生命科学的联系和结合,为后续课程的学习和今后的发展打好基础。(3)注重知识的理解和理论联系实际。每章在习题中设置若干问答题,以引导学生深入思考,掌握重要知识点。(4)适用性强。本教材不仅适用于药学专业,也适用于药物制剂、医学检验技术和预防医学等专业。本书参考学时数为40～70,在课堂教学时,各院校可根据培养目标和整个课程体系,对教材内容进行取舍。

　　本教材的编写过程得到高等教育出版社和参编院校的大力支持和帮助,在此谨致以诚挚的谢意!

　　由于编者水平有限,书中难免有不当之处,敬请读者批评指正。

编　者
2017 年 10 月

# 目　　录

# 绪　　论

物理变化和化学变化是自然界中物质变化的两大类型,两者之间相辅相成,密不可分。当物质发生化学变化时,几乎都伴随有热、电、光、力等物理现象的发生。另一方面,物质的微观物理运动状态或外界物理因素的变化又决定了物质的性质与化学反应的能力。物理化学就是从研究化学现象和物理现象的联系入手,用物理学和化学的原理和方法来探索、归纳化学变化的基本规律和理论的学科,它不仅是化学的理论基础,而且在生命、材料、能源、信息、环境等诸多重大科学和技术领域中处于轴心地位。

## 一、物理化学的研究内容

### 1. 化学热力学

以热力学为基础,主要研究化学变化过程的能量转换,以及化学反应方向和限度问题。例如,在指定的条件下,某化学反应能否自动朝着我们所希望的方向进行? 如果能进行,进行到什么程度为止? 反应进行时能量变化有多少? 外界条件对反应的方向和限度有什么影响及如何控制? 该领域的研究是以平衡态为前提的,所得出的结论不仅可用于热力学、化学平衡和相平衡的研究,还适用于电化学、表面现象和胶体分散系等学科的研究。化学热力学中没有时间变量,只关注变化的始态和终态。

### 2. 化学动力学

主要研究化学反应的速率和机理问题。例如,一个化学反应的速率有多快? 一个复杂反应是经过哪些具体步骤(反应机理)来实现的? 外界因素(浓度、温度、压力、光、催化剂等)对化学反应速率有何影响? 化学动力学涉及变化的细节,以时间为重要变量,探究变化的现实意义。

### 3. 物质结构

主要研究物质的性质与其结构之间的关系问题。化学热力学和化学动力学问题与分子之间的相互作用、结构和分子中原子间化学键的强度密切相关。研究原子和分子的结构及它们的性质是物理化学中一个重要的研究分支。现代科学技术的飞速发展,使得人们可以深入了解物质的内部结构,从而理解和阐述化学变化的内因;或者预见在适当的外因作用下,物质的结构将发生什么样的变化。物质结构主要包括结构化学和量子化学两大内容。

本书主要介绍化学热力学和化学动力学两个分支的基本原理和知识,以及由这些内容延伸和应用形成的其他分支内容,如电化学、表面现象、胶体分散系和大分子溶液。

## 二、物理化学的作用和意义

物理化学是研究化学现象的一般规律的学科,它的理论和技术不仅对化学各分支学科的发展具有重要意义,而且还渗透到自然科学的其他众多领域中。例如,物理学与化学交叉的光谱学是 21 世纪物理化学的主要框架之一。光物理和光化学、激光化学、表面科学、新材料的研究等既是物理学家也是化学家感兴趣的课题。生物物理化学则是运用物理化学的原理、方法和技术深入探索生命科学问题的新的物理化学分支学科。例如,物理化学中的分子结构理论、化学热力学、化学反应途径的动力学理论及物理化学研究工具等被用于对生命有决定意义的蛋白质和核酸的物理化学性质、化学组成、结构与折叠类型的研究;生物分子反应与过程的动力学机理;药物与生物大分子间的相互识别等。此外,物理化学在分子水平上进行的结构化学、量子化学、催化和胶体化学的基础研究,为了解药物作用机理、合成具有特异结构的功能大分子、控制产物手性使药物更具疗效提供了有力手段。电化学原理则有助于了解生物呼吸链的电子转移过程及生物膜电势。表面与胶体化学知识可用于研究生物膜的性质和结构,以及生物体内物质、能量和信息的传递。物理化学方法和技术为理解生命现象的化学本质提供了坚实的理论和实验基础。

随着现代科学技术的发展,药剂学从经验探索阶段进入了以现代科学技术和理论为指导,对药剂学的理论、工艺技术及应用进行系统研究的阶段,形成了一个全新的分支学科——物理药剂学。它是综合运用物理化学的原理与实验方法来研究药物制剂的形成理论、剂型设计、制备工艺、质量控制和稳定性的学科。例如,应用化学热力学和化学动力学的理论和方法,研究药物的溶解性、药物溶液的热力学性质,指导药物合成及生产过程中工艺路线的选择、生产条件的设置、反应速率及反应机理的确定、提高药物及制剂的稳定性;应用溶液、表面现象及胶体化学知识,指导天然药物有效成分的分离提取、药物的增溶和助溶,并阐明它们的机制,探讨多相分散制剂的处方、工艺设计和优化。而一些新剂型的创制(如缓释、靶向、定时、定速等智能化给药系统),要求从分子水平与理论上阐明各类药物制剂的特点、制备原理与形成机制,则更是离不开物理化学理论的指导。可以说,物理化学已经渗透到药学的各个领域,为药学专业后续课程奠定了坚实的理论与实验基础。

此外,物理化学还与国民经济密切相关。工业上在寻找新工艺、新材料用以弥补资源日渐短缺,其中很多核心的课题都是物理化学的研究范畴。目前严重威胁人类生活和健康的环境和生态问题的治理,以及新的生产方式、生活方式的形成,也离不开物理化学的协力攻关。随着世界经济由工业经济跨入知识经济时代,物理化学将为国民经济提供越来越多的新技术,对人类的生活和健康及生态平衡产生越来越多的积极作用和影响。

### 三、物理化学的学习方法

物理化学是药学专业一门理论性很强的基础课程,掌握该学科的基本内容和基本规律,并通过本课程的学习培养一种理论思维和获取知识的能力,对自身整体知识体系的积累和综合能力的提高,以及今后学习其他课程和工作实践都有重要意义。

学习物理化学,要养成课前预习,听课时紧跟老师的思路并做好笔记,以及课后复习的习惯。还可以根据自己的兴趣多涉猎一些参考书,同时通过网络了解最新的研究进展和相关信息。

物理化学包含化学的基本知识和很多数理知识,理论抽象,逻辑性强,系统严密,结论可靠。学习时着重掌握基本概念、基本假设和基本原理,准确理解其含义和数学表达式,并从概念或公式的提出、论证、应用和展开等方面进行总结,从原理的相关性、内在联系入手进行对比,从客观实际进行思考和推理。这样,就能做到主次分明,条理清晰,化抽象为生动,变被动学习为主动学习。

物理化学中公式比较多,学习时切忌死记硬背,关键是要掌握这些公式的来龙去脉及使用条件,并通过思考题和习题演算学会准确灵活地运用这些公式。另外,要养成自己动手推导公式的习惯,它不仅有助于准确记忆公式和正确理解使用条件,而且对培养逻辑推理的思维能力也十分有意义。

物理化学因课程的特点,有其特有的学习方法,只要掌握了正确的学习方法,一切问题便能迎刃而解。

# 第一章 热力学第一定律

热力学(thermodynamics)是研究自然界一切能量(如热能、电能、化学能及表面能等)之间相互转化规律的一门科学,其主要基础是热力学第一定律、第二定律和第三定律,其中热力学第一定律和第二定律是热力学中的最基本定律。热力学采用严格的数理逻辑推理法,在热力学基本定律的基础上,推导出适用于特定条件的有用公式和重要结论。热力学基本定律是人类长期经验的总结,有着坚实的实验基础,具有高度的普遍性和可靠性。但是,热力学是以大量微观粒子所构成的宏观系统为研究对象,对系统的微观性质无法解答,所得结论不适用于个别粒子的个体行为;热力学只考虑系统始态和终态及过程进行的外界条件,不关注微观粒子的结构和反应过程中的细节;热力学不涉及时间概念,无法指出过程进行的速率问题。虽然热力学方法有上述局限性,但它仍是一种很有用的理论工具,被广泛应用于生产实践和科学研究中。

将热力学的基本原理应用于化学反应及与化学有关的物理现象的研究所形成的分支学科,称为**化学热力学(chemical thermodynamics)**。化学热力学的主要任务是解决化学反应中的热效应问题,预示化学变化或物理变化的可能性、方向性及限度。化学热力学在新型药物及新剂型的研制和生产中起到了十分重要的作用。如药物生产中温度和压力的控制、各种制剂的剂型研制、溶剂的合理选择、分馏与结晶方法的确定,以及药物消毒、灭菌等都需要用到热力学的知识。而为了发现更多潜在的药物靶点和开发更高效的创新药物,研究药物与受体的亲和作用规律,探讨药物合成的可能性及确定最高产率,制备药物制剂,分析研究药物和制剂的稳定性,获得科学的贮存方法,以及提取和分离药物有效成分等,同样需要掌握和应用化学热力学的基本理论和方法。

## 第一节 热力学基本概念

### 一、系统与环境

热力学研究中,需要确定研究对象(物质或空间),并将研究对象与周围的物质或空间分割开来,则该分割出来的研究对象称为**系统(system)**,系统之外与系统密切相关的物质和空间称为**环境(surrounding)**。系统和环境之间的界面可以是实际存在的也可以是假想的,系统和环境的划分可随讨论问题时关注的重点不同而发生变化。

热力学系统通过边界与环境可以实现能量和物质的交换。根据交换的情况不同,可将热力学系统分为三类。

(1)**敞开系统(open system)** 系统与环境间既有能量的交换,又有物质的交换。如以敞口玻璃杯中的热水作为系统,不仅水分子会逸散到空气中去,由于存在温度差,系统和环境之间还有热交换,从而形成敞开系统。

(2)**封闭系统(closed system)** 系统与环境间可以有能量的交换,但不存在物质的交换,是化学热力学研究中常见的系统。若将上述的玻璃杯加上盖子,虽然系统和环境之间有热交换,但水分子不会再逸散到空气中去,则形成封闭系统。

(3) **孤立系统**(isolated system)　系统与环境之间既无能量的交换,也无物质的交换。如将玻璃杯换成真空保温杯,且保温性能良好,则可忽略系统和环境间的热交换,此时便形成了孤立系统。自然界中没有绝对的孤立系统,热力学中常人为地将系统和环境加在一起作为孤立系统处理。

热力学系统的选择是多样的,但不同的选择会导致不同的系统类型,以及不同的研究方式和方法。因此,在解决实际问题时,应根据研究目的,以处理问题的科学、方便和简捷为准则选择系统。

## 二、系统的性质

表征系统状态的各种宏观物理量,如温度、压力、体积、密度、热力学能、熵等,称为**系统的性质**(properties of system),也称**热力学变量**(thermodynamic variables)。

系统的性质一般分为两类:**广度性质**(extensive properties)和**强度性质**(intensive properties)。前者的数值大小与系统中物质的量成正比,且在一定条件下具有加和性;后者的数值大小与系统中物质的量无关,不具有加和性。例如,质量、体积、热力学能、焓、熵及 Gibbs 自由能等性质,属于广度性质;而温度、压力、物质的量浓度、黏度等,则属于强度性质。

系统的广度性质除以其总质量或物质的量就成为强度性质,如摩尔体积、密度等。

## 三、热力学平衡态

当系统的各种宏观性质均不随时间而变化时,系统处于**热力学平衡态**(thermodynamic equilibrium state)。热力学平衡态应同时满足以下四个平衡:

(1) **力平衡**(mechanical equilibrium)　在不考虑重力场影响的情况下,当系统处于力平衡时,系统各部分之间及系统与环境之间,没有不平衡的力存在,即系统各部分的压力都相等。

(2) **热平衡**(thermal equilibrium)　热平衡是指在没有绝热界面存在的情况下,系统内各部分及系统与环境的温度相等。

(3) **相平衡**(phase equilibrium)　相平衡是指物质在各相之间的分布达到平衡,各相的组成和数量均不随时间而改变。

(4) **化学平衡**(chemical equilibrium)　化学平衡是指系统中化学反应达到平衡,系统的组成和数量不随时间而变化。

上述平衡中的任何一个平衡条件不满足时,系统处于非平衡状态。

## 四、状态和状态函数

系统的**状态**(state)是系统所有性质的综合表现。当系统处于某一确定的状态时,系统的性质都具有唯一确定的值;反之,当系统的各种性质都确定时,系统就处于确定的状态。当系统的任一性质发生变化时,系统的状态就跟着发生变化。系统的各种性质之间是相互联系的,只要确定其中几个可独立变化的性质,则系统的状态及其他性质也就确定了。如理想气体系统,只需确定温度、压力和物质的量,就可确定其状态。

热力学中将确定系统状态的性质称为**状态函数**(state function),如温度、压力、体积、密度等。状态函数具有以下特征：

（1）状态函数是状态的单值函数。系统状态一旦确定,状态函数只有一个确定的数值。

（2）状态函数的改变值只取决于系统的始态和终态,与变化的具体途径无关。因此,始态、终态相同的循环过程,无论系统经历过何种中间变化,状态函数均回复至初始值,即变化值为零。

（3）状态函数的微小变化在数学上是一全微分。例如,一定量的理想气体的热力学能 $U$ 可表示为温度 $T$ 和压力 $p$ 的函数,$U=f(T,p)$。当 $T$ 和 $p$ 发生一微小变化后,$U$ 的全微分可表示为

$$dU=\left(\frac{\partial U}{\partial T}\right)_p dT+\left(\frac{\partial U}{\partial p}\right)_T dp$$

若系统经历一循环过程,则状态函数 $U$ 的环路积分 $dU$ 为零,即

$$\oint dU=0$$

注意,不同状态函数的组合（和、差、积、商）也是状态函数。凡是状态函数,必符合上述状态函数的特征；若系统的某个性质符合上述特征,则该性质一定是状态函数。

系统状态函数间的定量关系式称为**状态方程(state equation)**,如理想气体状态方程为 $pV=nRT$。

## 五、过程与途径

系统状态随外界条件发生的任何变化称为**过程(process)**。实现某一过程的具体步骤称为**途径(path)**。系统由始态变到终态的过程可以由一种途径来实现,也可以由多种途径的组合来实现。

系统发生的过程一般分为简单状态变化过程（即 $p$、$V$、$T$ 变化过程）、相变化过程和化学变化过程等。

常见的简单状态变化过程有下面几种：

（1）**等温过程(isothermal process)** 过程中系统和环境的温度均保持恒定不变,且系统的温度等于环境的温度,即 $T_系=T_环=$常数。

（2）**等压过程(isobaric process)** 过程中系统和环境的压力均保持不变,且系统的压力等于环境的压力,即 $p_系=p_环=$常数。

（3）**等容过程(isochoric process)** 过程中体积保持不变,即 $V_始=V_终$。

（4）**绝热过程(adiabatic process)** 系统与环境之间没有热传递。

（5）**循环过程(cyclic process)** 起始状态和终止状态完全相同的过程。

系统中物质在不同相间的迁移过程称为**相变化(phase transition)**,简称为相变；系统中的物质发生化学变化的过程称为化学变化过程。

## 六、热与功

### （一）热与功

非孤立系统的状态发生变化时,系统与环境间能量交换的形式包括**热(heat)**和**功**

（work）两种。

**1. 热**

由于温度不同，系统与环境之间产生的能量交换或传递称为热，用符号 $Q$ 表示，单位为 J 或 kJ。若系统吸热，$Q$ 取正值，即 $Q>0$；若系统放热，$Q$ 取负值，即 $Q<0$。

热是系统内部大量粒子以无规则热运动的方式传递的能量，它不属于系统固有的性质，不是状态函数，热能传递的多少与系统发生过程的具体途径有关。微小热能的传递应以 $\delta Q$ 表示。

**2. 功**

除热以外，在系统与环境之间产生的其他各种形式的能量传递称为功，用符号 $W$ 表示，单位为 J 或 kJ。若系统对环境做功，$W$ 取负值，即 $W<0$；若环境对系统做功，$W$ 取正值，即 $W>0$。从微观角度看，功是大量质点以有序运动的方式传递的能量。

同样，功也与系统发生的过程的具体途径有关，不是状态函数，不存在全微分性质，微小功只能以 $\delta W$ 表示。

**（二）体积功的计算**

功的形式有多种，如体积功、电功、机械功、表面功等。大多数化学反应都是在敞开容器中进行的，反应系统由于体积的变化而反抗外压做功。因此，在化学热力学中，体积功具有特殊的意义。体积功的符号用 $W_e$ 表示，除体积功之外的所有其他功为非体积功，用符号 $W'$ 表示。因此，$W=W_e+W'$。若没有特殊说明，一般热力学中所说的做功指的都是做体积功，所以体积功 $W_e$ 可直接写为 $W$。

将一定量的气体置于横截面积为 $A$ 的汽缸中，忽略活塞的质量及活塞与缸壁之间的摩擦力，设 $p_i$ 为缸内气体的压力，$p_e$ 为施加于活塞上的外压，如图 1-1 所示。若 $p_i>p_e$，气体膨胀，如图 1-1(a)；若 $p_i<p_e$，则气体被压缩，如图 1-1(b)。

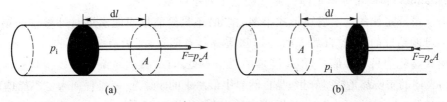

图 1-1　体积功示意图

设活塞向右（或向左）移动了 $dl$ 的距离，则膨胀功或压缩功为

$$\delta W=-Fdl=-\left(\frac{F}{A}\right)d(Al)=-p_edV \tag{1-1}$$

注意，式中 $p_e$ 为外压。由上式可见，气体膨胀，$dV>0$，$W<0$，系统对环境做功；若气体被压缩，$dV<0$，$W>0$，环境对系统做功。

对于体积恒定的等容过程，由于 $dV=0$，则体积功为零；若系统发生一自由膨胀过程，也称向真空膨胀过程，由于外压 $p_e=0$，则体积功也为零；对于外压恒定的过程，由于 $p_e=$ 常数，则

$$W=-\int_{V_1}^{V_2}p_edV=-p_e\int_{V_1}^{V_2}dV=-p_e(V_2-V_1)$$

## 第二节 热力学第一定律

### 一、热力学能

**热力学能**(thermodynamic energy),过去称为内能,是组成系统的所有质点的能量的总和,用符号 $U$ 表示,单位为 J。它包括系统内部分子之间的相互作用能、分子自身运动的能量,以及分子内部各质点运动的能量等。随着人们对微观世界认识的不断深入,新的运动形式将不断被发现。因此,热力学能的绝对值无法确定。但是,当系统状态一定时,其热力学能一定有确定的值,即热力学能是系统的状态函数,其改变值只取决于系统的始态和终态。热力学能也属系统的广度性质,其值的大小与系统中所含物质的量有关,具有加和性。

对于均相、组成一定的封闭系统,热力学能可表示为温度 $T$ 和体积 $V$ 的函数,其全微分可表示为

$$dU = \left(\frac{\partial U}{\partial T}\right)_V dT + \left(\frac{\partial U}{\partial V}\right)_T dV$$

若把 $U$ 表示为温度 $T$ 和压力 $p$ 的函数,则其相应的全微分为

$$dU = \left(\frac{\partial U}{\partial T}\right)_p dT + \left(\frac{\partial U}{\partial p}\right)_T dp$$

### 二、热力学第一定律

物理学家 J. P. Joule 经过大量实验,证实了能量不灭并可相互转化的思想,并于 1843 年建立了著名的热功转化的当量关系,即 1 cal = 4.184 J,为**热力学第一定律**(the first law of thermodynamics)和能量守恒定律的建立提供了科学依据。

热力学第一定律的文字表述形式很多,例如"不供给能量而能永远对外做功的第一类永动机是不可能造成的",或"自然界的一切物质都具有能量,能量有多种不同的形式,它可以从一种形式转化为另一种形式,但是能量的总值不变",或"孤立系统的总能量保持不变",等等。各种表述的实质都是能量守恒,是自然界中最基本的定律之一,是任何人也不能违背的。

热力学第一定律也可用数学解析式表达,以解决实际问题。若封闭系统状态发生变化时,系统热力学能的增加 $\Delta U$ 等于系统向环境吸收的热和环境对系统所做功的加和,即

$$\Delta U = Q + W \tag{1-2}$$

如果系统发生一微小变化,则

$$dU = \delta Q + \delta W \tag{1-3}$$

式(1-2)和式(1-3)是封闭系统的热力学第一定律的数学表达式,它表明了热力学能、热和功相互转化时的定量关系。

将热力学第一定律的数学表达式用于封闭系统的循环过程,可以得到 $\Delta U = 0$,则 $Q = -W$,说明封闭系统循环过程中所吸收的热全部用于系统对环境做功。

对孤立系统,因 $Q = 0$,$W = 0$,则 $\Delta U$ 也必定等于零,即孤立系统的总能量保持不变。

**例 1-1** 1 mol 水蒸气在 373.15 K 和恒定外压 100 kPa 时完全冷凝成液态水,试求此过程的 $\Delta U$。已

知此条件下,液态水和水蒸气的密度分别为 958.8 kg·m$^{-3}$ 和 0.586 kg·m$^{-3}$,过程中水蒸气冷凝放出的热量为 40.63 kJ·mol$^{-1}$。

**解:**此过程为一恒外压变化过程,则

$$W = -\int_{V_1}^{V_2} p_e \mathrm{d}V = -p_e(V_2 - V_1) = -p_e\left(\frac{m}{\rho_2} - \frac{m}{\rho_1}\right) = -p_e nM\left(\frac{1}{\rho_2} - \frac{1}{\rho_1}\right)$$

$$= -100 \text{ kPa} \times 1 \text{ mol} \times 18.02 \times 10^{-3} \text{ kg}\cdot\text{mol}^{-1} \times \left(\frac{1}{958.8 \text{ kg}\cdot\text{m}^{-3}} - \frac{1}{0.586 \text{ kg}\cdot\text{m}^{-3}}\right)$$

$$= 3.07 \text{ kJ}$$

$$Q = -40.63 \text{ kJ}$$

$$\Delta U = Q + W = -40.63 \text{ kJ} + 3.07 \text{ kJ} = -37.56 \text{ kJ}$$

# 第三节　可逆过程

热力学可逆过程是一个十分重要的概念及变化方式,下面通过理想气体等温膨胀过程中功与过程的关系将其引出。

## 一、等温膨胀过程

如图 1-2 所示,在一带有质量为 0 和无摩擦活塞的汽缸中装有理想气体,起始压力和体积分别为 $p_1$ 和 $V_1$,通过不同的途径等温膨胀后,系统的体积由 $V_1$ 变化至 $V_2$。由于功是过程函数,若等温膨胀的途径不同,系统所做的功也将不同。下面分别计算各膨胀过程所做的功。

**(一)自由膨胀**

因 $p_e = 0$,则 $W_1 = 0$。

**(二)一次恒外压膨胀**

若 $p_e = p_2$,如图 1-2 中的途径 1,通过一次膨胀使气体体积从 $V_1$ 变至 $V_2$,则系统对环境所做的功为

$$W_2 = -p_2(V_2 - V_1)$$

图 1-3(a)中阴影部分的面积为 $W_2$ 的绝对值。

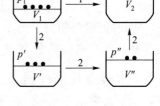
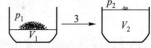

图 1-2　气体膨胀过程示意图

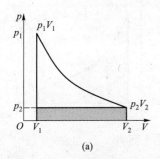

(a)

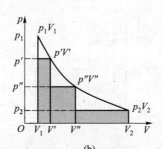

(b)

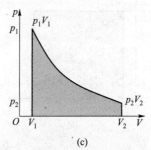

(c)

图 1-3　各种膨胀过程的体积功

**(三)多次恒外压膨胀**

由多步恒外压过程组成。如图 1-2 中途径 2 所示,系统分三次膨胀。首先保持外压为

$p'$，气体体积由 $V_1$ 膨胀至 $V'$；然后保持外压为 $p''$，体积由 $V'$ 膨胀至 $V''$；最后在恒定外压 $p_2$ 作用下，体积由 $V''$ 膨胀至 $V_2$。整个过程所做的体积功为

$$W_3 = -p'(V'-V_1) - p''(V''-V') - p_2(V_2-V'')$$

图 1-3(b) 中阴影部分的面积为三次膨胀所做功 $W_3$ 的绝对值。显然，$|W_3| > |W_2| > W_1$，即多次恒外压膨胀时系统反抗外压所做的功要多一些。由此可以推测，若在相同始态和终态之间分步越多，系统反抗的外压越大，系统对环境所做的功会越多。

**（四）准静态膨胀过程**

若在膨胀过程中，每次减小外压 $\mathrm{d}p$，使系统压力与外压始终相差一无限小的数值，这时气体每次体积膨胀一极小值 $\mathrm{d}V$，经历了无穷多次膨胀后，达到终态体积 $V_2$。由于该过程的进行非常缓慢，系统在任一时刻的状态只与平衡态存在一无限小的偏离，可近似看作为平衡态，因此称为**准静态过程（quasi-static process）**。例如，在活塞上放一堆极细的沙子，每次取下一粒细沙，使得外压 $p_e$ 始终比汽缸内的压力 $p_i$ 小一个无限小的差值 $\mathrm{d}p$，如图 1-2 中途径 3 所示。由于 $p_e = p_i - \mathrm{d}p \approx p_i$，整个过程系统所做的功为

$$W_4 \approx -\int_{V_1}^{V_2} p_i \mathrm{d}V$$

已知汽缸内充入的是理想气体，则 $W_4$ 可计算为

$$W_4 \approx -\int_{V_1}^{V_2} p_i \mathrm{d}V = -\int_{V_1}^{V_2} \frac{nRT}{V} \mathrm{d}V = -nRT\ln\frac{V_2}{V_1} \tag{1-4}$$

$W_4$ 的绝对值相当于图 1-3(c) 中阴影部分的面积，显然 $|W_4| > |W_3| > |W_2| > W_1$，即等温膨胀的准静态过程中，系统对环境所做的功最大。

## 二、等温压缩过程

若采取与图 1-3 中 (a)、(b) 和 (c) 过程相反的步骤，将膨胀后的气体压缩到初始的状态，变化过程及环境对系统所做的功如图 1-4 所示。由于压缩过程的不同，环境对系统所做的功也不同，而且压缩时分步越多，环境对系统所做的功越少。在准静态压缩过程中，环境对系统所做的功最小。

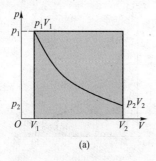 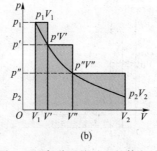 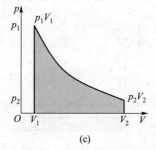

图 1-4　各种压缩过程的体积功

## 三、可逆过程

图 1-3(c) 和图 1-4(c) 显示，系统经准静态膨胀到达终态后，再经准静态压缩回到始态，

系统对环境所做的功和环境对系统所做的功数值相等,符号相反。即系统恢复到原状的同时,环境也恢复了原状,则该过程就称为**可逆过程**(reversible process)。如某系统经过程Ⅰ由状态 1 变为状态 2 之后,再经另一过程Ⅱ使系统由状态 2 恢复至状态 1,系统和环境都没有留下任何变化,则原过程Ⅰ就是热力学可逆过程。反之,系统经一过程之后,无论用何种方法均不能使系统和环境同时复原的过程称为**不可逆过程**(irreversible process)。

热力学可逆过程具有下列特征:

(1)可逆过程是由一连串无限接近于平衡的状态构成,整个过程进行的速度无限缓慢,需无限长时间完成。

(2)在可逆过程中,系统对环境做最大功,环境对系统做最小功。

(3)可逆过程的逆过程可使系统和环境同时恢复原状。

值得注意的是,可逆过程只是一种从实际过程中抽象出来的理想过程,真正意义上的热力学可逆过程是不存在的,实际过程只能无限地趋近于它。虽然如此,由于可逆过程的效率最高,所以研究热力学可逆过程有着重大的理论意义和实际意义,通过比较实际过程和可逆过程,可以为提高实际过程的效率找到动力。除此之外,系统变化过程中的熵、Gibbs 自由能和 Helmholtz 自由能等重要的热力学函数的改变量,只有通过设计可逆过程才能计算得到。

**例 1-2** 今有 2 mol $H_2$,起始体积为 15 L,若在恒定温度 298.15 K 时,经下列过程膨胀至终态体积为 50 L,试计算下列各过程的 $W$。$H_2$ 视为理想气体。(1)自由膨胀;(2)反抗恒定外压 100 kPa 膨胀;(3)可逆膨胀。

**解:**(1)自由膨胀,则 $W=0$

(2)恒外压膨胀,则

$$W=-p_e(V_2-V_1)=-100 \text{ kPa} \times (50 \text{ L}-15 \text{ L})=-3\,500 \text{ J}$$

(3)等温可逆膨胀,则

$$W=-nRT\ln\frac{V_2}{V_1}=-2 \text{ mol} \times 8.314 \text{ J} \cdot \text{K}^{-1} \cdot \text{mol}^{-1} \times 298.15 \text{ K} \times \ln\frac{50 \text{ L}}{15 \text{ L}}=-5\,969 \text{ J}$$

# 第四节 焓 和 热 容

## 一、等容热

不做非体积功的封闭系统,若经历一等容变化过程,由于 $\Delta V=0$,体积功 $W=0$,则由热力学第一定律可知,系统的热力学能变化为

$$\Delta U=Q_V \tag{1-5}$$

式中,$Q_V$ 为等容过程系统吸收或放出的热。

若系统经历一微小的等容且无其他功的过程,则有

$$dU=\delta Q_V \tag{1-6}$$

式(1-5)和式(1-6)表示,非体积功为零的等容过程中,封闭系统所吸收的热全部用于系统热力学能的增加。

### 二、等压热与焓

对于封闭系统中不做非体积功的等压变化过程，$p_e = p_1 = p_2$，体积功及系统热力学能的变化分别为

$$W = -p_e(V_2 - V_1)$$
$$\Delta U = U_2 - U_1 = Q_p - p_e(V_2 - V_1) = Q_p - p_2 V_2 + p_1 V_1$$
$$Q_p = (U_2 + p_2 V_2) - (U_1 + p_1 V_1) \tag{1-7}$$

式中，$Q_p$ 为等压过程系统吸收或放出的热。

由于 $U$、$p$ 和 $V$ 均为状态函数，根据状态函数的特征，$(U + pV)$ 的组合也是一状态函数，称为**焓(enthalpy)**，用符号 $H$ 表示，即

$$H = U + pV \tag{1-8}$$

焓也属广度性质，与热力学能具有相同的量纲，单位为 J，但无确切的物理意义。由于系统的热力学能的绝对值无法确定，因此焓的绝对值也无法确定。

将式(1-8)代入式(1-7)，可得

$$Q_p = H_2 - H_1 = \Delta H \tag{1-9}$$

对于微小的变化过程，则有

$$dH = \delta Q_p \tag{1-10}$$

式(1-9)和式(1-10)表明，在非体积功为零的条件下，封闭系统经一等压过程，系统所吸收的热全部用于增加系统的焓，这就是该式的物理意义。

需要说明的是，并非只做体积功的等压过程才有焓变值，只是在此条件下 $\Delta H = Q_p$。由于大多数化学反应和相变化都是在等压条件下进行，因此式(1-9)的实用意义较大。

### 三、热容

在没有相变化和化学变化，非体积功为零的条件下，封闭系统改变单位热力学温度所需的热称为**热容(heat capacity)**，用符号 $C$ 表示，定义式为

$$C = \frac{\delta Q}{dT} \tag{1-11}$$

热容的单位为 $J \cdot K^{-1}$，是一广度性质，其数值与系统所含物质的量有关。1mol 物质的热容称为**摩尔热容(molar heat capacity)**，用 $C_m$ 表示，摩尔热容为强度性质。

由于热是过程函数，使用热容必须指明条件。封闭系统等容条件下测得的热容称为**定容热容(isochoric heat capacity)**，用 $C_V$ 表示；等压条件下测得的热容称为**定压热容(isobaric heat capacity)**，用 $C_p$ 表示。定容热容和定压热容的定义式分别为

$$C_V = \frac{\delta Q_V}{dT} \tag{1-12}$$

$$C_p = \frac{\delta Q_p}{dT} \tag{1-13}$$

等容和等压条件下的摩尔热容分别称为**摩尔定容热容(molar isochoric heat capacity)**和**摩尔定压热容(molar isobaric heat capacity)**,分别用 $C_{V,\mathrm{m}}$ 和 $C_{p,\mathrm{m}}$ 表示。

若封闭系统只做体积功,则等容或等压条件下有 $\mathrm{d}U = \delta Q_V$ 或 $\mathrm{d}H = \delta Q_p$,于是式(1-12)和式(1-13)可变换为

$$C_V = \left(\frac{\partial U}{\partial T}\right)_V \tag{1-14}$$

$$C_p = \left(\frac{\partial H}{\partial T}\right)_p \tag{1-15}$$

上述两式进一步变换,可得

$$\Delta U = Q_V = \int_{T_1}^{T_2} C_V \mathrm{d}T = n \int_{T_1}^{T_2} C_{V,\mathrm{m}} \mathrm{d}T \tag{1-16}$$

$$\Delta H = Q_p = \int_{T_1}^{T_2} C_p \mathrm{d}T = n \int_{T_1}^{T_2} C_{p,\mathrm{m}} \mathrm{d}T \tag{1-17}$$

式(1-16)和式(1-17)可用以计算没有化学变化和相变化且非体积功为零的封闭系统的热力学能和焓的变化。

热容是温度的函数,其常用的经验公式为

$$C_{p,\mathrm{m}} = a + bT + cT^2 \tag{1-18}$$

$$C_{p,\mathrm{m}} = a + bT + c'/T^2 \tag{1-19}$$

式中,$a$、$b$、$c$、$c'$ 为随物质及温度范围而变化的经验常数,一些物质的标准摩尔定压热容参见书后附录。

对于任意没有相变化和化学变化且只做体积功的封闭系统,其 $C_p$ 和 $C_V$ 之差为

$$C_p - C_V = \left(\frac{\partial H}{\partial T}\right)_p - \left(\frac{\partial U}{\partial T}\right)_V$$

将 $H = U + pV$ 代入上式,则

$$C_p - C_V = \left(\frac{\partial U}{\partial T}\right)_p + p\left(\frac{\partial V}{\partial T}\right)_p - \left(\frac{\partial U}{\partial T}\right)_V \tag{1-20}$$

封闭系统的热力学能 $U = f(T, V)$,则

$$\mathrm{d}U = \left(\frac{\partial U}{\partial T}\right)_V \mathrm{d}T + \left(\frac{\partial U}{\partial V}\right)_T \mathrm{d}V$$

等压下,上式两边除以 $\mathrm{d}T$,得

$$\left(\frac{\partial U}{\partial T}\right)_p = \left(\frac{\partial U}{\partial T}\right)_V + \left(\frac{\partial U}{\partial V}\right)_T \left(\frac{\partial V}{\partial T}\right)_p$$

将其代入式(1-20)中,得

$$C_p - C_V = \left(\frac{\partial V}{\partial T}\right)_p \left[\left(\frac{\partial U}{\partial V}\right)_T + p\right] \tag{1-21}$$

式(1-21)适用于任何均匀的系统。对于固体或液体系统,因为体积随温度变化很小,$\left(\frac{\partial V}{\partial T}\right)_p \approx 0$,

$C_p \approx C_V$；而气相系统的 $C_p$ 与 $C_V$ 关系将在本章第五节中讨论。

**例 1-3**　在 100 kPa 下，1 mol 的液态水由 283.15 K 变成 400.15 K 的水蒸气，计算此过程所吸收的热。已知水和水蒸气的平均摩尔定压热容分别为 75.291 J·K$^{-1}$·mol$^{-1}$ 和 33.577 J·K$^{-1}$·mol$^{-1}$，水在 373.15 K、100 kPa 下，由液态水变成水蒸气的汽化焓为 40.67 kJ·mol$^{-1}$。

**解**：283.15 K 的水变成 400.15 K 的水蒸气，其变化过程由三部分组成：

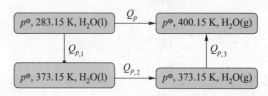

整个过程为非体积功为零的等压过程，则

$$Q_{p,1} = nC_{p,m}(液态水)(T_2 - T_1) = 1\ mol \times 75.291\ J·K^{-1}·mol^{-1} \times (373.15\ K - 283.15\ K) = 6.78\ kJ$$

$$Q_{p,2} = n\Delta_{vap}H_m = 1\ mol \times 40.67\ kJ·mol^{-1} = 40.67\ kJ$$

$$Q_{p,3} = nC_{p,m}(水蒸气)(T_2 - T_1) = 1\ mol \times 33.577\ J·K^{-1}·mol^{-1} \times (400.15\ K - 373.15\ K) = 0.91\ kJ$$

则整个过程所吸收的热为

$$Q = Q_{p,1} + Q_{p,2} + Q_{p,3} = 6.78\ kJ + 40.67\ kJ + 0.91\ kJ = 48.36\ kJ$$

## 第五节　热力学第一定律在非化学变化中的应用

### 一、理想气体的热力学能与焓

为了研究气体的热力学能与体积（或压力）的关系，Joule 于 1843 年做了下面的实验。将 A、B 两个体积相同并用带活塞的连通器相连的容器置于有绝热壁的水浴中，其中 A 容器中充有一定压力和温度的气体，B 容器抽成真空，如图 1-5 所示。然后打开活塞，气体向右边作自由膨胀，最后达到平衡。观察过程变化前后温度计的读数，发现水浴温度不变，表明气体在自由膨胀过程中，系统与环境之间没有热交换。根据热力学第一定律，$Q=0$，$W=0$，则 $\Delta U=0$。该结果说明，气体自由膨胀时，体积增大，但温度不变，热力学能也保持不变。准确地说，由于理想气体分子间无相互作用力，所以上述结论仅适用于理想气体。如果用实际气体进行实验，温度会发生微小的变化。

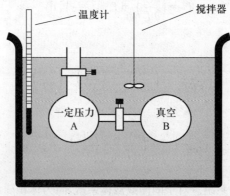

图 1-5　Joule 实验示意图

单组分均相系统的热力学能的全微分可表示为

$$dU = \left(\frac{\partial U}{\partial T}\right)_V dT + \left(\frac{\partial U}{\partial V}\right)_T dV$$

由 Joule 实验可知,$dT=0$,$dU=0$,而膨胀过程 $dV \neq 0$,由上式可得

$$\left(\frac{\partial U}{\partial V}\right)_T = 0 \tag{1-22}$$

同理可证

$$\left(\frac{\partial U}{\partial p}\right)_T = 0 \tag{1-23}$$

式(1-22)和式(1-23)说明,理想气体的热力学能只是温度的函数,与体积或压力无关,即

$$U = f(T) \tag{1-24}$$

对理想气体而言,热力学能只是温度的函数,同时 $pV=nRT$,根据焓的定义 $H=U+pV$,可得

$$H = f(T) + nRT = f'(T) \tag{1-25}$$

即理想气体的焓也仅是温度的函数,与体积和压力无关。

因此,在无相变和无化学变化的理想气体的任何单纯状态变化过程中,结合式(1-14)和式(1-15)可得到 $\Delta U$ 和 $\Delta H$ 的直接计算公式,而无须考虑变化的具体途径,即

$$\Delta U = \int_{T_1}^{T_2} C_V dT = nC_{V,m}(T_2 - T_1) \tag{1-26}$$

$$\Delta H = \int_{T_1}^{T_2} C_p dT = nC_{p,m}(T_2 - T_1) \tag{1-27}$$

## 二、理想气体的摩尔定压热容与摩尔定容热容的关系

对理想气体,由于 $\left(\frac{\partial U}{\partial V}\right)_T = 0$,$\left(\frac{\partial V}{\partial T}\right)_p = \frac{nR}{p}$,根据式(1-21),$C_p$ 和 $C_V$,或 $C_{p,m}$ 和 $C_{V,m}$ 之间的关系为

$$C_p - C_V = nR \tag{1-28}$$

$$C_{p,m} - C_{V,m} = R \tag{1-29}$$

根据气体分子运动论,常温下单原子分子理想气体的 $C_{V,m}=1.5R$,$C_{p,m}=2.5R$;双原子分子的 $C_{V,m}=2.5R$,$C_{p,m}=3.5R$;多原子分子(非线形)的 $C_{V,m}=3R$,$C_{p,m}=4R$。

**例 1-4**　1 mol 单原子理想气体,在 273.15 K 和 100 kPa 时经历一变化过程,体积增大一倍,$Q=1\ 674$ J,$\Delta H=2092$ J。求:(1) 终态的温度、压力和此过程的 $W$ 和 $\Delta U$;(2) 若该气体经等温和等容两步可逆过程到达上述终态,试计算此过程的 $Q$、$W$、$\Delta U$ 和 $\Delta H$。

**解**:(1) 单原子理想气体的 $C_{V,m}=1.5R$,$C_{p,m}=2.5R$,则

$$\Delta H = nC_{p,m}(T_2 - T_1)$$

$$2\,092\ \text{J}=1\ \text{mol}\times2.5\times8.314\ \text{J}\cdot\text{K}^{-1}\cdot\text{mol}^{-1}\times(T_2-273.15\ \text{K})$$
$$T_2=373.80\ \text{K}$$
$$\Delta U=nC_{V,\text{m}}(T_2-T_1)$$
$$=1\ \text{mol}\times1.5\times8.314\ \text{J}\cdot\text{K}^{-1}\cdot\text{mol}^{-1}\times(373.80\ \text{K}-273.15\ \text{K})$$
$$=1\,255\ \text{J}$$
$$W=\Delta U-Q=1\,255\ \text{J}-1\,647\ \text{J}=-392\ \text{J}$$

(2) 由于 $\Delta U$ 和 $\Delta H$ 为状态函数,则 $\Delta U=1\,255\ \text{J}$,$\Delta H=2\,092\ \text{J}$。

气体经等温和等容两步可逆过程,则对等温过程:$V_2=2V_1$

$$W_1=-nRT_1\ln\frac{V_2}{V_1}=-1\ \text{mol}\times8.314\ \text{J}\cdot\text{K}^{-1}\cdot\text{mol}^{-1}\times273.15\ \text{K}\times\ln 2=-1\,574\ \text{J}$$

对等容过程,则 $W_2=0$

整个变化过程,有

$$W=W_1+W_2=-1\,574\ \text{J}$$
$$Q=\Delta U-W=1\,255\ \text{J}+1\,574\ \text{J}=2\,829\ \text{J}$$

### 三、理想气体的绝热过程

绝热过程中,系统与环境之间没有热交换,即 $Q=0$,由热力学第一定律可得

$$dU=\delta W \tag{1-30}$$

式(1-30)表明,环境对系统做功,热力学能增加。上式也可写成 $-dU=-\delta W$,则系统对环境做功,热力学能降低。

无相变、无化学变化及非体积功为零的封闭系统中,理想气体的 $dU=C_V dT$,$\delta W=-p_e dV$,于是式(1-30)可写为

$$C_V dT=-p_e dV$$

即绝热膨胀,系统温度下降;若是绝热压缩,系统温度升高。

#### (一) 绝热过程体积功的计算

由式(1-30)可得,绝热过程中系统和环境间交换的功为

$$W=\int_{T_1}^{T_2}C_V dT$$

若温度范围不太大,$C_V$ 可视为常数,则

$$W=C_V(T_2-T_1) \tag{1-31}$$

对于理想气体,$C_p-C_V=nR$,令 $\gamma=C_p/C_V$($\gamma$ 称为理想气体的热容比),可以得到

$$C_V=\frac{nR}{\gamma-1}$$

将上式代入式(1-31),则有

$$W=\frac{nR(T_2-T_1)}{\gamma-1}=\frac{p_2V_2-p_1V_1}{\gamma-1} \tag{1-32}$$

式(1-31)和式(1-32)适用于理想气体的任意绝热过程体积功的计算。

**(二)绝热可逆过程**

对于理想气体绝热可逆过程,$p_e = p_i = nRT/V$,将其代入式(1-30),得

$$-p_i \mathrm{d}V = -\frac{nRT}{V}\mathrm{d}V = -\frac{(C_p - C_V)T}{V}\mathrm{d}V = C_V \mathrm{d}T$$

将上式变换为

$$-\frac{C_p - C_V}{C_V}\int_{V_1}^{V_2}\frac{1}{V}\mathrm{d}V = \int_{T_1}^{T_2}\frac{1}{T}\mathrm{d}T$$

运用 $\gamma$ 与 $C_p$、$C_V$ 的关系,可得

$$-(\gamma - 1)\int_{V_1}^{V_2}\frac{1}{V}\mathrm{d}V = \int_{T_1}^{T_2}\frac{1}{T}\mathrm{d}T$$

积分上式,得

$$(\gamma - 1)\ln\frac{V_2}{V_1} = \ln\frac{T_1}{T_2}$$

或写成

$$T_1 V_1^{\gamma-1} = T_2 V_2^{\gamma-1} \qquad\qquad (1-33)$$

或

$$TV^{\gamma-1} = K \qquad\qquad (1-34)$$

式中,$K$ 为常数。将 $T = \dfrac{pV}{nR}$ 代入式(1-34),则有

$$pV^\gamma = K' \qquad\qquad (1-35)$$

式中,$K'$ 为常数。同理,将 $V = \dfrac{nRT}{p}$ 代入式(1-34),则有

$$p^{1-\gamma}T^\gamma = K'' \qquad\qquad (1-36)$$

式中,$K''$ 为常数。式(1-34)~式(1-36)均称为理想气体绝热可逆过程方程式,适用于封闭系统非体积功为零的理想气体绝热可逆的状态变化过程。

**(三)理想气体绝热可逆过程与等温可逆过程的比较**

理想气体等温可逆过程和绝热可逆过程可用 $p-V$ 图上相应的曲线表示。如图1-6所示,$AB$ 线为等温可逆膨胀,$AC$ 线为绝热可逆膨胀。显然,两条曲线中,$AC$ 线斜率的绝对值更大,说明从相同始态出发,膨胀至相同的终态体积 $V_2$,绝热可逆过程较等温可逆过程有更大的压力降低幅度。

对理想气体绝热可逆过程,$pV^\gamma = K'$,则

$$\left(\frac{\partial p}{\partial V}\right)_{Q=0} = -\gamma\,\frac{K'}{V^{\gamma+1}} = -\gamma\,\frac{pV^\gamma}{V^{\gamma+1}} = -\gamma\,\frac{p}{V}$$

对理想气体等温可逆过程,$pV = nRT$,则

$$\left(\frac{\partial p}{\partial V}\right)_T = -\frac{nRT}{V^2} = -\frac{pV}{V^2} = -\frac{p}{V}$$

由于 $\gamma > 1$，所以绝热可逆过程 $p-V$ 曲线的斜率的绝对值更大。在等温膨胀过程中，只有体积增大一个因素导致压力降低；在绝热可逆膨胀过程中，体积的增大和温度的降低均导致 $p$ 的减小。所以膨胀至相同终态体积时，绝热可逆过程的压力降低的更多。

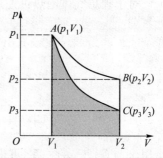

图 1-6 绝热可逆过程和等温可逆过程的比较

**例 1-5** 273.15 K 时 1 mol 氩气从 22.41 L 膨胀至 50.00 L，试求下列两种过程的 $Q$、$W$、$\Delta U$ 和 $\Delta H$。(1) 等温可逆过程；(2) 绝热可逆过程。已知氩气的摩尔定压热容 $C_{p,m} = 20.79 \text{ J} \cdot \text{mol}^{-1} \cdot \text{K}^{-1}$，氩气可视为理想气体。

**解：**(1) 对无相变、无化学变化的等温可逆过程，有

$$\Delta U = \Delta H = 0$$

$$W_1 = -nRT\ln\frac{V_2}{V_1} = -1 \text{ mol} \times 8.314 \text{ J} \cdot \text{K}^{-1} \cdot \text{mol}^{-1} \times 273.15 \text{ K} \times \ln\frac{50.00 \text{ L}}{22.41 \text{ L}} = -1\,822 \text{ J}$$

根据热力学第一定律，则

$$Q = \Delta U - W = 1\,822 \text{ J}$$

(2) 根据理想气体绝热可逆过程方程 $TV^{\gamma-1} = K$，有

$$T_1 V_1^{\gamma-1} = T_2 V_2^{\gamma-1}$$

由定压热容和定容热容的关系，可得

$$\gamma = \frac{C_{p,m}}{C_{V,m}} = \frac{20.79 \text{ J} \cdot \text{mol}^{-1} \cdot \text{K}^{-1}}{20.79 \text{ J} \cdot \text{mol}^{-1} \cdot \text{K}^{-1} - 8.314 \text{ J} \cdot \text{mol}^{-1} \cdot \text{K}^{-1}} = 1.666$$

$$273.15 \text{ K} \times (22.41 \text{ L})^{1.666-1} = T_2 \times (50.00 \text{ L})^{1.666-1}$$

$$T_2 = 160.06 \text{ K}$$

$$\Delta U = W = nC_{V,m}(T_2 - T_1) = n(C_{p,m} - R)(T_2 - T_1)$$
$$= 1 \text{ mol} \times 12.48 \text{ J} \cdot \text{mol}^{-1} \cdot \text{K}^{-1} \times (160.06 \text{ K} - 273.15 \text{ K})$$
$$= -1\,411 \text{ J}$$

$$\Delta H = nC_{p,m}(T_2 - T_1)$$
$$= 1 \text{ mol} \times 20.79 \text{ J} \cdot \text{mol}^{-1} \cdot \text{K}^{-1} \times (160.06 \text{ K} - 273.15 \text{ K})$$
$$= -2\,351 \text{ J}$$

## 四、相变化过程

### (一) 相变和相变热

系统中物理性质和化学性质完全均一的部分称为相。如封闭系统中纯水与其蒸气共存时，水为液相，水蒸气为气相。温度一定时，两相之间在相平衡压力下的相变为可逆相变，否则为不可逆相变。

当物质发生相变时，由于物质的分子间相互作用力的不同，将吸收或放出一定的热量。对等温等压、不做非体积功的相变过程，**相变热**即为过程的焓变，可表示为

$$Q_p = \Delta_\alpha^\beta H \tag{1-37}$$

式中，$\Delta_\alpha^\beta H$ 为物质在 α 相和 β 相间迁移的相变热。

### （二）相变化过程的体积功

系统在等温等压条件下由 α 相变到 β 相，过程的体积功为

$$W = -p_e \Delta V = -p_e(V_\beta - V_\alpha) \tag{1-38}$$

若 β 相为气相，α 相为凝聚相（固相或液相），由于 $V_\beta \gg V_\alpha$，α 相的体积可以忽略，则有

$$W \approx -p_e V_\beta \tag{1-39}$$

若气相可视为理想气体，则进一步可得

$$W \approx -p_e V_\beta = -nRT \tag{1-40}$$

### （三）相变化过程的 ΔU

由热力学第一定律，在等温等压且非体积功为零时，系统的 $\Delta U$ 为

$$\Delta U = Q + W = \Delta H - p_e(V_\beta - V_\alpha) \tag{1-41}$$

若 β 相为气相，α 相为凝聚相（液相或固相），忽略 α 相体积后可得

$$\Delta U = \Delta H - p_e V_\beta \tag{1-42}$$

若气相可视为理想气体，则有

$$\Delta U = \Delta H - nRT \tag{1-43}$$

**例 1-6**　外压为 100 kPa 下，1 mol 液态乙醇在其沸点 351.65 K 蒸发为气体，已知蒸发焓为 41.50 kJ·mol$^{-1}$，试求过程的 $Q$、$W$、$\Delta U$ 和 $\Delta H$（气体可视为理想气体，计算时略去液体的体积）。

**解：** 乙醇在其沸点蒸发是等温等压的可逆相变过程，则

$$Q = \Delta H = 1 \text{ mol} \times 41.50 \text{ kJ·mol}^{-1} = 41.50 \text{ kJ}$$

又因为蒸发过程为等压过程，且液体体积可以忽略不计，则

$$W \approx -p_e V_\beta = -nRT$$
$$= -1 \text{ mol} \times 8.314 \text{ J·K}^{-1} \cdot \text{mol}^{-1} \times 351.65 \text{ K}$$
$$= -2.92 \text{ kJ}$$
$$\Delta U = Q + W = 41.50 \text{ kJ} - 2.92 \text{ kJ} = 38.58 \text{ kJ}$$

---

**案例 1-1**

药物在放置或贮存的过程中会发生氧化、水解及分解等化学反应而产生热效应，因此化学反应热效应的计算对于药物稳定性的研究意义重大；同时反应热效应的知识已广泛应用于营养学中，蛋白质、脂肪、淀粉和糖类等营养物质的"热值"（即 1 g 食物在体内完全氧化所能产生的热量）在营养学的研究中具有重要的意义，如蛋白质代谢释放热量的平均热值为 $-17.16$ kJ·g$^{-1}$。

**问题：**

(1) 如何测量化学反应的热效应？

(2) 化学反应热效应有哪些计算方法？

## 第六节 热力学第一定律在化学变化中的应用

化学反应常常伴有吸热或放热现象,当产物的温度与反应物的温度相同时,系统所吸收或放出的热量,称为化学反应的热效应,简称**反应热(heat of reaction)**。测定化学反应热效应并研究其规律的科学,称为**热化学(thermochemistry)**。在热化学中,热的符号规定与热力学第一定律相同,系统吸热,热效应为正;系统放热,热效应为负。热化学数据是化学热力学的基础,是燃料及工业(包括药物生产)上合理地控制化学反应的依据,也被用于计算平衡常数和其他热化学量。

### 一、反应进度

假设某一化学反应的计量方程式为

$$aA + cC \longrightarrow dD + eE$$

或用通式表示为

$$\sum_B \nu_B B = 0$$

式中,B为反应系统中的任意物质,$\nu_B$为物质B在反应式中的化学计量数,对反应物$\nu_B$取负值,对产物$\nu_B$取正值。则$t$时刻反应进行的程度可用**反应进度(extent of reaction)** $\xi$来表示,其定义式为

$$\xi = \frac{n_B - n_{B,0}}{\nu_B} = \frac{\Delta n_B}{\nu_B} \tag{1-44}$$

或

$$d\xi = \frac{dn_B}{\nu_B} \tag{1-45}$$

式中,$n_B$和$n_{B,0}$分别为$t=t$和$t=0$时物质B的物质的量。$\xi$的单位为mol。所以上述计量方程式的反应进度可表示为

$$\xi = \frac{n_A - n_{A,0}}{-a} = \frac{n_C - n_{C,0}}{-c} = \frac{n_D - n_{D,0}}{d} = \frac{n_E - n_{E,0}}{e}$$

或

$$d\xi = \frac{dn_A}{-a} = \frac{dn_C}{-c} = \frac{dn_D}{d} = \frac{dn_E}{e}$$

注意:反应进度与计量方程式的写法有关,但对同一计量方程式,用任一反应物或产物所表示的反应进度都是相等的。若$\xi = 1$ mol,即$\Delta n_B = \nu_B$,表示化学反应按计量方程式的系数比例进行了一个单位的反应,此时的反应热效应可表示为$\Delta_r H_m$,下标"m"代表反应进度为1 mol。

### 二、等压热效应与等容热效应的关系

在等温、只做膨胀功的条件下,等容或等压化学反应热效应可表示为$Q_V$或$Q_p$。一般实

验中采用绝热热量计测量的是等容反应热,而大多数化学反应是在等压条件下进行,因此,需要找出 $Q_V$ 和 $Q_p$ 之间的关系。由于 $Q_V = \Delta_r U$, $Q_p = \Delta_r H$,可根据状态函数的特点,设计不同途径求得两者的关系,如图 1-7 所示。

因为焓 $H$ 是状态函数,由图 1-7 中可以看出

$$\Delta_r H_1 = \Delta_r H_2 + \Delta_r H_3 = \Delta_r U_2 + \Delta(pV) + \Delta_r H_3$$

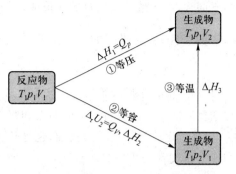

图 1-7　不同反应途径状态函数的变化

$\Delta(pV)$ 为过程②始态和终态的 $pV$ 之差。如果只有液体和固体参加的反应系统,反应前后的 $pV$ 变化很小,$\Delta(pV)$ 可忽略不计;如果反应系统中有气体参与,只需考虑气态物质的 $pV$。假设气体可视为理想气体,则

$$\Delta(pV) = p_2 V_1 - p_1 V_1 = n_p RT_1 - n_r RT_1 = RT_1 \Delta n$$

式中,$n_p$ 和 $n_r$ 分别为生成物和反应物中气体的物质的量,$\Delta n$ 为生成物与反应物的气体的物质的量之差。

对于理想气体,焓仅是温度的函数,所以等温过程③的 $\Delta H_3 = 0$;对于产物中的固态与液态物质,在压力变化不太大时,$\Delta H_3 \ll \Delta_r H_2$,$\Delta H_3$ 可忽略不计。因此

$$\Delta_r H_1 = \Delta_r U_2 + RT \Delta n$$

即

$$Q_p = Q_V + RT \Delta n \tag{1-46}$$

## 三、热化学方程式

将参加化学反应的物质状态、反应温度和压力,以及热效应都标示出来的反应方程式称为**热化学方程式(thermochemical equation)**。书写热化学方程式时应注明下列各点:

(1) 反应的热效应。由于大多数反应在等压条件下进行,通常所指的热效应即 $\Delta_r H_m$ 值。若反应在等容条件下进行,则用 $\Delta_r U_m$ 表示。

(2) 各物质的聚集状态和浓度(或活度)。一般用小写的 g、l 和 s 分别表示气态、液态和固态。固态物质若有多种晶型,须注明晶型,如 C(石墨)、C(金刚石)。若不特别指明,则指常温常压下的稳定态;溶液中的反应要注明物质的浓度(或活度),如在无限稀释水溶液中进行,则浓度用 aq 表示。

(3) 反应的温度和压力。若不特别说明,通常是指 298.15 K 和标准压力 100 kPa。如 $\Delta_r H_m^\ominus(298.15\ \text{K})$,括号内的数字代表反应温度(298.15 K 时常省略不写),右上标"$\ominus$"表示反应物质均处于标准压力 $p^\ominus$。

例如,下列的热化学方程式:

(1) $H_2(g) + I_2(g) \Longrightarrow 2HI(g)$　　　　　　$\Delta_r H_m^\ominus = -9.441\ \text{kJ} \cdot \text{mol}^{-1}$

(2) $0.5H_2(g) + 0.5I_2(g) \Longrightarrow HI(g)$　　　　$\Delta_r H_m^\ominus = -4.721\ \text{kJ} \cdot \text{mol}^{-1}$

(3) $H_2(g) + I_2(s) \Longrightarrow 2HI(g)$　　　　　　$\Delta_r H_m^\ominus = 53.0\ \text{kJ} \cdot \text{mol}^{-1}$

(4) $2HI(g) \Longrightarrow H_2(g) + I_2(s)$　　　　　　$\Delta_r H_m^\ominus = -53.0\ \text{kJ} \cdot \text{mol}^{-1}$

上述各例表示,热化学反应方程式的化学计量数不同、物质的聚集状态不同及反应方向的不同等,会导致不同的热效应值或符号,因此书写和计算时需注意。

## 四、Hess 定律

G. H. Hess 在 1840 年根据大量的实验结果,提出了计算反应热效应的 **Hess 定律**(Hess law),即一个化学反应不管是一步完成还是分几步完成,反应热效应都相同。也就是说任一化学反应的热效应只与反应的始态和终态有关,与反应途径无关。

Hess 定律是热化学的基础,也是热力学第一定律的必然结果。对于非体积功为零的等容或等压过程,$\Delta_r U = Q_V$,$\Delta_r H = Q_p$。而热力学能和焓都是状态函数,$\Delta_r H$ 和 $\Delta_r U$ 由过程的始态和终态决定,与具体途径无关。所以,不论反应途径如何,只要始态和终态相同,反应热效应必然相同。

Hess 定律的提出,使热化学方程式可以像普通代数方程式一样进行运算,根据已知的反应热效应可求得未知的热效应,为那些难于测准或无法用实验测量的化学反应的热效应的获得提供了一条便捷途径。

**例 1-7** 已知 298.15 K 及 $p^\ominus$ 条件下

(1) C(金刚石)$+O_2(g)$══$CO_2(g)$            $\Delta_r H_{m,1}^\ominus = -395.4 \text{ kJ} \cdot \text{mol}^{-1}$

(2) C(石墨)$+O_2(g)$══$CO_2(g)$            $\Delta_r H_{m,2}^\ominus = -393.5 \text{ kJ} \cdot \text{mol}^{-1}$

求反应(3)C(石墨)══C(金刚石)在 298.15 K 时的等压热效应 $\Delta_r H_m^\ominus$ 和等容热效应 $\Delta_r U_m^\ominus$。

**解:** 根据待求反应式与题中所给反应式的关系,由 Hess 定律可得

$$\Delta_r H_{m,3}^\ominus = \Delta_r H_{m,2}^\ominus - \Delta_r H_{m,1}^\ominus = -393.5 \text{ kJ} \cdot \text{mol}^{-1} - (-395.4 \text{ kJ} \cdot \text{mol}^{-1}) = 1.9 \text{ kJ} \cdot \text{mol}^{-1}$$

由于该反应只有固体参与,$\Delta n_g = 0$,根据 $\Delta_r H = \Delta_r U + RT\Delta n$,则有

$$\Delta_r U_m^\ominus = \Delta_r H_m^\ominus = 1.9 \text{ kJ} \cdot \text{mol}^{-1}$$

## 五、用生成焓或燃烧焓计算反应热效应

### (一) 生成焓

等温等压下,化学反应的热效应无法直接由生成物焓的总和减去反应物焓的总和来求得,因为焓的绝对值无法测得。为了解决这一难题,人们规定:在标准压力和指定温度下,最稳定的单质的摩尔焓为零。同时定义由最稳定单质生成 1 mol 标准态化合物的焓变为该化合物在此温度下的**标准摩尔生成焓**(standard molar enthalpy of formation),用符号 $\Delta_f H_m^\ominus$ 表示。这里的最稳定单质是指在标准压力及反应温度下最稳定形态的物质。例如,C 的最稳定单质为石墨而非金刚石,$Br_2$ 的最稳定单质为液态而非气态溴。

标准态规定:对固体和液体而言,指在反应温度 $T$ 时,标准压力 $p^\ominus$ 下的纯固体和纯液体;气体物质则是指在反应温度 $T$ 时,标准压力 $p^\ominus$ 下具理想气体性质的纯气体。

298.15 K、标准压力下,1 mol 液态水的生成反应和反应热效应为

$$H_2(g) + 0.5O_2(g) ══ H_2O(l) \quad\quad \Delta_r H_m^\ominus = -285.8 \text{ kJ} \cdot \text{mol}^{-1}$$

根据生成焓的定义,该反应的热效应就是水的标准摩尔生成焓,即 $\Delta_f H_m^\ominus(H_2O, l) = -285.8 \text{ kJ} \cdot \text{mol}^{-1}$。

在 298.15 K 时各种物质的标准摩尔生成焓数据可从附录 2 或相关参考书及数据手册

上查到。标准状态下反应的热效应可以利用物质的标准摩尔生成焓计算得到。例如,将某化学反应设计成如下图所示的反应路线,可计算该化学反应的热效应。

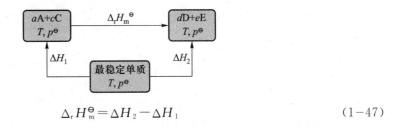

$$\Delta_r H_m^{\ominus} = \Delta H_2 - \Delta H_1 \qquad (1-47)$$

而

$$\Delta H_1 = a\Delta_f H_m^{\ominus}(A) + c\Delta_f H_m^{\ominus}(C) = \sum_B (r_B\Delta_f H_{m,B}^{\ominus})_{反应物}$$

$$\Delta H_2 = d\Delta_f H_m^{\ominus}(D) + e\Delta_f H_m^{\ominus}(E) = \sum_B (p_B\Delta_f H_{m,B}^{\ominus})_{产物}$$

代入式(1-47),得

$$\Delta_r H_m^{\ominus} = \sum_B (p_B\Delta_f H_{m,B}^{\ominus})_{产物} - \sum_B (r_B\Delta_f H_{m,B}^{\ominus})_{反应物} = \sum_B \nu_B\Delta_f H_m^{\ominus}(B) \qquad (1-48)$$

式中,$p_B$ 和 $r_B$ 分别为反应式中产物和反应物的化学计量数,均取正值;$\nu_B$ 的符号规定与前述一致。这样任一反应的标准摩尔焓变或等压反应热效应,可利用产物的标准摩尔生成焓的总和减去反应物的标准摩尔生成焓的总和计算得到。

**例 1-8**　已知下述反应在 298.15 K 时的热效应:

(1) $C_6H_5COOH(l) + 7.5O_2(g) = 7CO_2(g) + 3H_2O(l)$　　　$\Delta_r H_{m,1}^{\ominus} = -3230 \ kJ \cdot mol^{-1}$

(2) $C(s) + O_2(g) = CO_2(g)$　　　$\Delta_r H_{m,2}^{\ominus} = -394 \ kJ \cdot mol^{-1}$

(3) $H_2(g) + 0.5O_2(g) = H_2O(l)$　　　$\Delta_r H_{m,3}^{\ominus} = -286 \ kJ \cdot mol^{-1}$

求 $C_6H_5COOH(l)$ 的标准摩尔生成焓 $\Delta_f H_m^{\ominus}$。

**解:**反应式(2)和(3)的 $\Delta_r H_m^{\ominus}$ 分别为 $CO_2(g)$ 和 $H_2O(l)$ 的标准摩尔生成焓,即 $\Delta_f H_m^{\ominus}(CO_2, g) = \Delta_r H_{m,2}^{\ominus} = -394 \ kJ \cdot mol^{-1}$,$\Delta_f H_m^{\ominus}(H_2O, l) = \Delta_r H_{m,3}^{\ominus} = -286 \ kJ \cdot mol^{-1}$。由反应式(1),得

$$\Delta_f H_m^{\ominus}(C_6H_5COOH, l) = 7\Delta_f H_m^{\ominus}(CO_2, g) + 3\Delta_f H_m^{\ominus}(H_2O, l) - \Delta_r H_{m,1}^{\ominus}$$

$$= 7\times(-394 \ kJ \cdot mol^{-1}) + 3\times(-286 \ kJ \cdot mol^{-1}) - (-3230 \ kJ \cdot mol^{-1})$$

$$= -386 \ kJ \cdot mol^{-1}$$

**(二) 燃烧焓**

绝大多数有机化合物都容易燃烧,但是却很难由稳定单质直接合成。因此,可将反应系统安排在一密闭绝热的氧弹热量计中,测量使化合物完全燃烧时放出的热量,确定该化合物的**燃烧焓(enthalpy of combustion)**。若 1 mol 物质在标准压力 $p^{\ominus}$ 和指定温度 $T$ 下发生完全燃烧,则该过程的热效应称为该物质的**标准摩尔燃烧焓(standard molar enthalpy of combustion)**,用符号 $\Delta_c H_m^{\ominus}$ 表示。

这里的完全燃烧是指被燃烧物质中的元素变成最稳定的氧化物或单质,如 C 变为 $CO_2(g)$,H 变为 $H_2O(l)$,N 变为 $N_2(g)$,S 变为 $SO_2(g)$,Cl 变为 $HCl(aq)$ 等。根据标准摩尔燃烧焓的定义,这些完全燃烧的产物的标准燃烧焓为零。298.15 K 时,一些有机化合物标准摩尔燃烧焓可由附录 2 或相关数据手册上查得。

根据燃烧焓的定义,将某化学反应设计成如下图所示的反应路线,用标准摩尔燃烧焓来计算该化学反应的热效应。

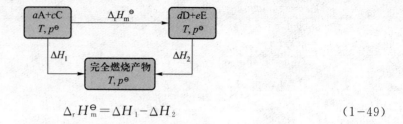

$$\Delta_r H_m^\ominus = \Delta H_1 - \Delta H_2 \tag{1-49}$$

而

$$\Delta H_1 = a\Delta_c H_m^\ominus(A) + c\Delta_c H_m^\ominus(C) = \sum_B (r_B\Delta_c H_m^\ominus)_{反应物}$$

$$\Delta H_2 = d\Delta_c H_m^\ominus(D) + e\Delta_c H_m^\ominus(E) = \sum_B (p_B\Delta_c H_m^\ominus)_{产物}$$

代入式(1-49),得

$$\Delta_r H_m^\ominus = \sum_B (r_B\Delta_c H_m^\ominus)_{反应物} - \sum_B (p_B\Delta_c H_m^\ominus)_{产物} = -\sum_B \nu_B\Delta_c H_m^\ominus(B) \tag{1-50}$$

由此,可用反应物的标准摩尔燃烧焓总和减去产物的标准摩尔燃烧焓总和计算任一反应的热效应。

**例1-9** 计算298.15 K时乙酸乙酯的标准摩尔生成焓 $\Delta_f H_m^\ominus(CH_3COOC_2H_5,l)$。已知该温度下,反应 $CH_3COOH(l) + C_2H_5OH(l) = CH_3COOC_2H_5(l) + H_2O(l)$ 的 $\Delta_r H_m^\ominus = -9.20$ kJ·mol$^{-1}$,乙酸和乙醇的标准摩尔燃烧焓 $\Delta_c H_m^\ominus$ 分别为 $-874.5$ kJ·mol$^{-1}$ 和 $-1366.8$ kJ·mol$^{-1}$,$CO_2(g)$ 和 $H_2O(l)$ 的标准摩尔生成焓 $\Delta_f H_m^\ominus$ 分别为 $-393.509$ kJ·mol$^{-1}$ 和 $-285.83$ kJ·mol$^{-1}$。

**解:** 由上述反应式及式(1-50),得

$$\Delta_c H_m^\ominus(CH_3COOC_2H_5,l) = \Delta_c H_m^\ominus(CH_3COOH,l) + \Delta_c H_m^\ominus(C_2H_5OH,l) - \Delta_c H_m^\ominus(H_2O,l) - \Delta_r H_m^\ominus$$
$$= -874.5 \text{ kJ·mol}^{-1} - 1366.8 \text{ kJ·mol}^{-1} - 0 - (-9.20 \text{ kJ·mol}^{-1})$$
$$= -2232.1 \text{ kJ·mol}^{-1}$$

乙酸乙酯的燃烧反应为

$$CH_3COOC_2H_5(l) + 5O_2(g) = 4CO_2(g) + 4H_2O(l)$$

由该反应式和式(1-50),得

$$\Delta_r H_m^\ominus = \Delta_c H_m^\ominus(CH_3COOC_2H_5,l) = -2232.1 \text{ kJ·mol}^{-1}$$

由该反应式和式(1-48),得

$$\Delta_r H_m^\ominus = 4\Delta_f H_m^\ominus(CO_2,g) + 4\Delta_f H_m^\ominus(H_2O,l) - \Delta_f H_m^\ominus(CH_3COOC_2H_5,l) - 5\Delta_f H_m^\ominus(O_2,g)$$
$$\Delta_f H_m^\ominus(CH_3COOC_2H_5,l) = 4\times(-393.509 \text{ kJ·mol}^{-1}) + 4\times(-285.83 \text{ kJ·mol}^{-1}) - (-2232.1 \text{ kJ·mol}^{-1})$$
$$= -485.256 \text{ kJ·mol}^{-1}$$

## 六、反应热效应与温度的关系

从一般热力学手册查得的标准摩尔生成焓和标准摩尔燃烧焓数据只能计算298.15K时的反应焓变,但是实际遇到的化学反应大多数在高温或其他温度下进行。所以,需要将常温

下反应的热效应数据转化为其他温度下的热效应。

在等压条件下,若已知下列化学反应在 $T_1$ 时的反应热效应 $\Delta_r H_m(T_1)$,则该反应在 $T_2$ 时的反应热效应 $\Delta_r H_m(T_2)$ 可用下面的方法求得。

若在 $T_1$ 到 $T_2$ 温度区间内反应物或产物不发生相变化,则

$$\Delta H_1 = \int_{T_2}^{T_1} (aC_{p,m,A} + cC_{p,m,C})\,\mathrm{d}T = \int_{T_2}^{T_1} \sum (C_p)_{反应物}\,\mathrm{d}T$$

$$\Delta H_2 = \int_{T_1}^{T_2} (dC_{p,m,D} + eC_{p,m,E})\,\mathrm{d}T = \int_{T_1}^{T_2} \sum (C_p)_{产物}\,\mathrm{d}T$$

因 $H$ 是状态函数,则

$$\begin{aligned}
\Delta_r H_m(T_2) &= \Delta H_1 + \Delta_r H_m(T_1) + \Delta H_2 \\
&= \Delta_r H_m(T_1) + \int_{T_1}^{T_2} \left[\sum (C_p)_{产物} - \sum (C_p)_{反应物}\right]\mathrm{d}T \\
&= \Delta_r H_m(T_1) + \int_{T_1}^{T_2} \Delta C_p\,\mathrm{d}T
\end{aligned} \tag{1-51}$$

式中,$\Delta C_p$ 为产物定压热容总和与反应物定压热容总和之差,即

$$\Delta C_p = dC_{p,m,D} + eC_{p,m,E} - (aC_{p,m,A} + cC_{p,m,C}) = \sum_B \nu_B C_{p,m,B}$$

式(1-51)也可直接由热容的定义 $C_p = \left(\dfrac{\partial H}{\partial T}\right)_p$ 导出,即

$$\left[\frac{\partial(\Delta H)}{\partial T}\right]_p = \Delta C_p \tag{1-52}$$

式(1-51)和式(1-52)均称为 **Kirchhoff 定律(Kirchhoff law)**,其中式(1-51)为 Kirchhoff 定律的积分式,式(1-52)为 Kirchhoff 定律的微分式。Kirchhoff 定律表明,反应热效应随温度的变化是由于反应物与产物的热容不同所致。若 $\Delta C_p > 0$,反应热将随温度升高而增大;若 $\Delta C_p < 0$,则反应热将随温度升高而减小;若 $\Delta C_p = 0$,则反应热不随温度而变化。

运用 Kirchhoff 定律时,若温度变化范围不大,可忽略 $C_p$ 随温度的变化,将 $\Delta C_p$ 看作常数,于是式(1-51)可简化为

$$\Delta_r H_m(T_2) = \Delta_r H_m(T_1) + \Delta C_p(T_2 - T_1) \tag{1-53}$$

此时各物质的 $C_p$ 为温度变化范围内的平均定压热容。

若温度变化范围较大,则需考虑定压热容与温度的关系。如果热容与温度的关系式为

$$C_{p,m} = a + bT + cT^2$$

则
$$\Delta C_{p,m} = \Delta a + \Delta bT + \Delta cT^2 \tag{1-54}$$

$$\Delta a = \sum_{B} \nu_{B} a(B)$$

式中

$$\Delta b = \sum_{B} \nu_{B} b(B)$$

$$\Delta c = \sum_{B} \nu_{B} c(B)$$

将式(1-54)代入式(1-51)中积分,得

$$\Delta_r H_m(T_2) = \Delta_r H_m(T_1) + \Delta a(T_2 - T_1) + \frac{1}{2}\Delta b(T_2^2 - T_1^2) +$$

$$\frac{1}{3}\Delta c(T_2^3 - T_1^3) \tag{1-55}$$

若在 $T_1 \sim T_2$ 范围内反应物或产物有相变化,由于 $C_{p,m}$ 与 $T$ 的关系是不连续的,则需在相变化前后进行分段积分,并加上相变潜热。

**例 1-10** 反应 $H_2(g) + 0.5O_2(g) \Longrightarrow H_2O(l)$,在 298.15 K 和 $p^{\ominus}$ 压力下的标准摩尔反应焓 $\Delta_r H_m^{\ominus} = -285.84 \text{ kJ} \cdot \text{mol}^{-1}$。试计算反应在 400.15 K 进行时的标准摩尔反应焓。已知 $H_2O(l)$ 在 373.15 K 和 $p^{\ominus}$ 压力下的标准摩尔蒸发焓 $\Delta_{vap} H_m^{\ominus} = 40.65 \text{ kJ} \cdot \text{mol}^{-1}$,各物质的 $C_{p,m}$ ($\text{J} \cdot \text{mol}^{-1} \cdot \text{K}^{-1}$) 与温度 $T$ 的关系式分别为

$C_{p,m}(H_2,g) = \left(29.07 + 8.36 \times 10^{-4}\dfrac{T}{K}\right) \text{J} \cdot \text{K}^{-1} \cdot \text{mol}^{-1}$,$C_{p,m}(O_2,g) = \left(36.16 + 8.45 \times 10^{-4}\dfrac{T}{K}\right) \text{J} \cdot \text{K}^{-1} \cdot \text{mol}^{-1}$,

$C_{p,m}(H_2O,l) = 75.26 \text{ J} \cdot \text{K}^{-1} \cdot \text{mol}^{-1}$,$C_{p,m}(H_2O,g) = \left(30.00 + 1.07 \times 10^{-2}\dfrac{T}{K}\right) \text{J} \cdot \text{K}^{-1} \cdot \text{mol}^{-1}$。

**解:** 在 $p^{\ominus}$ 下,根据反应设计如下反应过程

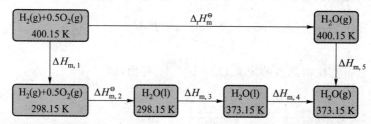

由 Kirchhoff 定律,得

$$\Delta H_{m,1} = \int_{400.15 \text{ K}}^{298.15 \text{ K}} [C_{p,m}(H_2,g) + 0.5C_{p,m}(O_2,g)] dT$$

$$= \int_{400.15 \text{ K}}^{298.15 \text{ K}} (47.15 \text{ J} \cdot \text{K}^{-1} \cdot \text{mol}^{-1} + 12.59 \times 10^{-4} \text{ J} \cdot \text{K}^{-2} \cdot \text{mol}^{-1} T) dT$$

$$= 47.15 \text{ J} \cdot \text{K}^{-1} \cdot \text{mol}^{-1} \times (298.15 \text{ K} - 400.15 \text{ K}) + \frac{1}{2} \times 12.59 \times 10^{-4} \text{ J} \cdot \text{K}^{-2} \cdot \text{mol}^{-1} \times$$

$$[(298.15 \text{ K})^2 - (400.15 \text{ K})^2]$$

$$= -4.85 \text{ kJ} \cdot \text{mol}^{-1}$$

$$\Delta H_{m,2}^{\ominus} = -285.84 \text{ kJ} \cdot \text{mol}^{-1}$$

$$\Delta H_{m,3} = n \int_{298.15 \text{ K}}^{373.15 \text{ K}} C_{p,m}(H_2O,l) dT$$

$$= n \int_{298.15 \text{ K}}^{373.15 \text{ K}} 75.26 \text{ J} \cdot \text{mol}^{-1} \cdot \text{K}^{-1} dT$$

$$= 75.26 \text{ J} \cdot \text{mol}^{-1} \cdot \text{K}^{-1} \times (373.15 \text{ K} - 298.15 \text{ K}) = 5.64 \text{ kJ} \cdot \text{mol}^{-1}$$

$$\Delta H_{m,4} = 40.65 \text{ kJ} \cdot \text{mol}^{-1}$$

$$\Delta H_{m,5} = \int_{373.15\ K}^{400.15\ K} C_{p,m}(H_2O,g)dT = \int_{373.15\ K}^{400.15\ K} (30.00\ J \cdot K^{-1} \cdot mol^{-1} + 1.07 \times 10^{-2}\ J \cdot K^{-2} \cdot mol^{-1}\ T)dT$$

$$= 30.00\ J \cdot K^{-1} \cdot mol^{-1} \times (400.15\ K - 373.15\ K) + \frac{1}{2} \times 1.07 \times 10^{-2}\ J \cdot K^{-2} \cdot mol^{-1} \times$$

$$[(400.15\ K)^2 - (373.15\ K)^2]$$

$$= 0.92\ kJ \cdot mol^{-1}$$

由此可知

$$\Delta_r H_m^{\ominus} = \Delta H_{m,1} + \Delta H_{m,2}^{\ominus} + \Delta H_{m,3} + \Delta H_{m,4} + \Delta H_{m,5}$$

$$= -4.85\ kJ \cdot mol^{-1} - 285.84\ kJ \cdot mol^{-1} + 5.64\ kJ \cdot mol^{-1}$$

$$+ 40.65\ kJ \cdot mol^{-1} + 0.92\ kJ \cdot mol^{-1}$$

$$= -243.48\ kJ \cdot mol^{-1}$$

（周春琼）

## 参 考 文 献

[1] 李三鸣.物理化学.8 版.北京:人民卫生出版社,2016.
[2] 傅献彩,沈文霞,姚天扬,等.物理化学(上册).5 版.北京:高等教育出版社,2005.
[3] 崔黎丽,刘毅敏.物理化学.北京:科学出版社,2011.
[4] 高丕英,李江波,徐文媛,等.物理化学.2 版.北京:科学出版社,2013.
[5] 邵伟.物理化学.3 版.北京:人民卫生出版社,2013.
[6] 陈永顺,杜士明.热分析法在药学领域中的应用进展.中国药房,2005,16(20):1583-1584.
[7] 左志辉.热分析法在药学研究中的最新进展.中国药品标准,2004,5(1):14-17.

## 习　　题

1. 下列物理量中哪些是强度性质? 哪些是广度性质? 哪些是状态函数?

$$p \text{、} T \text{、} V \text{、} V_m \text{、} W \text{、} Q \text{、} U \text{、} H \text{、} C_p \text{、} C_V \text{、} C_{p,m} \text{、} C_{V,m}$$

2. 在一个带有质量为零且无摩擦活塞的绝热圆筒内充入理想气体,圆筒内壁上绕有电炉丝。通电时气体缓慢膨胀,设为等压过程,若(1)选理想气体为系统;(2)选电阻丝和理想气体为系统,两过程的 $Q$ 和 $\Delta H$ 分别是等于、小于还是大于零?

3. 一隔板将一刚性绝热容器分为左右两侧,左室气体的压力大于右室气体的压力。现将隔板抽去,左右气体的压力达到平衡。若以全部气体作为系统,则 $W$、$Q$、$\Delta U$ 和 $\Delta H$ 为正、负还是零?

4. 判断下列说法是否正确:

(1) 状态函数改变后,状态一定改变。

(2) 系统的温度越高,向外传递的热量越多。

(3) 孤立系统内发生的一切变化过程,其 $\Delta U$ 必定为零。

(4) 水在冰点时凝结成同温同压的冰的相变化过程为可逆过程。

(5) 在室温和 100 kPa 下水蒸发为同温同压的水蒸气的变化过程为可逆过程。

(6) 在等温等压下将氮气和氧气混合的过程为不可逆过程。

5. 将 1 mol、压力为 100 kPa 的 $H_2(g)$,分别经(1)等容加热和(2)等压加热,由 300 K 升温至 1 000 K;

试求各个过程的 $Q$、$W$、$\Delta U$ 和 $\Delta H$。已知 $C_{p,m} = 29.07 \ \text{J} \cdot \text{K}^{-1} \cdot \text{mol}^{-1}$。

6. 298.15 K 时,3 mol 的氮气分别经下列三个等温过程,由 10 L 膨胀至 40 L,计算各过程的 $Q$、$W$、$\Delta U$ 和 $\Delta H$,设气体为理想气体。(1) 自由膨胀;(2) 反抗恒外压 100 kPa 膨胀;(3) 可逆膨胀。

7. 具有无摩擦活塞的绝热汽缸内有 2 mol 双原子理想气体,压力为 1 000 kPa,温度为 298.15 K。(1) 若该气体绝热可逆膨胀至 100 kPa,计算系统所做的功;(2) 若外压从 1 000 kPa 骤降至 100 kPa,系统膨胀所做的功为多少?

8. 5 mol 双原子理想气体从始态 300 K 和 200 kPa,先等温可逆膨胀到压力为 50 kPa,再绝热可逆压缩到终态压力 200 kPa。求终态温度 $T$ 及整个过程的 $Q$、$W$、$\Delta U$ 和 $\Delta H$。

9. 在水的正常沸点(373.15 K,100 kPa)下有 2 mol 液态水变为同温同压下的水蒸气,已知水的摩尔蒸发焓为 40.69 kJ·mol$^{-1}$,计算该变化过程的 $Q$、$W$、$\Delta U$ 和 $\Delta H$。

10. 证明:$\left(\dfrac{\partial U}{\partial T}\right)_p = C_p - p\left(\dfrac{\partial V}{\partial T}\right)_p$,并证明对理想气体有 $\left(\dfrac{\partial H}{\partial V}\right)_T = 0$,$\left(\dfrac{\partial C_V}{\partial V}\right)_T = 0$。

11. 已知下列反应在 298.15 K 时的热效应:

(1) $2\text{Na}(s) + \text{Cl}_2(g) = 2\text{NaCl}(s)$ 　　　　　　$\Delta_r H_{m,1} = -822 \ \text{kJ} \cdot \text{mol}^{-1}$

(2) $\text{H}_2(g) + \text{S}(s) + 2\text{O}_2(g) = \text{H}_2\text{SO}_4(l)$ 　　$\Delta_r H_{m,2} = -811.3 \ \text{kJ} \cdot \text{mol}^{-1}$

(3) $2\text{Na}(s) + \text{S}(s) + 2\text{O}_2(g) = \text{Na}_2\text{SO}_4(s)$ 　$\Delta_r H_{m,3} = -1383 \ \text{kJ} \cdot \text{mol}^{-1}$

(4) $\text{H}_2(g) + \text{Cl}_2(g) = 2\text{HCl}(g)$ 　　　　　$\Delta_r H_{m,4} = -184.6 \ \text{kJ} \cdot \text{mol}^{-1}$

求反应 $2\text{NaCl}(s) + \text{H}_2\text{SO}_4(l) = \text{Na}_2\text{SO}_4(s) + 2\text{HCl}(g)$ 在 298.15 K 时的 $\Delta_r H_m$ 和 $\Delta_r U_m$。

12. 已知 298.15 K 时甲酸甲酯(HCOOCH$_3$,l)的标准摩尔燃烧焓 $\Delta_c H_m^\ominus$ 为 $-979.5 \ \text{kJ} \cdot \text{mol}^{-1}$,甲酸(HCOOH,l)、甲醇(CH$_3$OH,l)、水(H$_2$O,l)及二氧化碳(CO$_2$,g)的标准摩尔生成焓 $\Delta_f H_m^\ominus$ 分别为 $-424.72 \ \text{kJ} \cdot \text{mol}^{-1}$、$-238.66 \ \text{kJ} \cdot \text{mol}^{-1}$、$-285.83 \ \text{kJ} \cdot \text{mol}^{-1}$ 及 $-393.509 \ \text{kJ} \cdot \text{mol}^{-1}$。求 298.15 K 时,反应 HCOOH(l) + CH$_3$OH(l) = HCOOCH$_3$(l) + H$_2$O(l) 的标准摩尔反应焓。

# 第二章 热力学第二定律

热力学第一定律指出,各种形式的能量可以相互转化,且必然满足能量守恒定律。但是,满足能量守恒定律的过程是否一定能发生? 过程的方向和限度如何? 这些问题,热力学第一定律无法给出答案。过程变化的方向和限度的阐述和研究,是热力学第二定律所要解决的中心问题。

与热力学第一定律一样,热力学第二定律也是与能量有关的普遍规律,是人们经过长期实践总结出来的经验,不需要严格的数学证明。

## 第一节 自发过程及热力学第二定律的经典表述

### 一、自发过程

通常一个过程的方向指的是其自发地进行的方向。例如,水的流动方向总是自发地从高处流向低处,直至两处水位高度相等为止。自发的热量传递方向总是从高温物体传入低温物体,直至温度相等为止。气体总是自发地从高压处流向低压处,直至压力相等为止。这种在一定环境条件下,无须借助外力,就可以自动发生或完成的过程,称为**自发过程(spontaneous process)**。自发过程都具有变化方向的单一性和限度,在达到平衡态后,它的逆过程不会自动发生。因此,自发过程的共同特征是一去不复返。

自发过程的发生不仅不需要外界做功,而且配上合适的装置,在进行过程中还可以对外做功。比如,在高温和低温物体之间放置一热机,自发的热传递过程可用来对外做功;当气体从高压向低压方向流动时,在中间加一个气压机就可以做功;物质从高浓度向低浓度扩散,同样具有做功本领,浓差电池就是利用这一原理做成的。但是,随着过程的进行,做功的能力将逐渐减小,直至丧失做功能力。

自发过程的逆过程称为非自发过程。非自发过程不会自动发生,但不意味着它们不可能发生。借助于外力是可以使一个自发过程逆向进行的。比如,施加外力(如用水泵),就可以把水从低处引向高处;气体向真空膨胀后,利用压缩机可将低压气体恢复至高压气体。但是这样做的结果是付出了不可抹灭的代价。如上述的气体压缩过程,环境对气体做了功,气体向环境放出了热。所以,尽管系统恢复了原状,环境却损失了功,而得到热。若要使环境也恢复原状,除非在不引起其他变化条件下,热能够完全转变为功。但事实证明,在不引起任何其他变化的情况下,热不可能完全转化为功。因此,一切自发过程一旦发生,其后果是不可消除的。这也就是自发过程的共同特征,即一去不复返。

### 二、热力学第二定律的经典表述

人类在对热机的研究中,逐步形成和建立了**热力学第二定律(the second law of thermo-dynamics)**,并发展出多种表述方法,实质均在于揭示自发过程的不可逆性,其中最经典和通用的是 Clausius 表述和 Kelvin 表述。

Clausius 表述:不可能把热从低温物体传到高温物体,而不引起其他变化。

Kelvin 表述:不可能从单一热源取热使之完全变为功,而不发生其他变化。

Clausius 和 Kelvin 的表述实际上是等效的,都阐明了自发过程的不可逆性。Clausius 表述反映了热传递这一具体的自发热力学过程的不可逆性或方向性;Kelvin 表述则揭示了热功转化这一具体的自发过程的不可逆性或方向性。不同表述形式揭示了热力学过程共同的本质特性:自然界的一切实际过程都是不可逆的,或者说一切自发过程都是有方向性的。

Kelvin 表述也可表达为:第二类永动机是不可能造成的。

第二类永动机工作的结果只是将单一热源的热量取出,使之全部转化为功。尽管从热力学第一定律来看,它服从能量守恒定律,但实际上是不存在的。

## 第二节 Carnot 循环及 Carnot 定理

### 一、Carnot 循环

#### (一) 热机效率

将热能转变为机械能的装置称为**热机(heat engine)**,如蒸汽机、内燃机、喷气发动机等。热机的工作过程如图 2-1 所示。通过工作物质(如汽缸中的气体)从高温热源 $T_2$ 吸热 $Q_2$,部分用以对环境做功 $-W$,然后部分热量 $Q_1$ 释放给低温热源。经过一个循环后,工作物质恢复至原来状态,一部分热转化为功。如此不断循环往复,则不断地将一部分热能转化为功。

热机的热功转化效率可用**热机效率(efficiency of heat engine)** $\eta$ 来表示,即对环境所做的功与热机从高温热源吸收的热量之比:

$$\eta = \frac{-W}{Q_2} = \frac{Q_2 + Q_1}{Q_2} \tag{2-1}$$

由于热机工作时,吸收的热量 $Q_2(>0)$ 中,一部分热量 $Q_1$ 释放给了环境而没有得到利用,因此,热机效率总是小于 1。为了提高热机效率,人们一直在做不懈的努力。

#### (二) Carnot 循环

1824 年,法国工程师 S.Carnot 设计了一部在两热源之间工作的理想热机,称为 Carnot 热机。如图 2-2 所示,Carnot 热机经过了等温膨胀、绝热膨胀、等温压缩和绝热压缩四个可

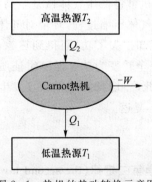

图 2-1 热机的热功转换示意图

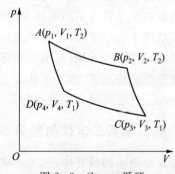

图 2-2 Carnot 循环

逆过程,其循环称为 **Carnot 循环(Carnot cycle)**。下面以 1 mol 理想气体为工作物质,讨论 Carnot 循环的热功转化效率。

(1) 等温可逆膨胀 系统自高温热源($T_2$)吸热 $Q_2$,由($p_1,V_1,T_2$)变化至($p_2,V_2,T_2$)($A \rightarrow B$)。由于 $\Delta T = 0$,$\Delta U_1 = 0$,因此吸收的热 $Q_2$ 全部用于反抗外压做功,即

$$Q_2 = -W_1 = \int_{V_1}^{V_2} p \, \mathrm{d}V = RT_2 \ln \frac{V_2}{V_1}$$

(2) 绝热可逆膨胀 系统状态由($p_2,V_2,T_2$)变化至($p_3,V_3,T_1$)($B \rightarrow C$)。由于过程绝热,$Q=0$,所以系统消耗自身的热力学能对外做功,温度由 $T_2$ 降到 $T_1$。则

$$W_2 = \Delta U_2 = C_{V,m}(T_1 - T_2)$$

(3) 等温可逆压缩 系统状态由($p_3,V_3,T_1$)变化至($p_4,V_4,T_1$)($C \rightarrow D$)。由于 $\Delta T = 0$,$\Delta U_3 = 0$,系统接受环境所做的功 $W_3$,同时向低温热源($T_1$)放出 $Q_1$ 的热,即

$$Q_1 = -W_3 = \int_{V_3}^{V_4} p \, \mathrm{d}V = RT \ln \frac{V_4}{V_3}$$

(4) 绝热可逆压缩 系统状态由($p_4,V_4,T_1$)变化至($p_1,V_1,T_2$)($D \rightarrow A$)。由于绝热,$Q=0$,所以环境对系统做功增加了系统的热力学能,温度由 $T_1$ 升高到 $T_2$。则

$$W_4 = \Delta U_4 = C_{V,m}(T_2 - T_1)$$

整个循环过程中,系统对环境所做的功 $W$ 的绝对值等于四边形 $ABCD$ 的面积。循环一周后回到原来的状态,系统恢复原态,所以 $\Delta U = 0$。Carnot 循环所做的总功应等于系统的总热,即

$$-W = Q_1 + Q_2 \tag{2-2}$$

$$W = -(Q_1 + Q_2) = RT_2 \ln \frac{V_1}{V_2} + RT_1 \ln \frac{V_3}{V_4} \tag{2-3}$$

因为过程(2)和(4)是绝热可逆过程,由理想气体的绝热可逆过程方程,可以得到

$$T_2 V_2^{\gamma-1} = T_1 V_3^{\gamma-1}$$

$$T_2 V_1^{\gamma-1} = T_1 V_4^{\gamma-1}$$

两式相除,得

$$\frac{V_2}{V_1} = \frac{V_3}{V_4}$$

代入式(2-3),得

$$W = RT_2 \ln \frac{V_1}{V_2} + RT_1 \ln \frac{V_3}{V_4} = R(T_2 - T_1) \ln \frac{V_1}{V_2}$$

由式(2-1)可知,Carnot 热机的效率为

$$\eta = \frac{-W}{Q_2} = \frac{-R(T_2-T_1)\ln \dfrac{V_1}{V_2}}{-RT_2 \ln \dfrac{V_1}{V_2}} = \frac{T_2 - T_1}{T_2} = 1 - \frac{T_1}{T_2} \tag{2-4}$$

由式(2-4)可以看出，Carnot 热机效率与工作物质无关，只与两个热源的温度有关。两热源的温差越大，则 Carnot 循环的热功转换效率越高。当 $T_1 \to 0$，或 $T_2 \to \infty$ 时，$\eta \to 1$，但这是不现实的。因此，热机效率不可能等于 1。

## 二、Carnot 定理

Carnot 热机是以理想气体为工作物质的可逆热机，循环的每一步都可逆，由可逆过程的特点可知，系统对环境所做的功最大，因此热机效率最高。然而，实际热机的工作物质并不是理想气体，其循环也不是理想的 Carnot 循环。那么，实际热机的效率问题该如何解决呢？关于这一问题，可由 **Carnot 定理(Carnot's theorem)** 加以解决。Carnot 定理可表述为：

(1) 在两个固定热源之间工作的任意热机，其效率 $\eta$ 不可能大于 Carnot 热机的效率 $\eta_r$，即

$$\eta_r \geqslant \eta \qquad (2-5)$$

(2) 在相同两热源之间工作的任意可逆热机具有相同的热机效率，与工作物质无关。

Carnot 定理的正确性可用热力学第二定律加以证明(证明过程略)。Carnot 定理具有非常重大的意义。它不仅确定了热机工作的最大效率，而且由于热功交换的不可逆性，它在公式中引入了不等号。在此基础上，可以建立熵这一状态函数，用作过程方向和限度的判据。

# 第三节 熵及其物理意义

## 一、熵的引出

由 Carnot 循环可知，可逆热机的效率可表示为

$$\eta_r = \frac{Q_2 + Q_1}{Q_2} = \frac{T_2 - T_1}{T_2}$$

将上式变化后可得

$$\frac{Q_1}{T_1} + \frac{Q_2}{T_2} = 0 \qquad (2-6)$$

式(2-6)表明，Carnot 循环过程的热温商之和为零，该结论适用于任意的可逆循环过程。

如图 2-3 所示，若椭圆形封闭曲线表示一任意的可逆循环，在曲线上取 $V$、$Q$ 两点，并通过它们分别作 $RS$ 和 $TU$ 两条绝热可逆线，在 $V$、$Q$ 间通过 $O''$ 点作等温可逆线 $PW$，使两个近似三角形 $VPO''$ 和 $QWO''$ 面积相等，则 $VQ$ 过程与 $VPO''WQ$ 折线所经过程所做的功相同。同理，对 $MN$ 过程作相同处理，使 $MN$ 过程与 $MXO'YN$ 折线所经过程做功相同。这样，$PWYX$ 就构成了一个 Carnot 循环。

于是，封闭曲线代表的任意可逆循环，可以用一连串微小的 Carnot 循环代替，如图 2-4 所示。图中的虚线表示的绝热过程实际上是不存在的，因为任何两个相邻的微小 Carnot 循环共有该绝热线，在上一个循环中为绝热膨胀线，在下一个循环中则为绝热压缩线，相互抵

消。因此,这些小 Carnot 循环的总效果就是图中的封闭曲线。当无限多个微小 Carnot 循环被用来代替图中的任意可逆循环,则锯齿折线就与封闭曲线完全重合。按式(2-6),每个小的 Carnot 循环有

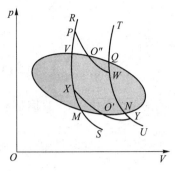

图 2-3 任意可逆循环

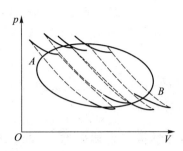

图 2-4 一连串 Carnot 循环组成的任意可逆循环

$$\frac{(\delta Q_1)_r}{T_1}+\frac{(\delta Q_2)_r}{T_2}=0$$

对于无限多个小的 Carnot 循环应有

$$\frac{(\delta Q_1)_r}{T_1}+\frac{(\delta Q_2)_r}{T_2}+\frac{(\delta Q_3)_r}{T_3}+\frac{(\delta Q_4)_r}{T_4}+\cdots=0$$

式中,$\delta Q_r$ 表示任意无限小可逆过程的热交换量;$T$ 是热源的温度。上式可简化为

$$\sum\frac{(\delta Q_i)_r}{T_i}=0 \tag{2-7}$$

式(2-7)为循环过程无限多个微小热温商的求和,在极限情况下,该式可表示为

$$\oint\frac{(\delta Q_i)_r}{T_i}=0 \tag{2-8}$$

环积分等于零,证明系统中存在一个性质,它是状态函数,可用可逆过程的热温商来量度。下面对此作进一步的讨论。

如果某任意可逆循环由可逆过程 $r_1$ 和 $r_2$ 构成,如图 2-5 所示,则式(2-8)可表示成两项积分的加和,即

$$\oint\frac{\delta Q_r}{T}=\int_A^B\frac{\delta Q_{r_1}}{T}+\int_B^A\frac{\delta Q_{r_2}}{T}=0$$

移项后得

$$\int_A^B\frac{\delta Q_{r_1}}{T}=-\int_B^A\frac{\delta Q_{r_2}}{T}=\int_A^B\frac{\delta Q_{r_2}}{T}$$

上式表明,从 $A$ 到 $B$,沿途径 $r_1$ 和 $r_2$ 的积分相等,说明可逆过程的热温商只取决于系统的始态和终态,而与具体途径无关。因此,$\dfrac{\delta Q_r}{T}$ 具有状态函数的特点。

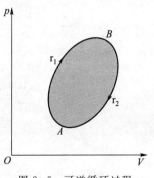

图 2-5 可逆循环过程

1856 年，Clausius 将该状态函数定义为**熵(entropy)**，用符号 $S$ 表示。当系统状态由 $A$ 变到 $B$ 时，熵的变化为

$$\Delta S = S_B - S_A = \int_A^B \frac{\delta Q_r}{T} \tag{2-9}$$

若 $A$、$B$ 两个平衡态非常接近，则可写成微分形式，即

$$dS = \frac{\delta Q_r}{T} \tag{2-10}$$

式(2-9)和式(2-10)是熵差的定义式，式中的 $Q_r$ 为可逆热。熵的单位是 $J \cdot K^{-1}$。熵是系统的广度性质，具有加和性。

## 二、热力学第二定律的数学表达式

根据 Carnot 定理，不可逆循环过程构成的热机，其效率 $\eta_{ir}$ 小于 Carnot 热机效率，即

$$\eta_{ir} = 1 + \frac{Q_1}{Q_2} < \frac{T_2 - T_1}{T_2}$$

移项后可得

$$\left(\frac{Q_1}{T_1} + \frac{Q_2}{T_2}\right)_{ir} < 0$$

若任意一不可逆循环由一系列小的不可逆循环构成，于是有

$$\sum_{i=1}^n \left(\frac{\delta Q_i}{T_i}\right)_{ir} < 0 \tag{2-11}$$

这表明，任意一个不可逆循环的热温商的代数和小于零。

现有一循环过程，如图 2-6 所示。假设系统经不可逆过程由状态 $A$ 到状态 $B$，然后经可逆过程由 $B$ 回到状态 $A$，整个循环是不可逆的。由式(2-11)，得

$$\left(\sum_A^B \frac{\delta Q}{T}\right)_{ir} + \left(\sum_B^A \frac{\delta Q}{T}\right)_r < 0$$

根据熵的定义，可得

$$\left(\sum_B^A \frac{\delta Q}{T}\right)_r = -\left(\sum_A^B \frac{\delta Q}{T}\right)_r = -\Delta S$$

所以

$$\left(\sum_A^B \frac{\delta Q}{T}\right)_{ir} - \Delta S < 0$$

即

$$\Delta S > \left(\sum_A^B \frac{\delta Q}{T}\right)_{ir} \tag{2-12}$$

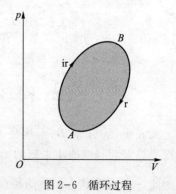

图 2-6 循环过程

若为一无限小的过程,上式表示为

$$dS > \frac{\delta Q_{ir}}{T} \qquad (2-13)$$

式(2-12)和式(2-13)中 $\delta Q$ 为实际过程中交换的热,$T$ 为环境温度。以上两式表明,系统从状态 $A$ 经不可逆过程到状态 $B$,过程中热温商的总和不等于系统的熵变。因此,实际过程的熵变不能用该过程的热温商计算。由于熵是系统的状态函数,无论过程是否可逆,只要始、终态相同,系统的熵变都是一样的,因此可以在始、终态间设计可逆过程来计算系统的熵变。

将式(2-9)和式(2-12)合并,可得

$$\Delta S \geqslant \sum_{A}^{B} \frac{\delta Q}{T} \qquad (2-14)$$

对于微小变化,则有

$$dS \geqslant \frac{\delta Q}{T} \qquad (2-15)$$

式(2-14)和式(2-15)均称为 Clausius 不等式,也是热力学第二定律的数学表达式,可用于判断过程的可逆性。式中等号用于可逆过程,不等号用于不可逆过程。

### 三、熵增加原理

对于绝热系统,由于系统与环境无热交换,$\delta Q = 0$,式(2-15)可表示为

$$dS_{绝热} \geqslant 0 \qquad (2-16)$$

式中,等号表示绝热可逆过程,大于号表示绝热不可逆过程。式(2-16)表明,在绝热系统中,若过程可逆,系统的熵值不变;若过程不可逆,系统的熵值增加。或者说,绝热系统经历任何变化后,系统的熵不可能减小,这就是**熵增加原理**(**principle of entropy increasing**)。

对于孤立系统,系统与环境之间没有功和热,以及物质的交换,同样存在 $\delta Q = 0$,所以熵增加原理也必然适用于孤立系统,即

$$dS_{孤立} \geqslant 0 \qquad (2-17)$$

由于孤立系统排除了环境对系统的任何干扰,整个系统处于"不去管它,任其自然"的状态。在这种情况下,如果系统发生不可逆变化,则必定是自发的。因此,可以用式(2-17)来判断自发变化的方向。由于系统与环境通常都有相互作用,实际过程中,总是将系统与环境一起考虑,作为孤立系统,则

$$dS_{孤立} = dS_{系统} + dS_{环境} \geqslant 0$$

或

$$\Delta S_{孤立} = \Delta S_{系统} + \Delta S_{环境} \geqslant 0$$

孤立系统的熵值变化可以作为过程方向和限度的判断依据,即熵判据。在孤立系统中,一切自发变化都将引起熵的增大。当熵值达到最大时,系统达到相对平衡,这就是过程进行

的最大限度。孤立系统的熵增加原理也可表示为:孤立系统的熵永不减少。

### 四、熵的物理意义

熵是热力学的一个宏观物理量。系统在宏观条件下包含的微观状态数目,是与大量微观粒子的运动性质相关的。因此,宏观物理量熵和系统中大量微观粒子的性质之间存在必然的联系。L.Boltzmann 于 1870 年建立了熵和微观性质间的定量关系:

$$S = k \ln \Omega \tag{2-18}$$

式中,$k$ 为 Boltzmann 常数,其值为 $1.380\ 648\ 8 \times 10^{-23}$ J·K$^{-1}$;$\Omega$ 为微观状态数目(概率)。式(2-18)赋予了熵明确的物理意义。如果系统的微观状态数越多,它在经历这些微观状态时就越混乱,故熵可以作为系统混乱程度的量度。

一切自发过程都将引起熵的增大,就是向着系统无序或混乱程度增大的方向进行。气体由高压向低压的自发扩散是体积增大的过程,也是分子运动的有序性减小、混乱度增加的过程,因此熵值增加。热是分子混乱运动的一种表现。分子互撞的结果是使混乱程度增加,直到混乱度达到最大。功与有方向的运动相联系,是有秩序的运动。功转变为热的过程是分子由有序状态自发地变为无序状态的过程,是向混乱度增加的方向进行的,所以功热转换具有不可逆性。功可以完全转化为热,但是热不能完全转化为功而不引起其他变化。

由于熵与系统的混乱度有关,可以推测,对于物质量一定的系统,高温物体的熵值将大于低温物体的熵值。从微观上考虑,当物质温度升高,分子热运动加强,分子的有序性减小,混乱度增加,所以熵值增加;而物质从固态到液态再到气态,分子有序性减小,分子运动的混乱度增加,因此熵值增加。即 $S_{高温} > S_{低温}$,$S_{高压} < S_{低压}$,$S_{气态} > S_{液态} > S_{固态}$。

# 第四节　熵变的计算

由于孤立系统的熵变可作为过程方向和限度的判据,因此,熵变的计算非常重要。孤立系统是由系统和环境构成的,计算时需对两部分进行具体考虑。

就系统熵变而言,熵是状态函数,熵变只取决于过程的始终态,与是否可逆无关。只要始终态确定,总是可以设计一个或多个可逆过程来计算系统的熵变。因此,系统熵变的基本计算公式为

$$\Delta S_{系统} = \int_1^2 \frac{\delta Q_r}{T} \tag{2-19}$$

环境的熵变必须根据实际过程进行时,系统与环境之间交换的热的多少来计算。通常将环境看成热容量很大的热源,系统发生变化时,环境与系统间的热交换过程可看作是以可逆方式进行的,温度和压力总是不变。因此,环境熵变的基本计算公式为

$$\Delta S_{环境} = \frac{Q_{环境}}{T_{环境}} = -\frac{Q_{系统}}{T_{环境}} \tag{2-20}$$

本节主要讨论理想气体的简单状态变化过程、纯物质相变过程的熵变计算。

## 一、理想气体简单状态变化过程的熵变

### (一) 等温过程

根据式(2-19),等温过程的系统熵变可计算为

$$\Delta S = \frac{Q_r}{T}$$

对于理想气体等温过程,$\Delta U = 0$。设计等温可逆过程,则有

$$Q_r = -W_{max} = nRT \ln \frac{V_2}{V_1}$$

$$\Delta S = \frac{Q_r}{T} = nR \ln \frac{V_2}{V_1} \tag{2-21}$$

**例 2-1** 1 mol 理想气体在等温下分别经由(1)可逆膨胀和(2)真空膨胀,体积增加至 10 倍,分别求其熵变。

**解:**(1) 理想气体等温且可逆,由式(2-21)计算系统熵变

$$\Delta S_{系统} = \frac{Q_r}{T} = nR \ln \frac{V_2}{V_1} = 1 \text{ mol} \times 8.314 \text{ J} \cdot \text{K}^{-1} \cdot \text{mol}^{-1} \times \ln 10 = 19.14 \text{ J} \cdot \text{K}^{-1}$$

$$\Delta S_{环境} = \frac{Q_{环境}}{T} = -\frac{Q_{系统}}{T} = -19.14 \text{ J} \cdot \text{K}^{-1}$$

$$\Delta S_{孤立} = \Delta S_{系统} + \Delta S_{环境} = 0$$

(2) 由于系统熵为状态函数,始、终态相同,熵的改变值也相同,即 $\Delta S_{系统} = 19.14 \text{ J} \cdot \text{K}^{-1}$。理想气体真空膨胀,系统与环境之间没有热交换,$Q_{环境} = 0$,因此 $\Delta S_{环境} = 0$。于是

$$\Delta S_{孤立} = \Delta S_{系统} + \Delta S_{环境} = 19.14 \text{ J} \cdot \text{K}^{-1}$$

### (二) 变温过程

变温过程可以通过设计一系列微小的可逆加热过程,使系统由始态到达终态。

等压变温过程,$\delta Q_r = C_p dT$,系统熵变的计算为

$$\Delta S = \int_{T_1}^{T_2} C_p \frac{dT}{T} = nC_{p,m} \ln \frac{T_2}{T_1} \tag{2-22}$$

等容变温过程,$\delta Q_r = C_V dT$,系统熵变的计算为

$$\Delta S = \int_{T_1}^{T_2} C_V \frac{dT}{T} = nC_{V,m} \ln \frac{T_2}{T_1} \tag{2-23}$$

理想气体从状态 A($p_1, V_1, T_1$)改变到状态 B($p_2, V_2, T_2$)的熵变,可以设计不同的可逆途径进行计算,所得结果相同。例如,下面的途径 I 和途径 II。

途径 I:A $\xrightarrow{\Delta S_1(等温)}$ D $\xrightarrow{\Delta S_2(等容)}$ B

$$\Delta S = \Delta S_1 + \Delta S_2 = nR \ln \frac{V_2}{V_1} + \int_{T_1}^{T_2} C_V \frac{dT}{T} \tag{2-24}$$

途径 II:A $\xrightarrow{\Delta S'_1(等温)}$ C $\xrightarrow{\Delta S'_2(等压)}$ B

$$\Delta S = \Delta S_1' + \Delta S_2' = nR\ln\frac{p_1}{p_2} + \int_{T_1}^{T_2} C_p \frac{\mathrm{d}T}{T} \qquad (2-25)$$

可以证明,式(2−24)和式(2−25)是等同的(证明过程略)。

**例 2−2** 100 kPa 下,1 mol $CO_2$ 气体由 298.15 K 升温至 323.15 K,若环境温度为 373.15 K,分别计算系统和孤立系统的熵变,并判断过程的自发性。已知 $C_{p,m} = 37.11$ J·$K^{-1}$·$mol^{-1}$。

**解**:$\Delta S_{系统} = nC_{p,m}\ln\dfrac{T_2}{T_1} = 1 \text{ mol} \times 37.11 \text{ J·}K^{-1}\text{·}mol^{-1} \times \ln\dfrac{323.15 \text{ K}}{298.15 \text{ K}} = 2.988$ J·$K^{-1}$

$$\Delta S_{环境} = -\frac{Q}{T_{环}} = -\frac{nC_{p,m}(T_2-T_1)}{T_{环}}$$

$$= -\frac{1 \text{ mol} \times 37.11 \text{ J·}K^{-1}\text{·}mol^{-1} \times 25K}{373.15 \text{ K}} = -2.486 \text{ J·}K^{-1}$$

$$\Delta S_{孤立} = \Delta S_{系统} + \Delta S_{环境} = 2.988 \text{ J·}K^{-1} - 2.486 \text{ J·}K^{-1} = 0.502 \text{ J·}K^{-1} > 0$$

由于孤立系统的熵变大于零,因此这是一自发不可逆过程。

**例 2−3** 始态为 323.15 K 和 150 kPa 的 1 mol 单原子理想气体,恒外压绝热膨胀至 50 kPa,计算过程的熵变。

**解**:由于是绝热过程,则 $Q = 0$,$\Delta U = W$。因此

$$nC_{V,m}(T_2 - T_1) = -p_{外}(V_2 - V_1)$$

$$n \times \frac{3}{2}R(T_2 - T_1) = -p_{外} nR\left(\frac{T_2}{p_2} - \frac{T_1}{p_1}\right)$$

$$\frac{3}{2} \times (T_2 - 323.15 \text{ K}) = -50 \text{ kPa} \times \left(\frac{T_2}{50 \text{ kPa}} - \frac{323.15 \text{ K}}{150 \text{ kPa}}\right)$$

$$T_2 = 237 \text{ K}$$

$$V_2 = \frac{nRT_2}{p_2} = \frac{1 \text{ mol} \times 8.314 \text{ J·}K^{-1}\text{·}mol^{-1} \times 237 \text{ K}}{50 \times 10^3 \text{ Pa}} = 0.039 \ 4 \text{ m}^3$$

$$V_1 = \frac{nRT_1}{p_1} = \frac{1 \text{ mol} \times 8.314 \text{ J·}K^{-1}\text{·}mol^{-1} \times 323.15 \text{ K}}{150 \times 10^3 \text{ Pa}} = 0.017 \ 9 \text{ m}^3$$

$$\Delta S = nC_{V,m}\ln\frac{T_2}{T_1} + nR\ln\frac{V_2}{V_1}$$

$$= 1 \text{ mol} \times \frac{3}{2} \times 8.314 \text{ J·}K^{-1}\text{·}mol^{-1} \times \ln\frac{237 \text{ K}}{323.15 \text{ K}} +$$

$$1 \text{ mol} \times 8.314 \text{ J·}K^{-1}\text{·}mol^{-1} \times \ln\frac{0.039 \ 4 \text{ K}}{0.017 \ 9 \text{ K}}$$

$$= 2.693 \text{ J·}K^{-1}$$

### (三)混合过程的熵变

#### 1. 等温等压混合过程

在等温等压下,将隔开两种理想气体的隔板抽去,使两者发生等温等压混合(图 2−7)。这一过程可以看作是两种气体分别由始态体积膨胀至终态体积,然后设计可逆过程可计算系统的熵变。

$$\Delta S_{mix} = \Delta S_A + \Delta S_C = n_A R\ln\frac{V_A + V_C}{V_A} + n_C R\ln\frac{V_A + V_C}{V_C} \qquad (2-26)$$

$$= -n_A R\ln x_A - n_C R\ln x_C$$

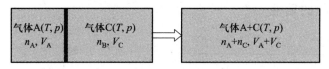

图 2-7　理想气体的混合

式中,$x_A$ 和 $x_C$ 为气体 A 和 C 的摩尔分数。由于 $x_i < 1$,$\ln x_i < 0$,所以 $\Delta S_{mix}$ 必然大于零。混合时,气体没有对环境做功,也没有吸收热量,即环境的状态不发生变化,$\Delta S_{环境} = 0$。这样,理想气体混合过程的总熵变为

$$\Delta S_{孤立} = \Delta S_{mix} + \Delta S_{环境} = \Delta S_{mix} > 0$$

所以,理想气体的等温等压混合过程是一个可以自发进行的不可逆过程。

若为多种理想气体的等温等压混合,混合熵变的计算为

$$\Delta S_{mix} = -\sum_{B} n_B R \ln x_B$$

**2. 变温混合过程**

**例 2-4**　有一绝热容器,分别盛有不同温度下的氧气和氮气,中间用导热隔板隔开,右边体积为左边体积的 2 倍,已知气体的 $C_{V,m} = 28.03 \ J \cdot K^{-1} \cdot mol^{-1}$。求(1) 不抽隔板达平衡后的 $\Delta S$;(2) 抽掉隔板达平衡后的 $\Delta S$。

| 1mol $O_2$ | 2mol $N_2$ |
|---|---|
| 280.15 K | 300.15 K |

**解:**(1) 不抽隔板,两种气体经等容变温达到热平衡,容器左右两边温度相等,设为 $T$。

$$n(O_2)C_{V,m}[T - T(O_2)] = n(N_2)C_{V,m}[T(N_2) - T]$$

$$1 \ mol \times (T - 280.15 \ K) = 2 \ mol \times (300.15 \ K - T)$$

$$T = 293.48 \ K$$

$$\Delta S = n(O_2)C_{V,m}\ln\frac{T}{T(O_2)} + n(N_2)C_{V,m}\ln\frac{T}{T(N_2)}$$

$$= 1 \ mol \times 28.03 \ J \cdot K^{-1} \cdot mol^{-1} \times \ln\frac{293.48}{280.15} + 2 \ mol \times 28.03 \ J \cdot K^{-1} \cdot mol^{-1} \times \ln\frac{293.48}{300.15}$$

$$= 0.043 \ 13 \ J \cdot K^{-1}$$

(2) 抽掉隔板后,理想气体经历了先等容后等温的过程达到平衡。等容过程的熵变(1)中已算得,$\Delta S_1 = 0.043 \ 13 J \cdot K^{-1}$,等温混合熵变为

$$\Delta S_2 = n(O_2)R\ln\frac{3V}{V} + n(N_2)R\ln\frac{3V}{2V}$$

$$= 1 \ mol \times 8.314 \ J \cdot K^{-1} \cdot mol^{-1} \times \ln 3 + 2 \ mol \times 8.314 \ J \cdot K^{-1} \cdot mol^{-1} \times \ln\frac{3}{2}$$

$$= 15.88 \ J \cdot K^{-1}$$

$$\Delta S = \Delta S_1 + \Delta S_2 = 0.043 \ 13 \ J \cdot K^{-1} + 15.88 \ J \cdot K^{-1} = 15.92 \ J \cdot K^{-1}$$

## 二、相变过程的熵变

对于等温等压的可逆相变,系统的熵变为

$$\Delta S = \frac{Q_r}{T} = \frac{\Delta H_{相变}}{T}$$

若是不可逆相变,可以设计一条包括可逆相变在内的可逆途径,用该可逆过程的热温商可计算系统的熵变。

**例 2-5** 在 298.15 K 和 100 kPa 下,1 mol 过冷水蒸气转变为同温同压下的液态水,求此过程的 $\Delta S$。已知 298.15 K 时,水的饱和蒸气压为 3.167 4 kPa,汽化热为 2 217 kJ·kg$^{-1}$。

**解:** 设计可逆过程如下:

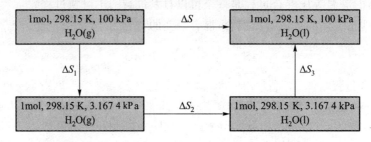

整个过程为等温变化过程,则

$$\Delta S_1 = nR\ln\frac{p_1}{p_2} = 1 \text{ mol} \times 8.314 \text{ J·K}^{-1}\cdot\text{mol}^{-1} \times \ln\frac{100 \text{ kPa}}{3.167\ 4 \text{ kPa}} = 28.70 \text{ J·K}^{-1}$$

$$\Delta S_2 = \frac{-\Delta H_{汽化}}{T} = \frac{-2\ 217 \text{ J·g}^{-1} \times 18 \text{ g·mol}^{-1} \times 1 \text{ mol}}{298.15 \text{ K}} = -133.8 \text{ J·K}^{-1}$$

$$\Delta S_3 = 0$$

$$\Delta S = \Delta S_1 + \Delta S_2 + \Delta S_3 = -105.1 \text{ J·K}^{-1}$$

# 第五节 热力学第三定律及规定熵

纯物质不同过程的熵变计算方法不能简单地应用到化学反应的熵变计算中,因为通常的化学反应都是在不可逆条件下进行的。如果能知道每一种物质的熵值,就能够通过产物熵的总值减去反应物熵的总值的方法容易地计算出化学反应的熵变。热力学第三定律的提出及由此引入的规定熵,解决了化学反应熵变的计算问题。

## 一、热力学第三定律

1906 年,W.H.Nernst 根据实验发现,化学反应温度越低,等温反应熵变越小。因此推论出:在温度趋于热力学零度(0 K)时,等温反应过程中系统的熵值不变,即 $\lim_{T\to 0}(-\Delta_r S) = 0$,此式称为 Nernst 热定理。

等温化学反应的熵变是产物的熵变与反应物的熵变之差。由 Nernst 热定理可以得到,温度趋于热力学零度时,反应物的熵变等于产物的熵变,但是这并不能说明每种物质的熵的绝对值是多少。

1912 年，M.Planck 假定，0 K 时任何纯物质凝聚态的熵值等于零，即

$$\lim_{T \to 0} S = 0 \qquad (2-27)$$

1920 年，G.N.Lewis 和 J.W.Gibbs 指出：式（2-27）的假定只适用于完整的晶体。所谓完整晶体即晶体中的原子或分子只有一种排列方式（例如，NO 可以有 NO 和 ON 两种排列形式，所以不能认为是完整晶体，$N_2O$ 和 CO 也是如此）。

由此可知，Nernst 热定理只适用于热力学零度时反应物质晶型十分完美的情况。因此，Nernst 热定理被进一步修正为：在温度趋于热力学零度时，参与反应的各物质均以完整晶体存在时，则等温反应过程中系统的熵值不变。Nernst 热定理和 Planck 假设都被称为**热力学第三定律**(the third law of thermodynamics)。

因此，热力学第三定律可以简单表述为：在 0 K 时，任何完整晶体的熵值等于零。这个定律是科学家根据一系列低温实验提出来的。纯物质的完整晶体中各个原子或分子都处于最低能级，处于完全有序的排列，混乱度达到最小，因此熵值最小。

热力学第三定律也可表述为：不可能用有限的手法使一物体冷却到热力学零度。这一说法虽然与热力学第一定律和热力学第二定律的说法形式相同，但是它不阻止人们通过有限手法尽可能地使物体温度趋近 0 K。

## 二、规定熵

根据热力学第三定律的规定，以 $S(0\ \text{K})=0$ 为参考零点，可求出物质在任何温度 $T$ 时的熵值。假设从 0 K 到 $T$ 的等压变温过程中无相变化，则

$$\Delta S = S(T) - S(0\ \text{K}) = \int_0^T \frac{C_p \mathrm{d}T}{T}$$

由于 $S(0\ \text{K})=0$，所以

$$S_T = \int_0^T \frac{C_p \mathrm{d}T}{T} = \int_0^T C_p \mathrm{d}\ln T \qquad (2-28)$$

因此，$S(T)$ 可利用实验测得不同温度时的热容来求出，也可以 $C_p/T$ 为纵坐标，$T$ 为横坐标，进行图解积分求得。如图 2-8 所示，曲线下的阴影部分面积即为该物质在温度 $T$ 时的熵 $S(T)$。注意，这种熵值是相对于 0 K 而言的，并非物质的绝对熵值，因此称其为**规定熵**(conventional entropy)。

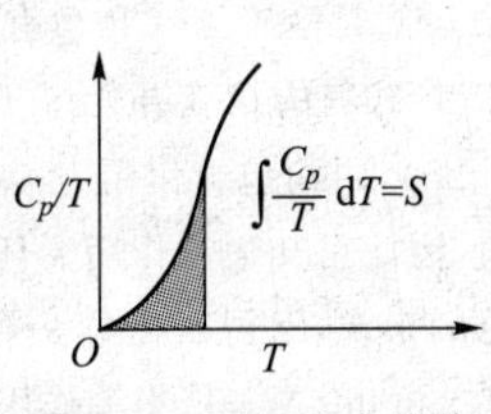

图 2-8　图解法求熵值

必须指出的是，若在 $0 \to T$ 之间有相变化时，由于不同聚集状态的 $C_p$ 不同，不同相变的相变热也不同，因此必须分段计算各状态变化及相变过程的熵变。

例如，设某物质从 0 K 的完整晶体到温度 $T$ 的气态，中间经过一系列相变过程：

$$\text{固体} \xrightarrow{\Delta S_1} \text{固体} \xrightarrow{\Delta S_2} \text{液体} \xrightarrow{\Delta S_3} \text{液体} \xrightarrow{\Delta S_4} \text{气体} \xrightarrow{\Delta S_5} \text{气体}$$
$$\quad 0\ \text{K} \qquad\quad T_f \qquad\qquad T_f \qquad\qquad T_b \qquad\qquad T_b \qquad\qquad T$$

则该物质在温度 $T$ 时的规定熵为

$$S(T)=\Delta S_1+\Delta S_2+\Delta S_3+\Delta S_4+\Delta S_5$$
$$=\int_0^{T_f}C_{p,s}\frac{dT}{T}+\frac{\Delta H_f}{T_f}+\int_{T_f}^{T_b}C_{p,l}\frac{dT}{T}+\frac{\Delta H_v}{T_b}+\int_{T_b}^{T}C_{p,g}\frac{dT}{T} \qquad (2-29)$$

热力学零度附近（15 K 以下）的 $C_p$ 值很难测定，可用 Debye 公式进行估算，即

$$C_p=\alpha T^3$$

式中，$\alpha$ 为物质的特征常数。

1 mol 物质处于温度 $T$、标准压力（$p^\ominus$）下的规定熵称为该物质在此温度的**标准摩尔熵**（standard molar entropy），用 $S_{m,B}^\ominus$ 表示，本书在附表中列出了一些物质处于标准压力 $p^\ominus$ 和 298.15 K 状态下的标准摩尔熵。

## 三、化学反应的熵变

若已知反应物和产物的标准熵，用下面的公式可以计算化学反应的熵变，即

$$\Delta_r S_m^\ominus=\sum\nu_B S_{m,B}^\ominus \qquad (2-30)$$

式中，$S_{m,B}^\ominus$ 为物质 B 的标准摩尔熵；$\nu_B$ 为化学计量式中物质 B 的化学计量数。

**例 2-6** 在 298.15K 及 $p^\ominus$ 条件下，求反应 $H_2(g)+Cl_2(g)\longrightarrow 2HCl(g)$ 的熵变。

**解：** 查热力学数据表得：$S_m^\ominus(H_2,g)=130.684\ J\cdot K^{-1}\cdot mol^{-1}$，$S_m^\ominus(Cl_2,g)=223.066\ J\cdot K^{-1}\cdot mol^{-1}$，$S_m^\ominus(HCl,g)=186.908\ J\cdot K^{-1}\cdot mol^{-1}$，则

$$\Delta_r S_m^\ominus=2S_m^\ominus(HCl,g)-S_m^\ominus(H_2,g)-S_m^\ominus(Cl_2,g)$$
$$=2\times186.908\ J\cdot K^{-1}\cdot mol^{-1}-130.684\ J\cdot K^{-1}\cdot mol^{-1}-223.066\ J\cdot K^{-1}\cdot mol^{-1}$$
$$=20.066\ J\cdot K^{-1}\cdot mol^{-1}$$

**案例 2-1 热力学在利用包合作用提高药物生物利用度方面的应用**

环糊精通过药物分子形成包合物，不仅在一定程度上改变了药物分子的物理、化学和生物性质，而且在一定程度上改变药物分子的生物利用度。如 $\beta$-环糊精（$\beta$-CD）与阿司匹林反应的热力学发现：由于阿司匹林分子是部分地嵌入 $\beta$-CD 的空穴中，所以使得 $\beta$-CD 的热运动受到限制，因而获得较大的焓变 $\Delta H$；同时由于 $\beta$-CD 包合物的形成使阿司匹林被限制在 $\beta$-CD 空穴周围，因而产生较大的不利熵变 $\Delta S$。有利的焓变补偿了不利的熵变，结果在所有温度下都可得到负的 Gibbs 自由能变化（$\Delta G=\Delta H-T\Delta S$），因而包合作用为一自发过程，包合作用是焓效应起支配作用；而 $\Delta H$ 值又小于一般化学反应的数值，因此可知包合作用无任何共价键形成，包合物分子间是通过氢键、van der Waals 力等作用而结合的。总的来说，阿司匹林与 $\beta$-CD 形成包合物后能增加阿司匹林的溶解度，包合作用的原动力是分子间氢键和 van der Waals 力等作用的结果，包合为阿司匹林的应用提供一定的参考价值。

问题：
（1）利用包合作用提高药物生物利用度，需要满足什么条件？
（2）热力学函数在药物研究中有何重要作用？

# 第六节　Helmholtz 自由能和 Gibbs 自由能

由于实际过程很少在真正的孤立系统中进行,且大多是不可逆过程,因此熵变的计算就变得复杂。实践表明,大多数化学反应是在等温等压或等温等容条件下进行的,若能引入新的热力学函数,利用系统的这些函数的变化值判断过程的方向和限度,而不必考虑环境的影响,将对实际问题的解决带来很大的方便。因此,H. von Helmholtz 和 Gibbs 分别定义了两个状态函数——Helmholtz 自由能和 Gibbs 自由能。

## 一、Helmholtz 自由能

由热力学第二定律的熵增加原理,可知

$$dS - \frac{\delta Q}{T_{环境}} \geqslant 0$$

根据热力学第一定律,$dU = \delta Q + \delta W$,将该式和熵增表达式联合后,可得

$$T_{环境} dS - dU \geqslant -\delta W \tag{2-31}$$

在等温条件下,$T_1 = T_2 = T_{环境}$,式(2-31)可写为

$$T dS - dU \geqslant -\delta W$$

$$d(TS) - dU \geqslant -\delta W$$

或

$$-d(U - TS) \geqslant -\delta W$$

于是,定义

$$F \equiv U - TS \tag{2-32}$$

$F$ 称为 **Helmholtz 自由能(Helmholtz free energy)**。因为式中 $U$、$T$、$S$ 均为状态函数,所以 $F$ 也是状态函数。由此可得

$$-dF \geqslant -\delta W \tag{2-33}$$

或

$$-\Delta F \geqslant -W \tag{2-34}$$

式中,等号表示可逆过程,大于号表示不可逆过程。由式(2-33)和式(2-34)可知,封闭系统的等温可逆过程中,系统所做的最大功等于 Helmholtz 自由能的减少。

对不做非体积功的等温等容过程,式(2-34)变为

$$-\Delta F_{T,V,W'=0} \geqslant 0 \tag{2-35}$$

或

$$\Delta F_{T,V,W'=0} \leqslant 0 \tag{2-36}$$

式(2-36)中的小于号表示不可逆过程。式(2-35)和式(2-36)表明,在等温等容只做体积功的系统中,若发生一可逆过程,系统的 Helmholtz 自由能不发生变化;若发生一不可逆过程,

则系统的 Helmholtz 自由能将减少。

## 二、Gibbs 自由能

对于等温等压过程,式(2-31)中的 $T_{环境}=T$,$\delta W$ 可表示为

$$\delta W = \delta W' - p_e dV = \delta W' - p dV$$

则有

$$TdS - dU \geqslant pdV - \delta W'$$

$$d(TS) - dU - d(pV) \geqslant -\delta W'$$

$$d(TS - U - pV) \geqslant -\delta W'$$

根据焓的定义 $H=U+pV$,代入上式得

$$-d(H-TS) \geqslant -\delta W' \tag{2-37}$$

定义

$$G \equiv H - TS \tag{2-38}$$

$G$ 称为 **Gibbs 自由能(Gibbs free energy)**。式中 $H$、$T$、$S$ 均为状态函数,所以 $G$ 也是状态函数。在等温等压条件下,由式(2-37)可得

$$-dG_{T,p} \geqslant -\delta W' \tag{2-39}$$

若为非体积功为零的等温等压过程,则式(2-39)变为

$$dG_{T,p,W'=0} \leqslant 0 \tag{2-40}$$

或

$$\Delta G_{T,p,W'=0} \leqslant 0 \tag{2-41}$$

式(2-40)和式(2-41)中,等号表示可逆过程;小于号表示不可逆过程。两式表明,系统不做非体积功时,等温等压过程只能向 Gibbs 自由能减少的方向进行;当 Gibbs 自由能减小到不能减小时,就是过程所能达到的限度,系统处于平衡状态。上述内容就是**最小 Gibbs 自由能原理(principle of minimization of Gibbs free energy)**。

## 三、过程方向和限度的判据

热力学中用以判断自发变化的方向和限度的一些不等式是从讨论熵函数开始的,然后推出了 Helmholtz 自由能和 Gibbs 自由能的不等式。用熵判断过程方向和限度时必须是孤立系统,除了考虑系统自身的熵变外,还要考虑环境的熵变。如果用 Helmholtz 自由能和 Gibbs 自由能来判断,则只需要考虑系统自身的性质,这就是 Helmholtz 自由能和 Gibbs 自由能的重要性所在。但是由于大多数化学反应都是在等温等压条件下进行,因此,Gibbs 自由能比 Helmholtz 自由能更常用。

判断自发过程进行的方向和限度是热力学第二定律的重点内容,表 2-1 归纳总结了热力学中三个方向和限度的判据。

**表 2-1　自发过程方向和限度的判据**

| 判据名称 | 适用系统 | 过程性质 | 自发过程的方向 | 数学表达式 |
|---|---|---|---|---|
| 熵，$S$ | 孤立系统 | 任何过程 | 熵增加 | $dS_{孤立} \geqslant 0$ |
| Helmholtz 自由能，$F$ | 封闭系统 | 等温等容且非体积功为零 | Helmholtz 自由能减小 | $dF_{T,V,W'=0} \leqslant 0$ |
| Gibbs 自由能，$G$ | 封闭系统 | 等温等压且非体积功为零 | Gibbs 自由能减小 | $dG_{T,p,W'=0} \leqslant 0$ |

# 第七节　$\Delta G$ 的 计 算

等温等压条件下，Gibbs 自由能变化 $\Delta G$ 是自发过程的方向和限度的判据，在化学变化、相变化和电化学中有广泛的应用。所以，掌握 $\Delta G$ 的计算非常重要。

## 一、简单状态变化和相变化过程的 $\Delta G$

根据 Gibbs 自由能的定义 $G = H - TS$，若系统发生一微小变化过程，则有

$$dG = dH - TdS - SdT = dU + pdV + Vdp - TdS - SdT$$

若在可逆过程中，系统只做体积功，热力学第一定律可表示为

$$dU = \delta Q_r - pdV = TdS - pdV$$

代入上式，可得

$$dG = -SdT + Vdp \tag{2-42}$$

式(2-42)为热力学基本方程之一。

### (一) 理想气体等温过程

因为 $\Delta T = 0$，式(2-42)可写为

$$dG = Vdp \tag{2-43}$$

若系统为理想气体，$V = \dfrac{nRT}{p}$，则

$$\Delta G = \int_{p_1}^{p_2} Vdp = \int_{p_1}^{p_2} \frac{nRT}{p}dp = nRT\ln\frac{p_2}{p_1} = nRT\ln\frac{V_1}{V_2} \tag{2-44}$$

等温过程的 $\Delta G$ 计算也可直接由定义式 $G = H - TS$ 推出。因为 $T$ 不变，则

$$\Delta G = \Delta H - T\Delta S \tag{2-45}$$

**例 2-7**　始态为 298.15 K 和 100 kPa 的 1 mol 理想气体 $O_2$，(1) 经等温可逆压缩到 600 kPa；(2) 在 600 kPa 的恒外压作用下等温压缩到终态，求上述两过程的 $Q$、$W$、$\Delta U$、$\Delta H$、$\Delta S$、$\Delta F$、$\Delta G$。

**解：**(1) 因理想气体的 $U$ 和 $H$ 仅是温度的函数，在等温变化时，$\Delta U = 0$，$\Delta H = 0$，则

$$Q = -W = nRT\ln\frac{p_1}{p_2} = 1\text{ mol}\times 8.314\text{ J}\cdot\text{K}^{-1}\cdot\text{mol}^{-1}\times 298.15\text{ K}\times\ln\frac{1\text{ kPa}}{6\text{ kPa}} = -4\,441.45\text{ J}$$

$$\Delta S_{\text{系统}} = \frac{Q}{T} = \frac{-4\,441.45\text{ J}}{298.15\text{ K}} = -14.90\text{ J}\cdot\text{K}^{-1}$$

$$\Delta F = W = 4\,441.45\text{ J}$$

$$\Delta G = nRT\ln\frac{p_2}{p_1} = 1\text{ mol}\times 8.314\text{ J}\cdot\text{K}^{-1}\cdot\text{mol}^{-1}\times 298.15\text{ K}\times\ln\frac{6\text{ kPa}}{1\text{ kPa}} = 4\,441.45\text{ J}$$

(2) 始态和终态同(1),所以状态函数的改变值不变。$\Delta U$、$\Delta H$、$\Delta S$、$\Delta F$、$\Delta G$ 同(1)。

$$Q = -W = p\Delta V = p\left(\frac{nRT}{p_2} - \frac{nRT}{p_1}\right) = p_2 nRT\left(\frac{1}{p_2} - \frac{1}{p_1}\right)$$

$$= 600\text{ kPa}\times 1\text{ mol}\times 8.314\text{ J}\cdot\text{K}^{-1}\cdot\text{mol}^{-1}\times 298.15\text{ K}\times\left(\frac{1}{600\text{ kPa}} - \frac{1}{100\text{ kPa}}\right)$$

$$= -12.39\text{ kJ}$$

由于理想气体的 $U$ 和 $H$ 只是温度的函数,因此 $\Delta F$ 和 $\Delta G$ 计算值相同。根据 $F$ 的定义式,也可推出理想气体等温过程 $\Delta F$ 的计算公式,分别为

$$\Delta F = \Delta U - T\Delta S = -T\Delta S \tag{2-46}$$

或

$$\Delta F = nRT\ln\frac{p_2}{p_1} \tag{2-47}$$

### (二) 等温等压相变过程

**1. 等温等压可逆相变**

由式(2-42)可得,等温等压可逆相变时,$\Delta G = 0$。或由 Gibbs 自由能判据可知,等温等压非体积功为零的可逆过程,$\Delta G = 0$。

**例 2-8** 1 mol 液态 $H_2O$ 在其沸点 373.15 K 和 100 kPa 时蒸发为气体,若水蒸气可视为理想气体,蒸发热为 2 258 kJ·$\text{kg}^{-1}$,求该过程的 $Q$、$W$、$\Delta U$、$\Delta H$、$\Delta S$、$\Delta F$、$\Delta G$。

**解:** 这是一非体积功为零的等温等压的可逆相变,故 $\Delta G = 0$。

$$Q_p = 2\,258\text{ kJ}\cdot\text{kg}^{-1}\times 18\times 10^{-3}\text{ kg}\cdot\text{mol}^{-1}\times 1\text{ mol} = 40.64\text{ kJ}$$

$$\Delta H = Q_p = 40.64\text{ kJ}$$

$$W = -p(V_g - V_1) \approx -pV_g = -nRT$$

$$= -1\text{ mol}\times 8.314\text{ J}\cdot\text{K}^{-1}\cdot\text{mol}^{-1}\times 373.15\text{ K} = -3\,102\text{ J}$$

$$\Delta U = Q + W = 40.64\times 10^3\text{ J} - 3\,102\text{ J} = 37.54\text{ kJ}$$

$$\Delta S = \frac{Q}{T} = \frac{40.64\times 10^3\text{ J}}{373.15\text{ K}} = 108.9\text{ J}\cdot\text{K}^{-1}$$

$$\Delta F = W = -3\,102\text{ J}$$

**2. 等温等压不可逆相变**

对于始态和终态处于不平衡两相的不可逆相变过程,必须设计一可逆过程来计算其 $\Delta G$。

**例 2-9** 298.15 K、100 kPa 下,1 mol 的过冷水蒸气变为同温同压下的水,求此过程的 $\Delta G$。已知 298.15 K 时水的蒸气压为 3 167 Pa。

**解:** 设计等温可逆过程

$$\Delta G = \Delta G_1 + \Delta G_2 + \Delta G_3 = \int_{p_1}^{p_2} V_g \, \mathrm{d}p + 0 + \int_{p_2}^{p_1} V_l \, \mathrm{d}p$$

$$= \int_{p_1}^{p_2} (V_g - V_l) \, \mathrm{d}p = nRT \ln \frac{p_2}{p_1}$$

$$= 1 \text{ mol} \times 8.314 \text{ J} \cdot \text{K}^{-1} \cdot \text{mol}^{-1} \times 298.15 \text{ K} \times \ln \frac{3.167 \text{ kPa}}{100 \text{ kPa}} = -8\,558 \text{ J}$$

由于液体的体积相比于气体体积小很多,所以计算时忽略液体的体积。

## 二、化学变化的 $\Delta_r G$

### (一)根据反应的热效应和熵变计算

由式(2-45) $\Delta G = \Delta H - T\Delta S$ 可知,只要求出反应的 $\Delta_r H$ 和 $\Delta_r S$,就可求出反应的 $\Delta_r G$。

**例 2-10**　计算甲醇脱氢反应的 $\Delta_r G_m^{\ominus}$。

$$CH_3OH(g) \longrightarrow HCHO(g) + H_2(g)$$

**解:** 查表得

| | $CH_3OH(g)$ | $HCHO(g)$ | $H_2(g)$ |
|---|---|---|---|
| $\Delta_f H_m^{\ominus}/(\text{kJ} \cdot \text{mol}^{-1})$ | $-200.66$ | $-108.57$ | 0 |
| $S_m^{\ominus}/(\text{J} \cdot \text{K}^{-1} \cdot \text{mol}^{-1})$ | 239.81 | 218.77 | 130.684 |

$$\begin{aligned}
\Delta_r H_m^{\ominus} &= \nu_{H_2} \Delta_f H_m^{\ominus}(H_2, g) + \nu_{HCHO} \Delta_f H_m^{\ominus}(HCHO, g) - \nu_{CH_3OH} \Delta_f H_m^{\ominus}(CH_3OH, g) \\
&= 1 \times (-108.57 \text{ kJ} \cdot \text{mol}^{-1}) - 1 \times (-200.66 \text{ kJ} \cdot \text{mol}^{-1}) \\
&= 92.09 \text{ kJ} \cdot \text{mol}^{-1}
\end{aligned}$$

$$\begin{aligned}
\Delta_r S_m^{\ominus} &= \nu_{H_2} S_m^{\ominus}(H_2, g) + \nu_{HCHO} S_m^{\ominus}(HCHO, g) - \nu_{CH_3OH} S_m^{\ominus}(CH_3OH, g) \\
&= 1 \times 130.684 \text{ J} \cdot \text{K}^{-1} \cdot \text{mol}^{-1} + 1 \times 218.77 \text{ J} \cdot \text{K}^{-1} \cdot \text{mol}^{-1} - 1 \times 239.81 \text{ J} \cdot \text{K}^{-1} \cdot \text{mol}^{-1} \\
&= 109.644 \text{ J} \cdot \text{K}^{-1} \cdot \text{mol}^{-1}
\end{aligned}$$

$$\begin{aligned}
\Delta_r G_m^{\ominus} &= \Delta_r H_m^{\ominus} - T\Delta_r S_m^{\ominus} \\
&= 92.09 \times 10^3 \text{ J} \cdot \text{mol}^{-1} - 298.15 \text{ K} \times 109.644 \text{ J} \cdot \text{K}^{-1} \cdot \text{mol}^{-1} \\
&= 59.400 \text{ kJ} \cdot \text{mol}^{-1}
\end{aligned}$$

反应的 $\Delta_r G_m^{\ominus} > 0$,表明该反应在 298.15 K 和标准压力下不能自发进行。

由例 2-10 中的计算结果可以发现,$\Delta_r H$ 项远远超过 $T\Delta_r S$ 项,该反应在例题所规定的条件下不能自发进行,而要使该反应从不利转化为有利的关键是提高反应温度,使 $T\Delta_r S$ 项超过 $\Delta_r H$ 项。因此,根据 $\Delta_r H$ 和 $\Delta_r S$ 的相对大小及符号,可以初步确定有利于化学反应进行的温度。若 $\Delta_r H < 0$,$\Delta_r S > 0$,则 $\Delta_r G < 0$,反应在任何温度下进行均有利;$\Delta_r H > 0$,$\Delta_r S < 0$,则 $\Delta_r G > 0$,反应在任何温度下进行均不利;若 $\Delta_r H < 0$,$\Delta_r S < 0$,当温度不高时,$\Delta_r G < 0$,反应可以自发进行;若 $\Delta_r H > 0$,$\Delta_r S > 0$,当温度很高时,$\Delta_r G < 0$,因此某些吸热反应只有在高

温下才能进行(例 2-10 中的反应,需在 600℃左右才能进行)。

### (二) 根据标准生成 Gibbs 自由能计算

虽然化合物的 Gibbs 自由能绝对值无法得知,但是实际计算中需要的是过程发生时的 Gibbs 自由能的变化。因此,像引出化合物的标准生成焓一样,规定在标准压力下,最稳定单质的 Gibbs 自由能为零,则由单质生成 1 mol 某化合物时,该生成反应的标准 Gibbs 自由能的变化量定义为该化合物的标准摩尔生成 Gibbs 自由能,以 $\Delta_f G_m^{\ominus}$ 表示。

常见化合物在 298.15K 时的标准摩尔生成 Gibbs 自由能可由本书附录或其他物理化学数据手册上查得。利用反应中各化合物的 $\Delta_f G_m^{\ominus}$,采用与化合物标准摩尔生成焓计算反应焓变相同的方法,可以求出反应 Gibbs 自由能的变化。

对于任意反应 $a A + b B \longrightarrow g G + h H$,反应的 $\Delta_r G^{\ominus}$ 和 $\Delta_f G_m^{\ominus}$ 的关系为

$$\Delta_r G^{\ominus} = (g \Delta_f G_{m,G}^{\ominus} + h \Delta_f G_{m,H}^{\ominus}) - (a \Delta_f G_{m,A}^{\ominus} + b \Delta_f G_{m,B}^{\ominus}) \tag{2-48}$$

或

$$\Delta_r G^{\ominus} = (\sum \nu_B \Delta_f G_{m,B}^{\ominus})_{\text{产物}} - (\sum \nu_B \Delta_f G_{m,B}^{\ominus})_{\text{反应物}} \tag{2-49}$$

### 三、Gibbs 自由能随温度的变化

数据手册上化合物的热力学数据只能计算 298.15 K 时化学反应的 Gibbs 自由能变化,如果需要从一个温度反应的 $\Delta_r G_1$ 求另一温度的 $\Delta_r G_2$,这就要求了解 $\Delta G$ 与温度的关系。

根据公式 $dG = -SdT + Vdp$,在等压下,可以得到

$$S = -\left(\frac{\partial G}{\partial T}\right)_p$$

或者

$$-\Delta S = \left(\frac{\partial \Delta G}{\partial T}\right)_p \tag{2-50}$$

已知在温度 $T$ 时,$\Delta G = \Delta H - T \Delta S$,则

$$-\Delta S = \frac{\Delta G - \Delta H}{T}$$

代入式(2-50),得

$$\left(\frac{\partial \Delta G}{\partial T}\right)_p = \frac{\Delta G - \Delta H}{T} \tag{2-51}$$

将该式写成易于积分的形式,即

$$\frac{1}{T}\left(\frac{\partial \Delta G}{\partial T}\right)_p - \frac{\Delta G}{T^2} = -\frac{\Delta H}{T^2}$$

上式左边为 $\left(\frac{\Delta G}{T}\right)$ 对 $T$ 的微分,所以

$$\left[\frac{\partial\left(\frac{\Delta G}{T}\right)}{\partial T}\right]_p = -\frac{\Delta H}{T^2} \tag{2-52}$$

对上式作不定积分,得

$$\frac{\Delta G}{T} = -\int \frac{\Delta H}{T^2} \mathrm{d}T + I \tag{2-53}$$

若温度变化范围不大,$\Delta H$ 可近似为常数,对式(2-52)作定积分,可得

$$\frac{\Delta G_2}{T_2} - \frac{\Delta G_1}{T_1} = \Delta H \left( \frac{1}{T_2} - \frac{1}{T_1} \right) \tag{2-54}$$

式(2-52)～式(2-54)均称为 Gibbs-Helmholtz 公式。利用这些公式,可以由某一温度下的 $\Delta G$ 计算另一温度下的 $\Delta G$。

## 第八节　热力学函数间的关系

### 一、热力学基本公式

对于只做膨胀功的封闭系统,热力学第一定律的表达式为

$$\mathrm{d}U = \delta Q - p\,\mathrm{d}V$$

若系统发生的是可逆过程,由热力学第二定律可知,$\delta Q_r = T\mathrm{d}S$,代入上式,得

$$\mathrm{d}U = T\mathrm{d}S - p\,\mathrm{d}V \tag{2-55}$$

由焓的定义式 $H = U + pV$,可得

$$\mathrm{d}H = \mathrm{d}U + p\,\mathrm{d}V + V\,\mathrm{d}p$$

将式(2-55)代入,得

$$\mathrm{d}H = T\mathrm{d}S + V\,\mathrm{d}p \tag{2-56}$$

同样方法可得

$$\mathrm{d}F = -S\mathrm{d}T - p\,\mathrm{d}V \tag{2-57}$$

$$\mathrm{d}G = -S\mathrm{d}T + V\,\mathrm{d}p \tag{2-58}$$

式(2-55)～式(2-58)称为热力学基本公式,又称热力学第一定律和第二定律联合公式。从推导过程可以看出,这些公式只适用于组成不变,除体积功外无其他功的封闭系统的可逆过程。但由于 $U$、$H$、$S$、$F$、$G$ 都是系统的状态函数,如果发生不可逆过程,则可在相同始态和终态间设计可逆过程后,再用上述公式计算。因此,热力学基本公式的使用条件为:组成不变,只做体积功的封闭系统。

利用这些公式可以导出很多有用的关系式。例如

$$T = \left( \frac{\partial U}{\partial S} \right)_V = \left( \frac{\partial H}{\partial S} \right)_p \tag{2-59}$$

$$p = -\left( \frac{\partial U}{\partial V} \right)_S = -\left( \frac{\partial F}{\partial V} \right)_T \tag{2-60}$$

$$V=\left(\frac{\partial H}{\partial p}\right)_S=\left(\frac{\partial G}{\partial p}\right)_T \tag{2-61}$$

$$S=-\left(\frac{\partial F}{\partial T}\right)_V=-\left(\frac{\partial G}{\partial T}\right)_p \tag{2-62}$$

## 二、Maxwell 关系式

### (一) Maxwell 关系式

设 $Z$ 代表系统的任一性质,且 $Z$ 是变量 $x$ 和 $y$ 的函数,即 $Z=f(x,y)$。因此,$Z$ 的全微分为

$$\mathrm{d}Z=\left(\frac{\partial Z}{\partial x}\right)_y\mathrm{d}x+\left(\frac{\partial Z}{\partial y}\right)_x\mathrm{d}y=M\mathrm{d}x+N\mathrm{d}y$$

式中,$M=\left(\frac{\partial Z}{\partial x}\right)_y$;$N=\left(\frac{\partial Z}{\partial y}\right)_x$。$M$ 和 $N$ 也是 $x$ 和 $y$ 的函数,将 $M$ 在 $x$ 不变的条件下对 $y$ 偏微分,将 $N$ 在 $y$ 不变的条件下对 $x$ 偏微分,可分别得到

$$\left(\frac{\partial M}{\partial y}\right)_x=\left[\frac{\partial}{\partial y}\left(\frac{\partial Z}{\partial x}\right)_y\right]_x=\frac{\partial^2 Z}{\partial y\partial x}$$

$$\left(\frac{\partial N}{\partial x}\right)_y=\left[\frac{\partial}{\partial x}\left(\frac{\partial Z}{\partial y}\right)_x\right]_y=\frac{\partial^2 Z}{\partial x\partial y}$$

根据微分原理,二阶导数与求导次序无关,可以互换,即

$$\left[\frac{\partial}{\partial y}\left(\frac{\partial Z}{\partial x}\right)_y\right]_x=\frac{\partial^2 Z}{\partial y\partial x}=\left[\frac{\partial}{\partial x}\left(\frac{\partial Z}{\partial y}\right)_x\right]_y$$

因此,有

$$\left(\frac{\partial M}{\partial y}\right)_x=\left(\frac{\partial N}{\partial x}\right)_y$$

上式即为 Maxwell 关系式。将 Maxwell 关系式应用到热力学基本关系式中,得

$$\left(\frac{\partial T}{\partial V}\right)_S=-\left(\frac{\partial p}{\partial S}\right)_V \tag{2-63}$$

$$\left(\frac{\partial T}{\partial p}\right)_S=\left(\frac{\partial V}{\partial S}\right)_p \tag{2-64}$$

$$\left(\frac{\partial S}{\partial V}\right)_T=\left(\frac{\partial p}{\partial T}\right)_V \tag{2-65}$$

$$\left(\frac{\partial S}{\partial p}\right)_T=-\left(\frac{\partial V}{\partial T}\right)_p \tag{2-66}$$

### (二) Maxwell 关系式的应用

利用 Maxwell 关系式,可以将不能或不易由实验测定的物理量变换成容易测定的物理

量。例如，熵的偏微商难以测得，则可以用易于测得的 $\left(\dfrac{\partial V}{\partial T}\right)_p$ 或 $\left(\dfrac{\partial p}{\partial T}\right)_V$ 代替。此外，还可以利用 Maxwell 关系式，证明一些已有关系式。

## 第九节　偏摩尔量和化学势

对单组分封闭系统而言，只要知道系统的温度和压力，系统的状态就确定了。例如，前面章节所讨论的纯物质或组成不变的均相封闭系统，即属此种情况。但是，对于敞开系统或组成发生变化的封闭系统，系统的广度性质除了与温度、压力有关外，还和系统的组成有关，此时，系统的热力学量就不等于纯态时各物质该热力学量的简单加和。

例如，在 298.15 K 和标准压力下，将 150 mL 水和 50 mL 乙醇混合，总体积的实验值为 195 mL；将 50 mL 水和 150 mL 乙醇混合，总体积为 193 mL。显然，混合后溶液的体积并不等于各组分在纯态时的体积之和，并随组成而变化。除了质量外，其他广度性质除非在纯物质中或理想液态混合物中，一般都不具有加和性。

因此，在讨论两种或两种以上物质所构成的均相系统时，必须找出系统热力学性质与组成的关系。

### 一、偏摩尔量

#### （一）偏摩尔量的定义

对于多组分系统，其任意一种广度性质 $X$（如 $V$、$U$、$H$、$S$、$G$ 等）除了与温度 $T$、压力 $p$ 有关外，还与系统中各组分的物质的量 $n_1, n_2, n_3 \cdots$ 有关，写作函数的形式为

$$X = f(T, p, n_1, n_2, \cdots)$$

当温度、压力及组成有微小变化时，有

$$\mathrm{d}X = \left(\frac{\partial X}{\partial T}\right)_{p,n_i} \mathrm{d}T + \left(\frac{\partial X}{\partial p}\right)_{T,n_i} \mathrm{d}p + \left(\frac{\partial X}{\partial n_1}\right)_{T,p,n_{j \neq 1}} \mathrm{d}n_1 + \left(\frac{\partial X}{\partial n_2}\right)_{T,p,n_{j \neq 2}} \mathrm{d}n_2 + \cdots \quad (2-67)$$

式中，$n_i$ 表示所有组分物质的量均不变；$n_j$ 表示除指定组分外其余组分物质的量保持不变。该公式右边第一项表示当压力和系统组成不变时，温度的变化对状态函数 $X$ 变化的贡献；第二项表示当温度和系统组成不变时，系统压力的变化对状态函数 $X$ 变化的贡献；第三项表示当温度、压力和系统中除组分 1 外其他组分物质的量不变时，组分 1 的物质的量的变化对状态函数 $X$ 变化的贡献，之后各项代表组分 $2, 3, \cdots, k$ 单独变化时对系统状态函数 $X$ 变化的贡献。

在等温等压下，令

$$X_{B,m} = \left(\frac{\partial X}{\partial n_B}\right)_{T,p,n_{j \neq B}} \quad (2-68)$$

式中，$X_{B,m}$ 称为多组分系统中物质 B 的**偏摩尔量（partial molar quantity）**。由该式可以看出偏摩尔量的物理意义：在等温等压条件下，往无限大量的系统（保持系统组成不变）中加入 1 mol 物质 B 所引起的系统广度性质 $X$ 的改变。或是在等温等压条件下，在指定浓度的有

限量系统中,加入微量物质 B 所引起的系统广度性质 $X$ 的改变。由于加入的量极微,故系统的组成不发生变化。

根据偏摩尔量的定义,在等温等压条件下,式(2-67)可写为

$$dX = X_{1,m} dn_1 + X_{2,m} dn_2 + \cdots = \sum_B X_{B,m} dn_B \qquad (2-69)$$

偏摩尔量是强度性质,在等温等压下,只与系统的组成有关,而与系统的量无关。在等温等压下,均相系统的广度性质均存在相应的偏摩尔量。例如,偏摩尔体积 $V_{B,m} = \left(\dfrac{\partial V}{\partial n_B}\right)_{T,p,n_{j \neq B}}$,偏摩尔热力学能 $U_{B,m} = \left(\dfrac{\partial U}{\partial n_B}\right)_{T,p,n_{j \neq B}}$,偏摩尔熵 $S_{B,m} = \left(\dfrac{\partial S}{\partial n_B}\right)_{T,p,n_{j \neq B}}$,偏摩尔 Gibbs 自由能 $G_{B,m} = \left(\dfrac{\partial G}{\partial n_B}\right)_{T,p,n_{j \neq B}}$ 等。

注意,偏摩尔量只对均相系统才有意义。与 $T$、$p$、$U$ 和 $G$ 等系统性质不同,在讨论偏摩尔量时,总是指某物质的偏摩尔量,且偏导数式的下标必须为 $T$ 和 $p$。

**(二) 偏摩尔量的集合公式**

在等温等压,且保持系统组成不变的情况下,向溶液中加入各组分,则各组分的偏摩尔量也不变。将式(2-69)积分,可得

$$
\begin{aligned}
X &= X_{1,m} \int_0^{n_1} dn_1 + X_{2,m} \int_0^{n_2} dn_2 + \cdots + X_{i,m} \int_0^{n_i} dn_i \\
&= n_1 X_{1,m} + n_2 X_{2,m} + \cdots + n_i X_{i,m} \\
&= \sum_{B=1}^{i} n_B X_{B,m}
\end{aligned}
\qquad (2-70)
$$

此式为偏摩尔量的集合公式,表明均相系统的广度性质 $X$ 决定于各组分的物质的量和相应的偏摩尔量。在多组分系统中,引入偏摩尔量之后,系统的广度性质 $X$ 具有加和性。如果系统只含有两个组分,则以体积为例,集合公式可写作 $V = n_1 V_{1,m} + n_2 V_{2,m}$。

## 二、化学势

**(一) 化学势的定义**

当均相系统中含有多种组分时,它的任何性质都是系统中各物质的量与 $T$、$p$、$V$、$S$ 等变量中任意两个独立变量的函数,如 $G = f(T,p,n_1,n_2,\cdots)$,$U = f(S,V,n_1,n_2,\cdots)$ 等。现以 Gibbs 自由能为例,它的全微分为

$$
\begin{aligned}
dG &= \left(\frac{\partial G}{\partial T}\right)_{p,n_i} dT + \left(\frac{\partial G}{\partial p}\right)_{T,n_i} dp + \left(\frac{\partial G}{\partial n_1}\right)_{T,p,n_{j \neq 1}} dn_1 + \left(\frac{\partial G}{\partial n_2}\right)_{T,p,n_{j \neq 2}} dn_2 + \cdots \\
&= \left(\frac{\partial G}{\partial T}\right)_{p,n_i} dT + \left(\frac{\partial G}{\partial p}\right)_{T,n_i} dp + \sum \left(\frac{\partial G}{\partial n_B}\right)_{T,p,n_{j \neq B}} dn_B
\end{aligned}
\qquad (2-71)
$$

式中,$\left(\dfrac{\partial G}{\partial T}\right)_{p,n_i}$ 及 $\left(\dfrac{\partial G}{\partial p}\right)_{T,n_i}$ 与封闭系统中的偏微商 $\left(\dfrac{\partial G}{\partial T}\right)_p$ 和 $\left(\dfrac{\partial G}{\partial p}\right)_T$ 具有相同意义,均表示组成不变时,温度和压力的改变引起的 Gibbs 自由能的变化。因此,将式(2-61)和式(2-62)代入式(2-71),得

$$dG = -SdT + Vdp + \sum \left(\frac{\partial G}{\partial n_B}\right)_{T,p,n_{j\neq B}} dn_B \qquad (2-72)$$

Gibbs 将式中的偏摩尔 Gibbs 自由能定义为**化学势(chemical potential)**，用符号 $\mu_B$ 表示

$$\mu_B = \left(\frac{\partial G}{\partial n_B}\right)_{T,p,n_{j\neq B}} \qquad (2-73)$$

用同样的方法对 $U$、$H$、$F$ 作全微分，可推出

$$dU = TdS - pdV + \sum \left(\frac{\partial U}{\partial n_B}\right)_{S,V,n_{j\neq B}} dn_B \qquad (2-74)$$

$$dH = TdS + Vdp + \sum_B \left(\frac{\partial H}{\partial n_B}\right)_{S,p,n_{j\neq B}} dn_B \qquad (2-75)$$

$$dF = -SdT - pdV + \sum_B \left(\frac{\partial F}{\partial n_B}\right)_{T,V,n_{j\neq B}} dn_B \qquad (2-76)$$

因此，化学势也可以分别用 $U$、$H$ 和 $F$ 表示，而且

$$\mu_B = \left(\frac{\partial U}{\partial n_B}\right)_{S,V,n_{j\neq B}} = \left(\frac{\partial H}{\partial n_B}\right)_{S,p,n_{j\neq B}} = \left(\frac{\partial F}{\partial n_B}\right)_{T,V,n_{j\neq B}} = \left(\frac{\partial G}{\partial n_B}\right)_{T,p,n_{j\neq B}} \qquad (2-77)$$

式(2-77)中四个偏微商都叫化学势，需要注意的是偏微商的下脚注，每个热力学函数所选择的独立变量彼此不同，不能把任意热力学函数对 $n_B$ 的偏微商都叫作化学势，只有偏摩尔 Gibbs 自由能才是化学势。在四个化学势中，以 Gibbs 自由能表示的化学势最为重要，应用最广。注意：化学势是系统的状态函数，属强度性质。

根据上述讨论，组成可变的封闭系统或敞开系统，其热力学四个基本公式可写为

$$dU = TdS - pdV + \sum_B \mu_B dn_B \qquad (2-78)$$

$$dH = TdS + Vdp + \sum_B \mu_B dn_B \qquad (2-79)$$

$$dF = -SdT - pdV + \sum_B \mu_B dn_B \qquad (2-80)$$

$$dG = -SdT + Vdp + \sum_B \mu_B dn_B \qquad (2-81)$$

**(二) 化学势在化学平衡和相平衡中的应用**

根据式(2-81)，多组分系统发生一等温等压变化时，系统的 Gibbs 自由能变化为

$$dG = \sum_B \mu_B dn_B \qquad (2-82)$$

而在等温等压且只做体积功时，过程自发性判据为 $dG_{T,p} \leqslant 0$。因此，在相同条件下，化学势可作为多组分系统过程方向与限度的判据，即

$$\sum_B \mu_B dn_B \leqslant 0 \qquad (2-83)$$

式中，小于号表示自发不可逆过程；等号表示平衡可逆过程。

（1）相变化中的化学势

若系统由 $\alpha$、$\beta$ 两相组成,在等温等压条件下,有 $dn_B$ 的组分 B 自 $\alpha$ 相转移至 $\beta$ 相,则系统的 Gibbs 自由能变化为

$$dG = dG^\alpha + dG^\beta = -\mu_B^\alpha dn_B + \mu_B^\beta dn_B = (\mu_B^\beta - \mu_B^\alpha)dn_B$$

由于 $dn_B > 0$,若 $dG = 0$,则 $\mu_B^\beta - \mu_B^\alpha = 0$,说明当组分 B 在两相中化学势相等时,组分 B 在两相中分配达到平衡。若 $dG < 0$,则 $\mu_B^\beta - \mu_B^\alpha < 0$,说明组分 B 总是自发地从化学势较高的一相向化学势较低的一相转移,直至它在各相中的化学势相等为止。

（2）化学变化中的化学势

以合成氨反应为例进行讨论。

$$3H_2(g) + N_2(g) \longrightarrow 2NH_3(g)$$

在等温等压下,当有 $dn$ mol 的 $N_2$ 发生反应时,必然有 $3dn$ mol 的 $H_2$ 发生反应,同时有 $2dn$ mol $NH_3$ 生成,则反应的 Gibbs 自由能变化为

$$dG_{T,p} = \sum_B \mu_B dn_B = 2\mu(NH_3)dn - 3\mu(H_2)dn - \mu(N_2)dn$$
$$= [2\mu(NH_3) - 3\mu(H_2) - \mu(N_2)]dn$$

由于 $dn > 0$,若反应物的化学势之和大于产物的化学势之和,$(dG)_{T,p} < 0$,表明自左向右的合成氨反应可以自发进行;反之,则不能自发进行。若反应达到平衡时,$(dG)_{T,p} = 0$,反应物的化学势之和等于产物的化学势之和。所以,化学反应总是自发地由化学势总和较高的一方向化学势总和较低的一方转化,直到两方的化学势总和相等为止,此时达到了化学平衡。

从上面的讨论可知,化学势的作用相当于水位决定水的流动方向和限度,电势决定电流的方向和限度,化学势是物质传递过程方向和限度的判据,即物质总是从化学势高的状态变到化学势低的状态。

# 第十节 气体、溶液的化学势

## 一、气体的化学势

1. 理想气体的化学势

对纯物质而言,化学势就是其摩尔 Gibbs 自由能,即

$$\mu = G_m$$

对于理想气体的等温过程,压力的微小变化所引起系统的 Gibbs 自由能变化为

$$dG_m = d\mu = -S_m dT + V_m dp = V_m dp$$

将 $V_m = \dfrac{RT}{p}$ 代入上式,得

$$d\mu = RT d\ln p$$

如果压力从 $p^\ominus$ 改变至 $p$,则化学势从 $\mu^\ominus$ 变到 $\mu$,积分上式,得

$$\mu(T,p) = \mu^{\ominus}(T) + RT\ln\frac{p}{p^{\ominus}} \qquad (2-84)$$

式中,$\mu^{\ominus}(T)$ 称为理想气体的标准化学势,仅是温度的函数。$\mu$ 是 $T$、$p$ 的函数。

若系统是由多种理想气体混合而成,由于理想气体分子间没有相互作用力,所以某种气体 B 在混合气中与其单独存在并占有相同体积时,其行为和性质完全一样。因此,混合理想气体中组分 B 的化学势表示式与其处于纯态时的表示式相同,即

$$\mu_B = \mu_B^{\ominus}(T) + RT\ln\frac{p_B}{p^{\ominus}} \qquad (2-85)$$

式中,$p_B$ 是混合理想气体中组分 B 的分压;$\mu^{\ominus}(T)$ 是组分 B 的标准化学势,其状态相当于该组分单独处于混合理想气体所处的温度及标准压力下的状态。

2. 实际气体的化学势

由于实际气体与理想气体有偏差,而且状态方程比较复杂,为了使其化学势表示式具有理想气体相似的简单形式,G.N.Lewis 在 1901 年提出用校正压力 $f_B$ 代替分压 $p_B$,$f_B$ 称为**逸度(fugacity)**。则实际气体的化学势为

$$\mu_B = \mu_B^{\ominus}(T) + RT\ln\frac{f_B}{p^{\ominus}} \qquad (2-86)$$

式中,$f = \gamma p$,$\gamma$ 称为逸度因子,是实际气体压力 $p$ 的校正因子,用以度量实际气体与理想气体的偏差程度。$\gamma$ 值不仅与气体特性有关,还与气体所处温度和压力有关。温度一定时,若压力趋于零,这时实际气体的行为趋于理想气体,$\gamma$ 趋于 1。

需指出的是,式(2-86)中的 $\mu_B^{\ominus}(T)$ 与理想气体的标准态化学势相同,其标准态为处于温度 $T$ 及标准压力下的假想理想气体。

## 二、溶液的化学势

### (一)稀溶液的两个经验定律

1. Raoult 定律

1887 年,F.M.Raoult 对稀溶液进行了大量的研究发现,定温下稀溶液中溶剂 A 的蒸气压 $p_A$ 等于纯溶剂的饱和蒸气压 $p_A^*$ 乘以溶液中溶剂的摩尔分数 $x_A$,即

$$p_A = p_A^* x_A \qquad (2-87)$$

若溶液中只有 A、B 两组分,则 $x_A + x_B = 1$,式(2-87)可写作

$$p_A^* - p_A = p_A^* x_B \qquad (2-88)$$

式(2-87)和式(2-88)均为 Raoult 定律。

2. Henry 定律

在稀溶液中,溶剂遵守 Raoult 定律,而溶质遵守 Henry 定律。

1803 年,W.Henry 根据实验总结出 Henry 定律:在一定温度和压力下,当气体在溶剂中达到溶解平衡时,溶解的量与该气体的平衡分压成正比。Henry 定律的数学表达式为

$$p_B = k_x x_B \qquad (2-89)$$

式中，$x_B$ 为溶质 B 的摩尔分数。若溶质在溶液中的量用质量摩尔浓度 $m_B$ 或物质的量浓度 $c_B$ 表示，Henry 定律也可表示为

$$p_B = k_m m_B \tag{2-90}$$

$$p_B = k_c c_B \tag{2-91}$$

式(2-89)~式(2-91)中的 $k_x$、$k_m$、$k_c$ 为比例常数。

**(二) 理想溶液的化学势**

任一组分在所有浓度范围内均遵从 Raoult 定律的溶液，称为理想溶液，或理想液态混合物。

组成理想溶液的各组分的分子间作用力相等，分子大小和结构彼此相似，宏观上表现为混合后无热效应变化和体积变化。

真正的理想溶液并不多见。一般来说，光学异构体的混合物、紧邻同系物的混合物、同位素化合物的混合物等可以看作是理想溶液。例如，苯和甲苯的混合物，正己烷和正庚烷的混合物。因为理想溶液所服从的规律比较简单，许多实际溶液在一定的浓度范围内与理想溶液性质相似，所以引入理想溶液的概念不仅有理论价值，还有实际意义。

在一定温度下，设某一理想溶液与其气相达成平衡，则某组分 B 在气液两相的化学势相等，即 $\mu_B^l = \mu_B^g$。溶液中组分 B 的化学势可用气相中组分 B 的化学势表示，由式(2-85)得

$$\mu_B^l = \mu_B^g = \mu_B^{\ominus}(T) + RT \ln \frac{p_B}{p^{\ominus}} \tag{2-92}$$

由于理想溶液中，每一组分均符合 Raoult 定律，将 $p_B$ 按式(2-87)代入上式，则理想溶液中组分 B 的化学势为

$$\mu_B = \mu_B^{\ominus}(T) + RT \ln \frac{p_B^*}{p^{\ominus}} + RT \ln x_B$$

将上式中的前两项合并为一项，用 $\mu_B^*(T,p)$ 表示，即

$$\mu_B^*(T,p) = \mu_B^{\ominus}(T) + RT \ln \frac{p_B^*}{p^{\ominus}} \tag{2-93}$$

则理想液态混合物中，任一组分 B 的化学势可表示为

$$\mu_B(T,p) = \mu_B^*(T,p) + RT \ln x_B \tag{2-94}$$

式中，$\mu_B^*(T,p)$ 是 $T$、$p$ 的函数，代表 $x_B = 1$ 时纯液体 B 的化学势。

**(三) 稀溶液的化学势**

稀溶液中，溶剂遵守 Raoult 定律。根据式(2-94)，溶剂 A 的化学势为

$$\mu_A = \mu_A^*(T,p) + RT \ln x_A \tag{2-95}$$

与理想溶液各组分的化学势表示式一样，$\mu_A^*(T,p)$ 是在指定 $T$、$p$ 时，纯 A($x_A = 1$)的化学势。

稀溶液中溶质服从 Henry 定律。一定温度下，当气液两相达到平衡时，溶质的化学势符合式(2-92)所示关系，即

$$\mu_B^l = \mu_B^g = \mu_B^\ominus(T) + RT\ln\frac{p_B}{p^\ominus}$$

根据 Henry 定律,将溶质 B 的平衡分压按 $p_B = k_x x_B$ 代入上式,得

$$\mu_B = \mu_B^\ominus(T) + RT\ln\frac{k_x}{p^\ominus} + RT\ln x_B \qquad (2-96)$$
$$= \mu_{B,x}^*(T,p) + RT\ln x_B$$

其中

$$\mu_{B,x}^*(T,p) = \mu_B^\ominus(T) + RT\ln\frac{k_x}{p^\ominus}$$

式(2-96)中 $\mu_{B,x}^*(T,p)$ 是 $x_B = 1$ 且服从 Henry 定律的溶质的化学势,该状态为一不存在的假想标准状态。

若将式(2-90)、式(2-91)分别代入式(2-92),得

$$\mu_B = \mu_B^\ominus + RT\ln\frac{k_m m^\ominus}{p^\ominus} + RT\ln\frac{m_B}{m^\ominus} \qquad (2-97)$$
$$= \mu_{B,m}^*(T,p) + RT\ln\frac{m_B}{m^\ominus}$$

$$\mu_B = \mu_B^\ominus + RT\ln\frac{k_c c^\ominus}{p^\ominus} + RT\ln\frac{c_B}{c^\ominus} \qquad (2-98)$$
$$= \mu_{B,c}^*(T,p) + RT\ln\frac{c_B}{c^\ominus}$$

式中,$m^\ominus = 1\ \text{mol} \cdot \text{kg}^{-1}$;$c^\ominus = 1\ \text{mol} \cdot \text{L}^{-1}$;$\mu_{B,m}^*(T,p)$ 和 $\mu_{B,c}^*(T,p)$ 分别是 $m_B = 1\ \text{mol} \cdot \text{kg}^{-1}$ 和 $c_B = 1\ \text{mol} \cdot \text{L}^{-1}$ 且服从 Henry 定律的溶质的标准态化学势,这也是一种假想的状态。式(2-97)和式(2-98)分别是采用质量摩尔浓度和物质的量浓度时,理想稀溶液中溶质的化学势表示式。

**(四) 实际溶液的化学势**

实际(非理想)溶液中,溶剂不遵从 Raoult 定律,溶质也不遵从 Henry 定律。采用与实际气体类似的方法,可以将实际溶液的偏差,全部集中于对实际溶液浓度的校正上。为此,Lewis 又引入了活度的概念。

对实际溶液中溶剂 A,其化学势表示式为

$$\mu_A = \mu_A^*(T,p) + RT\ln a_{A,x} \qquad (2-99)$$

式中,$a_{A,x} = \gamma_x x_A$。$a_{A,x}$ 是 A 组分用摩尔分数表示的**活度(activity)**;$\gamma_x$ 称为**活度因子(activity coefficient)**,表示实际溶液与理想溶液的偏差程度。当 $x_A$ 趋于 1,$\gamma_x \to 1$,此时 $a_{A,x} = x_A$。

当实际溶液中溶质 B 的量用摩尔分数、质量摩尔浓度及物质的量浓度表示时,其化学势分别为

$$\mu_B = \mu_{B,x}^*(T,p) + RT\ln a_{B,x} \qquad (2-100)$$

$$\mu_B = \mu_{B,m}^*(T,p) + RT\ln a_{B,m} \tag{2-101}$$

$$\mu_B = \mu_{B,c}^*(T,p) + RT\ln a_{B,c} \tag{2-102}$$

式(2-100)~式(2-102)中，$a_{B,x}=\gamma_x x_B$，$a_{B,m}=\gamma_m\dfrac{m_B}{m_B^\ominus}$，$a_{B,c}=\gamma_c\dfrac{c_B}{c^\ominus}$，其中 $\gamma_x$、$\gamma_m$、$\gamma_c$ 为用不同浓度单位时的活度因子。式中的标准态与理想稀溶液中的标准态相同。

（马豫峰）

## 参 考 文 献

[1] 李三鸣. 物理化学. 8 版. 北京：人民卫生出版社，2016.
[2] 崔黎丽，刘毅敏. 物理化学. 北京：科学出版社，2011.
[3] 张小华，夏厚林. 物理化学. 北京：人民卫生出版社，2012.
[4] Atkins P, de Paula J. 物理化学. 7 版（影印版）. 北京：高等教育出版社，2006.
[5] 胡英. Physical chemistry. 北京：高等教育出版社，2013.

## 习 题

1. 在等温条件下，理想气体从 $p_1V_1$ 膨胀到 $p_2V_2$，其 Gibbs 自由能的增量 $\Delta G=nRT\ln\dfrac{p_2}{p_1}<0$，此式能否作为该变化自发进行的判据？

2. 系统由始态 A 经不同的途径到终态 B 时，热温商之和是否相同？其熵变 $\Delta S$ 是否相同？

3. 两种等温等体积的理想气体 A 和 B 混合后保持原来温度和体积，则 $\Delta U$、$\Delta H$、$\Delta S$、$\Delta F$、$\Delta G$ 是大于零、小于零还是等于零？

4. 水在 $p^\ominus$、273.15K 时结冰，$\Delta U$、$\Delta H$、$\Delta S$、$\Delta F$、$\Delta G$ 是大于零、小于零还是等于零？

5. 298.15 K 时，3 mol $O_2(g)$ 分别经历下列两个过程由 30 L 膨胀到 100 L：(1) 等温可逆膨胀；(2) 等温向真空膨胀。分别求两过程的 $\Delta S_{系统}$ 和 $\Delta S_{孤立}$。

6. 273.15 K 时，18 g 的冰加到 54 g、313.15 K 的水中，设热量没有其他损失，求上述过程的 $\Delta S$ 为多少？已知冰的熔化焓 $\Delta_m H=333.5$ J·$g^{-1}$，水的定压热容 $C_p=4.184$ J·$g^{-1}$·$K^{-1}$。

7. 在 268.15 K、100 kPa 下，1 mol 液态苯凝固，放热 9 872 J，求该凝固过程的 $\Delta S$。已知苯的熔点为 278.65 K，熔化焓为 9 916 J·$mol^{-1}$，液体苯和固体苯的平均摩尔定压热容分别为 126.8 J·$K^{-1}$·$mol^{-1}$ 和 122.6 J·$K^{-1}$·$mol^{-1}$。

8. 始态为 273.15 K、0.2 MPa 的 1 mol 理想气体，沿着 $p/V=$ 常数的可逆途径到达压力为 0.4 MPa 的终态。已知 $C_{V,m}=5R/2$，求过程的 $Q$、$W$、$\Delta U$、$\Delta H$、$\Delta S$。

9. 50 L 的 4 mol 理想气体从 300.15 K 加热到 600.15 K，其体积为 100 L，求 $\Delta S$。已知 $C_{V,m}/$($J·K^{-1}·mol^{-1}$)$=19.37+3.39\times10^{-3}\dfrac{T}{K}$。

10. 始态为 273.15 K、100 kPa 的 2 mol 单原子理想气体，分别经历下列变化：(1) 等温可逆压缩至压力加倍；(2) 绝热可逆膨胀至压力减半；(3) 绝热不可逆反抗恒外压 50 kPa 膨胀至平衡。试计算上述各过程的 $Q$、$W$、$\Delta U$、$\Delta H$、$\Delta S$、$\Delta F$、$\Delta G$。已知 273.15 K、100 kPa 下该气体的 $S=100$ J·$K^{-1}$·$mol^{-1}$。

11. 100 kPa、298.15 K 下，金刚石的摩尔燃烧焓为 395.3 kJ·mol$^{-1}$，摩尔熵为 2.42 J·K$^{-1}$·mol$^{-1}$。石墨的摩尔燃烧焓为 393.4 kJ·mol$^{-1}$，摩尔熵为 5.69 J·K$^{-1}$·mol$^{-1}$。(1) 求 100 kPa、298.15 K 下，石墨转变为金刚石的 $\Delta G_m^{\ominus}$。(2) 已知 298.15 K 时，金刚石和石墨的密度分别为 3 510 kg·m$^{-3}$ 和 2 260 kg·m$^{-3}$，则该温度下，至少需要多大压力可使石墨变为金刚石?

12. 试计算 100 kPa、268.15 K 时，2 mol 水等温等压凝固成冰的 $\Delta G$，并判断此过程是否自发进行。已知 268.15 K 时水和冰的饱和蒸气压分别为 422 Pa 和 402 Pa。

13. 下列偏微分哪些是偏摩尔量? 哪些是化学势?

(1) $\left(\dfrac{\partial H}{\partial n_B}\right)_{T,V,n_j \neq B}$
    (2) $\left(\dfrac{\partial G}{\partial n_B}\right)_{T,p,n_j \neq B}$
    (3) $\left(\dfrac{\partial G}{\partial n_B}\right)_{p,V,n_j \neq B}$

(4) $\left(\dfrac{\partial U}{\partial n_B}\right)_{S,V,n_j \neq B}$
    (5) $\left(\dfrac{\partial H}{\partial n_B}\right)_{S,p,n_j \neq B}$
    (6) $\left(\dfrac{\partial F}{\partial n_B}\right)_{T,p,n_j \neq B}$

(7) $\left(\dfrac{\partial U}{\partial n_B}\right)_{S,T,n_j \neq B}$
    (8) $\left(\dfrac{\partial F}{\partial n_B}\right)_{T,V,n_j \neq B}$

# 第三章 化学平衡

大多数化学反应的正向反应和逆向反应均有一定的程度,这种反应称为可逆反应。例如,在 30 MPa、773 K 及铁触媒的催化下,3 mol 氢气和 1 mol 氮气不能全部转化为氨气,仅有约 26% 的理论转化率。也就是说,氢气和氮气生成氨气的同时,氨气亦在相当程度上分解为氢气和氮气。在一定外界条件下,正、逆两向的反应最终将达到平衡,即正反应速率和逆反应速率相等,系统中各物质的组成不变。外界条件变化时,平衡状态也随之变化,并达到新的平衡。化学平衡是一种动态平衡,从表观上看反应似乎已经停止,而实际上反应仍在进行。

化学平衡既表明了变化的方向,同时又是变化的限度,研究化学平衡是研究反应可能性的关键,在实际生产和科学研究中有着重要意义。例如,实际生产中如何选择外界条件来控制反应按生产需要的方向进行,一定外界条件下反应进行的最高限度是什么,等等。通过预知反应的方向和限度,降低新合成路线设计时的盲目性,最大程度上了解生产潜力。

在本章中将应用热力学基本原理和规律来研究化学反应,确定化学反应进行的方向、平衡条件、反应的限度,以及温度、压力等因素对化学平衡的影响。

---

**案例 3-1**

糖类是自然界最丰富的物质之一,它广泛分布于几乎所有生物体内,糖类在生命活动中的主要作用是提供能源和碳源,人体所需能量的 50%~70% 来自于糖类。一切生物都有使糖类在体内最终分解为二氧化碳和水并释放出能量的化学反应过程,有机体的糖代谢主要是指葡萄糖在体内的一系列的化学反应。例如,体内葡萄糖无氧分解代谢过程中的一些化学反应:第一步是将葡萄糖转化成 6-磷酸葡萄糖

$$葡萄糖 + 磷酸盐 \Longrightarrow 6-磷酸葡萄糖 + 水$$

第二步是 6-磷酸葡萄糖在磷酸己糖异构酶及 $Mg^{2+}$ 催化下生成 6-磷酸果糖

$$6-磷酸葡萄糖 \Longrightarrow 6-磷酸果糖$$

又如,

$$1,6-双磷酸果糖 \Longrightarrow 磷酸二羟基丙酮 + 3-磷酸甘油醛$$
$$磷酸二羟基丙酮 \Longrightarrow 3-磷酸甘油醛$$

等等代谢反应,这些反应都是可逆反应,可逆反应在一定条件下会达到化学平衡。

**问题:**

(1) 什么是化学平衡?化学平衡有哪些基本特征?

(2) 如何从热力学原理导出化学平衡表达式?

(3) 影响化学平衡的因素有哪些?这些因素是怎样影响化学平衡的?

## 第一节　化学反应的平衡条件

### 一、化学反应的平衡条件

封闭系统中的任意化学反应

$$aA+dD+\cdots \Longrightarrow gG+hH+\cdots$$

当其发生一微小变化时,若系统只做体积功,由热力学第二定律可知系统的 Gibbs 自由能变化为

$$dG=-SdT+Vdp+\sum_B \mu_B dn_B \tag{3-1}$$

在等温等压条件下,则

$$dG_{T,p}=\sum_B \mu_B dn_B \tag{3-2}$$

根据反应进度 $\xi$ 的定义,$dn_B=\nu_B d\xi$,有

$$dG_{T,p}=\sum_B \mu_B dn_B=\sum_B \nu_B \mu_B d\xi \tag{3-3}$$

或

$$\left(\frac{\partial G}{\partial \xi}\right)_{T,p}=\sum_B \nu_B \mu_B=\Delta_r G_m \tag{3-4}$$

式中,$\nu_B$ 为参与反应的各物质的化学计量数;$\mu_B$ 为参与反应的各物质的化学势;$\Delta_r G_m$ 为 $\xi=1$ mol 时系统的 Gibbs 自由能变化值,单位为 $J\cdot mol^{-1}$。反应中要保持 $\mu_B$ 不变的条件是:在有限量的系统中发生微小的反应,即 $\xi$ 很小,系统中各物质的微小变化不足以引起各物质浓度的变化,因而其化学势不变;或是在一个很大系统中发生了一个单位的化学反应,系统中各物质的浓度基本上没有变化,相应的化学势也可视为不变。

由热力学第二定律可知,在等温、等压且 $W'=0$ 的条件下,封闭系统中任一过程的方向和限度可用该过程的 Gibbs 自由能变化来判断,即

$$\Delta_r G_m=\left(\frac{\partial G}{\partial \xi}\right)_{T,p}=0 \quad 或 \quad \sum_B \nu_B \mu_B=0 \tag{3-5}$$

$$\Delta_r G_m=\left(\frac{\partial G}{\partial \xi}\right)_{T,p}<0 \quad 或 \quad \sum_B \nu_B \mu_B<0 \tag{3-6}$$

$$\Delta_r G_m=\left(\frac{\partial G}{\partial \xi}\right)_{T,p}>0 \quad 或 \quad \sum_B \nu_B \mu_B>0 \tag{3-7}$$

式(3-5)~式(3-7)中,等号表示平衡,小于号表示正向反应可以自发进行,大于号则表示正向反应不能自发进行,而逆向反应可以自发进行。

当反应达到平衡时,系统中各物质的种类和数量不再随时间而改变。化学平衡就是化学反应进行的限度,式(3-5)就是化学平衡的条件。以上几种情况可用图 3-1 表示,$G-\xi$ 曲线上的任意一点代表了反应系统的一个状态。

## 二、化学反应平衡的热力学分析

在等温等压且 $W'=0$ 的条件下,当反应物化学势的总和大于产物化学势总和时,反应自发地正向进行。根据 Gibbs 自由能最低原理,反应物应该全部转化为产物。但是,为什么反应进行到一定程度就达到了平衡?下面我们就一任意反应从热力学角度加以讨论。

设反应为 $d\mathrm{D}+e\mathrm{E} \Longrightarrow h\mathrm{H}$,为简单起见,将反应物和产物均看作理想气体。反应过程中系统的 Gibbs 自由能随反应进度 $\xi$ 的变化如图 3-2 所示。

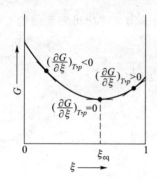

图 3-1  化学反应的 Gibbs 自由能
和反应进度 $\xi$ 的关系

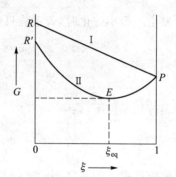

图 3-2  系统的 Gibbs 自由能随
反应进度 $\xi$ 的变化(示意图)

图 3-2 中 $R$ 点是纯 D 和纯 E 的 Gibbs 自由能总和,$P$ 点为产物的 Gibbs 自由能。若反应能进行完全,且反应物和产物间不存在混合过程,则系统的 Gibbs 自由能将沿直线 I 变化。但是,在反应初始阶段,反应物 D 和 E 有一不可逆混合过程,由热力学可知,其混合熵大于零,混合 Gibbs 自由能小于零,因此反应未开始便已引起系统的 Gibbs 自由能降低,$R'$ 点为反应物混合后系统的 Gibbs 自由能。当 D 和 E 一经反应生成产物 H 后,就发生了一个反应物和产物的混合过程,导致系统的 Gibbs 自由能降低,以及随反应的进行沿曲线 II 变化。由 Gibbs 自由能判据可知,系统的 Gibbs 自由能降到最低时系统最稳定,故在反应途径 II 中,系统在最低点 $E$ 处达到平衡。此时,反应系统 Gibbs 自由能的改变由两部分组成,一部分是反应物 D、E 生成产物 H 引起的系统 Gibbs 自由能降低;另一部分是生成的产物 H 与未发生反应的反应物 D、E 混合引起的 Gibbs 自由能降低。因此,由于反应物和产物间的混合过程的存在,使反应系统 Gibbs 自由能变化如曲线 II 所示,在 $0<\xi<1$ 处存在一最低点,此处反应达化学平衡,反应进度为 $\xi_{eq}$,即

$$\left(\frac{\partial G}{\partial \xi}\right)_{T,p} = \sum_{\mathrm{B}} \nu_{\mathrm{B}}\mu_{\mathrm{B}} = \Delta_{\mathrm{r}}G_{\mathrm{m}} = 0$$

## 第二节  化学反应等温式和标准平衡常数

### 一、化学反应等温式和标准平衡常数

任意一理想气体化学反应系统

$$a\mathrm{A(g)}+d\mathrm{D(g)}+\cdots \Longrightarrow g\mathrm{G(g)}+h\mathrm{H(g)}+\cdots$$

系统中各组分的化学势为

$$\mu_B(T,p)=\mu_B^\ominus(T)+RT\ln\frac{p_B}{p^\ominus}$$

由式(3-4)可得反应系统的 Gibbs 自由能变化为

$$\Delta_r G_m=\sum_B \nu_B\mu_B \tag{3-8}$$

将反应中各组分的化学势代入式(3-8),得

$$\Delta_r G_m=\sum_B \nu_B\mu_B=g\mu_G^\ominus+h\mu_H^\ominus+\cdots-a\mu_A^\ominus-d\mu_D^\ominus-\cdots$$
$$+RT\ln\left(\frac{p_G}{p^\ominus}\right)^g+RT\ln\left(\frac{p_H}{p^\ominus}\right)^h+\cdots-RT\ln\left(\frac{p_A}{p^\ominus}\right)^a-RT\ln\left(\frac{p_D}{p^\ominus}\right)^d-\cdots$$

将上式整理后,可得

$$\Delta_r G_m=\Delta_r G_m^\ominus(T)+RT\ln\frac{\left(\frac{p_G}{p^\ominus}\right)^g\left(\frac{p_H}{p^\ominus}\right)^h\cdots}{\left(\frac{p_A}{p^\ominus}\right)^a\left(\frac{p_D}{p^\ominus}\right)^d\cdots} \tag{3-9}$$

式中,$\Delta_r G_m^\ominus(T)=g\mu_G^\ominus+h\mu_H^\ominus+\cdots-a\mu_A^\ominus-d\mu_D^\ominus+\cdots=\sum_B \nu_B\mu_B^\ominus(T)$,为反应的标准摩尔 Gibbs 自由能变化。若用 $Q_p$ 代表压力商,令其

$$Q_p=\frac{\left(\frac{p_G}{p^\ominus}\right)^g\left(\frac{p_H}{p^\ominus}\right)^h\cdots}{\left(\frac{p_A}{p^\ominus}\right)^a\left(\frac{p_D}{p^\ominus}\right)^d\cdots} \tag{3-10}$$

则式(3-9)可写作

$$\Delta_r G_m=\Delta_r G_m^\ominus(T)+RT\ln Q_p \tag{3-11}$$

式(3-9)或式(3-11)称为**化学反应等温式(chemical reaction isotherm)**。当反应在指定温度和压力下达到平衡时,$\Delta_r G_m=0$,则式(3-9)变为

$$\Delta_r G_m^\ominus(T)=-RT\ln\frac{\left(\frac{p_G}{p^\ominus}\right)^g_{eq}\left(\frac{p_H}{p^\ominus}\right)^h_{eq}\cdots}{\left(\frac{p_A}{p^\ominus}\right)^a_{eq}\left(\frac{p_D}{p^\ominus}\right)^d_{eq}\cdots} \tag{3-12}$$

已知 $\mu_B^\ominus$ 对应反应系统中各物质的标准态化学势,只是温度的函数,因此定温下反应的 $\Delta_r G_m^\ominus$ 也有确定值,从而式(3-12)中的对数项的值也为定值,用 $K_p^\ominus$ 表示,即

$$K_p^\ominus=\frac{\left(\frac{p_G}{p^\ominus}\right)^g_{eq}\left(\frac{p_H}{p^\ominus}\right)^h_{eq}\cdots}{\left(\frac{p_A}{p^\ominus}\right)^a_{eq}\left(\frac{p_D}{p^\ominus}\right)^d_{eq}\cdots} \tag{3-13}$$

$K_p^\ominus$ 称为反应的**标准平衡常数**(standard equilibrium constant),亦称为**热力学平衡常数**(thermodynamic equilibrium constant),是一个只与温度有关而量纲为 1 的量。将式(3-13)代入式(3-12)可得

$$\Delta_r G_m^\ominus(T) = -RT \ln K_p^\ominus \tag{3-14}$$

再将式(3-14)代入式(3-11),可得

$$\Delta_r G_m = -RT \ln K_p^\ominus + RT \ln Q_p \tag{3-15}$$

这是化学反应等温方程式的另一种表达式。

由式(3-15)可知,只要确定了系统中各物质的压力,就可以判断指定条件下反应进行的方向和限度。

当 $K_p^\ominus > Q_p$ 时,$\Delta_r G_m < 0$,正向反应自发进行;当 $K_p^\ominus < Q_p$ 时,$\Delta_r G_m > 0$,正向反应不能自发进行,而是逆向反应自发进行;当 $K_p^\ominus = Q_p$ 时,$\Delta_r G_m = 0$,反应达到平衡。

**例 3-1** 298.15 K 时,反应 $N_2O_4(g) \rightleftharpoons 2NO_2(g)$ 的 $\Delta_r G_m^\ominus = 4.73 \text{ kJ} \cdot \text{mol}^{-1}$,求 298.15 K 反应的 $K^\ominus$。若在 20 L 反应器中分别通入 0.40 mol $N_2O_4$ 和 2.00 mol $NO_2$,试判断反应的方向。

**解:** 根据式(3-14),得

$$K_p^\ominus = \exp\left(\frac{-\Delta_r G_m^\ominus}{RT}\right) = \exp\left(\frac{-4.73 \times 10^3 \text{ J} \cdot \text{mol}^{-1}}{8.314 \text{ J} \cdot \text{mol}^{-1} \cdot \text{K}^{-1} \times 298.15 \text{ K}}\right) = 0.15$$

$$p(N_2O_4) = \frac{n(N_2O_4)RT}{V} = \frac{0.40 \text{ mol} \times 8.314 \text{ J} \cdot \text{mol}^{-1} \cdot \text{K}^{-1} \times 298.15 \text{ K}}{20 \times 10^{-3} \text{ m}^3} = 49.58 \times 10^3 \text{ Pa}$$

$$p(NO_2) = \frac{n(NO_2)RT}{V} = \frac{2.00 \text{ mol} \times 8.314 \text{ J} \cdot \text{mol}^{-1} \cdot \text{K}^{-1} \times 298.15 \text{ K}}{20 \times 10^{-3} \text{ m}^3} = 247.88 \times 10^3 \text{ Pa}$$

$$Q_p = \frac{\left(\dfrac{p(NO_2)}{p^\ominus}\right)^2}{\dfrac{p(N_2O_4)}{p^\ominus}} = \frac{\left(\dfrac{247.88 \times 10^3 \text{ Pa}}{100 \times 10^3 \text{ Pa}}\right)^2}{\dfrac{49.58 \times 10^3 \text{ Pa}}{100 \times 10^3 \text{ Pa}}} = 12.39$$

因为 $K_p^\ominus < Q_p$,正向反应不能自发进行,而是逆向反应自发进行。

## 二、标准平衡常数与化学计量方程

由 $\Delta_r G_m^\ominus(T) = \sum\limits_B \nu_B \mu_B^\ominus(T)$ 和 $\Delta_r G_m^\ominus(T) = -RT \ln K^\ominus$ 来看,对于同一化学反应,在书写化学计量方程时,若同一物质的化学计量数不同,则 $\Delta_r G_m^\ominus$ 和 $K^\ominus$ 也不同。例如,合成氨的反应

(1) $\dfrac{1}{2}N_2(g) + \dfrac{3}{2}H_2(g) \rightleftharpoons NH_3(g)$ $\qquad \Delta_r G_{m,1}^\ominus = -RT \ln K_1^\ominus$

(2) $N_2(g) + 3H_2(g) \rightleftharpoons 2NH_3(g)$ $\qquad \Delta_r G_{m,2}^\ominus = -RT \ln K_2^\ominus$

因为 $\Delta_r G_{m,2}^\ominus = 2\Delta_r G_{m,1}^\ominus$,故 $K_2^\ominus = (K_1^\ominus)^2$。所以,$K^\ominus$ 数值与化学反应计量方程的写法有关。

另外,因为 Gibbs 自由能是状态函数,若在同一温度下,几个不同的化学反应具有加和性,这些反应的 $\Delta_r G_m^\ominus$ 也具有加和性,则其对应的标准平衡常数可通过相应的乘除运算来获得,如

(1) $C(s) + O_2(g) \rightleftharpoons CO_2(g)$ $\qquad \Delta_r G_{m,1}^\ominus = -RT \ln K_1^\ominus$

(2) $CO(g) + \dfrac{1}{2}O_2(g) \Longrightarrow CO_2(g)$ $\qquad \Delta_r G_{m,2}^{\ominus} = -RT\ln K_2^{\ominus}$

(3) $C(s) + CO_2(g) \Longrightarrow 2CO(g)$ $\qquad \Delta_r G_{m,3}^{\ominus} = -RT\ln K_3^{\ominus}$

因为反应(3)=反应(1)$-2\times$反应(2),$\Delta_r G_{m,3}^{\ominus} = \Delta_r G_{m,1}^{\ominus} - 2\Delta_r G_{m,2}^{\ominus}$,则 $K_3^{\ominus} = K_1^{\ominus}/(K_2^{\ominus})^2$。

## 第三节 平衡常数的各种表示方法

对于不同反应系统,物质的浓度可以有多种表示方法,所以平衡常数的表示方法也不同。下面分别讨论之。

### 一、气相反应的平衡常数

#### (一) 理想气体反应的平衡常数

对于任意的理想气体化学反应 $a A(g) + d D(g) + \cdots \Longrightarrow g G(g) + h H(g) + \cdots$,反应物和产物的组成标度可以用分压、摩尔分数、物质的量浓度或物质的量表示,则平衡常数也不同。

1. 分压表示的平衡常数

压力不太高的气相反应,系统中的气体可以作为理想气体来处理,平衡常数可以用式(3-13)表示

$$K_p^{\ominus} = \frac{\left(\dfrac{p_G}{p^{\ominus}}\right)_{eq}^{g} \left(\dfrac{p_H}{p^{\ominus}}\right)_{eq}^{h} \cdots}{\left(\dfrac{p_A}{p^{\ominus}}\right)_{eq}^{a} \left(\dfrac{p_D}{p^{\ominus}}\right)_{eq}^{d} \cdots}$$

或表示成

$$K_p^{\ominus} = \frac{(p_G)_{eq}^{g}(p_H)_{eq}^{h} \cdots}{(p_A)_{eq}^{a}(p_D)_{eq}^{d} \cdots}(p^{\ominus})^{-\Sigma\nu_B} \tag{3-16}$$

式中,$\Sigma\nu_B$ 为化学反应计量数的代数和。$K_p^{\ominus}$ 仅是温度的函数。

2. 摩尔分数表示的平衡常数

对理想气体各组分,分压与总压之间的关系为 $p_B = p x_B$,$x_B$ 为各组分的摩尔分数,则式(3-16)可表示为

$$K_p^{\ominus} = \frac{(x_G)_{eq}^{g}(x_H)_{eq}^{h} \cdots}{(x_A)_{eq}^{a}(x_D)_{eq}^{d} \cdots}\left(\frac{p}{p^{\ominus}}\right)^{\Sigma\nu_B} = K_x\left(\frac{p}{p^{\ominus}}\right)^{\Sigma\nu_B} \tag{3-17}$$

式中,$K_x$ 为用摩尔分数表示的平衡常数,量纲为1,但其值与温度和总压均有关。当 $\Sigma\nu_B = 0$ 时,$K_x = K_p^{\ominus}$。

3. 物质的量浓度表示的平衡常数

对理想气体各组分,分压与物质的量浓度之间的关系为 $p_B = c_B RT$,$c_B$ 为各组分物质的量浓度,则式(3-16)又可表示为

$$K_p^{\ominus} = \frac{(c_G)_{eq}^{g}(c_H)_{eq}^{h} \cdots}{(c_A)_{eq}^{a}(c_D)_{eq}^{d} \cdots}\left(\frac{RT}{p^{\ominus}}\right)^{\Sigma\nu_B} = K_c\left(\frac{RT}{p^{\ominus}}\right)^{\Sigma\nu_B} \tag{3-18}$$

式中，$K_c$ 为用物质的量浓度表示的平衡常数，有单位。当 $\sum \nu_B = 0$ 时，则量纲为 1，此时 $K_c = K_p^{\ominus}$。由于 $K_p^{\ominus}$ 只与反应温度和反应系统有关，则给定理想气体反应的 $K_c$ 也仅是温度的函数。

4. 物质的量表示的平衡常数

因为 $x_B = n_B / \sum n_B$，$\sum n_B$ 为平衡时系统总的物质的量，则

$$K_p^{\ominus} = \frac{(n_G)_{eq}^g (n_H)_{eq}^h \cdots}{(n_A)_{eq}^a (n_D)_{eq}^d \cdots} \left( \frac{p}{p^{\ominus} \sum n_B} \right)^{\sum \nu_B} = K_n \left( \frac{p}{p^{\ominus} \sum n_B} \right)^{\sum \nu_B} \qquad (3-19)$$

$K_n$ 与温度、压力和配料比等都有关，利用式(3-19)可以了解各种因素对平衡位置影响(详见本章第六节)。当 $\sum \nu_B = 0$ 时，$K_n = K_p^{\ominus} = K_c = K_x$。

**（二）实际气体反应的平衡常数**

实际气体参加的化学反应，式(3-16)中的分压需用逸度代替，反应的标准平衡常数为

$$K_f^{\ominus} = \frac{\left(\dfrac{f_G}{p^{\ominus}}\right)_{eq}^g \left(\dfrac{f_H}{p^{\ominus}}\right)_{eq}^h \cdots}{\left(\dfrac{f_A}{p^{\ominus}}\right)_{eq}^a \left(\dfrac{f_D}{p^{\ominus}}\right)_{eq}^d \cdots} = \frac{\left(\dfrac{\gamma_G p_G}{p^{\ominus}}\right)_{eq}^g \left(\dfrac{\gamma_H p_H}{p^{\ominus}}\right)_{eq}^h \cdots}{\left(\dfrac{\gamma_A p_A}{p^{\ominus}}\right)_{eq}^a \left(\dfrac{\gamma_D p_D}{p^{\ominus}}\right)_{eq}^d \cdots} = K_p^{\ominus} K_\gamma \qquad (3-20)$$

式中，$f_B = \gamma_B p_B$；$K_\gamma$ 为逸度因子表达的比值。虽然 $K_f^{\ominus}$ 只与温度和反应系统有关，但因为气体的逸度因子与温度、压力均有关系，所以实际气体反应系统的 $K_p^{\ominus}$ 也与温度、压力有关。当压力趋于零时，逸度因子 $\gamma_B$ 趋于 1，此时 $K_\gamma$ 趋于 1，实际气体的 $K_p^{\ominus}$ 趋于 $K_f^{\ominus}$。当压力升高时，实际气体的 $K_p^{\ominus}$ 就偏离 $K_f^{\ominus}$。表 3-1 列出了 723.15 K 时不同压力下合成氨反应的 $K_p^{\ominus}$ 值，已知此反应的 $K_f^{\ominus} = 6.46 \times 10^{-3}$。

表 3-1　723.15 K 时反应 $\dfrac{1}{2} N_2(g) + \dfrac{3}{2} H_2(g) \Longleftrightarrow NH_3(g)$ 的 $K_p^{\ominus}$

| $p / MPa$ | 1.01 | 3.04 | 5.07 | 10.1 | 30.4 |
|---|---|---|---|---|---|
| $K_p^{\ominus} \times 10^3$ | 6.60 | 6.67 | 6.81 | 7.16 | 8.72 |

由表 3-1 可见，当系统压力低于 5 MPa 时 $K_p^{\ominus}$ 与 $K_f^{\ominus}$ 值比较接近；随着压力的增大，$K_p^{\ominus}$ 逐渐偏离 $K_f^{\ominus}$。通常，当压力较低时真实气体可以近似看成理想气体，这时 $\gamma_B \approx 1$，$K_p^{\ominus}$ 可看作仅与温度有关。

## 二、溶液反应的平衡常数

对于溶液中的化学反应，若物质的浓度表示方法不同，其平衡常数值也就不同。

**（一）液态混合物反应系统的平衡常数**

理想液态混合物反应系统若忽略其参考态化学势和标准态化学势的差异，即 $\mu_B^*(T) \approx \mu_B^{\ominus}(T)$，则系统中任一组分的化学势为

$$\mu_B = \mu_B^{\ominus}(T) + RT \ln x_B$$

反应达平衡时 $\Delta_r G_m = 0$，有

$$\Delta_r G_m = \sum_B \nu_B \mu_B = 0$$

$$\Delta_r G_m^\ominus(T) = \sum_B \nu_B \mu_B^\ominus(T) = -RT \ln K_x^\ominus \qquad (3-21)$$

其平衡常数为

$$K_x^\ominus = \frac{(x_G)_{eq}^g (x_H)_{eq}^h \cdots}{(x_A)_{eq}^a (x_D)_{eq}^d \cdots} \qquad (3-22)$$

式中，$K_x^\ominus$ 为用摩尔分数表示的理想液态混合物反应系统的标准平衡常数。

对于非理想液态混合物反应，需引入活度表示各组分的化学势，即

$$\mu_B = \mu_B^\ominus(T) + RT \ln a_B$$

同理可推得

$$\Delta_r G_m^\ominus(T) = \sum_B \nu_B \mu_B^\ominus(T) = -RT \ln K_a^\ominus$$

$$K_a^\ominus = \frac{(a_G)_{eq}^g (a_H)_{eq}^h \cdots}{(a_A)_{eq}^a (a_D)_{eq}^d \cdots} = \frac{(\gamma_G x_G)_{eq}^g (\gamma_H x_H)_{eq}^h \cdots}{(\gamma_A x_A)_{eq}^a (\gamma_D x_D)_{eq}^d \cdots} = K_x^\ominus K_\gamma \qquad (3-23)$$

式中，$a_B = \gamma_B x_B$；$K_\gamma$ 为活度因子表达的比值。

**(二) 稀溶液反应系统的平衡常数**

溶液无限稀释时可处理为理想稀溶液，溶质遵循 Henry 定律，若忽略其参考态化学势和标准态化学势的差异，即令 $\mu_{B,c}^*(T) \approx \mu_B^\ominus(T)$，稀溶液中溶质化学势为

$$\mu_B = \mu_B^\ominus(T) + RT \ln \frac{c_B}{c^\ominus}$$

于是反应的平衡常数为

$$K_c^\ominus = \frac{\left(\dfrac{c_G}{c^\ominus}\right)_{eq}^g \left(\dfrac{c_H}{c^\ominus}\right)_{eq}^h \cdots}{\left(\dfrac{c_A}{c^\ominus}\right)_{eq}^a \left(\dfrac{c_D}{c^\ominus}\right)_{eq}^d \cdots} \qquad (3-24)$$

式中，$K_c^\ominus$ 为用物质的量浓度表示的理想稀溶液反应系统的标准平衡常数。

若溶质的浓度以质量摩尔浓度表示，同理可得

$$K_m^\ominus = \frac{\left(\dfrac{m_G}{m^\ominus}\right)_{eq}^g \left(\dfrac{m_H}{m^\ominus}\right)_{eq}^h \cdots}{\left(\dfrac{m_A}{m^\ominus}\right)_{eq}^a \left(\dfrac{m_D}{m^\ominus}\right)_{eq}^d \cdots} \qquad (3-25)$$

式中，$K_m^\ominus$ 为用质量摩尔浓度表示的理想稀溶液反应系统的标准平衡常数。

若为非理想稀溶液反应系统，则用相应的活度 $a_B$ 代替浓度，可以得到对应的平衡常数表达式。例如

$$K_a^\ominus = \left(\frac{a_G^g a_H^h \cdots}{a_A^a a_D^d \cdots}\right)_{eq} = \frac{\left(\dfrac{c_G}{c^\ominus}\gamma_G\right)_{eq}^g \left(\dfrac{c_H}{c^\ominus}\gamma_h\right)_{eq}^h \cdots}{\left(\dfrac{c_A}{c^\ominus}\gamma_A\right)_{eq}^a \left(\dfrac{c_D}{c^\ominus}\gamma_D\right)_{eq}^d \cdots} = K_c^\ominus K_\gamma \qquad (3-26)$$

对于极稀溶液 $\gamma_B = 1$，$K_\gamma = 1$，则 $K_a^\ominus = K_c^\ominus$。

应当指出，溶液中 $\mu_B^\ominus$ 均是温度和压力的函数，因此溶液中反应的标准平衡常数 $K^\ominus$ 与温度和压力有关；但因液体的化学势受压力的影响很小，可忽略各物质的参考态化学势和标准态化学势的差异，因而实际讨论中也可认为 $K^\ominus$ 只是温度的函数。

值得注意的是，对于同一个理想稀溶液反应，在相同温度下 $K_c^\ominus \neq K_m^\ominus \neq K_x^\ominus$。在解决不同类型的问题时，选用不同的平衡常数。

### 三、复相化学反应的平衡常数

参加反应的各组分若不是存在于同一相中，则这种反应称为**复相反应**（heterogeneous reaction）。为简便起见，设凝聚相处于纯态，不形成固溶体或溶液，同时忽略压力对凝聚相的影响，则所有纯凝聚相的化学势近似等于其标准态的化学势。

设某一多相反应系统

$$a\,A(s) + d\,D(g) \Longrightarrow g\,G(l) + h\,H(g)$$

其中 $\mu_A = \mu_A^* \approx \mu_A^\ominus(T)$，$\mu_G = \mu_G^* \approx \mu_G^\ominus(T)$，而组分 D 和 H 为理想气体，化学势为

$$\mu_D(T,p) = \mu_D^\ominus(T) + RT\ln\left(\frac{p_D}{p^\ominus}\right)$$

$$\mu_H(T,p) = \mu_H^\ominus(T) + RT\ln\left(\frac{p_H}{p^\ominus}\right)$$

依据平衡条件，有

$$\Delta_r G_m = \sum_B \nu_B \mu_B$$

$$= g\mu_G^\ominus + h\mu_H^\ominus - a\mu_A^\ominus - d\mu_D^\ominus + RT\ln\left(\frac{p_H}{p^\ominus}\right)^h - RT\ln\left(\frac{p_D}{p^\ominus}\right)^d$$

$$= \Delta_r G_m^\ominus(T) + RT\ln\frac{\left(\dfrac{p_H}{p^\ominus}\right)^h}{\left(\dfrac{p_D}{p^\ominus}\right)^d}$$

$$K_p^\ominus = \frac{\left(\dfrac{p_H}{p^\ominus}\right)^h_{eq}}{\left(\dfrac{p_D}{p^\ominus}\right)^d_{eq}} \tag{3-27}$$

由式（3-27）可知，在有纯凝聚相参加的理想气体反应中，其平衡常数只与系统中的气态物质有关。

对于反应 $CaCO_3(s) \Longrightarrow CaO(s) + CO_2(g)$，其气体为理想气体，平衡常数可写为 $K_p^\ominus = \dfrac{p_{CO_2}}{p^\ominus}$，这表明 $CaCO_3(s)$ 分解反应的标准平衡常数等于平衡时 $CO_2$ 的分压与标准压力的比值，该分压称为 $CaCO_3$ 的**分解压力**（dissociation pressure）。由于 $K_p^\ominus$ 只是温度的函数，在温度不变的条件下，无论反应系统中 $CaCO_3$ 和 $CaO$ 的量有多少，平衡时 $CO_2$ 的分压总是定值。一般情况下，分解压力是指固体物质在一定温度下分解达到平衡时产物中气体的总压力。

当分解产物中不止一种气体时,平衡时各气体产物分压之和才是分解压力。如 $NH_4HS(s)$ 分解反应的分解压力为 $NH_3(g)$ 和 $H_2S(g)$ 的分压之和。

**例 3-2** 291.15 K 时,氨基甲酸铵固体在一个抽空的容器中分解

$$NH_2COONH_4(s) \Longrightarrow 2NH_3(g) + CO_2(g)$$

当反应达到平衡,容器内压力为 9.94 kPa;同温下的另一次实验中,除氨基甲酸铵固体外,还同时通入氨气,使氨的原始分压达到 12.44 kPa,若设平衡时还有固体存在,求各气体分压及总压。(气体可视为理想气体)

**解:** 对复相反应,标准平衡常数的表达式为

$$K_p^\ominus = \left(\frac{p(NH_3)}{p^\ominus}\right)^2_{eq} \left(\frac{p(CO_2)}{p^\ominus}\right)_{eq} = \left(\frac{2p_{总}}{3p^\ominus}\right)^2 \left(\frac{p_{总}}{3p^\ominus}\right)$$

$$= \frac{4}{27}\left(\frac{p_{总}}{p^\ominus}\right)^3 = \frac{4}{27} \times \left(\frac{9.94 \text{ kPa}}{100 \text{ kPa}}\right)^3 = 1.45 \times 10^{-4}$$

另一次实验中,由于温度未改变,故标准平衡常数不变。设平衡时 $CO_2$ 的分压为 $x$ kPa,则

$$K_p^\ominus = \left(\frac{p_{始}(NH_3) + 2x}{p^\ominus}\right)^2 \left(\frac{x}{p^\ominus}\right)$$

$$= \left(\frac{12.44 \text{ kPa} + 2x \text{ kPa}}{100 \text{ kPa}}\right)^2 \left(\frac{x \text{ kPa}}{100 \text{ kPa}}\right) = 1.45 \times 10^{-4}$$

解一元三次方程得 $x = 0.75$,因此达到平衡时各气体组分分压及总压为

$$p(CO_2) = 0.75 \text{ kPa}$$
$$p(NH_3) = 13.94 \text{ kPa}$$
$$p_{总} = p(CO_2) + p(NH_3) = 14.69 \text{ kPa}$$

# 第四节 平衡常数的测定及热力学计算

平衡常数是化学平衡中的一个重要物理量,其数值大小标志着反应进行的程度,对实际生产具有重要指导意义。平衡常数可以由实验测定,也可用热力学方法通过计算得到。

## 一、平衡常数的测定

一般常用的测定平衡常数的方法有化学法和物理法两种:

(1)化学法 采用合适的化学分析方法分析平衡系统的组成。通常由于分析试剂的加入会扰乱原来的平衡系统,因此在分析之前往往采用骤冷、除去催化剂、稀释等方法使反应停止在原来的平衡状态。化学分析法的优点是可直接测定平衡系统中各物质的浓度。

(2)物理法 直接测定与浓度或压力呈线性关系的物理量,求出系统的平衡组成,再求出平衡常数。经常测定的物理量有折射率、电导率、吸光度、电动势、压力、磁共振谱等。物理分析法的优点是测定时不会干扰或破坏系统的平衡状态。

无论是化学法还是物理法测定平衡常数,有一点非常重要且是必需的,即反应系统达到平衡。确定系统是否达到平衡的常用方法有:

(1)在保持反应条件不变的情况下,若系统中各物质的浓度均不随时间改变,表明系统已达到平衡。

(2)在一定温度下,反应无论从正向开始进行还是从逆向开始进行,只要系统达到平衡,所测得的平衡常数应该相同。

（3）在同样的反应条件下,改变参加反应的各物质的初始浓度,若所得平衡常数为一定值,表明系统已达到平衡。

## 二、平衡常数的热力学计算

由于许多化学反应速率很慢,或有副反应干扰,平衡浓度很难测得,此时需借助热力学方法加以计算。

式(3-14)建立了标准平衡常数 $K^{\ominus}$ 和 $\Delta_r G_m^{\ominus}$ 的相互关系,大多数化学反应的平衡常数都是通过此种方法求得标准平衡常数的。因此,$\Delta_r G_m^{\ominus}$ 的计算显得十分重要,常用的有以下几种方法。

（1）根据公式 $\Delta_r G_m^{\ominus} = \Delta_r H_m^{\ominus} - T \Delta_r S_m^{\ominus}$,利用反应系统中各物质的标准摩尔生成焓,或标准摩尔燃烧焓,再由物质的规定熵,可分别计算出反应的焓变和熵变,从而算得反应的标准 Gibbs 自由能变化 $\Delta_r G_m^{\ominus}$,然后通过式(3-14)计算得到 $K^{\ominus}$。

（2）由一些已知反应的 $\Delta_r G_m^{\ominus}$,求出另一反应的 $\Delta_r G_m^{\ominus}$,再计算其平衡常数。

（3）通过设计可逆电池,使反应在电池中进行,则由电池的标准电动势可以计算得到反应的标准 Gibbs 自由能变化 $\Delta_r G_m^{\ominus}$,从而计算得到平衡常数,相关内容将在电化学一章中讨论。

（4）利用标准摩尔生成 Gibbs 自由能计算反应的标准 Gibbs 自由能变化 $\Delta_r G_m^{\ominus}$,然后通过式(3-14)计算得到平衡常数。

## 三、标准摩尔生成 Gibbs 自由能

由于参加反应的各组分标准态的摩尔 Gibbs 自由能($G_m^{\ominus}$)的绝对值不可知,无法用简单的加减方法得到任意反应的标准 Gibbs 自由能变化 $\Delta_r G_m^{\ominus}$。因此,类似于定义化合物标准摩尔生成焓,定义了化合物的**标准摩尔生成 Gibbs 自由能(standard molar Gibbs free energy of formation)**,即在标准压力下,由最稳定的单质生成 1 mol 某化合物时反应的标准 Gibbs 自由能的变化值就是该化合物的标准摩尔生成 Gibbs 自由能 $\Delta_f G_m^{\ominus}$。显而易见,对于最稳定单质的标准摩尔生成 Gibbs 自由能被规定为零。应当指出,这里并没有指定温度,通常物理化学手册上所给的大都是 298.15 K 的数据。依据这些数据,可以很方便地计算任意反应在 298.15 K 时的 $\Delta_r G_m^{\ominus}$。例如,对任意反应 $a\mathrm{A} + d\mathrm{D} \rightleftharpoons g\mathrm{G} + h\mathrm{H}$

$$\Delta_r G_m^{\ominus} = [g\Delta_f G_m^{\ominus}(\mathrm{G}) + h\Delta_f G_m^{\ominus}(\mathrm{H})] - [a\Delta_f G_m^{\ominus}(\mathrm{A}) + d\Delta_f G_m^{\ominus}(\mathrm{D})]$$
$$= \sum_{\mathrm{B}} \nu_{\mathrm{B}} \Delta_f G_m^{\ominus}(\mathrm{B}) \tag{3-28}$$

对于有离子参加的反应,规定溶液中 $\mathrm{H}^+ [m(\mathrm{H}^+) = 1\ \mathrm{mol} \cdot \mathrm{kg}^{-1}]$ 的摩尔生成 Gibbs 自由能等于零,由此可以求出其他离子的标准摩尔生成 Gibbs 自由能,此时各离子均处在其离子标准状态(即 $m_{\mathrm{B}}^{\ominus} = 1\ \mathrm{mol} \cdot \mathrm{kg}^{-1}$)。

**例 3-3** 已知在 298.15 K 的数据:

| | C(石墨) | $H_2(g)$ | $N_2(g)$ | $O_2(g)$ | $CO(NH_2)_2(s)$ |
|---|---|---|---|---|---|
| 标准熵 $S_m^{\ominus}/(\mathrm{J} \cdot \mathrm{K}^{-1} \cdot \mathrm{mol}^{-1})$ | 5.74 | 130.684 | 191.61 | 205.138 | 104.60 |
| 燃烧焓 $\Delta_c H_m^{\ominus}/(\mathrm{kJ} \cdot \mathrm{mol}^{-1})$ | −393.51 | −285.83 | — | | −631.66 |

另外,查得 298.15 K 下 $NH_3(g)$、$CO_2(g)$ 和 $H_2O(g)$ 的 $\Delta_f G_m^\ominus$ 分别为 $-16.45\ kJ \cdot mol^{-1}$、$-394.359\ kJ \cdot mol^{-1}$ 和 $-228.572\ kJ \cdot mol^{-1}$,求:

(1) $CO(NH_2)_2(s)$ 的 $\Delta_f G_m^\ominus$;

(2) 反应 $CO_2(g) + 2NH_3(g) \Longrightarrow CO(NH_2)_2(s) + H_2O(g)$ 的标准平衡常数 $K^\ominus$。

**解:**(1) 由 $CO(NH_2)_2(s)$ 的生成反应求其 $\Delta_f G_m^\ominus$

$$N_2(g) + 2H_2(g) + \frac{1}{2}O_2(g) + C(石墨) \Longrightarrow CO(NH_2)_2(s)$$

$$\Delta_r H_m^\ominus = \sum_B \nu_B \Delta_c H_m^\ominus(B)$$

$$= \Delta_c H_m^\ominus(N_2, g) + 2\Delta_c H_m^\ominus(H_2, g) + \frac{1}{2}\Delta_c H_m^\ominus(O_2, g) + \Delta_c H_m^\ominus(C, 石墨) - \Delta_c H_m^\ominus[CO(NH_2)_2, s]$$

$$= 0 - 2 \times 285.83\ kJ \cdot mol^{-1} - 0 - 393.51\ kJ \cdot mol^{-1} + 631.66\ kJ \cdot mol^{-1}$$

$$= -333.51\ kJ \cdot mol^{-1}$$

$$\Delta_r S_m^\ominus = \sum_B \nu_B S_m^\ominus(B)$$

$$= S_m^\ominus[CO(NH_2)_2, s] - S_m^\ominus(N_2, g) - 2S_m^\ominus(H_2, g) - \frac{1}{2}S_m^\ominus(O_2, g) - S_m^\ominus(C, 石墨)$$

$$= 104.60\ J \cdot K^{-1} \cdot mol^{-1} - 191.61\ J \cdot K^{-1} \cdot mol^{-1} - 2 \times 130.684\ J \cdot K^{-1} \cdot mol^{-1}$$

$$\quad - \frac{1}{2} \times 205.138\ J \cdot K^{-1} \cdot mol^{-1} - 5.74\ J \cdot K^{-1} \cdot mol^{-1}$$

$$= -456.687\ J \cdot K^{-1} \cdot mol^{-1}$$

$$\Delta_f G_m^\ominus[CO(NH_2)_2, S] = \Delta_r G_m^\ominus = \Delta_r H_m^\ominus - T\Delta_r S_m^\ominus$$

$$= -333.51 \times 10^3\ J \cdot mol^{-1} + 298.15\ K \times 456.687\ J \cdot K^{-1} \cdot mol^{-1}$$

$$= -197.35 \times 10^3\ J \cdot mol^{-1}$$

(2) 对于反应 $CO_2(g) + 2NH_3(g) \Longrightarrow CO(NH_2)_2(s) + H_2O(g)$,有

$$\Delta_r G_m^\ominus = \sum_B \nu_B \Delta_f G_m^\ominus(B)$$

$$= \Delta_f G_m^\ominus(H_2O, g) + \Delta_f G_m^\ominus[CO(NH_2)_2, s] - 2\Delta_f G_m^\ominus(NH_3, g) - \Delta_f G_m^\ominus(CO_2, g)$$

$$= -228.572\ kJ \cdot mol^{-1} - 197.35\ kJ \cdot mol^{-1} + 2 \times 16.45\ kJ \cdot mol^{-1} + 394.359\ kJ \cdot mol^{-1}$$

$$= 1.34\ kJ \cdot mol^{-1}$$

$$K^\ominus = \exp\left(-\frac{\Delta_r G_m^\ominus}{RT}\right) = \exp\left(-\frac{1\ 340\ J \cdot mol^{-1}}{8.314\ J \cdot mol^{-1} \cdot K^{-1} \times 298.15\ K}\right) = 0.58$$

## 四、生物化学反应及生物化学标准状态

生物化学反应多在水中进行,常涉及氢离子。溶质的标准状态应为系统温度及标准压力下,浓度 $c(H^+) = 1\ mol \cdot L^{-1}$(或 $m_B^\ominus = 1\ mol \cdot kg^{-1}$)的理想稀溶液。该定义下的 $a_c(H^+) = c(H^+)/c^\ominus = 1$,$pH = 0$,与生物化学环境中 pH 相差甚远。因此,生物化学领域定义了专用的标准状态,即系统温度下,压力为 $p^\ominus$ 及 $pH = 7$ 的理想稀溶液。对于氢离子,浓度为 $1 \times 10^{-7}\ mol \cdot L^{-1}$,其他离子仍为 $1\ mol \cdot L^{-1}$。按生物化学标准状态定义的反应的标准摩尔 Gibbs 自由能的符号用 $\Delta_r G_m^\oplus$ 表示,以区别于 $\Delta_r G_m^\ominus$。设有氢离子生成的反应:

$$A + D \Longrightarrow G + xH^+$$

$$\Delta_r G_m^\oplus = \Delta_r G_m^\ominus + xRT \ln c^\oplus(H^+) = \Delta_r G_m^\ominus + xRT \ln 10^{-7}$$

当 $x=1$，温度为 298.15 K，$\Delta_r G_m^{\oplus}=\Delta_r G_m^{\ominus}-39.95$ kJ·mol$^{-1}$，此式表示每产生 1 mol 氢离子，$\Delta_r G_m^{\oplus}$ 比 $\Delta_r G_m^{\ominus}$ 小 39.95 kJ·mol$^{-1}$，即反应在 pH＝7 环境比 pH＝0 环境更容易自发进行。

若氢离子为反应物的生物化学反应，反应式中氢离子反应系数 $x=1$，温度为 298.15 K，同理可得

$$\Delta_r G_m^{\oplus}=\Delta_r G_m^{\ominus}+39.95 \text{ kJ·mol}^{-1}$$

此时，反应在 pH＝0 环境比 pH＝7 环境更容易自发进行。

**例 3-4**　若在 298.15 K，pH＝7 的环境中 ATP 水解反应的 $\Delta_r G_m^{\ominus}=10.65$ kJ·mol$^{-1}$，求该条件下的 $\Delta_r G_m^{\oplus}$、$K^{\ominus}$ 及 $K^{\oplus}$。

**解**：ATP 水解反应

$$ATP+H_2O \Longrightarrow ADP+P_i+H^+$$

$$\Delta_r G_m^{\oplus}=\Delta_r G_m^{\ominus}-39.95 \text{ kJ·mol}^{-1}$$
$$=10.65 \text{ kJ·mol}^{-1}-39.95 \text{ kJ·mol}^{-1}=-29.30 \text{ kJ·mol}^{-1}$$

$$K^{\ominus}=\exp\left(-\frac{\Delta_r G_m^{\ominus}}{RT}\right)=\exp\left(-\frac{10\ 650 \text{ J·mol}^{-1}}{8.314 \text{ J·mol}^{-1}\cdot\text{K}^{-1}\times298.15 \text{ K}}\right)=1.36\times10^{-2}$$

$$K^{\oplus}=\exp\left(-\frac{\Delta_r G_m^{\oplus}}{RT}\right)=\exp\left(\frac{29\ 300 \text{ J·mol}^{-1}}{8.314 \text{ J·mol}^{-1}\cdot\text{K}^{-1}\times298.15 \text{ K}}\right)=1.36\times10^{5}$$

$$\frac{K^{\oplus}}{K^{\ominus}}=1.00\times10^{7}$$

两者相差如此之大的原因就是对氢离子的标准状态选择不同造成的。

---

### 案例 3-2　生物体内的高能磷酸化合物

在生物活性系统中，有一种非常重要的物质**三磷酸腺苷（ATP）**，许多生物化学活动（如蛋白质的合成、离子的迁移、肌肉收缩和神经细胞的电活性等）都需要能量，而 ATP 水解生成**二磷酸腺苷（ADP）**、无机磷酸盐 Pi 及氢离子，是一个较强的放能作用，可以为这些生物化学活动提供能量。

ATP 在细胞内水解反应可表示为

$$ATP+H_2O \Longrightarrow ADP+Pi+H^+$$

在人体内 pH＝7，温度为 310.15 K（37℃）的条件下，其反应的 $\Delta_r G_m^{\oplus}=-30.5$ kJ·mol$^{-1}$，$\Delta_r H_m^{\oplus}=-20$ kJ·mol$^{-1}$ 及 $\Delta_r S_m^{\oplus}=34$ J·K$^{-1}$·mol$^{-1}$。由于 ATP 水解的 $\Delta_r G_m^{\oplus}<0$，所以为放能反应，能为另外一些反应提供 30.5 kJ·mol$^{-1}$ 的 Gibbs 自由能。同时由于 $\Delta_r S_m^{\oplus}$ 的数值较大，当温度升高（或降低）时，对 $\Delta_r G_m^{\oplus}$ 的影响也比较明显。但值得指出的是，若系统中缺乏特殊的酶（ATP 酶）的催化，则反应进行得很慢。热力学因素能指出反应进行的方向和趋势，但还需要动力学因素（如酶的催化）来控制反应进行的快慢（即反应速率）。同理，在适当酶的催化下，ADP 可进一步水解为**一磷酸腺苷（AMP）**或腺苷：

$$ADP+H_2O \Longrightarrow AMP+Pi+H^+ \qquad \Delta_r G_m^{\oplus}\approx-32 \text{ kJ·mol}^{-1}$$
$$AMP+H_2O \Longrightarrow 腺苷+Pi+H^+ \qquad \Delta_r G_m^{\oplus}\approx-14 \text{ kJ·mol}^{-1}$$

ATP 和 ADP 水解的 $\Delta_r G_m^{\oplus}<-30$ kJ·mol$^{-1}$，推动其水解，存在不稳定倾向，在磷酸根处断裂生成 ADP 或 AMP 并释放能量，因此将 ATP 和 ADP 断裂的磷酸键也称为高能磷酸键。

## 第五节　温度对化学平衡的影响

根据 Gibbs-Helmholts 公式,若参加反应的物质均处于标准状态,则有

$$\left[\frac{\partial\left(\dfrac{\Delta_r G_m^\ominus}{T}\right)}{\partial T}\right]_p = -\frac{\Delta_r H_m^\ominus}{T^2}$$

将 $\Delta_r G_m^\ominus(T) = -RT\ln K^\ominus$ 代入上式可得

$$\frac{\mathrm{d}\ln K^\ominus}{\mathrm{d}T} = \frac{\Delta_r H_m^\ominus}{RT^2} \tag{3-29}$$

式(3-29)称为化学反应的等压方程式,或 van't Hoff 等压方程式,它反映了温度对平衡常数的影响。若 $\Delta_r H_m^\ominus > 0$,即对吸热反应来说,$\mathrm{d}\ln K^\ominus / \mathrm{d}T > 0$,$K^\ominus$ 随温度升高而增大;若 $\Delta_r H_m^\ominus < 0$,为放热反应,则 $\mathrm{d}\ln K^\ominus / \mathrm{d}T < 0$,$K^\ominus$ 随温度升高而减小。

为了具体计算平衡常数随温度的变化,需积分式(3-29),下面分两种情况讨论。

### 一、$\Delta_r H_m^\ominus$ 与温度无关

若温度变化范围不大或 $\Delta_r H_m^\ominus$ 与温度无关,$\Delta_r H_m^\ominus$ 可视为常数,对式(3-29)进行定积分,得

$$\ln\frac{K_2^\ominus}{K_1^\ominus} = -\frac{\Delta_r H_m^\ominus}{R}\left(\frac{1}{T_2} - \frac{1}{T_1}\right) \tag{3-30}$$

式中,$K_2^\ominus$、$K_1^\ominus$ 分别为 $T_2$、$T_1$ 时的标准平衡常数。若 $\Delta_r H_m^\ominus$ 已知,则可以从已知一个温度下的标准平衡常数计算另一温度下的标准平衡常数。若对式(3-29)做不定积分,可得

$$\ln K^\ominus = -\frac{\Delta_r H_m^\ominus}{RT} + C \tag{3-31}$$

式中,$C$ 为积分常数。此式表明 $\ln K^\ominus$ 与 $1/T$ 呈线性关系,斜率为 $-(\Delta_r H_m^\ominus / R)$,截距为 $C$。

**例3-5**　工业生产上,将煤(主要成分是碳)在高温条件下与水蒸气反应制备水煤气

$$C(s) + H_2O(g) \Longleftrightarrow H_2(g) + CO(g)$$

已知反应在 1 000 K 和 1 200 K 的标准平衡常数分别为 2.45 和 37.50,且 $\Delta_r H_m^\ominus$ 随温度变化较小,可视为常数。试求:反应在 1 100 K 时的 $K^\ominus$。

**解:** 设 $T_1 = 1\,000$ K,$T_2 = 1\,200$ K,代入式(3-30),得

$$\ln\frac{K_2^\ominus}{K_1^\ominus} = -\frac{\Delta_r H_m^\ominus}{R}\left(\frac{1}{T_2} - \frac{1}{T_1}\right)$$

$$\ln\frac{37.50}{2.45} = -\frac{\Delta_r H_m^\ominus}{8.314\ \mathrm{J\cdot mol^{-1}\cdot K^{-1}}}\left(\frac{1}{1\,200\ \mathrm{K}} - \frac{1}{1\,000\ \mathrm{K}}\right)$$

$$\Delta_r H_m^\ominus = 136.10\ \mathrm{kJ\cdot mol^{-1}}$$

设 $T_1 = 1\,000$ K,$T_3 = 1\,100$ K 再将其代入式(3-30),得

$$\ln\frac{K_3^\ominus}{K_1^\ominus} = -\frac{136\,100\ \mathrm{J\cdot mol^{-1}}}{8.314\ \mathrm{J\cdot mol^{-1}\cdot K^{-1}}}\left(\frac{1}{1\,100\ \mathrm{K}} - \frac{1}{1\,000\ \mathrm{K}}\right)$$

可解得

$$K_3^{\ominus} = 10.85$$

## 二、$\Delta_r H_m^{\ominus}$ 与温度有关

当 $\Delta_r H_m^{\ominus}$ 与温度有关或温度变化范围较大时,就必须考虑温度对反应热的影响,首先应确定 $\Delta_r H_m^{\ominus}$ 与 $T$ 的函数关系,再进行积分。根据 Kirchhoff 公式

$$\Delta_r H_m^{\ominus}(T) = \Delta H_0 + \Delta_r a T + \frac{1}{2}\Delta_r b T^2 + \frac{1}{3}\Delta_r c T^3 + \cdots \tag{3-32}$$

将式(3-32)代入式(3-29)并进行不定积分,得

$$\ln K^{\ominus} = -\frac{\Delta H_0}{RT} + \frac{\Delta_r a}{R}\ln T + \frac{\Delta_r b}{2R}T + \frac{\Delta_r c}{6R}T^2 + \cdots + I \tag{3-33}$$

式中,$I$ 为积分常数。

将式(3-33)代入 $\Delta_r G_m^{\ominus}(T) = -RT\ln K^{\ominus}$ 中,得

$$\Delta_r G_m^{\ominus}(T) = \Delta H_0 - \Delta_r a T\ln T - \frac{\Delta_r b}{2}T^2 - \frac{\Delta_r c}{6}T^3 - \cdots - IRT \tag{3-34}$$

**例3-6** 乙烯氢化生成乙烷的反应为 $C_2H_4(g) + H_2(g) \Longrightarrow C_2H_6(g)$。已知 298.15 K 的热力学数据如下表所示

|  | $C_2H_4(g)$ | $H_2(g)$ | $C_2H_6(g)$ |
|---|---|---|---|
| 标准熵 $S_m^{\ominus}/(J \cdot K^{-1} \cdot mol^{-1})$ | 219.56 | 130.684 | 229.60 |
| 生成焓 $\Delta_f H_m^{\ominus}/(kJ \cdot mol^{-1})$ | 52.26 | 0 | −84.68 |

反应的 $\Delta_r C_p/(J \cdot K^{-1} \cdot mol^{-1}) = -31.53 + 39.32 \times 10^{-3}\dfrac{T}{K}$,求 573.15 K 时反应的标准平衡常数。

**解**:298.15 K 时

$$\Delta_r H_m^{\ominus} = \sum_B \nu_B \Delta_f H_m^{\ominus}(B) = \Delta_f H_m^{\ominus}(C_2H_6, g) - \Delta_f H_m^{\ominus}(H_2, g) - \Delta_f H_m^{\ominus}(C_2H_4, g)$$

$$= -84.68 \text{ kJ} \cdot \text{mol}^{-1} - 0 - 52.26 \text{ kJ} \cdot \text{mol}^{-1} = -136.94 \text{ kJ} \cdot \text{mol}^{-1}$$

$$\Delta_r S_m^{\ominus} = \sum_B \nu_B S_m^{\ominus}(B) = S_m^{\ominus}(C_2H_6, g) - S_m^{\ominus}(H_2, g) - S_m^{\ominus}(C_2H_4, g)$$

$$= 229.60 \text{ J} \cdot \text{K}^{-1} \cdot \text{mol}^{-1} - 130.684 \text{ J} \cdot \text{K}^{-1} \cdot \text{mol}^{-1} - 219.56 \text{ J} \cdot \text{K}^{-1} \cdot \text{mol}^{-1}$$

$$= -120.644 \text{ J} \cdot \text{K}^{-1} \cdot \text{mol}^{-1}$$

$$\Delta_r H_m^{\ominus}(573.15 \text{ K}) = \Delta_r H_m^{\ominus}(298.15 \text{ K}) + \int_{298.15 \text{ K}}^{573.15 \text{ K}} \Delta_r C_p dT$$

$$= -136.94 \times 10^3 \text{ J} \cdot \text{mol}^{-1} - 31.53 \text{ J} \cdot \text{K}^{-1} \cdot \text{mol}^{-1} \times (573.15 \text{ K} - 298.15 \text{ K})$$

$$+ \frac{39.32 \times 10^{-3}}{2} \text{J} \cdot \text{K}^{-2} \cdot \text{mol}^{-1} \times [(573.15 \text{ K})^2 - (298.15 \text{ K})^2]$$

$$= -140.90 \text{ kJ} \cdot \text{mol}^{-1}$$

$$\Delta_r S_m^{\ominus}(573.15 \text{ K}) = \Delta_r S_m^{\ominus}(298.15 \text{ K}) + \int_{298.15 \text{ K}}^{573.15 \text{ K}} \frac{\Delta_r C_p}{T} dT$$

$$= -120.644 \text{ J} \cdot \text{K}^{-1} \cdot \text{mol}^{-1} - 31.53 \text{ J} \cdot \text{K}^{-1} \cdot \text{mol}^{-1} \times \ln \frac{573.15 \text{ K}}{298.15 \text{ K}}$$

$$+ 39.32 \times 10^{-3} \text{ J} \cdot \text{K}^{-2} \cdot \text{mol}^{-1} \times (573.15 \text{ K} - 298.15 \text{ K})$$

$$= -130.43 \text{ J} \cdot \text{K}^{-1} \cdot \text{mol}^{-1}$$

$$\Delta_r G_m^{\ominus} = \Delta_r H_m^{\ominus} - T \Delta_r S_m^{\ominus}$$

$$= -140.90 \text{ kJ} \cdot \text{mol}^{-1} + 573.15 \text{ K} \times 130.43 \times 10^{-3} \text{ kJ} \cdot \text{K}^{-1} \cdot \text{mol}^{-1} = -66.14 \text{ kJ} \cdot \text{mol}^{-1}$$

$$K^{\ominus}(573.15 \text{ K}) = \exp\left(-\frac{\Delta_r G_m^{\ominus}}{RT}\right) = \exp\left(\frac{66\ 140 \text{ J} \cdot \text{mol}^{-1}}{8.314 \text{ J} \cdot \text{mol}^{-1} \cdot \text{K}^{-1} \times 573.15 \text{ K}}\right) = 1.07 \times 10^6$$

# 第六节　其他因素对化学平衡的影响

## 一、压力对化学平衡的影响

### (一) 理想气体反应系统

理想气体反应系统的 $K_p^{\ominus}$ 仅是温度的函数,根据 van't Hoff 方程可知温度改变将引起 $K_p^{\ominus}$ 的变化,从而平衡发生移动。但当温度确定时,$K_p^{\ominus}$ 将保持不变。根据式(3-17)

$$K_p^{\ominus} = K_x \left(\frac{p}{p^{\ominus}}\right)^{\Sigma \nu_B}$$

当温度一定时改变总压,则可得

(1) $\Sigma \nu_B > 0$,增大总压 $p$,为了维持 $K_p^{\ominus}$ 不变,则 $K_x$ 将减小,说明增加压力对于气体分子数增大的反应不利;

(2) $\Sigma \nu_B < 0$,增大总压 $p$,为了维持 $K_p^{\ominus}$ 不变,则 $K_x$ 将增大,说明增加压力对于气体分子数减少的反应有利;

(3) $\Sigma \nu_B = 0$,总压 $p$ 变化,$K_x$ 不变,说明压力对于气体分子数不变的反应无影响,平衡不移动。

总之,增加总压,平衡向气体分子数减少的方向移动,以部分抵消系统压力的增加。

### (二) 凝聚相反应系统

对于凝聚相反应系统,如果压力改变不大时,可以认为对平衡常数影响不大;但如果压力改变很大时,压力对平衡常数的影响就明显起来。根据热力学关系式可得

$$\left[\frac{\partial(\Delta_r G_m^{\ominus})}{\partial p}\right]_T = \Delta_r V_m^{\ominus} \tag{3-35}$$

式中,$\Delta_r V_m^{\ominus}$ 为标准状态下进行了单位反应时系统反应前后体积的变化。

若 $\Delta_r V_m^{\ominus} > 0$,则 $\left[\frac{\partial(\Delta_r G_m^{\ominus})}{\partial p}\right]_T > 0$,压力增加,$\Delta_r G_m^{\ominus}$ 增加,对正向反应的进行不利。

若 $\Delta_r V_m^{\ominus} < 0$,则 $\left[\frac{\partial(\Delta_r G_m^{\ominus})}{\partial p}\right]_T < 0$,压力增加,$\Delta_r G_m^{\ominus}$ 减小,对正向反应的进行有利。

若 $\Delta_r V_m^{\ominus} = 0$,则 $\left[\frac{\partial(\Delta_r G_m^{\ominus})}{\partial p}\right]_T = 0$,增大压力对平衡没有影响。

**例 3-7** 在 298.15 K 及标准压力 $p^{\ominus}$ 下,石墨和金刚石的 $\Delta_f G_m^{\ominus}$ 分别为 0 和 2.90 kJ·mol$^{-1}$,密度分别为 2.25 kg·L$^{-1}$ 和 3.50 kg·L$^{-1}$。请证明该条件下石墨比较稳定,并说明在何种条件下石墨可以转变为金刚石。

**解:**
$$\text{C(石墨)} \Longrightarrow \text{C(金刚石)}$$

$$\Delta_r G_m^{\ominus} = \sum_B \nu_B \Delta_f G_m^{\ominus}(B) = 2.90 \text{ kJ} \cdot \text{mol}^{-1} - 0 = 2.90 \text{ kJ} \cdot \text{mol}^{-1}$$

$\Delta_r G_m^{\ominus} > 0$，说明正向反应在此条件下不能自发进行，所以 298.15 K 及标准压力下石墨较为稳定。

若要使正向反应自发进行，则反应系统需经历 $\Delta_r G_m^{\ominus} > 0$ 到 $\Delta_r G_m^{\ominus} < 0$ 的转变，也就是说系统必定经历一 $\Delta_r G_m^{\ominus} = 0$ 的过程。

对式(3-35)积分，压力从 $p^{\ominus}$ 变为 $p$，$\Delta_r G_m^{\ominus}$ 由 2.90 kJ·mol$^{-1}$ 变为 0，则

$$\Delta_r G_m - \Delta_r G_m^{\ominus} = \Delta_r V_m (p - p^{\ominus})$$

$$p = \frac{\Delta_r G_m - \Delta_r G_m^{\ominus}}{\Delta_r V_m} + p^{\ominus}$$

$$= \frac{0 \text{ J} - 2.90 \times 10^3 \text{ J}}{\dfrac{12 \times 10^{-3} \text{ kg}}{3.50 \times 10^3 \text{ kg·m}^{-3}} - \dfrac{12 \times 10^{-3} \text{ kg}}{2.25 \times 10^3 \text{ kg·m}^{-3}}} + 100\,000 \text{ Pa}$$

$$= 1.52 \times 10^9 \text{ Pa}$$

只有当压力大于 $1.52 \times 10^9$ Pa 时，石墨才有可能转变为金刚石。

## 二、惰性气体对化学平衡的影响

在实际生产过程中，原料气中常混有不参加反应的气体，称之为惰性气体。惰性气体的存在并不影响平衡常数，但要影响气相反应的平衡组成，从而使平衡发生移动。对于理想气体反应，已知

$$K_p^{\ominus} = K_n \left( \frac{p}{p^{\ominus} \sum n_B} \right)^{\sum \nu_B}$$

若保持系统的温度和压力不变，惰性气体对平衡的影响可作以下讨论：

(1) 若 $\sum \nu_B > 0$，增加惰性气体的量，$\sum n_B$ 增大，为了维持 $K_p^{\ominus}$ 不变，则 $K_n$ 变大，说明增加惰性气体对于气体分子数增多的反应有利；

(2) 若 $\sum \nu_B < 0$，增加惰性气体的量，为了维持 $K_p^{\ominus}$ 不变，则 $K_n$ 变小，说明增加惰性气体对于气体分子数减少的反应不利；

(3) 若 $\sum \nu_B = 0$，此时 $K_p^{\ominus} = K_n$，惰性气体对平衡无影响。

实际生产中，各因素对平衡的影响往往转化为讨论转化率的变化。转化率是原料中某一反应物反应后转化了的分数，若无副产物，则转化率等于产率。当达到化学平衡时的转化率为理论最大转化率，称为平衡转化率，用 $\alpha$ 表示。讨论压力、惰性物质等对平衡的影响也就是讨论 $\alpha$ 的增大或减小，说明对正向反应有利或不利。

**例 3-8** 在 800.15 K 时，乙苯脱氢制备苯乙烯的反应 $C_6H_5C_2H_5(g) \Longleftrightarrow C_6H_5CH=CH_2(g) + H_2(g)$。若反应系统可视为理想气体混合物系统，该温度下的标准平衡常数为 0.05。请计算以下条件下乙苯的平衡转化率。(1) 标准压力 $p^{\ominus}$ 下；(2) $0.1p^{\ominus}$ 压力下；(3) 在原料气中加入惰性气体，标准压力 $p^{\ominus}$ 下乙苯和水蒸气按 1:9 进料。

**解：**(1) 设标准压力 $p^{\ominus}$ 下，1 mol 乙苯的转化率为 $\alpha$

$$C_6H_5C_2H_5(g) \Longleftrightarrow C_6H_5CH=CH_2(g) + H_2(g)$$

| | | | |
|---|---|---|---|
| 反应前 | 1 mol | 0 mol | 0 mol |
| 平衡后 | $(1-\alpha)$ mol | $\alpha$ mol | $\alpha$ mol | $\sum n_B = (1+\alpha)$ mol |

$$K_p^{\ominus} = K_n \left( \frac{p}{p^{\ominus} \sum n_B} \right)^{\sum \nu_B} = \frac{\alpha^2}{1-\alpha} \left( \frac{p^{\ominus}}{p^{\ominus}(1+\alpha)} \right) = 0.05$$

解得 $\alpha = 0.22$

（2）同理，上式中代入 $p=\dfrac{1}{10}p^{\ominus}$，可解得该压力条件下 $\alpha=0.58$

（3）加入惰性气体后，平衡后的 $\sum n_{\mathrm{B}}=(10+\alpha)\ \mathrm{mol}$

$$K_p^{\ominus}=K_n\left(\frac{p}{p^{\ominus}\sum n_{\mathrm{B}}}\right)^{\sum\nu_{\mathrm{B}}}=\frac{\alpha^2}{1-\alpha}\cdot\frac{p^{\ominus}}{p^{\ominus}(10+\alpha)}=0.05$$

解得该条件下平衡转化率 $\alpha=0.51$

由此可见，对于气体分子数增多的反应，可以通过降低总压和通入惰性气体两种途径来提高理论转化率，但前者在实际生产中对设备要求较高，存在安全问题，所以通常采用后者。

### 三、物料比对化学平衡的影响

根据化学反应等温式

$$\Delta_{\mathrm{r}}G_{\mathrm{m}}=-RT\ln K^{\ominus}+RT\ln Q$$

物料比的改变就是改变参与反应物质的浓度，在气体混合物反应系统中与改变反应物质的分压有同样作用，虽然物料比改变并不影响标准平衡常数 $K^{\ominus}$，但却要影响 $Q$，从而使平衡发生移动。

如果增加反应物的浓度或减少生成物的浓度，将使 $Q<K^{\ominus}$，则 $\Delta_{\mathrm{r}}G_{\mathrm{m}}<0$，正向反应将自发进行，直到 $Q=K^{\ominus}$，反应建立新的平衡；反之，如果增加生成物的浓度或减小反应物的浓度，将导致 $Q>K^{\ominus}$，则 $\Delta_{\mathrm{r}}G_{\mathrm{m}}>0$，逆向反应自发进行，建立新的平衡。实际生产过程中，为提高某种较贵原料的转化率，通常采用加入过量的廉价易得的其他原料或不断把产物从系统中分离出去的方法，以推动反应正向进行。

## 第七节　同时化学平衡和反应的耦合

### 一、同时化学平衡

前面讨论的都是只限于一个化学反应的系统，而实际反应系统中常常存在两个或两个以上的化学反应。在这些反应中不一定都是独立的化学反应。那些可以通过线性组合的方法由其他反应导出的化学反应不是独立的化学反应。化学反应系统独立反应数等于反应系统中所含物质的种数减去元素的种数。例如：（1）$\mathrm{C(s)}+\mathrm{O_2(g)}\rightleftharpoons\mathrm{CO_2(g)}$；（2）$\mathrm{C(s)}+\dfrac{1}{2}\mathrm{O_2(g)}\rightleftharpoons\mathrm{CO(g)}$；（3）$\mathrm{CO(g)}+\dfrac{1}{2}\mathrm{O_2(g)}\rightleftharpoons\mathrm{CO_2(g)}$。该反应系统有 4 种物质，2 种元素，所以独立反应数为 2，第三个反应可以由前两个反应线性组合得到，例如（3）＝（1）－（2）。

当系统达到化学平衡时，所有存在于系统中的各个化学反应均达到化学平衡，这就是**同时化学平衡**（simultaneous chemical equilibrium）。达到同时化学平衡的化学反应之间必然相互影响，各组分平衡时的分压、浓度、活度，必定同时满足每一个化学反应的标准平衡常数。

### 二、反应的耦合

若反应系统中一个反应的产物为另一个反应的反应物，则这两个反应称**耦合反应**（coupling reaction），共同涉及的物质称为**耦合物质**（coupling substance）。偶合反应可以影响反应平衡位置,甚至使不能进行的反应经过耦合后得以进行。

工业上用甲醇生产甲醛中,298.15 K 时如果直接脱氢:

(1) $CH_3OH(l) \Longrightarrow HCHO(g) + H_2(g)$ $\qquad \Delta_r G_{m,1}^{\ominus} = 63.74 \text{ kJ} \cdot \text{mol}^{-1}$

$\Delta_r G_{m,1}^{\ominus}$ 的绝对值比较大,故该反应很难正向进行,这也是工业上很少采用直接脱氢方法制备甲醛的原因所在。若在反应系统中通入氧气(或空气),则还有一独立的氧化反应与反应(1)耦合:

(2) $H_2(g) + \frac{1}{2} O_2(g) \Longrightarrow H_2O(l)$ $\qquad \Delta_r G_{m,2}^{\ominus} = -237.13 \text{ kJ} \cdot \text{mol}^{-1}$

反应(1)和反应(2)耦合得到总反应:

(3) $\frac{1}{2} O_2(g) + CH_3OH(l) \Longrightarrow H_2O(l) + HCHO(g)$ $\qquad \Delta_r G_{m,3}^{\ominus} = -173.39 \text{ kJ} \cdot \text{mol}^{-1}$

又如,用高钛渣 $TiO_2$ 氯化生产 $TiCl_4$,已知在 298.15 K 下:

(1) $TiO_2(s) + 2Cl_2(g) \Longrightarrow TiCl_4(l) + O_2(g)$ $\qquad \Delta_r G_{m,1}^{\ominus} = 147.28 \text{ kJ} \cdot \text{mol}^{-1}$

(2) $2C(s) + O_2(g) \Longrightarrow 2CO(g)$ $\qquad \Delta_r G_{m,2}^{\ominus} = -394.36 \text{ kJ} \cdot \text{mol}^{-1}$

以上两反应线性加和得总反应

(3) $2C(s) + TiO_2(s) + 2Cl_2(g) \Longrightarrow TiCl_4(l) + 2CO(g)$ $\quad \Delta_r G_{m,3}^{\ominus} = -247.08 \text{ kJ} \cdot \text{mol}^{-1}$

通过以上例子表明可以用 $\Delta_r G_m^{\ominus}$ 很负的反应带动原本不能正向自发进行的反应,这种方法在设计合成路线时常常用到。但实现化学反应的耦合是有条件的,不能任意找一个 $\Delta_r G_m^{\ominus}$ 很负的反应与一个 $\Delta_r G_m^{\ominus}$ 很正的反应相加便算作耦合。当两个反应能耦合时,实际上已经形成了一个新的反应系统。至于这个新的反应系统能否最终生成目标产物,还必须结合动力学的研究,热力学只是从理论上给出了目标产物的生成可能性。

---

**案例 3-3 生化反应的耦合**

耦合反应在生物体中占有非常重要的地位,生物体内反应是在定温定压下进行的,许多单个反应很难正向进行,但又不能改变温度或压力来实现正向进行,因此生物体选择了耦合反应这一途径。糖类是生物体的作用能源物质,其代谢反应有十余步之多,反应复杂,这里用简单的葡萄糖在生物体中代谢的首要步骤简要说明生物体中耦合反应作用。

在人体内 pH=7,温度为 310.15 K(37℃)的条件下,葡萄糖先要转化为 6-磷酸葡萄糖,其反应为

(1) 葡萄糖 + Pi + H⁺ $\Longrightarrow$ 6-磷酸葡萄糖 + H₂O $\qquad \Delta_r G_m^{\oplus} = 13.4 \text{ kJ} \cdot \text{mol}^{-1}$

这是一个吸热过程,$\Delta_r G_m^{\oplus} > 0$,在生理环境下不会发生。然而 ATP 的水解反应可与其耦合,推动反应得以进行。

(2) $ATP + H_2O \Longrightarrow ADP + Pi + H^+$ $\qquad \Delta_r G_m^{\oplus} = -30.5 \text{ kJ} \cdot \text{mol}^{-1}$

耦合反应为

(3) 葡萄糖 + ATP $\Longrightarrow$ ADP + 6-磷酸葡萄糖 $\qquad \Delta_r G_m^{\oplus} = -17.2 \text{ kJ} \cdot \text{mol}^{-1}$

这里三磷酸腺苷 ATP 水解反应为放热反应,可以通过耦合反应驱动生物体内的许多反应。生物体内类似的例子还很多,如小分子合成氨基酸、蛋白质、核酸等,其反应的 $\Delta_r G_m^{\oplus} > 0$,反应难以进行,但通过耦合反应就可以得以进行。但值得一提的是,生物体是敞开系统不是封闭系统,且处在热力学的非平衡态而不是平衡态,所以在生物体内运用经典热力学的理论要格外谨慎。

(邓 萍)

## 参 考 文 献

[1] 印永嘉,奚正楷.物理化学简明教程.3 版.北京:高等教育出版社,1992.

[2] 傅献彩,沈文霞,姚天扬,等.物理化学(上册).5 版.北京:高等教育出版社,2005.

[3] 胡英,吕瑞东,刘国杰,等.物理化学.5 版.北京:高等教育出版社,2007.

[4] 王正烈,周亚平.物理化学.4 版.北京:高等教育出版社,2001.

[5] Mortimer R G.Physical chemistry.3rd ed.Elsevier Academic Press,2008.

[6] Levine I N.Physical chemistry.6th ed.北京:清华大学出版社,2012.

[7] Atkins P,de Paula J.Physical chemistry.8th ed.New York:W.H.Freeman and Company,2006.

## 习　　题

1. 为什么化学反应通常不能彻底进行而最终达到化学平衡状态? 有没有反应可以彻底进行?

2. 在一定温度、压力及不做非体积功的条件下,某反应的 $\Delta_r G_m > 0$,若选用合适的催化剂,是否能使反应正向进行?

3. 有人认为石墨和金刚石是固体,其活度均为 1,代入石墨向金刚石的转化反应平衡常数表示式中有: $K^\ominus = a(金刚石)/a(石墨) = 1$,所以 $\Delta_r G_m^\ominus = 0$,反应处在平衡状态。这种说法是否正确? 为什么?

4. 氨与氧气可发生下列反应:

(1) $4NH_3(g) + 3O_2(g) \Longrightarrow 2N_2(g) + 6H_2O(g)$

(2) $4NH_3(g) + 5O_2(g) \Longrightarrow 4NO(g) + 6H_2O(g)$

增加氧气的分压,对上述哪一个反应的平衡移动产生更大的影响? 并解释之。

5. 对于方解石分解反应 $CaCO_3(s) \Longrightarrow CaO(s) + CO_2(g)$,讨论以下因素对反应平衡的影响。298.15 K 热力学数据请查阅附录。(1) 升高反应温度;(2) 增加方解石的量;(3) 增大系统总压;(4) 增加惰性气体的量。

6. 对于理想气体混合物反应系统 $O_2(g) + 2H_2(g) \Longrightarrow 2H_2O(g)$,已知在 1 700 K 时标准平衡常数 $K^\ominus = 1.45 \times 10^6$。若此时氢气和氧气的分压均为 10 kPa,而水蒸气的分压达到了 100 kPa,计算该条件下反应的 $\Delta_r G_m$ 并判断自发进行的方向。在保持氢气和氧气分压不变的条件下,估计水蒸气的压力为多大时,反应自发方向发生改变?

7. 在 293.15 K 下,进行同位素交换反应,测得以下化学反应的标准平衡常数 $K^\ominus$:

(1) $H_2(g) + D_2(g) \Longrightarrow 2HD(g)$ 　　　　$K_1^\ominus = 3.30$

(2) $H_2O(l) + D_2O(l) \Longrightarrow 2HDO(l)$ 　　　$K_2^\ominus = 3.20$

(3) $H_2O(l) + HD(g) \Longrightarrow HDO(l) + H_2(g)$ 　$K_3^\ominus = 3.40$

试求该反应温度下 $D_2(g) + H_2O(l) \Longrightarrow H_2(g) + D_2O(l)$ 反应的 $K^\ominus$ 和 $\Delta_r G_m^\ominus$。

8. 容器中通入 0.45 mol $N_2O_4(g)$ 及 0.50 mol $NO_2(g)$,若已知反应 $N_2O_4(g) \Longrightarrow 2NO_2(g)$ 在 298.15 K 和 $2p^\ominus$ 条件下的 $K^\ominus = 0.15$,试讨论反应平衡时系统的组成。

9. 298.15 K 在 20 L 抽真空的容器中有 1 mol $CuSO_4 \cdot 5H_2O(s)$ 蓝色晶体,已知 $CuSO_4 \cdot 5H_2O(s)$、$CuSO_4(s)$ 及 $H_2O(g)$ 的 $\Delta_f G_m^\ominus$ 分别为 $-1\ 879.90$ kJ $\cdot$ mol$^{-1}$、$-661.80$ kJ $\cdot$ mol$^{-1}$ 和 $-228.572$ kJ $\cdot$ mol$^{-1}$,求 $CuSO_4 \cdot 5H_2O(s)$ 脱水的摩尔分数。

10. 银制容器中通入 $H_2S$ 和 $H_2$ 混合气体可能被腐蚀,发生反应如下:

$$2Ag(s) + H_2S(g) \Longrightarrow H_2(g) + Ag_2S(s)$$

若已知在 298.15 K 及 $p^\ominus$ 下 $Ag_2S(s)$ 和 $H_2S(g)$ 的标准摩尔生成 Gibbs 自由能 $\Delta_f G_m^\ominus$ 分别为 $-40.25$ kJ·mol$^{-1}$、$-33.56$ kJ·mol$^{-1}$,试通过计算指出当 $H_2S(g)$ 在混合物中的摩尔分数小于多少时才不会使 $Ag(s)$ 发生腐蚀?

11. 合成氨的反应 $\frac{1}{2}N_2(g) + \frac{3}{2}H_2(g) \Longrightarrow NH_3(g)$,将其视为理想气体混合物反应系统。若在 500 K 时的标准平衡常数 $K_p^\ominus = 0.30$,试计算在 100 kPa 和 1 000 kPa 时的平衡转化率。

12. 对于分解反应

$$PCl_5(g) \Longrightarrow PCl_3(g) + Cl_2(g)$$

在 523.15 K 及 $p^\ominus$ 下的标准平衡常数 $K^\ominus = 1.82$,若反应为理想气体混合物反应系统,求:(1) 523.15 K 及 $p^\ominus$ 下,1 mol $PCl_5(g)$ 的分解度;(2) 523.15 K 及 $5p^\ominus$ 下,1 mol $PCl_5(g)$ 的分解度;(3) 523.15 K 和 $p^\ominus$ 并通入 1mol $PCl_5(g)$ 及 10 mol 惰性气体条件下 $PCl_5(g)$ 的分解度。

13. 固体 HgS 一般为红色,叫作红辰砂或丹砂,但实验室也常得到其黑色晶体(黑辰砂),两者存在以下转化反应

$$HgS(红) \Longrightarrow HgS(黑)$$

该反应的 $\Delta_r G_m^\ominus = [4.184 \times (4\,100 - 6.10\ T/K)]$J·mol$^{-1}$,试分析在 373.15 K 时哪种晶体较为稳定?并估算两者转化的反应温度。

14. 用石墨和氢气直接反应制备甲烷:$C(石墨) + 2H_2(g) \Longrightarrow CH_4(g)$,该反应在高温 873.15 K 时的 $\Delta_r H_m^\ominus = -88.05$ kJ·mol$^{-1}$,$\Delta_r S_m^\ominus = -108.78$ J·K$^{-1}$·mol$^{-1}$,试计算 873.15 K 及 1 073.15 K 时反应的标准平衡常数。已知 $\Delta_r H_m^\ominus$ 和 $\Delta_r S_m^\ominus$ 在此温度区间变化不大。

15. 对于气体混合物反应系统 $I_2 + C_5H_8(环戊烯) \Longrightarrow 2HI + C_5H_6(环戊二烯)$,经研究发现在 450~680 K 温度范围,其标准平衡常数与温度的关系式为 $\ln K^\ominus = 17.38 - \dfrac{51\,030}{4.58\ T/K}$,试计算其反应在 500 K 时 $\Delta_r H_m^\ominus$、$\Delta_r S_m^\ominus$ 及 $\Delta_r G_m^\ominus$。

16. $NAD^+$ 和 NADH 是烟酰胺腺嘌呤二核苷酸的氧化态和还原态,不论是在呼吸作用还是光合作用过程,它都起着核心枢纽作用。现生物体内有以下步骤:

$$NADH + H^+ \Longrightarrow NAD^+ + H_2$$

已知在 298.15 K 时反应的 $\Delta_r G_m^\ominus = -21.80$ kJ·mol$^{-1}$,若 $c(NAD^+) = 0.5$ mmol·L$^{-1}$,$c(NADH) = 15$ mmol·L$^{-1}$,$c(H^+) = 0.03$ mmol·L$^{-1}$ 及氢气分压为 1.0 kPa 时,求该反应的 $\Delta_r G_m^\oplus$,$K^\oplus$ 及 $K^\ominus$,并通过计算说明两种标准状态对于 $\Delta_r G_m$ 有无影响。

# 第四章 相 平 衡

物质的相变广泛存在于自然界中,如蒸发、冷凝、溶解、熔化、结晶、升华等,这些过程都是实验室或制药生产中的重要过程,它们的理论基础就是**相平衡**(phase equilibrium)原理。相平衡属于化学热力学的范畴,也是热力学原理在化学上的实际应用的一个重要方面。由于相变的复杂性和特殊性,把物质的相平衡规律展现在几何图形上就成为**相图**(phase diagram)。所谓相图是根据实验数据绘制的系统中状态与温度、压力、组成之间相互关系的图形,从图中能直接了解各个变量之间的关系,了解在给定条件下相变化的方向和限度。同时还需借助相律和其他方程来分析系统所处的状态。

## 第一节 相 律

**相律**(phase rule)是讨论平衡系统中相数、独立组分数与自由度等变量间关系的定律,根据相律可以确定有几个因素能对复杂系统中的相平衡发生影响,在一定条件下系统有几个相,等等,但至于具体是什么相、是哪几个自由度则要根据具体情况而定。在引出相律的数学表达式之前,首先介绍相、组分数、自由度等几个基本概念。

### 一、基本概念

#### (一) 相

**相**(phase)是系统中物理性质和化学性质完全均匀的部分,它是物质的一种聚集状态,物质通常有三种聚集状态,即气态、液态和固态。纯物质的每种聚集状态的任何部分的物理性质和化学性质是完全均匀一致的,所以纯物质的一种聚集状态就是一个相。倘若该系统中有多种聚集状态平衡共存,该系统就有多个相。无论单组分还是多组分的平衡系统,至少有一个相。通常讨论的相平衡实际上是多相平衡。在多相系统中,相与相之间有着明显的界面,越过此界面,物理性质或化学性质发生突变。

系统中相的数目称为**相数**(number of phase),用符号 $\Phi$ 表示。对于气体组成的系统,由于气体能无限混合,所以系统内不论有多少种气体,都只有一个相。对于液体系统,视不同液体相互间的溶解程度,可以是一相、两相或三相,一般不会超过三相。例如,水和甲醇能互溶,由这两种液体组成的系统即为一相;而水和甲苯不互溶,成为两相。对于固体系统,如果固体之间达到了分子程度的均匀混合,就形成了固态溶液,一种固态溶液是一个相。如果固体物质间不形成固态溶液,则不论固体物质的大小、质量,不论固体分散得多么细,有一种固体就有一个相。例如,一整块 NaCl 的结晶或小颗粒状 NaCl,它们都是同一个相。又如,面粉和白糖的混合物,不管研磨得多细,混合得多均匀,仍为两个相。对于同一种固体,若不同晶型同时存在时,有几种晶型就有几相。如石墨和金刚石、单斜硫和正交硫共存都是两个相。

#### (二) 物种数和组分数

平衡系统中所含的化学物质的数目称为**物种数**(number of chemical species),用符号 $S$

表示。应注意,一种物质分布在不同相时,只能算一个物种。例如,水和水蒸气的两相平衡系统中,只含有一种纯物质,即 $H_2O$,故物种数 $S=1$,而不是 2。但表示一个相平衡系统中的各相组成时,一般不用物种数表示,而用组分数。

用以确定平衡系统各相组成所需的最少数目的独立物种数称为系统的"独立组分数",简称**组分数(number of components)**,用符号 $C$ 表示。应注意,组分数和物种数是两个不同的概念。系统中有多少种物质,物种数就是多少。但组分数不一定等于物种数,还要考虑物种之间是否存在化学反应和浓度等制约关系。在多相平衡系统中,组分数是一个重要的概念。

如果系统中没有化学反应发生,则系统中的各种物质之间都不存在任何联系,每种物质的数量都可以独立地变化,要确定整个系统中每个相的组成,就必须确定每一种物质的数量才行。这时系统的组分数等于物种数,即 $C=S$。例如,NaCl 和 $H_2O$ 组成的系统中,NaCl 和 $H_2O$ 没有发生化学反应,所以 $C=S=2$。

如果系统中各组分间发生了化学反应,建立起化学平衡,参与反应的各物质浓度存在一定关系,此时组分数小于物种数。每存在一个独立的化学平衡,可以独立改变其数量的物种数就会减少一个。例如,HI(g)、$H_2$(g) 和 $I_2$(g) 三种物质间存在如下化学平衡:

$$2HI(g) \Longleftrightarrow H_2(g) + I_2(g)$$

虽然系统的物种数为 3,但组分数 $C=2$。因为只要任意两种物质确定了,第三种物质就必然存在,而且其组成可以由平衡常数来确定。同理,如果系统中存在更多的化学平衡并且是独立的,则

$$组分数 = 物种数 - 独立化学平衡数$$

即

$$C = S - R$$

式中,$R$ 为系统中独立化学平衡数。注意此处"独立"的含义。例如,一个平衡系统中包含物质种类较多时,可能存在多个平衡,如有 CO、$CO_2$、$H_2$、C 和 $H_2O$ 参与的反应,系统共有五种物质,存在三个平衡反应式,即

$$H_2O(g) + C(s) \Longleftrightarrow CO(g) + H_2(g)$$
$$CO_2(g) + H_2(g) \Longleftrightarrow H_2O(g) + CO(g)$$
$$CO_2(g) + C(s) \Longleftrightarrow 2CO(g)$$

显然,上述三个反应不是相互独立的,任意一个反应都可通过其他两个反应的简单组合得到,因此,其独立化学平衡数为 2,而不是 3。

相平衡系统中,除化学平衡对各相组成表示有限制之外,某些情况下,还有一些特殊的浓度限制条件。例如,在上述 HI(g) 的分解反应中,反应系统中开始只有 HI(g) 存在,将 HI(g) 放在密闭容器中,既存在一个化学平衡,同时在分解产物之间也必然存在一个浓度关系式:$c(H_2) = c(I_2)$。这时,只有一种物质的数量可以独立地发生改变,组分数 $C = 3 - 1 - 1 = 1$,即只要确定任何一种物质的数量,另两种物质的数量就必然知道了。这时系统的组分数为 1,即为单组分系统,这就是浓度限制条件,用符号 $R'$ 表示。

因此,任意系统的组分数和物种数应有下列关系:

$$组分数＝物种数－独立化学平衡数－独立的浓度限制条件$$

即

$$C=S-R-R'$$

注意，浓度限制条件只有在同一相中方能应用，不同相间不存在浓度限制条件。例如，$CaCO_3(s)$ 的分解反应 $CaCO_3(s) \Longrightarrow CaO(s)+CO_2(g)$，虽然分解产物 $CaO(s)$ 和 $CO_2(g)$ 的物质的量相同，但两者分属于气相和固相，不能使用浓度限制条件，则组分数仍然是 2。

**例 4-1**　下列情况下，试确定 $H_2(g)$、$N_2(g)$ 和 $NH_3(g)$ 混合气体系统的组分数。(1) 系统中气体未达平衡；(2) 一定温度和压力下，系统达到化学平衡；(3) 起始时系统中只有 $NH_3(g)$，然后在一定温度和压力下达到化学平衡。

**解：**(1) $C=S=3$。

(2) 达平衡时，三者间存在一独立的化学平衡关系，$C=S-R=3-1=2$。

(3) 起始时只有 $NH_3(g)$，则达平衡时，除了存在一化学平衡关系外，系统中 $H_2(g)$ 和 $N_2(g)$ 的浓度比为 $1:1$，因此 $C=S-R-R'=3-1-1=1$。

### （三）自由度

一个系统是否处于相平衡状态，取决于温度、压力、浓度等强度性质。这些变量发生变化，可能会导致系统发生相变。反之，当系统的某几个强度性质被确定之后，系统内的相数就保持不变，则该系统就处于相平衡状态。在不引起相变的前提下，可以在一定范围内独立变动的强度性质称为系统的**自由度（degree of freedom）**，用符号 $f$ 表示。例如，当水以单一液相存在时，温度和压力可以在一定范围内各自独立变动，而不会产生相态变化。此时，系统的自由度 $f=2$。对于水蒸气和液态水共存的两相平衡系统，压力和温度两个强度性质中只有一个可以独立变化。指定了温度，压力就只能根据温度和压力间的函数关系改变；反之亦然。否则将破坏原来的两相平衡，引起系统中某一相的消失。例如，373.15 K、101.325 kPa 的水和水蒸气两相共存系统，若温度升高，其结果将是液相消失，液态水转化为水蒸气。因此，该系统的自由度 $f=1$。又如，当盐溶于水成为不饱和溶液单相存在时，要保持液相不消失，而同时也不生成新相的情况下，可在一定范围内独立变动的强度性质为温度 $T$、压力 $p$ 及盐的浓度 $c$，所以 $f=3$。但当固体盐和饱和盐水溶液两相共存时，因为指定温度和压力之后，饱和盐水的浓度为定值，因此，此时只有温度 $T$ 和压力 $p$ 这两个强度性质可独立变动，所以 $f=2$。

## 二、相律

### （一）多相系统平衡的一般条件

系统内若含有不止一个相，则称为多相系统。在整个封闭系统中，相与相之间没有任何限制条件，它们之间可以有热的交换、功的传递以及物质的交流，也就是说相与相之间是相互敞开的。

对一个多相热力学系统，如果系统的诸性质不随时间而改变，则系统处于热力学的平衡状态，同时满足以下四个平衡条件：

(1) **热平衡条件**　平衡时相与相之间没有热量交换，即各相间的温度相同。

$$T^{\alpha}=T^{\beta}=\cdots=T^{\Phi}$$

(2) **力平衡条件**　平衡时相与相之间没有功的传递，即各相间的压力相等。

$$p^{\alpha}=p^{\beta}=\cdots=p^{\Phi}$$

（3）相平衡条件　平衡时相与相之间没有单方向上的物质迁移，即每一组分在各相中间的化学势相等。

$$\mu_B^\alpha = \mu_B^\beta = \cdots = \mu_B^\Phi$$

（4）化学平衡条件　各物质之间有化学反应，平衡后，系统组成不随时间而变化。

$$\sum_B \nu_B \mu_B = 0$$

从热平衡和力平衡条件来看，对于多相平衡系统，不论有多少种物质和多少个相所构成，平衡时系统有共同的温度和压力，并且任一种物质在含有该物质的各个相中的化学势都相等。

**（二）相律的推导**

相律是相平衡系统中揭示相数 $\Phi$、独立组分数 $C$ 和自由度 $f$ 之间关系的规律。假设一平衡系统中有 $C$ 个组分，$\Phi$ 个相。如果 $C$ 个组分在每一相中均存在，在不考虑重力场、电场等因素，只考虑温度和压力因素的影响时，欲描述该系统的状态，需要的自由度数应为多少呢？

当每个相中有 $C$ 个组分时，只需任意指定 $(C-1)$ 个组分的浓度，就可确定该相的组成，因为另一组分的浓度此时不再是独立变量。现系统中有 $\Phi$ 个相，则需要指定 $\Phi(C-1)$ 个浓度，方能确定系统中各个相的组成；再加上温度和压力两个变量，就得到描述系统状态所需的变量数为 $\Phi(C-1)+2$。但这些变量之间并不是相互独立的，因为多相平衡还必须满足每一组分在每个相中的化学势相等的条件。根据相平衡条件有

$$\mu_1^\alpha = \mu_1^\beta = \cdots = \mu_1^\Phi$$
$$\mu_2^\alpha = \mu_2^\beta = \cdots = \mu_2^\Phi$$
$$\cdots\cdots\cdots\cdots$$
$$\mu_C^\alpha = \mu_C^\beta = \cdots = \mu_C^\Phi$$

已知某组分的化学势为 $\mu_B(T,p) = \mu^\ominus(T) + RT\ln x_B$。上列等式中，每个等号都能建立两个摩尔分数之间的关系，若 $\mu_1^\alpha = \mu_1^\beta$，则可求得 $x_1^\alpha$ 和 $x_1^\beta$ 的关系。因而，对于每一独立组分都可建立 $(\Phi-1)$ 个关系式，现共有 $C$ 个独立组分，分布于 $\Phi$ 个相中，故可导出联系浓度变量的方程式共有 $C(\Phi-1)$ 个。

这样，从描述平衡系统的总变量数中扣除平衡时变量之间必须满足的关系式数，就得到确定平衡系统状态的自由度为

$$f = [\Phi(C-1)+2] - C(\Phi-1) = C - \Phi + 2$$

即

$$f = C - \Phi + 2 \tag{4-1}$$

式（4-1）称为 Gibbs 相律，是相律的一种表示形式，应用时应考虑以下情况：

（1）若系统中有化学反应发生，对于每一个独立的化学反应，都必须达到平衡的条件，非平衡系统不能使用相律。

（2）虽然推导时假定每一组分在每一相中都存在，但若某相中不存在指定物质，并不影响相律的形式。

（3）式（4-1）中的 2 表示温度和压力，若电场、磁场等因素不可忽略，则应将其改为 $n$，相律变为：$f=C-\Phi+n$。

（4）对于没有气相存在的凝聚系统，压力因素可忽略。此时，相律变为：$f^{*}=C-\Phi+1$，这里的 $f^{*}$ 称为条件自由度。

**例 4-2** 试说明下列平衡系统的组分数、相数和自由度。

（1）$NH_4Cl(s)$ 在抽空的容器中部分分解为 $NH_3(g)$ 和 $HCl(g)$；

（2）温度一定时，过量的 $CaCO_3(s)$ 在抽空容器中分解为 $CaO(s)$ 和 $CO_2(g)$；

（3）298.15 K 及标准压力下，$NaCl(s)$ 与其水溶液平衡共存。

**解**：（1）$NH_4Cl(s) \Longrightarrow NH_3(g)+HCl(g)$

因为 $S=3$，$R=1$，$R'=1$，所以 $C=S-R-R'=3-1-1=1$。又因为 $\Phi=2$，所以 $f=C-\Phi+2=1-2+2=1$。

（2）$CaCO_3(s) \Longrightarrow CaO(s)+CO_2(g)$

$S=3$，$R=1$，$R'=0$[$CaO(s)$ 和 $CO_2(g)$ 不为同一相]，则 $C=S-R-R'=3-1-0=2$。因为 $\Phi=3$，所以 $f=C-\Phi+1=2-3+1=0$。

（3）因为 $S=2(NaCl,H_2O)$，$R=0$，$R'=0$，所以 $C=S-R-R'=2-0-0=2$。又因为 $\Phi=2$，所以 $f=C-\Phi=2-2=0$。指定温度、压力时，饱和食盐水的浓度为定值，系统自由度 $f=0$。

# 第二节 单组分系统

对于单组分系统，由于组分数 $C=1$，这时相律的一般表达式为

$$f=1-\Phi+2=3-\Phi$$

当系统三相平衡共存时，$\Phi=3$，此时系统的自由度 $f=0$，系统的温度和压力均为定值，不能改变，这种系统称为无变量系统。当系统两相平衡共存时，$\Phi=2$，此时系统的自由度 $f=1$，温度和压力两变量中，只有一个可以任意变化，另一个随之而变，即两变量间存在一定的函数关系，这种系统称为单变量系统。当系统只存在一相时，$\Phi=1$，系统的自由度最大，$f=2$，系统的温度和压力在单相区内可以任意变化，这种系统称为双变量系统。

## 一、Clausius－Clapeyron 方程

研究纯物质单组分系统时，最常遇到的是气液、气固和液固两相平衡问题。因 $\Phi=2$，$f=1$，即两相平衡时温度和压力只有一个是独立可变的，表明两者之间一定存在着某种函数关系，这就是 Clapeyron 方程。

### （一）Clapeyron 方程

在一定温度和压力下，系统内纯物质在 $\alpha$ 相与 $\beta$ 相达到两相平衡时，对纯物质而言，$G_m=\mu$，则由相平衡条件可知

$$G_\alpha=G_\beta$$

当系统在此平衡条件下，温度由 $T$ 改变至 $T+dT$，压力由 $p$ 改变至 $p+dp$，此时两相的 Gibbs 自由能分别改变至 $(G_\alpha+dG_\alpha)$ 和 $(G_\beta+dG_\beta)$，并重新建立起平衡。平衡条件依然为两相的 Gibbs 自由能相等，即

$$G_\alpha + dG_\alpha = G_\beta + dG_\beta$$

由于 $G_\alpha = G_\beta$,于是

$$dG_\alpha = dG_\beta$$

根据 $dG = -SdT + Vdp$,可以得到

$$-S_\alpha dT + V_\alpha dp = -S_\beta dT + V_\beta dp$$

即

$$(V_\beta - V_\alpha)dp = (S_\beta - S_\alpha)dT$$

或

$$\frac{dp}{dT} = \frac{S_\beta - S_\alpha}{V_\beta - V_\alpha} = \frac{\Delta S_m}{\Delta V_m} \tag{4-2}$$

式中,$\Delta S_m$ 和 $\Delta V_m$ 分别为纯物质由 $\alpha$ 相变到 $\beta$ 相的摩尔熵变和摩尔体积变化。对可逆相变来说,$\Delta S_m = \dfrac{\Delta H_m}{T}$($\Delta H_m$ 为摩尔相变焓),将其代入式(4-2),得

$$\frac{dp}{dT} = \frac{\Delta H_m}{T\Delta V_m} \tag{4-3}$$

式(4-3)即为 Clapeyron 方程。它表明两相平衡时的平衡压力随温度而变的变化率。由于在推导过程中并未指定 $\alpha$ 相和 $\beta$ 相的聚集状态,所以式(4-3)适用于任何纯物质的任何两相平衡,如蒸发、熔化、升华、晶型转化等。

对固液两相平衡系统,将 Clapeyron 方程应用于该平衡,式(4-3)中的 $\Delta H_m$ 成为摩尔熔化焓 $\Delta_{fus} H_m$,$\Delta V_m$ 成为 $\Delta_{fus} V_m$,即 $\Delta_{fus} V_m = V_m(l) - V_m(s)$。由于液体和固体的体积相差不多,不能任意将 $V_m(l)$ 或 $V_m(s)$ 略去,这时式(4-3)可改写为

$$dp = \frac{\Delta_{fus} H_m}{\Delta_{fus} V_m} \cdot \frac{dT}{T}$$

当温度变化范围不大时,$\Delta_{fus} H_m$ 和 $\Delta_{fus} V_m$ 均可视为常数,对上式积分得

$$p_2 - p_1 = \frac{\Delta_{fus} H_m}{\Delta_{fus} V_m} \ln \frac{T_2}{T_1}$$

如果令 $\dfrac{T_2 - T_1}{T_1} = x$,则 $\ln \dfrac{T_2}{T_1} = \ln \dfrac{T_2 - T_1 + T_1}{T_1} = \ln(1+x)$。当 $x$ 很小时,$\ln(1+x) \approx x$,于是上式改写为

$$p_2 - p_1 = \frac{\Delta_{fus} H_m}{\Delta_{fus} V_m} \cdot \frac{T_2 - T_1}{T_1} \tag{4-4}$$

对于有气相参加的反应,由于凝聚相与气体体积的显著差异,可以忽略不计,则 Clapeyron 方程可作进一步简化。

### (二) Clausius－Clapeyron 方程

将式(4-3)应用到气液或气固平衡系统,则 $dp/dT$ 表示液体或固体的饱和蒸气压 $p$ 随

温度的变化率。$\Delta H_m$ 为液体的摩尔汽化焓 $\Delta_{vap}H_m$ 或固体的摩尔升华焓 $\Delta_{sub}H_m$。在通常温度下，$V_m(g)\gg V_m(l)$，$V_m(g)\gg V_m(s)$。又若假设蒸气为理想气体，则 $\Delta V_m \approx V_m(g)=\dfrac{RT}{p}$。这样，式(4-3)可写为

$$\frac{dp}{dT}=\frac{p\Delta H_m}{RT^2}$$

或

$$\frac{d\ln p}{dT}=\frac{\Delta H_m}{RT^2} \tag{4-5}$$

式(4-5)称为 Clausius-Clapeyron 方程，简称克-克方程。它定量给出了温度对纯物质的饱和蒸气压的影响。当温度变化范围不大时，$\Delta H_m$ 可近似地看作一常数。将式(4-5)作不定积分，可得

$$\ln p=-\frac{\Delta H_m}{RT}+C \tag{4-6}$$

式中，$C$ 为积分常数。由该式可以看出，$\ln p$ 与 $1/T$ 之间存在线性关系，通过作图求斜率的方法，可求算相变热 $\Delta H_m$。

如果将式(4-5)在 $T_1$ 和 $T_2$ 之间定积分，可得

$$\ln\frac{p_2}{p_1}=\frac{\Delta H_m(T_2-T_1)}{RT_1T_2} \tag{4-7}$$

上式表明，在已知汽化焓或升华焓的情况下，可以根据某温度 $T_1$ 时液体或固体的饱和蒸气压 $p_1$ 求算温度 $T_2$ 时液体或固体的饱和蒸气压 $p_2$。

对非极性的、分子不缔合的液体，如果缺乏其摩尔汽化焓 $\Delta_{vap}H_m$ 数据，则可用 Trouton 规则进行近似估计：

$$\frac{\Delta_{vap}H_m}{T_b}\approx 88J\cdot K^{-1}\cdot mol^{-1} \tag{4-8}$$

式中，$T_b$ 为正常沸点(指外压力为 101.325 kPa 时液体的沸点)。注意，此规则不适用于极性较强的液体。

**例 4-3**  苯乙烯的正常沸点为 418 K，摩尔汽化焓为 40.3 kJ·mol$^{-1}$。计算 303 K 时苯乙烯的蒸气压。

**解**：根据式(4-7)

$$\ln\frac{p_2}{p_1}=\frac{\Delta_{vap}H_m(T_2-T_1)}{RT_1T_2}$$

$$\ln\frac{p_2}{101.325\ kPa}=\frac{40.3\times10^3\ J\cdot mol^{-1}\times(303\ K-418\ K)}{8.314\ J\cdot mol^{-1}\cdot K^{-1}\times418\ K\times303\ K}=-4.40$$

$$p_2=0.0123\times101.325\ kPa=1.25\ kPa$$

## 二、水的相图

为了表示单组分系统各相间的平衡关系，可以压力为纵坐标，温度为横坐标，作一平面

图,该图即为单组分系统的相图,表示系统的状态与温度和压力的关系。在通常压力下,水
的相图为单组分系统中最简单的相图。图 4-1 是根
据实验结果粗略绘制的水的相图,该相图基本上由
三个区(面)、三条线和一个点构成。具体分析如下:

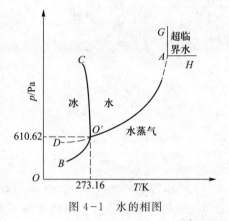

图 4-1    水的相图

(1) 在"水""冰""水蒸气"三个区域内,系统都是
单相,$\Phi=1$,所以 $f=2$。在该区域内,温度和压力可
以有限度地独立改变,而不会引起相的变化,所以是
双变量区。要确定系统的状态,必须同时指定温度
和压力两个变量。

(2) 图中三条实线是两个区域的交界线,在这些
线上,$\Phi=2$,$f=1$,系统处于两相平衡。在温度和压
力两个变量中,只有一个可以独立改变,另一个随之
改变。

$O'A$ 线为气液两相平衡线,或水在不同温度下的蒸气压曲线。它不能无限制地延伸,
只能终止于临界点 $A$,相应的温度和压力分别称为临界温度($T_c$)和临界压力($p_c$)。水的
$T_c$ 和 $p_c$ 为 647.18 K 和 $2.21\times10^7$ Pa。在临界点时,液态水的密度和水蒸气的密度相同,
两相界面消失。高于此温度,不管施加多大压力,都不能使水蒸气液化,物质处于超临界
流体状态。如从 $A$ 点向上对 $T$ 轴作垂线 $AG$,从 $A$ 点向右作平行线 $AH$,则 $GAH$ 区为超
临界流体区。

$O'C$ 线为冰水的两相平衡线,或称冰的熔点曲线,也不能随意延长,大约从 $2.03\times10^8$ Pa
和 253.15 K 开始,相图变得比较复杂,有不同结构的冰生成,这种现象称为同质多晶型。由
$O'C$ 曲线可以看出,冰的熔点随压力的升高而下降,这是冰的一种不正常行为。多数情况
下,熔点将随压力的增加而有所升高。对于水而言,由于冰的密度小于水的密度,使得液态
水的体积小于固态,则 $\mathrm{d}p/\mathrm{d}T<0$,即压力增大熔点反而降低。因此,用 Clapeyron 方程可以
很好地解释水的相图中,固液平衡线为何向左倾斜。

$O'B$ 线为固气的两相平衡线,也称为升华线,或冰的蒸气压曲线。理论上 $O'B$ 线可以
延伸到 0 K 附近。

(3) 虚线 $O'D$ 是 $O'A$ 的延长线,是过冷水的汽化曲线。由于过冷水的饱和蒸气压比同
温度下冰的饱和蒸气压高,即过冷水比同温度下冰的化学势要高,这是一种热力学不稳定系
统,处于介稳平衡状态,有自动结冰的趋势。

(4) $O'$ 点是三条线的交点,称为**三相点(triple point)**。在该点气、液、固三相共存,即
$\Phi=3$,$f=0$。因此,在该点系统的压力和温度都不能任意改变。水的三相点温度和压力为
273.16 K 和 610.62 Pa。热力学温标就是以水的三相点为参考点,定义 1 K 为三相点温度
的 1/273.16。

水的冰点为 273.15 K,略低于三相点温度。这是因为水中溶有空气和外压改变这
两个因素所造成的。当压力由 610.62 Pa 增加至 101.325 kPa,水的冰点下降了
0.007 48 K;而水被空气所饱和,使凝固点下降了 0.002 41 K。两者共同使水的冰点
比三相点下降了 0.009 89 K,或约 0.01 K。而三相点(273.16 K,610.62 Pa)是严格
的单组分系统。

由图 4-1 看出,当温度低于三相点时,固态冰有可能不经过熔化而直接气化,这就是**升华(sublimation)**过程。根据这个原理,可制造冷冻干燥机,对物料或药液进行**冷冻干燥(freeze drying)**。先将药物溶液降至三相点温度以下,使水分凝固结冰,然后在适当的真空度下,使冰直接升华除去溶剂水,从而获得干燥制品。这种技术在制药工艺上有重要应用,不仅可以除去水,也可以除去其他溶剂。由于药液在冻干前分装,所以比较方便、准确,可实现连续化操作。在低温下操作,药物不致受热分解,并能使溶质变成疏松的海绵固体,有利于使用时快速溶解。另外真空状态下可通 $N_2$ 保护,产品不易被氧化,有利于长途运输和长期保存,冻干设备封闭操作洁净度高,减少杂菌和微小粒子的污染,缺氧的条件可起到灭菌和抑制细菌活力等作用。

# 第三节　二组分双液系统

根据相律,对于二组分系统,$C=2$,自由度表示为

$$f = C - \Phi + 2 = 4 - \Phi$$

当系统相数最小时,$\Phi_{min}=1$,则有 $f_{max}=3$,即系统可以有温度、压力和组成的改变。为了使用和表示方便,通常将三个变量中的一个固定,如固定温度或压力,则相律表达式为

$$f^* = C - \Phi + 1 = 3 - \Phi$$

这样,就可在一个平面上表示这类系统的相平衡状态。若固定 $T$,得 $p-x$ 图,即蒸气压-组成图;若固定 $p$,得 $T-x$ 图,即温度-组成图;也可固定 $x$,得 $T-p$ 图,即温度-压力图。在二组分系统相图研究中,前两种较常用。

二组分系统相图较复杂,相图类型也很多,本节主要讨论双液系统,包括完全互溶双液系统、部分互溶双液系统和完全不互溶的双液系统。

## 一、理想的完全互溶双液系统

若系统的两种液相组分可按任意比例互溶,则称为完全互溶双液系统。若每个组分都服从 Raoult 定律,则组成了理想的完全互溶双液系,或称为理想液态混合物。理想液态混合物与理想气体一样,是为了研究溶液的性质和规律而假想的一种极限概念。实际研究中常将化学结构和性质相似的纯组分混合液作为理想液态混合物处理。如苯和甲苯、正己烷与正庚烷等结构相似的化合物可形成这种双液系。

### (一)理想液态混合物的压力-组成图

1. 理想液态混合物的 $p-x$ 图

设一定温度下,液体 A 和液体 B 形成理想的液态混合物,根据 Raoult 定律,有

$$p_A = p_A^* x_A \tag{4-9}$$

$$p_B = p_B^* x_B \tag{4-10}$$

则液态混合物的总蒸气压为

$$p = p_A + p_B = p_A^* x_A + p_B^* x_B$$
$$= p_A^* x_A + p_B^* (1 - x_A) = p_B^* + (p_A^* - p_B^*) x_A \tag{4-11}$$

以上三式中，$p_A^*$、$p_B^*$ 为纯 A 和纯 B 在该温度下的饱和蒸气压；$x_A$ 和 $x_B$ 为溶液中组分 A 和 B 的摩尔分数。若以压力为纵坐标，$x_A$ 为横坐标，并假设一定温度下，$p_A^* > p_B^*$，则可以用直线表示出分压和总压与组成的关系，如图 4-2 所示。虚线 $CA$ 为组分 B 的蒸气压曲线；虚线 $BD$ 为组分 A 的蒸气压曲线；直线 $CD$ 是总压与溶液组成的关系线，或称此线为"液相线"或 $l$ 线。恒定温度下，两相平衡时自由度 $f^* = 2-2+1=1$，即只有一个独立变量。也就是说，在液相线 $CD$ 上，若指定压力，其组成也随之而定了。

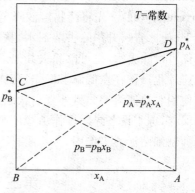

图 4-2　理想液态混合物的 $p-x$ 图

2. 理想液态混合物的 $p-x-y$ 图

若以 $y_A$ 和 $y_B$ 表示 A、B 二组分在气相中的摩尔分数，并把蒸气看作理想气体，根据 Dalton 分压定律则有

$$y_A = \frac{p_A}{p} = \frac{p_A^* x_A}{p} \tag{4-12}$$

$$y_B = \frac{p_B}{p} = \frac{p_B^* x_B}{p} \tag{4-13}$$

因设 $p_A^* > p > p_B^*$，所以 $\dfrac{p_A^*}{p} > 1$，$\dfrac{p_B^*}{p} < 1$，代入式（4-12）和式（4-13），可得

$$y_A > x_A, \quad y_B < x_B$$

该结论说明，在相同温度下，饱和蒸气压不同的两种完全互溶的液体形成理想溶液，在一定温度下达到气液平衡时，气、液两相的组成不等，易挥发组分在气相中的相对含量高于它在液相中的相对含量。这个结论将在后面继续论述，这是精馏操作之所以能提纯液相混合物的根本原因。

将式（4-11）代入式（4-12）可得

$$y_A = \frac{p_A^* x_A}{p_B^* + (p_A^* - p_B^*) x_A}$$

上式说明，气相组成当 $x_A$ 确定后，理想溶液的 $y_A$ 就有确定值。如果要全面描述溶液蒸气压与气、液两相平衡组成的关系，可先根据式（4-11）在 $p-x$ 图上画出液相线（见图 4-3），对理想溶液是一条连接 $p_A^*$ 和 $p_B^*$ 的直线。然后从液相线上取不同的 $x_A$ 代入上式，求出相应的气相组成 $y_A$ 值，把它们连接起来就构成气相线（见图 4-3），气相线总是在液相线下方。且由式（4-11）可以得到，当 $y_A = 0$，$p = p_B^*$；当 $y_A = 1$，$p = p_A^*$。因此 $p-x_A$ 与 $p-y_A$ 两条线在 $y_A = 0$、$y_A = 1$ 处相交。

由图 4-3 可以看到，该相图分为三个区域，液相线上方为液相单相区，气相线下方为气相单相区，两线所围区域为气液两相平衡区域。在单相区内 $f = C - \Phi + 1 = 2 - 1 + 1 = 2$，表明压力和组成可任意改变。两相区内 $f = C - \Phi + 1 = 2 - 2 + 1 = 1$，即压力和组成只有一个可独立改变。

相图中把表示系统的温度、压力及总组成的状态点称为**物系点（point of system）**，表示各相组成和状态的点称为相点。因此,处于气相和液相单相区中的任何点既是物系点也是相点。两相区中,系统分为气、液两相,它们的温度、压力相同,但组成不同,气相的组成为 $y_B$,液相的组成为 $x_B$。因此,落在两相区内的点是物系点,而代表每个相状态的点称为相点,处于相同 $T$、$p$ 的两相的边界上,即气相和液相线上。

### (二) 理想液态混合物的沸点–组成图

沸点–组成图是等压下以溶液的温度($T$)为纵坐标,组成或浓度($x$)为横坐标制成的相图,即 $T-x$ 图($T-x-y$ 图),比 $p-x$ 图更具有实用性。$T-x$ 图的绘制一般从实验数据直接绘制,对于理想液态混合物,也可从 $p-x$ 图数据间接求得。

图 4–4 为甲苯和苯组成的理想液态混合物的 $T-x$ 图。图中上方曲线为 $T-y_B$ 气相线,气相线以上区域(高温区)为气相单相区。若将蒸气降温至气相线,则气相开始结出露珠似的液滴,该点温度即称为该气相的**露点(dew point)**,而气相线也可称为露点线。图中下方曲线为 $T-x_B$ 液相线,该线下方区域为液相单相区(低温区)。当将液态混合物等压升温至液相线时,液相开始起泡沸腾,此温度为**泡点(bubbling point)**,故液相线又称泡点线。气液两线包围的区域为气液两相平衡区,各相组成只决定于平衡温度,而与总组成无关。

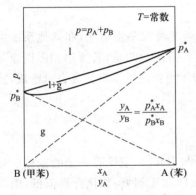

图 4–3　理想液态混合物的 $p-x-y$ 图

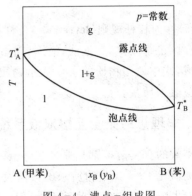

图 4–4　沸点–组成图

与 $p-x$ 图不同,$T-x$ 图中液相线不是直线,且总是在气相线之下。$T-x$ 图中各区域的自由度讨论同 $p-x-y$ 图。

## 二、杠杆规则

如图 4–5 所示,如果系统的物系点落在沸点–组成图的两相共存区之内,则系统呈两相平衡共存,此时两个相点为通过物系点的水平线与气相线、液相线的交点。如 B 的摩尔分数为 $x_{B,M}$ 并在温度为 $T$ 时的物系点为 $M$,此时系统呈气液两相平衡,相点 $L$ 的液相组成为 $x_{B,L}$,相点 $G$ 的气相组成为 $y_{B,G}$。

若系统总的物质的量为 $n$,其中物质 B 的摩尔分数为 $x_{B,M}$。平衡时,液相和气相的物质的量分别为 $n_L$ 和 $n_G$,含物质 B 的摩尔分数分别为 $x_{B,L}$ 和 $y_{B,G}$。

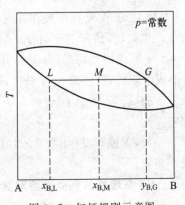

图 4–5　杠杆规则示意图

由于两相物质的量之和必与系统中总的物质的量相等,因此

$$n = n_L + n_G$$

根据物料平衡,两相中物质 B 的物质的量之和必与系统中物质 B 的总物质的量相等,即

$$n x_{B,M} = n_L x_{B,L} + n_G y_{B,G}$$

所以

$$(n_L + n_G) x_{B,M} = n_L x_{B,L} + n_G y_{B,G}$$

$$n_L (x_{B,M} - x_{B,L}) = n_G (y_{B,G} - x_{B,M})$$

由图 4-5 可知,$x_{B,M} - x_{B,L} = \overline{LM}$,$y_{B,G} - x_{B,M} = \overline{MG}$,则有

$$n_L \cdot \overline{LM} = n_G \cdot \overline{MG} \tag{4-14}$$

即

$$\frac{n_G}{n_L} = \frac{\overline{LM}}{\overline{MG}} \tag{4-15}$$

式(4-15)称为**杠杆规则(lever rule)**。杠杆规则不仅对气液相平衡适用,在其他系统中任意两相共存区也都成立,如液液、液固、固固的两相平衡。需注意的是,若所用相图以摩尔分数表示组成,式中要用物质的量 $n$ 表示物质的数量。若所用相图以质量分数表示组成,式中物质的量应改为质量。

### 三、非理想的完全互溶双液系统

大多数的真实溶液都是非理想溶液,它们的行为与 Raoult 定律有一定的偏差。如果蒸气压实测值比 Raoult 定律所求的数值大,则这种偏差叫作正偏差;如比计算值低,则为负偏差。当发生较大偏差或偏差虽不大,但两纯组分蒸气压相近时,蒸气压曲线上会出现最高点(正偏差)或最低点(负偏差)。

实际溶液对 Raoult 定律产生偏差的原因主要有三种:

(1)组分 A 或 B 单独存在时为缔合分子,当形成混合物溶液后,该组分发生解离或缔合度变小,使其中该组分的分子数目增加,蒸气压增大,产生很大正偏差。

(2)组分 A 或 B 单独存在时均为单个分子,当形成混合物溶液后,组分间发生分子间缔合或产生氢键,使两组分的分子数目都减少,蒸气压均减小,产生很大负偏差。

(3)形成混合物后,分子间引力发生变化。若 B-A 间引力小于 A-A 间的引力,当 A 与 B 形成溶液后,就会减少 A 分子所受到的引力,A 变得容易逸出,A 组分的蒸气分压产生正偏差。相反,若 B-A 间引力大于 A-A 间的引力,则形成溶液后,A 组分的蒸气压会产生负偏差。

一般,正偏差发生时,系统伴随吸热即体积变大现象;负偏差发生时,系统伴放热即体积变小现象。

#### (一)非理想的完全互溶双液系统相图

通常,根据正、负偏差的大小,非理想的完全互溶双液系相图分为三种类型。

1. 偏差不是很大的系统

这类系统的蒸气总压仍在两纯组分蒸气压之间，溶液的沸点也仍在两纯组分的沸点之间。图 4-6 给出的是有正偏差的气液平衡相图。图 4-6(a) 中，虚线（直线）是符合 Raoult 定律的情况，实线代表实际情况。图 4-6(b) 同时画出了气相线和液相线。在图 4-6(a) 和 (b) 中，液相线都不是直线。图 4-7(c) 则是相应的 $T-x$ 图。

对于有负偏差的系统，其情况与此类似。但实际所遇到的图形以正偏差居多。

属于这一类的系统有 $H_2O-CH_3OH$、$CH_3COCH_3-C_6H_6$、$C_2H_5OC_2H_5-CHCl_3$ 等。

2. 正偏差很大的系统

正偏差很大的系统的相图如图 4-7 所示。图 4-7(a) 中，虚线代表理想情况，实线代表实际情况。由于 $p_A$ 和 $p_B$ 偏离 Raoult 定律都很大，因而在 $p-x$ 图上有最高点。在图 4-7(b) 中同时画出了液相线和气相线，图 4-7(c) 是 $T-x$ 图。蒸气压高，沸点就低，因此在 $p-x$ 图上有最高点者，在 $T-x$ 图上就有最低点，该点称为最低**恒沸点(azeotropic point)**。恒沸点处气相组成和液相组成相同，自由度为零，对应的系统称为**恒沸混合物 (azeotropic mixture)**。

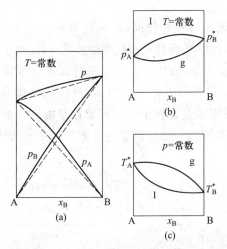

图 4-6　正偏差不是很大的系统

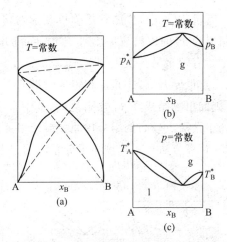

图 4-7　有很大正偏差的系统

属于这一类的系统有 $H_2O-C_2H_5OH$、$CH_3OH-C_6H_6$、$C_2H_5OH-C_6H_6$ 等。

3. 负偏差很大的系统

图 4-8 所示为负偏差很大的系统，这类系统在 $p-x$ 图上有最低点，在 $T-x$ 图上则相应地有最高点，此点称为最高恒沸点，相应组成的混合物称为最高恒沸混合物。

属于这一类的系统有 $H_2O-HNO_3$、$HCl-(CH_3)_2O$、$H_2O-HCl$ 等。

需要强调的是，恒沸混合物的组成在一定的范围内随外压的连续改变而改变，因此它们不是化合物。虽然化合物的沸点可随外压变化，但组成不变。

在一定的压力下，恒沸混合物的组成有定值。如盐酸和水系统，在标准压力下形成的恒沸混合物，其最高恒沸点为 108.5℃，HCl 的含量为 20.24%。此恒沸混合物可作为定量分析的标准溶液。

### （二）Konovalov 规则

1881 年，D. P. Konovalov 在大量实验工作的基础上，总结出联系蒸气组成和溶液组成之间关系的两条定性规则：

（1）在二组分溶液中，如果加入某一组分而使溶液的总蒸气压增加（即在一定压力下使溶液的沸点下降）的话，那么，该组分（等温下蒸气压较高的易挥发组分）在平衡蒸气相中的浓度将大于它在溶液相中的浓度。

（2）在溶液的蒸气压-组成图中，如果有极大点或极小点存在，则在极大点或极小点上平衡蒸气相的组成和溶液相的组成相同。

根据 Konovalov 规则，可得到如下两点结论：

（1）各种类型溶液的 $p-x-y$ 图中，$p-y$ 曲线应在 $p-x$ 曲线下面。

（2）在溶液的 $p-x-y$ 中的极大点或极小点处，$p-y$ 曲线和 $p-x$ 曲线应合而为一，相交于这个极大点或极小点。

## 四、蒸馏与精馏

### （一）简单蒸馏原理

有机化学实验中常使用简单蒸馏对多组分系统进行相对分离，其原理如图 4-9 所示。将组成为 $x_1$ 的原料液加热到 $T_1$ 时，系统开始沸腾，此时平衡共存的气相组成为 $y_1$。由于气相中含有较多易挥发组分 B，即 $y_1 > x_1$，一旦有气相生成，液相中不易挥发的组分 A 相应增加，沸点也要升高，于是液相组成将沿 $OC$ 线向上变化。如果将 $T_1 \sim T_2$ 温度区间的馏分冷却，则馏出物组成在 $y_1$ 与 $y_2$ 之间，其中含组分 B 较原始混合物中多。而留在蒸馏瓶中的混合物中含沸点较高的组分比原始溶液多。所以，简单蒸馏只能实现多组分系统的粗略分离。但是，精馏方法可以实现多组分系统的完全分离。

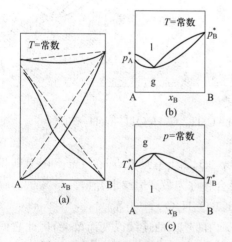

图 4-8 有很大负偏差的系统

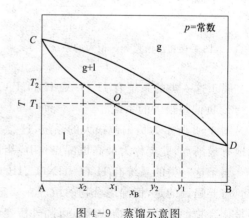

图 4-9 蒸馏示意图

### （二）精馏原理

如图 4-10 所示，将组成为 $x$ 的原始溶液加热至 $T_3$ 温度，物系点将移动至 $O$ 点，此时平衡的气、液两相的组成分别为 $y_3$ 和 $x_3$。若将组成为 $x_3$ 的溶液移出，并加热到 $T_4$，则溶液部分汽化,分成两相,液相组成为 $x_4$,其中难挥发组分 A 的含量较 $x_3$ 有所增加。若继续上述步骤将液相 $x_4$ 加热至 $T_5$,这时又部分汽化分成两相,液相组成为 $x_5$,其中难挥发组分 A 的含量继续增大。再继续上述步骤,将液相 $x_5$ 加热至 $T_6$,这时又部分汽化分成两相,液相组成为 $x_6$,其中难挥发组分 A 的含量又继续增大。由图可以看出,如此不断重复使液相部分汽化后,液相组成沿液相线不断向 A 移动,最终可得纯的难挥发组分 A。

另一方面,若将组成为 $y_3$ 的气相部分冷凝至 $T_2$,得到组成分别为 $y_2$ 和 $x_2$ 的气相和液相。这时气相中组分 B 的含量较 $y_3$ 有所提高。将组成为 $y_2$ 的气相冷凝到 $T_1$,再次发生部分冷凝,又得到组成为 $y_1$ 和 $x_1$ 的气、液两相,且气相中 B 的含量继续增大。重复下去,气相经多次部分冷凝后,气相组成沿气相线向纯 B 方向移动,最终可得纯的易挥发组分 B。

因此,反复多次的部分汽化和部分冷凝,可以完全分离组分 A 和组分 B。在化工生产中,分离过程是在精馏塔(如图 4-11 中)进行的。精馏塔中的每一块塔板上同时进行着部分冷凝和部分汽化的过程,连续操作的结果是低沸点组分由塔顶流出,高沸点组分流入塔底。

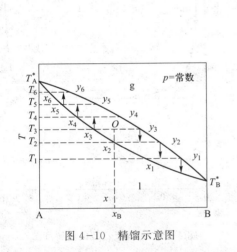

图 4-10　精馏示意图

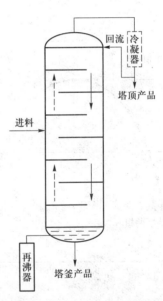

图 4-11　板式精馏塔示意图

对于图 4-10 所示的二组分系统,精馏可以获得两纯组分,但是将具有恒沸混合物的二组分溶液进行精馏时,不能同时得到纯 A 和纯 B,只能得到一个纯组分和一个恒沸混合物。例如,在标准压力 $p^{\ominus}$ 时,$H_2O-C_2H_5OH$ 系统的最低恒沸点为 351.28 K,恒沸混合物中含乙醇 95.57%。若开始时用乙醇含量小于 95.57% 的混合物进行精馏,只能分得水和恒沸混合物。

## 五、部分互溶双液系统

当两种液体的性质差别较大时,它们的混合物仅在一定温度和组成范围内完全互溶,而其他情况下只是部分互溶形成液相,这种系统称为部分互溶双液系,温度-组成图有多种形式。

### (一) 具有最高会溶温度的系统

图 4-12 是水-苯胺系统的温度-组成图。在低温下两组分部分互溶,形成两个共轭的

液层,一层是水中饱和了苯胺(左半支),另一层是苯胺中饱和了水(右半支)。如图中物系点为 $A$,与曲线 $DBE$ 的交点 $A'$ 和 $A''$ 分别为两个共轭液相的组成,或一种组分在另一组分中的溶解度。当温度升高,苯胺在水中的溶解度沿 $DA'B$ 线上升,水在苯胺中的溶解度沿 $EA''B$ 线上升,即两液层的组成相互靠近,互溶程度增大。当温度升至 $T_B$,两共轭液相的组成相同而成为单相溶液。$B$ 点对应的温度 $T_B$ 称为最高会溶温度(consolute temperature),或临界溶解温度。图中帽形区以内,系统为两相平衡共存,自由度 $f=2-2+1=1$,只有温度或组成可任意变化。帽形区以外,水与苯胺能互溶,系统为一个液相,自由度 $f=2-1+1=2$,在此区域内温度和组成可以在一定范围内变化。

最高会溶温度的高低反映了一对液体间相互溶解能力的强弱。最高会溶温度越低,两液体间的互溶性越好。因此可利用最高会溶温度的数据来选择优良的萃取剂。

**(二)具有最低会溶温度的系统**

图 4-13 给出了水和三乙胺双液系的温度-组成相图。它有一个最低会溶温度 $T_B$,在此温度以下,两种液体能以任意比例互溶;在此温度以上,两组分部分互溶,且互溶度随着温度增加而减小。

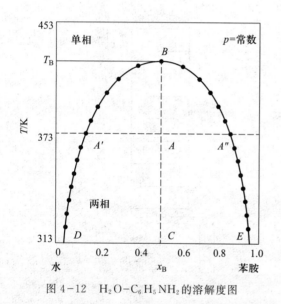

图 4-12　$H_2O$-$C_6H_5NH_2$ 的溶解度图　　　　图 4-13　水-三乙胺的溶解度图

**(三)同时具有最高和最低会溶温度的系统**

有些系统同时具有最高和最低临界会溶温度。如图 4-14 是水和烟碱的温度-组成图,由图可见,这类系统的相图为一完全封闭式的曲线。在 $T_c'$ 以上和 $T_c$ 以下,两液体能以任何比例互溶。在 $T_c$ 和 $T_c'$ 之间,在一定浓度范围内系统为互不相溶的两液层。

**(四)无会溶温度的系统**

若一对物质在它们以液体存在的温度范围内始终是彼此部分混溶的,则形成了无会溶温度的系统。例如,乙醚和水就属此种类型。

## 六、完全不互溶双液系统

部分互溶的两个极端是完全互溶和完全不互溶。严格地说,两种液体完全不互溶是没有的,但当两种组分性质差别很大,彼此间互溶的程度非常小时,可以近似视为不互溶。例如,汞–水、二硫化碳–水、氯苯–水属于这种不互溶系统。

### (一) 饱和蒸气压与沸点关系

当两种不互溶的液体 A 和 B 共存时,每一种组分的行为与另一组分的存在与否及数量无关,混合系统中每一组分的分压就是该组分单独存在时的饱和蒸气压,则系统的总蒸气压为

$$p = p_A^* + p_B^*$$

在一定温度下,当系统的总蒸气压(即两纯组分的饱和蒸气压之和)等于外界大气压力时,系统就沸腾了。因此,混合系统的沸点恒低于任一纯组分的沸点。由于总蒸气压与两种液体的相对数量无关,故混合系统在沸腾蒸馏时的温度将保持不变。

图 4–15 是完全不互溶的水–溴苯系统的蒸气压曲线。当外压为 101.325 kPa 时,水的沸点为 373.15 K,溴苯的沸点为 429.35 K(曲线外延可得),而水–溴苯系统的沸点则降到 368.15 K,比纯水和溴苯的沸点均低。这类系统实际应用很广泛,如可用来蒸馏在水的附近有较大蒸气压的有机物,即**水蒸气蒸馏(steam distillation)**。

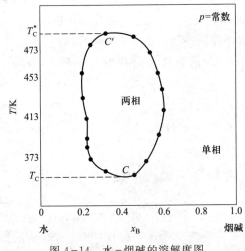

图 4–14 水–烟碱的溶解度图

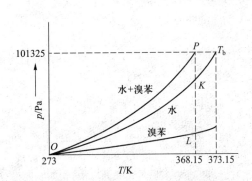

图 4–15 不互溶的水–溴苯蒸气压曲线

### (二) 水蒸气蒸馏

有些有机化合物的沸点很高,不易直接蒸馏,或因性质不稳定,往往加热未达到沸点前该物质就分解了,因此,不能采取一般的蒸馏方法进行分离提纯。但如果这类有机化合物和水不互溶,就可采用水蒸气蒸馏的方法进行分离。将待提纯的有机液体加热到不足 373.15 K,让水蒸气以气泡的形式通过有机液体,起到供热和搅拌的双重作用,使系统的蒸气和两液体平衡。将蒸气冷凝后,由于两组分不互溶,自动分为有机液层和水层,除去水层即得产品。这样,在不到 373.15 K 的较低温度下提纯了有机物,同时避免了它的受热分解。

蒸出物中 A、B 两组分的质量可根据 Dalton 分压定律计算。在共沸点时有

$$p_A^* = p y_A = p \cdot \frac{n_A}{n_A + n_B}$$

$$p_B^* = py_B = p \cdot \frac{n_B}{n_A + n_B}$$

式中，$p$ 是蒸气总压；$y_A$、$y_B$ 分别为气相中 A、B 两组分的摩尔分数；$n_A$、$n_B$ 为 A、B 两组分的物质的量。将上面两式相除得

$$\frac{p_A^*}{p_B^*} = \frac{n_A}{n_B} = \frac{W_A/M_A}{W_B/M_B} = \frac{M_B}{M_A} \cdot \frac{W_A}{W_B}$$

$$\frac{W_A}{W_B} = \frac{p_A^*}{p_B^*} \cdot \frac{M_A}{M_B}$$

式中，$W$ 是纯物质的质量；$M$ 是摩尔质量。若其中组分 A 和组分 B 具体的对应为水和有机物，则上式可写为

$$\frac{W(H_2O)}{W_B} = \frac{p^*(H_2O) \cdot M(H_2O)}{p_B^* \cdot M_B} \tag{4-16}$$

式中，$W(H_2O)/W_B$ 是蒸馏出单位质量有机化合物时水蒸气的消耗量，称为有机液体 B 的"蒸气消耗因子"。显然，此值越小，则水蒸气蒸馏的效率越高。由式（4-16）可以看出，有机化合物的摩尔质量 $M_B$ 越大，在 373.15 K 左右饱和蒸气压 $p_B^*$ 越大，则分出一定量的有机化合物所消耗的水蒸气量越少，即水蒸气蒸馏的效率越高。

水蒸气蒸馏法还可以用来测定与水完全不互溶的有机化合物的摩尔质量 $M_B$，由式（4-16）可得

$$M_B = M(H_2O) \times \frac{p^*(H_2O)W_B}{p_B^* W(H_2O)} \tag{4-17}$$

---

**案例 4-1  双水相萃取**

两种水溶性不同的聚合物或者一种聚合物和无机盐的混合溶液，在一定的浓度下，系统就会自然分成互不相溶的两相。被分离物质进入双水相系统后由于表面性质、电荷间作用和各种作用力（如憎水键、氢键和离子键）等因素的影响，在两相间的分配系数 $K$ 不同，导致其在上下相的浓度不同，达到分离目的。早在 1896 年，Beijerinck 发现，当明胶与琼脂或明胶与可溶性淀粉溶液相混时，得到一个浑浊不透明的溶液，随之分为两相，上相含有大部分水，下相含有大部分琼脂（或淀粉），两相的主要成分都是水。这种现象被称为聚合物的不相溶性，由此而产生了**双水相萃取**（aqueous two-phase extraction，**ATPE**）。双水相萃取与水-有机相萃取的原理相似，都是依据物质在两相间的选择性分配，但萃取体系的性质不同。双水相萃取技术已广泛应用于生物化学、细胞生物学、生物化工和食品化工等领域，并取得了许多成功的范例，主要是分离蛋白质、酶、病毒、脊髓病毒和线病毒的纯化；核酸和 DNA 的分离；干扰素、细胞组织、抗生素、多糖、色素和抗体等的分离。此外双水相还可用于稀有金属/贵金属分离。

**问题：**

(1) 双水相萃取、水-有机相萃取和超临界流体萃取各有什么特点？

(2) 双水相萃取与水-有机相萃取原理的主要区别是什么？

(3) 如何绘制双水相系统的相图？

# 第四节　二组分固液平衡系统

二组分固液系统又称为二组分凝聚系统。此系统在低温时是固态,较高温度时熔化呈液态,系统中没有组成该系统组分的气相存在,即使少量存在,也可忽略。所以,外压对这类系统的影响可忽略不计,因此常把压力恒定为标准压力来研究固液系统的平衡温度和组成的关系,绘制的相图为温度-组成相图。常用的相图绘制方法有热分析法和溶解度法。

## 一、具有简单低共熔混合物的系统

### (一)热分析法绘制相图

热分析法是绘制凝聚系统相图时常用的方法,它是根据系统在冷却或加热过程中温度随时间的变化关系来确定系统的相态变化。具体的做法是配制一系列不同组成的样品,逐个将样品加热至完全熔化,然后在一定的环境下自行冷却,观测记录冷却过程中温度随时间的变化,并绘成曲线。因该曲线是在逐步冷却过程中获得的,故称为**步冷曲线(cooling curve)**。由步冷曲线的转折或平坦点可确定系统的相变温度,并绘制出相图。下面以 Bi-Cd 二组分系统为例作具体讨论。

图 4-16(a)中样品 a 和 e 分别是纯 Bi 和纯 Cd,组分数 $C=1$,等压下相律表达式为 $f=1-\Phi+1=2-\Phi$。当温度处在凝固点以上时,$\Phi=1$,$f=2-1=1$,该自由度是系统的温度。由于周围环境吸热,系统均匀地降温。当温度降至凝固点时,开始析出固体,保持固液两相平衡,$\Phi=2$,则 $f=0$,所以系统保持凝固点温度不变。由于析出过程要放出热量,此热量足以抵消系统向环境的散热。因此,步冷曲线上出现平台段,直到液体全部凝固,系统温度又继续下降。样品 a 步冷曲线中,平台 $A$ 对应的温度为纯 Bi 的凝固点 546 K;样品 e 步冷曲线中,平台 $H$ 对应的温度为纯 Cd 的凝固点 596 K。根据这两个温度,可在温度-组成图 4-16(b)中画出纯 Bi 及纯 Cd 的两相平衡点 $A$ 及 $H$。利用步冷曲线的水平线段,可以准确地测定纯物质的凝固点。

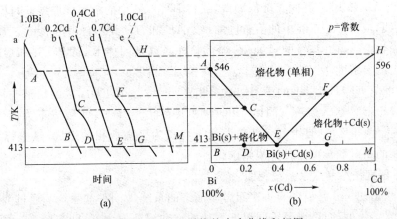

图 4-16　Bi-Cd 系统的步冷曲线和相图

样品 b 和 d 分别是含 Cd 质量分数为 0.2 和 0.7 的 Bi-Cd 混合系统,组分数 $C=2$,等压下的相律为 $f=2-\Phi+1=3-\Phi$。开始时,系统为单一熔融液相,$\Phi=1$,$f=2$(表示 $T$、$x$),系统可均匀降温,步冷曲线的上端为平滑线段。当样品 b 降温至 C 点,熔液对 Bi 达饱和,开始有纯固态 Bi 析出;样品 d 降温至 F 点,熔液对 Cd 达饱和,开始有纯固态 Cd 析出。由于金属的析出,使得该金属在熔液中的含量不断减少,需要更低的温度才能继续结晶,因此温度仍然下降。这一点可以从相律中看出。因 $\Phi=2,f=1$,温度仍可下降。但是,由于结晶时放出热量,部分地抵偿了系统向环境的散热,故温度下降速率减慢,步冷曲线的斜率变小,出现转折而不是水平线段。转折点所对应的温度,就为系统开始析出固体金属而呈现两相平衡时的温度。因组成不同,样品 b、d 的转折点高低也不同。随着一种金属的析出,另一种金属的含量不断增加,因此当系统继续降温至 413 K 时,样品中另一种金属也达到饱和,此时 Cd 和 Bi 按固定比例同时析出,并与先前析出的晶体混合,系统呈三相平衡,$f=3-3=0$,温度为恒定值,因而在步冷曲线上出现平台段。平台段所对应的温度称为**低共熔点(eutectic point)**,因为混合物熔点虽然恒定,但比两种纯物质的熔点均低,也是熔(溶)液所能存在的最低温度。最低共熔点时析出的 Cd 和 Bi 混合物称为"简单最低共熔混合物",此处的"简单"是指构成混合物的两相是纯物质。当熔融液全部凝固后,温度继续下降。在温度-组成图 4-16(b)中可绘出样品 b 开始析出纯固体 Bi 的点 C,以及纯固体 Cd、纯固体 Bi 和熔液三相平衡点 D。同样,也可绘出样品 d 开始析出固体 Cd 的点 F,以及纯固体 Cd、纯固体 Bi 和熔液三相平衡点 G。

样品 c 的组成恰好等于最低共熔混合物的组成,当温度降至低共熔点 413 K 时,Cd 和 Bi 同时达到饱和一起析出,直接形成最低共熔混合物。因此,样品 c 的步冷曲线只在低共熔温度处出现一平台段 E。当熔融液全部凝固后,温度又均匀下降。根据步冷曲线平台段 E 所对应温度,得到温度-组成图中相应的 E 点。

如果配制的样品足够多,可在 $T-x$ 图上画出更多类似 $C$、$F$ 的固体-熔液平衡点。连接 $A$、$C$ 直至 $E$ 的各个两相平衡点,得到金属 Bi 的凝固点曲线 $AE$,同样连接 $H$、$F$ 直至 $E$ 的各个两相平衡点,得金属 Cd 的凝固点曲线 $HE$。连接各个样品三相平衡共存点 $D$、$E$、$G$ 等,画出对应低共熔温度的水平线 $BEM$,这样便得到 Bi-Cd 合金系统的温度-组成相图。下面对该相图中的点、线、面作具体分析:

(1)点 $A$ 和 $H$ 点分别为纯 Bi 和纯 Cd 的熔点,$E$ 点为三相点,它们的自由度均为零。

(2)线 $AE$ 是 Bi 的凝固点降低曲线,或称 Bi 在 Cd 中的溶解度曲线。$HE$ 是 Cd 的凝固点降低曲线,或称 Cd 在 Bi 中的溶解度曲线。$AE$ 和 $HE$ 线的自由度 $f=1$。$BEM$ 为三相平衡线,无论物系点落在该线的何处(两端点除外),总是固体 Bi、固体 Cd 和熔融液三相共存,三相线上的自由度 $f=0$。

(3)面 $ACEFH$ 线以上的面为熔液单相区,$f=2$。$ACEDB$ 区为熔液与固体 Bi 的两相共存区,$HFEGM$ 区为熔液与固体 Cd 的两相共存区。$BDEGM$ 线以下为固体 Bi 和固体 Cd 两相共存。两相区内,自由度 $f=1$,曲线上各点为平衡液相的组成,纵坐标为与之平衡的固相,两相的相对数量可由杠杆规则求得。

**(二)溶解度法绘制盐水系统相图**

溶解度法适用于在常温下有一个组分呈液态的系统,如水-盐系统。通过测定一系列不同浓度的盐水溶液的冰点,以及不同温度下盐的饱和溶液的浓度(即溶解度),便可绘制水-盐系统的温度-组成图。

图 4-17 为根据实验数据绘制的水-$(NH_4)_2SO_4$ 系统的相图。$LE$ 是水的冰点降低曲线,系统为冰和溶液两相平衡,$\Phi=2$,曲线上的自由度 $f=3-\Phi=3-2=1$。$NE$ 是固体

$(NH_4)_2SO_4$ 与其饱和溶液两相平衡线,称为 $(NH_4)_2SO_4$ 的溶解度曲线,$\varPhi=2$,则 $f=1$。需说明的是,$NE$ 线不能任意延长至与纵坐标相交,这是因为铵盐不稳定,未至熔点有可能分解。

$E$ 为冰、$(NH_4)_2SO_4(s)$ 和盐水溶液的三相平衡点。水平线 $AEC$ 为三相线,线上任一点均为冰、$(NH_4)_2SO_4(s)$ 和组成为 $E$ 的溶液三相平衡共存。因 $\varPhi=3$,所以 $f=3-\varPhi=3-3=0$。

$LEN$ 线上方是单一液相区,在此区域中,$f=2$。$LEAL$ 面是冰和溶液两相平衡共存区;$NEC$ 所围面是固体 $(NH_4)_2SO_4$ 和溶液两相平衡共存区。$AEC$ 线以下所围区域是冰和固体 $(NH_4)_2SO_4$ 两相共存区。所有两相共存区域,$f=1$,并可运用杠杆规则求出两相的质量比。

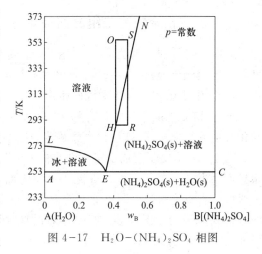

图 4-17 $H_2O$-$(NH_4)_2SO_4$ 相图

根据水-盐系统相图,可利用结晶法分离和提纯无机盐。由图 4-17 可见,如要获得纯的 $(NH_4)_2SO_4$ 晶体,可控制溶液的组成在低共熔点($E$ 点)右侧,否则在直接冷却过程中将先析出冰,而冷至 $E$ 点以下将同时析出冰和 $(NH_4)_2SO_4$ 结晶,得不到纯的 $(NH_4)_2SO_4$ 晶体。因此,对于盐浓度较小的物系需先进行蒸发浓缩,使物系点向右移动越过 $E$ 点后,再进行冷却方可得到纯的 $(NH_4)_2SO_4$ 晶体。如果提纯含少量杂质的 $(NH_4)_2SO_4$,可采用水溶液重结晶法,即在较高温度下,将粗盐配制成物系点在 $O$ 点的溶液,加入硫酸铵的粗产品,使物系点移动至 $S$ 点,趁热过滤除去不溶性杂质,然后冷却,当物系进入两相区即有 $(NH_4)_2SO_4$ 晶体析出。继续冷却至常温 $R$ 点时,其溶液组成为 $H$ 点,析出 $(NH_4)_2SO_4$ 的具体数量可通过杠杆规则计算。将 $(NH_4)_2SO_4$ 固体分离后,将母液再加热至 $O$ 点,然后加入粗盐,物系点重由 $O$ 点移至 $S$ 点,可进行第二次操作。如此循环就可得到纯净的 $(NH_4)_2SO_4$ 晶体。随着循环次数增加,母液中可溶性杂质不断积累,对产品质量将造成影响,因此必须对母液作一定的处理或另换母液。

---

**案例 4-2 固体分散技术**

固体分散技术是将难溶性药物制成固体分散体的制剂技术,由 Sekiguchi 等在 1961 年首先提出。药物以不同状态(分子、胶体、无定形、微晶化等)分散于载体中,可增加药物的溶解速度及溶出速率,改善药物的吸收及生物利用度。近年来,固体分散技术越来越受到广大药学工作者的重视,成为药剂学研究中的热点,除了普通制剂中改变药物的溶解性能外,在缓控释制剂领域的研究也日益增多,有关的技术得以补充、完善,其用于固体分散体的载体材料也有所扩展,并可用固液平衡相图来制备固体分散体,或评价药物在固体分散体中的分散状态。以不同的载体制备同一药物的固体分散体,其共溶出度亦不同。用可溶性载体制备,则其在体内释放速率增加;用难溶性载体制备,则其在体内释放速率变缓,所以可制成速释或缓释制剂。随着现代高科技、高分子材料的发展,固体分散技术在药物剂型的制备中将发挥更重要的作用,制备出来的新制剂也具有更显著的优势和广阔的应用前景。

问题:

(1) 什么是固体分散技术?

(2) 固体分散体的制备方法有哪些?

## 二、生成化合物的二组分固液系统

有些二组分固液系统,在一定温度、组成下,不仅可形成最低共熔混合物,两个组分间还可以一定比例化合,生成稳定化合物或不稳定化合物。

### (一) 生成稳定化合物系统的相图

若 A 和 B 能反应生成化合物,此化合物直到熔点时还是稳定的,熔化时所生成的液相和化合物的组成相同,则该化合物称为具有**相合熔点**(congruent melting point)的化合物。

图 4-18 给出了生成稳定化合物的 CuCl(A) 和 $FeCl_3$(B) 的相图。图中 $H$ 点为化合物 C($CuCl \cdot FeCl_3$)的熔点。当在此化合物中加入组分 A 或 B 时,都会使熔点降低。这类相图一般可以看成是由数个简单低共熔混合物的相图合并而成。如图 4-18 的左半边是化合物 C 与 A 所构成的相图,$E_1$ 点是 A 与 C 的低共熔点。右半边是化合物 C 与 B 所构成的相图,$E_2$ 点是 B 与化合物 C 的低共熔点。相图分析与简单低共熔相图相似。

有些盐类能形成几种水合物,例如,$FeCl_3$ 与 $H_2O$ 能形成 $FeCl_3 \cdot 2H_2O$,$FeCl_3 \cdot 2.5H_2O$,$FeCl_3 \cdot 3.5H_2O$,$FeCl_3 \cdot 6H_2O$;$Mn(NO_3)_2$ 与 $H_2O$ 能形成三水和六水化合物等,其相图都属于这一类型。又如 $H_2O$ 与 $H_2SO_4$ 也能形成三种化合物,如图 4-19 所示。通常质量分数为 98% 浓硫酸常用之于炸药工业、医药工业等,但是从图中可以看到其结晶温度为 273.25 K,作为产品在冬季很容易冻结,输送管道也容易堵塞,无论运输和使用都会遇到困难。因此,冬季常以 92.5% 的硫酸作为产品(有时简称为 93%酸),这种酸的凝固点大约在 238.2 K,在一般的地区存放或运输都不至于冻结。从图 4-19 还可以看到 90% 左右的 $H_2SO_4$ 的结晶温度对浓度的变化较为显著,如 93% 的硫酸如果因故变成 91%,则结晶温度将从 238.2 K 升到 255.9 K,如果浓度降到 89%,则结晶温度升到 269 K,在冬季也是很容易有晶体析出的。所以,在冬季不能用同一条输送管道来输送不同浓度的 $H_2SO_4$,以免因浓度改变而引起管道堵塞。

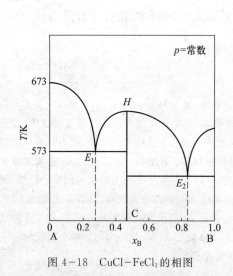

图 4-18  CuCl-$FeCl_3$ 的相图

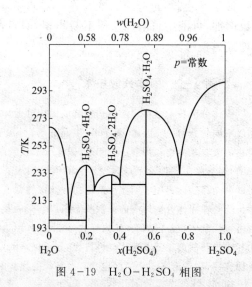

图 4-19  $H_2O$-$H_2SO_4$ 相图

### (二) 生成不稳定化合物系统的相图

如果系统中两个组分之间形成不稳定化合物,将此化合物加热时,未到熔点前便发生分解,产生一个新的固体和一个与原来固相组成不同的溶液。由于形成的液相组成与原化合物的组成不一致,故此化合物不具相合熔点。不稳定化合物的分解温度称为不相合熔点,也称**转熔温度(peritectic temperature)**或转熔点。这种分解反应称为转熔反应,可用通式表示为

$$C_1(s) \longrightarrow C_2(s) + S(l)$$

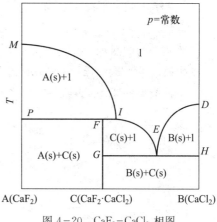

图 4-20　$CaF_2$-$CaCl_2$ 相图

其中,$C_1(s)$为所形成的固相不稳定化合物,$C_2(s)$是分解反应所生成的新固相,它可以是一纯组分,亦可以是一种化合物;S 为分解反应所生成的溶液。这种转熔反应是可逆反应,加热时反应向右移动,冷却时反应就逆向进行。图 4-20 是 $CaF_2(A)$-$CaCl_2$(B)系统相图。A 和 B 按 1∶1 比例生成不稳定化合物 $CaF_2 \cdot CaCl_2$(C),当温度升至 1010 K 时,该化合物发生转熔反应:

$$CaF_2 \cdot CaCl_2(s) \rightleftharpoons CaF_2(s) + 溶液(l)$$

因而 1010 K 是 $CaF_2 \cdot CaCl_2$ 的不相合熔点。图中 $CF$ 线是不稳定化合物的单相线。$PFI$ 和 $GEH$ 均为三相线。各相区所代表的意义如图所示。

属于这类系统的还有 Na-K($Na_2K$)、$H_2O$-NaCl(NaCl · $2H_2O$)、KCl-CuCl₂(2KCl · CuCl₂)等,括号内为生成的不稳定化合物。有时两个纯组分间可能生成不止一个不稳定化合物。

### 三、生成固溶体的固液系统

一些两组分物质不仅在液态时相互溶解,在固态时也能相互溶解形成固体溶液,简称固溶体。根据两种组分在固相中互溶程度的不同,一般分为完全互溶和部分互溶两种情况。

#### (一)固相完全互溶系统的相图

液相和固相完全互溶的相图与双液系的沸点-组成图形式相似。

图 4-21 是 Bi-Sb 系统的相图及步冷曲线。因为系统中最多只有液相和固相两个相共存,根据相律 $f = 2-2+1 = 1$,即在压力恒定时,系统的自由度最少为 1 而不是 0。因此,这种系统的步冷曲线上不可能出现水平段。

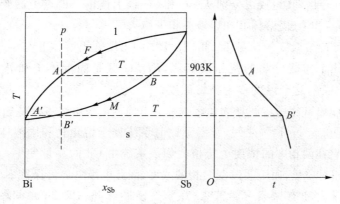

图 4-21　Bi-Sb 相图及步冷曲线

图中 $F$ 线以上区域为液相区,$M$ 线以下区域为固相区,$F$ 线和 $M$ 线所围区域为液相和固相共存的两相平衡区。$F$ 线为液相冷却时开始凝固出固相的"凝点线",$M$ 线为固相加热时开始熔化的"熔点线"。取组成为 $p$ 的熔液缓慢降温冷却使温度达 $A$ 点时,开始析出组成为 $B$ 点的固溶体,过 $A$ 点后,随温度降低,固液两相组成不断分别沿 $B \rightarrow B'$ 和 $A \rightarrow A'$ 变化。两相区内,熔液 – 固溶体平衡两相的数量可依杠杆规则获得。当温度降至 $B'$ 点所对应的温度 $T'$ 时,系统中剩下组成为 $A'$ 的最后一滴液体。过 $B'$ 点后,全部凝固为固溶体,此后为固溶体的冷却。

与液气平衡的温度 – 组成图类似,有时在生成固溶体的相图中出现最高熔点或最低熔点。在此最高熔点或最低熔点处,液相组成和固相组成相同,此时的步冷曲线上应出现水平线段。这种类型的相图见图 4–22 和图 4–23。

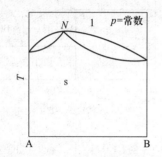
图 4–22  具有最高熔点示意图

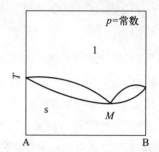
图 4–23  具有最低熔点示意图

**(二)固相部分互溶系统的相图**

两个组分在液态可无限混溶,而固态在一定的浓度范围内形成互不相溶的两相。对于这一类相图,可看成高温是具有低共熔点的相图,低温下具有部分互溶型的相图,两者经压缩形成。

图 4–24 是 $KNO_3$–$TiNO_3$ 相图,图中 $AE$、$BE$ 是液相的组成曲线,$AJ$、$BC$ 是固溶体的组成曲线。$AEB$ 线以上的区域是熔化物单相区;$AJE$ 区域为 $TiNO_3$ 溶于 $KNO_3$ 中的固溶体 I 与熔化物的两相平衡区,$BEC$ 区域为 $KNO_3$ 溶于 $TiNO_3$ 中的固溶体 II 与熔化物的两相平衡区;$AHFJ$ 区是固溶体 I 的单相区,$BIGC$ 区是固溶体 II 的单相区;$FJECG$ 区为两个固溶体的两相平衡共存区,其组成可分别从 $JF$ 和 $CG$ 线上读出。$E$ 点为最低共熔点,$JEC$ 线为三相线,均为固溶体 I、固溶体 II 和熔液三相平衡。

图 4–25 是有转熔温度的 $Hg$–$Cd$ 相图。图中 $BCE$ 是固溶体 II 与熔化物的两相共存区,$CDA$ 是固溶体 I 与熔化物的两相共存区,$FDEG$ 区是固溶体 I 和 II 的两相共存区。在 455 K 时三相共存,这个温度称为转熔温度。

由图 4–25 $Hg$–$Cd$ 相图可解释为什么镉标准电池的电极电势可保持相对稳定。镉汞齐电极中 $Cd$ 的浓度在 5%～14% 之间,常温下此时系统处于熔化物和固溶体 I 两相平衡区,就组分 $Cd$ 而言,它在两相中的浓度为定值。如果系统中 $Cd$ 的总量发生一微小的变化,只是改变了两相的相对质量,而不会改变两相的浓度,因此电极电势可保持不变。

属于这类系统的还有尿素 – 氯霉素、尿素 – 磺胺噻唑、PEG6000 – 水杨酸、$Ag$–$Cu$、$Pb$–$Sb$ 等。

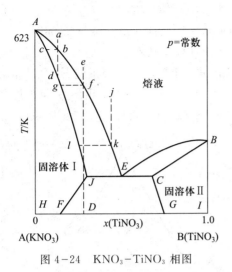

图 4-24 KNO₃-TiNO₃ 相图

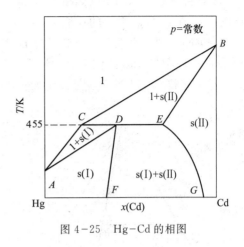

图 4-25 Hg-Cd 的相图

# 第五节 三组分系统

对于三组分系统,C=3,根据相律可以得到,f=5-Φ,即系统最多可能有四个自由度(温度、压力和两个浓度项)。因此,要用平面图表示三组分系统,必须固定两个变量。实际应用中,固定的变量是压力和温度。

## 一、三组分系统组成表示方法

三组分系统的组成通常用等边三角形(对于水盐系统有时也可以用直角坐标表示)来表示,如图 4-26。等边三角形的三个顶点分别表示三个纯组分 A、B 和 C;三条边表示三个二组分系统,通常沿着反时针的方向在三角形的三条边上标出 A、B、C 三个组分的质量分数;而三角形中任何一点则表示三组分系统,其组成可采用平行线法来确定。例如,为确定 $O$ 点的组成,可从 $O$ 点作 $BC$ 的平行线,在 $AC$ 线上截得线段长度 $a'$,即为 A 的质量分数;从 $O$ 点作 $AC$ 的平行线,在 $AB$ 线上截得线段长度 $b'$,即为 B 的质量分数;从 $O$ 点作 $AB$ 的平行线,在 $BC$ 线上截得线段长度 $c'$,即为 C 的质量分数。根据几何学知识可知,$a'+b'+c'$ 等于三角形任一边的长。

用等边三角形表示组成,有下列几个规则。

(1) 等含量规则 平行于三角形某一边的直线,线上各点所含顶角组分的质量分数都相等。如图 4-27 中的 $DFE$ 线,线上各点所含 A 的质量分数相同。

(2) 等比例规则 通过任一顶点的直线,线上各点所含顶点组分的含量不同,而其他两个组分的含量之比保持不变。如图 4-27 中的 $AFG$ 线,线上

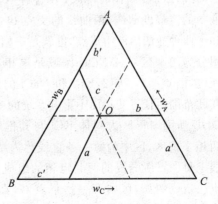

图 4-26 三组分系统组成表示法

各点 B 组分和 C 组分的含量之比相同，$w_B/w_C = FE/DF = GC/BG$。

（3）杠杆规则 由两个三组分系统 $D$ 和 $E$ 合并成一个新的三组分系统 $G$（如图 4-28），则物系点 $G$ 在 $D$ 和 $E$ 两点的连线上，$G$ 的位置可以由杠杆规则确定。

（4）重心规则 由三个三组分系统 $D$、$E$ 和 $F$ 构成一个新的三组分系统 $H$，可以先由杠杆规则求出 $D$ 和 $E$ 构成的三组分系统的物系点 $G$，然后再用杠杆规则求出由 $G$ 和 $F$ 构成的新的三组分系统 $H$，$H$ 可看成是系统的重心。如图 4-28。

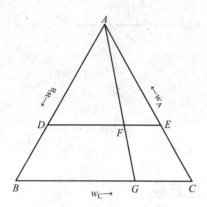

图 4-27 三组分系统的等含量
规则和等比例规则

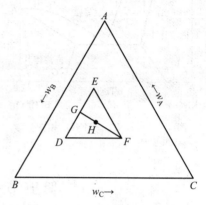

图 4-28 三组分系统的杠杆
规则和重心规则

## 二、三组分水盐系统

三组分水盐系统是指组成为二盐一水的系统，目前只是对有相同阳离子或相同阴离子的两种盐和水组成的三组分系统研究得比较多，如 $KBr-NaBr-H_2O$、$H_2O-NH_4Cl-NH_4NO_3$、$H_2O-NaCl-Na_2SO_4$ 等。这类相图的类型也较多，两种盐可以和水生成水合物，或两种盐之间能生成复盐，这里只讨论最简单的固体是纯盐的系统。

图 4-29 是 298.15 K 和大气压力下 $NaCl-KCl-H_2O$ 三组分相图。图中的 $D$、$E$ 点分别代表指定温度下 KCl(B) 和 NaCl(C) 在水中的溶解度。如果向已达到饱和的 KCl 溶液中加入 NaCl，则饱和溶液的组成沿 $DO$ 曲线变化。同样，若往已饱和的 NaCl 溶液中加入 KCl，饱和溶液的组成沿 $EO$ 曲线变化。所以，$DO$ 线为 KCl 在含有 NaCl 的水溶液中的溶解度曲线，$EO$ 线则代表 NaCl 在含有 KCl 的水溶液中的溶解度曲线，两曲线的交点 $O$ 是同时饱和了两种盐的溶液组成点，也就是三相点。该相图分为四个区域，$ADOE$ 区域是单相不饱和溶液区，因 $\Phi=1$，$f=2$，KCl 和 NaCl 的浓度均可在此范围内任意变动而不影响系统的单相性质。$DOB$ 所围扇形区为固体 KCl 与其饱和溶液的两相平衡区，区中的每一条直线称为结线，在结线上每一点所分成的两共轭相的组成由其二端点决定。例如，区内有一物系点 $G$，在结线 $aB$ 上，与固体 KCl 平衡共存的是组成为 $a$ 的饱和

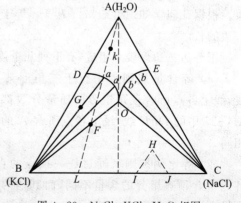

图 4-29 $NaCl-KCl-H_2O$ 相图

溶液,两相质量比可按杠杆规则求解。扇形区内 $\Phi=2$,$f=1$,说明在本区域内溶液相中一种盐的浓度一旦确定,另一种盐的浓度也随之而定。$EOC$ 扇形区是固体 NaCl 与其饱和溶液的两相平衡区,其情况与 $DOB$ 区域类似,不再赘述。$BOC$ 区是溶液 O、固体 KCl 和固体 NaCl 的三相共存区,在此区内 $\Phi=3$,$f=0$。区内任一物系点(如 $H$ 点)的三相质量比可用前述的"重心规则"求得(图中 $I$ 及 $J$ 分别为其比例点)。$O$ 点为三相点,$f=0$。

利用该类相图,可以从两种盐的溶液或混合物中分离出某一种纯盐,以图 4-29 为例进行讨论。图中物系点 $k$ 为含有两种盐的不饱和溶液,若等温蒸发,物系将沿 $AL$ 线移动,当抵达 $a$ 点时开始析出纯盐 KCl,继而进入扇形两相区。随着蒸发的进行,水量不断减少,溶液相的组成沿 $aO$ 线变化,同时由杠杆规则可知纯盐 KCl 的析出量逐渐增多。直到物系点接近 $F$ 点时,得到纯盐最多。若继续蒸发,物系将进入 $BOC$ 三相区而形成混合系统,达不到分离的目的。物系点组成在 $AO$ 线左边经等温蒸发可得到纯 KCl;反之,若物系点组成在 $AO$ 线右边,经等温蒸发只能提取纯盐 NaCl。若物系点刚好落在 $AO$ 线上,等温蒸发将直接进入三相区,得到的是两种盐的混合物,而无法析出任何单一种盐。

对于两种盐的固体混合物,如图中的 $L$ 点,为得到纯 KCl,只需通过加水稀释,使物系点沿 $LA$ 线向上位移,进入两相区,但不可越出 $a$ 点。

图 4-30 和图 4-31 为形成水合物和生成复盐的三组分水盐系统相图,相图的分析方法与纯盐系统基本相似。

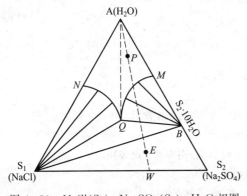

图 4-30 NaCl($S_1$)－Na$_2$SO$_4$($S_2$)－H$_2$O 相图

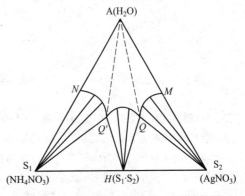

图 4-31 NH$_4$NO$_3$－AgNO$_3$－H$_2$O 相图

## 三、部分互溶的三液系统

三种液体组成的系统,三对液体间可以是一对部分互溶、两对部分互溶或三对部分互溶的。本书主要介绍一对部分互溶的三液系统。

图 4-32 是醋酸(A)、氯仿(B)和水(C)所形成的有一对部分互溶的三液系统。其中 A 和 B,A 和 C 均能以任意的比例互溶,但 B 和 C 则只能有限度地互溶。当 B 和 C 的浓度在 $Ba$ 或 $bC$ 之间,可以完全互溶,组成介于 $a$ 和 $b$ 之间时,系统分为两个共轭溶液层,一层是水在氯仿中的饱和溶液($a$ 点),另一层是氯仿在水中的饱和溶液($b$ 点)。如在组成为 $c$ 的系统中逐渐加入少许醋酸(A),由于醋酸在两层中并非等量分配,因此代表两液层浓度的各对应点 $a_1b_1$、$a_2b_2$ 等的连接线,不一定和底边 $BC$ 平行。如已知物系点,则可以根据连接线用杠

杆规则求得共轭溶液数量的比值。继续加入 A,物系点将沿 $cA$ 线上升。由于醋酸的加入,使得 B 和 C 的互溶度增加。当物系点接近 $b_4$ 时,含氯仿较多的一层(接近 $a_4$)数量渐减,最后该层将逐渐消失,系统进入帽形区以外的单相区。在帽形区内系统分为两相,其组成可由连接线的两端点读出。若在组成为 $d$ 的系统中逐渐加入醋酸(A),由图可见,物系沿 $dA$ 线上升,平衡两液层的浓度同样由连接线 $a_1b_1$、$a_2b_2$ 等的端点读出,且随着 A 的加入,自下而上,连接线越来越短,两层溶液的组成逐渐靠近,最后缩至 $O$ 点。此时两层溶液的浓度完全一样,两个共轭三组分溶液变成一个三组分溶液,$O$ 点称为**等温会溶点**( isothermal consotute

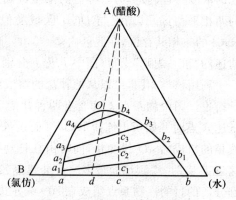

图 4-32　醋酸-氯仿-水相图

point)或**褶点**( plait point)。注意,会溶点不一定在曲线的最高点处。属于这一类的系统还有乙醇(A)-苯(B)-水(C)等。

　　部分互溶双液系中加入第三种液体即成为部分互溶的三液系,在药学中较为常见且有较多应用。例如,在薄荷水制备时,可以利用乙二醇-薄荷油-水三液相图,根据溶解度曲线确定三者的含量比。

(程远征)

# 参 考 文 献

[1] 傅献彩,沈文霞,姚天扬,等.物理化学(上册).5 版.北京:高等教育出版社,2005.

[2] 李三鸣.物理化学.8 版.北京:人民卫生出版社,2016.

[3] 印永嘉,奚正楷,张树永,等.物理化学简明教程.4 版.北京:高等教育出版社,2007.

[4] 崔黎丽,刘毅敏.物理化学.北京:科学出版社,2011.

[5] Atkins P, de Paula J.物理化学.7 版(影印版).北京:高等教育出版社,2006.

# 习　题

1. 相律是什么?

2. 小水滴与水蒸气混在一起,它们都有相同的组成和化学性质,它们是否是同一相?

3. 阐述物系点和相点在单相、双相区的区别?

4. 将 5 g 氨气通入 1 L 水中,在常温常压与其蒸气共存,试用相律分析此系统的自由度。

5. 在一个真空容器中,$NH_4Cl(s)$ 部分分解,求平衡时系统的组分数。

6. 已知水在 373.15 K 时的饱和蒸气压为 101.325 kPa。摩尔汽化熵为 $\Delta_{vap}H_m = 40.7 \ kJ \cdot mol^{-1}$,试计算

(1) 水在 368.15 K 时的饱和蒸气压;

(2) 当外压为 80 kPa 时,水的沸点。

7. 已知在 101.325 kPa 时,正己烷的正常沸点为 342.15 K,假设它符合 Trouton 规则,即 $\Delta_{vap}H_m/T_b \approx$ 88 J·K$^{-1}$·mol$^{-1}$,试求 298.15 K 时正己烷的蒸气压。

8. 已知液态砷 As(l)和固态砷 As(s)的蒸气压与温度的关系为

$$\ln\frac{p}{p^{\ominus}} = 20.30 - 5\ 665\ \frac{T}{K} \quad \text{（液体）（1）}$$

$$\ln\frac{p}{p^{\ominus}} = 29.76 - 15\ 999\ \frac{T}{K} \quad \text{（固体）（2）}$$

试求其三相点的温度和压力。

9. 在 101.325 kPa 时,将水蒸气通入固态碘和水的混合物中,蒸馏温度为 371.6 K,使馏出的蒸气凝结,并分析馏出物的组成。已知每 0.10 kg 水中有 0.081 9 kg 碘。试计算该温度时固态碘的蒸气压。

10. 某有机液体用水蒸气蒸馏时,在 100.325 kPa 下于 363.15 K 沸腾。馏出物中水的质量分数为 0.240。已知 363.15 K 时水的饱和蒸气压为 $7.01\times10^4$ Pa,试求此有机液体的摩尔质量 $M_B$。

11. 银(熔点为 960℃)和铜(熔点为 1 083℃)在 779℃时形成一最低共熔混合物,其组成为含铜的摩尔分数 $x(Cu)=0.399$。该系统有 α 和 β 两个固溶体,在不同温度时其组成如下表所示:

| $t/℃$ | $x(Cu)$（固溶体中） | |
| --- | --- | --- |
| | α | β |
| 779 | 0.141 | 0.951 |
| 500 | 0.031 | 0.990 |
| 200 | 0.003 5 | 0.999 |

(1) 绘制该系统的温度-组成图;

(2) 指出各相区的相态;

(3) 若有一含 Cu 的摩尔分数为 $x(Cu)=0.20$ 的溶液冷却,当冷却到 500℃时,α 固溶体占总量的摩尔分数为多少?

12. 指出下面二组分凝聚系统相图(图 4-33)中各相区的相态组成。

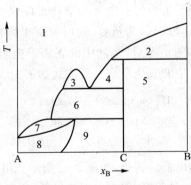

图 4-33　习题 12 图

# 第五章 电 化 学

电化学(electrochemistry)是一门研究化学能与电能之间相互转化及转化过程所遵循规律的科学,在其发展过程中,与化学、物理学、材料科学、环境、生命科学等学科不断相互交叉和渗透,已经成为物理化学中发展较为迅速的一门分支学科,并形成了众多新的研究领域,其理论和实践深入国民经济和国防军事的诸多领域,并发挥着不可替代的作用。

本章主要从电解质溶液、可逆电池电动势和电解与极化三个方面阐述电化学领域的基础知识。

## 第一节 电解质溶液的导电性质

### 一、基本概念

能够导电的物体称为**导体(conductor)**。根据导电机制的不同,导体分为两类。通过电子的定向迁移来导电的导体称为第一类导体,或**电子导体(electronic conductor)**,包括金属、石墨等。这类导体在导电过程中无化学反应发生,导电能力随温度的升高而下降。通过离子的定向迁移来导电的称为第二类导体,或**离子导体(ionic conductor)**,包括电解质溶液或熔融电解质等。这类导体导电时,电极上有氧化还原反应发生,导电能力随温度的升高而增加。

电子导体和离子导体可组合构成**电解池(electrolytic cell)**或**原电池(primary cell)**。电解池可实现电能向化学能的转化,如图 5-1 所示。电解池中与电源正极相连的电极由于电极电势较高,为正极,同时电极上发生失去电子的氧化反应,故该电极又为**阳极(anode)**。与电源负极相连的电极其电极电势较低,为负极,同时电极上将发生得到电子的还原反应,故该电极又为**阴极(cathode)**。接通电源后,溶液中的正离子向阴极迁移,负离子向阳极迁移,并在电极表面各自发生还原反应和氧化反应。反应式如下:

阴极      $2H^+(aq) + 2e^- \longrightarrow H_2(g)$

阳极      $2Cl^-(aq) \longrightarrow Cl_2(g) + 2e^-$

电极反应的总结果      $2HCl(aq) \longrightarrow H_2(g) + Cl_2(g)$

原电池则可实现化学能向电能的转化,如图 5-2 所示。用导线将两电极相连,氢电极上将发生失去电子的氧化反应,故是阳极,但由于电势较低,所以是负极;氯电极得到电子发生还原反应,故是阴极,由于电势较高,所以是正极。在原电池内部,溶液中的正、负离子则分别向两电极迁移,且正离子总是迁向阴极,负离子总是迁向阳级。

所以,化学能和电能的相互转化需通过电极上的氧化还原反应和溶液内部的离子定向迁移共同实现。

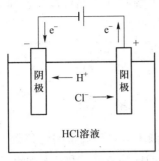

图 5-1　电解池

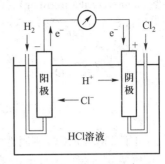

图 5-2　原电池

## 二、Faraday 电解定律

1834 年，M. Faraday 根据大量实验结果，得到了电解质溶液通电时，电极上发生化学反应的物质的量与通入的电荷量之间的关系，即 **Faraday 电解定律**（**Faraday's law of electrolysis**）：

① 电解过程中，在任一电极上发生化学反应的物质的量与通入溶液的电荷量成正比；

② 通入电解液的电荷量相同时，电极上发生化学反应的物质的量相同。

含有单位元电荷（即一个质子或一个电子的电荷绝对值）的物质为物质的量的基本单元，如 $H^+$、$\frac{1}{2}CO_3^{2-}$、$\frac{1}{3}Al^{3+}$ 等。1 mol 元电荷所带的电荷量称为 Faraday 常数，用 $F$ 表示，则

$$F = L \times e$$
$$= 6.022 \times 10^{23}\ \mathrm{mol}^{-1} \times 1.602 \times 10^{-19}\ \mathrm{C}$$
$$\approx 96\ 500\ \mathrm{C \cdot mol}^{-1}$$

式中，$L$ 为 Avogadro 常数；$e$ 为元电荷的电荷量。因此，当通过的电荷量为 $Q$ 时，电极上参加反应的物质 B 的物质的量 $n$ 为

$$n = \frac{Q}{zF} \tag{5-1}$$

式中，$z$ 为电极反应中的电子计量数。式（5-1）是 Faraday 电解定律的数学表达式。Faraday 电解定律没有使用的限制条件，是自然界中最准确定律之一。

## 三、离子的电迁移

电解质溶液内部的导电任务由电解质溶液中的正、负离子共同承担。通入电流以后，溶液中的正、负离子将携带一定的电荷量分别向阴极和阳极作定向迁移，同时在电极上发生还原反应和氧化反应。离子的这种在电场作用下的定向运动称为**离子的电迁移**（**electromigration of ions**）。

离子做电迁移时，正、负离子迁移的电荷量总和（$Q_+ + Q_-$）应等于通过溶液的总电荷量 $Q$。但是，离子的电迁移速率 $r$ 受离子本性（半径、所带电荷）、介质的性质、温度及电场的电势梯度等因素的影响，因而每种离子在溶液中迁移的电荷量也不相同。迁移速率越快，离子迁移的电荷量越多。现将某种离子 B 迁移的电荷量占通过溶液的总电荷量的分数定义为该

离子的**迁移数**(**transference number**),用 $t_B$ 表示。若电解质溶液中只含有一种正离子和一种负离子,则正、负离子的迁移数可分别表示为

$$t_+ = \frac{Q_+}{Q} = \frac{Q_+}{Q_+ + Q_-} \qquad t_- = \frac{Q_-}{Q} = \frac{Q_-}{Q_+ + Q_-} \tag{5-2}$$

或者

$$t_+ = \frac{r_+}{r_+ + r_-} \qquad t_- = \frac{r_-}{r_+ + r_-} \tag{5-3}$$

表 5-1 列出了 298.15 K 时不同浓度电解质水溶液中一些正离子的迁移数 $t_+$。由表中数据可以看出,离子迁移数与溶液浓度有关,高价离子的迁移数受浓度的影响尤为显著。需注意的是,电解质离子的迁移数不仅与离子的迁移速率有关,还与溶液中共存的离子有关。同一离子在相同浓度的不同电解质溶液中,视离子相对迁移速率的不同,其迁移数具有不同的数值。但是,同一溶液中所有离子迁移数的加和为 1。

离子迁移数可用 Hittorf 法、界面移动法和电动势法测定。

**表 5-1 298.15 K 时不同浓度电解质水溶液中一些正离子的迁移数**

| 电解质 | $c/(\text{mol} \cdot \text{L}^{-1})$ | | | | |
|---|---|---|---|---|---|
| | 0.01 | 0.02 | 0.05 | 0.10 | 0.20 |
| HCl | 0.825 | 0.827 | 0.829 | 0.831 | 0.834 |
| LiCl | 0.330 | 0.326 | 0.321 | 0.317 | 0.311 |
| NaCl | 0.392 | 0.390 | 0.388 | 0.385 | 0.362 |
| KCl | 0.490 | 0.490 | 0.490 | 0.490 | 0.489 |
| KBr | 0.483 | 0.483 | 0.483 | 0.483 | 0.484 |
| KI | 0.488 | 0.488 | 0.488 | 0.488 | 0.489 |
| $KNO_3$ | 0.508 | 0.509 | 0.509 | 0.510 | 0.512 |
| $\frac{1}{2}K_2SO_4$ | 0.508 | 0.509 | 0.509 | 0.510 | 0.512 |
| $\frac{1}{2}CaCl_2$ | 0.426 | 0.422 | 0.414 | 0.406 | 0.395 |

# 第二节 电解质溶液的电导

## 一、电解质溶液导电能力的表示方法

### (一) 电导

电解质溶液的导电能力用**电导**(**conductance**)来表征。电导是电阻的倒数,符号为 $G$。则有

$$G = \frac{1}{R} \tag{5-4}$$

电导的单位为 S(西门子)或 $\Omega^{-1}$。

**(二) 电导率**

已知导体的电阻与其长度 $l$ 成正比,与截面积 $A$ 成反比,即

$$R = \rho \frac{l}{A}$$

式中,$\rho$ 为电阻率。将上式代入式(5-4),可得

$$G = \frac{1}{\rho} \cdot \frac{A}{l} \tag{5-5}$$

式中,$1/\rho$ 称为**电导率(conductivity)**,用 $\kappa$ 表示,单位为 S·m$^{-1}$。式(5-5)表明,均匀导体的电导与导体的截面积 $A$ 成正比,与导体的长度 $l$ 成反比。将式(5-5)中的 $1/\rho$ 用电导率表示并整理后,得到

$$\kappa = G \cdot \frac{l}{A} \tag{5-6}$$

式中,$l/A$ 为电导池常数。由式(5-6)可以得出电导率的物理意义,即为单位截面积和单位长度导体的电导。对电解质溶液而言,当截面积为 1 m$^2$ 的两平行电极相距 1 m 时测得的电导即为该溶液的电导率,见图 5-3。电导率的大小与电解质溶液的种类、溶液的浓度及温度等有关。

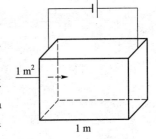

图 5-3 电导率定义示意图

表征电解质溶液的导电能力时,更常用的是**摩尔电导率(molar conductivity)**。当 1 mol 电解质溶液放置在相距为 1 m 的两平行电极间时,测得的电导即为该电解质溶液的摩尔电导率,用 $\Lambda_m$ 表示。摩尔电导率 $\Lambda_m$ 与电导率 $\kappa$ 的关系为

$$\Lambda_m = \kappa V_m = \frac{\kappa}{c} \tag{5-7}$$

式中,$c$ 为电解质溶液的物质的量浓度,单位为 mol·m$^{-3}$。$\Lambda_m$ 的单位为 S·m$^2$·mol$^{-1}$。表示电解质溶液的摩尔电导率时,必须标明基本单元,因为所取基本单元不同,摩尔电导率的值也不同。例如,$H_2SO_4$ 的摩尔电导率可以用 $\Lambda_m(H_2SO_4)$ 或 $\Lambda_m\left(\frac{1}{2}H_2SO_4\right)$ 表示,两者间的关系为 $\Lambda_m(H_2SO_4) = 2\Lambda_m\left(\frac{1}{2}H_2SO_4\right)$。

电解质溶液的电导或电导率可直接用电导仪或电导率仪测得。

## 二、浓度对电导率和摩尔电导率的影响

浓度对电解质溶液的电导率和摩尔电导率都有影响,而且对强、弱电解质影响的情况和程度是不同的。

对强电解质而言,浓度增加,电导率呈先升后降的变化趋势。这是因为浓度增加后,溶液中正、负离子数增多,正、负离子间的相互作用也随之增加。当浓度增加至一定程度后,溶

液中正、负离子间的相互作用大大制约了离子的迁移速率,电导率不增反降。因此,如图 5-4 所示,强电解质的电导率曲线上出现一极大值。对弱电解质而言,浓度对电导率的影响不显著。这是因为弱电解质的解离度随溶液浓度的增加而减小,使得溶液中离子数目变化不大。因此,图 5-4 中 HAc 溶液的电导率曲线较为平坦。

与电导率随浓度变化不同的是,强电解质和弱电解质溶液的摩尔电导率均随浓度降低而上升,但是当浓度很稀时,它们的变化趋势不同。由于强电解质在溶液中全部解离,稀释只是增加了离子间的距离,但并没有增加溶液中可导电的离子数。因而离子间的相互作用力被削弱,离子的迁移速率增加,则摩尔电导率随之增加。当浓度降至一定程度时,离子间的相互作用减小至极限,故摩尔电导率接近一定值,见图 5-5。

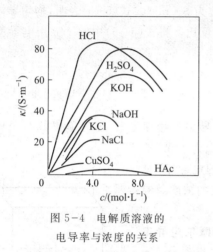

图 5-4 电解质溶液的
电导率与浓度的关系

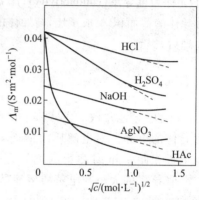

图 5-5 电解质溶液的摩尔
电导率与浓度的关系

德国化学家 R. H. A. Kohlrausch 根据实验结果归纳出极稀溶液（通常浓度小于 $0.001\ mol \cdot L^{-1}$）中,强电解质的摩尔电导率 $\Lambda_m$ 与 $\sqrt{c}$ 之间的经验关系如下:

$$\Lambda_m = \Lambda_m^{\infty}(1 - \beta\sqrt{c}) \qquad (5-8)$$

式中,$\beta$ 为经验常数,与电解质、溶剂的性质及温度有关;$\Lambda_m^{\infty}$ 为无限稀释时电解质溶液的摩尔电导率,也称**极限摩尔电导率(limiting molar conductivity)**,可用直线外推法求得。

对弱电解质而言,随着浓度的降低,解离度不断增大,溶液中可导电的离子数不断增加。当溶液浓度极稀时,几乎全部解离。同时,由于溶液无限稀,离子间距离很大,相互作用力可以忽略,因此摩尔电导率急剧增大。弱电解质的 $\Lambda_m^{\infty}$ 无法用外推法求得,因为其 $\Lambda_m$ 与 $c$ 之间不存在式(5-8)所示的关系。

### 三、离子独立运动定律

Kohlrausch 在研究了大量电解质的相关数据后,发现具有相同正离子或负离子的一对电解质,其无限稀释摩尔电导率的差值为一常数,如表 5-2 所示。据此可以推断,在无限稀释的溶液中,电解质完全解离,没有强弱之分,且离子间相互作用消失,每种离子的迁移速率只与该离子的本性有关,与共存的其他离子无关。因此,每一种离子的无限稀释摩尔电导率为一定值,它们的加和为电解质溶液的无限稀释摩尔电导率。对任意电解质 $M_{\nu_+}A_{\nu_-}$,无限稀释摩尔电导率为

$$\Lambda_m^\infty = \nu_+ \lambda_{m,+}^\infty + \nu_- \lambda_{m,-}^\infty \tag{5-9}$$

式中,$\lambda_{m,+}^\infty$ 及 $\lambda_{m,-}^\infty$ 分别为无限稀释时正、负离子的摩尔电导率;$\nu_+$ 和 $\nu_-$ 分别为正、负离子的化学计量数。式(5-9)称为 Kohlrausch **离子独立运动定律(law of independent migration of ions)**。

表 5-2 298.15 K 时一些强电解质的无限稀释摩尔电导率 $\Lambda_m^\infty$ 单位:$S \cdot m^2 \cdot mol^{-1}$

| 电解质 | $\Lambda_m^\infty$ | 差值 | 电解质 | $\Lambda_m^\infty$ | 差值 |
|---|---|---|---|---|---|
| KCl | 0.014 99 | | HCl | 0.042 62 | |
| LiCl | 0.011 50 | 0.003 49 | HNO$_3$ | 0.042 13 | 0.000 49 |
| KNO$_3$ | 0.014 50 | | KCl | 0.014 99 | |
| LiNO$_3$ | 0.011 01 | 0.003 49 | KNO$_3$ | 0.014 50 | 0.000 49 |
| KOH | 0.027 15 | | LiCl | 0.011 50 | |
| LiOH | 0.023 67 | 0.003 49 | LiNO$_3$ | 0.011 01 | 0.000 49 |

根据离子独立运动定律,在温度和溶剂一定的情况下,弱电解质的 $\Lambda_m^\infty$ 可以由离子的 $\lambda_m^\infty$ 或强电解质的 $\Lambda_m^\infty$ 计算得到。

**例 5-1** 298.15 K 时,已知苯巴比妥钠的 $\Lambda_m^\infty$(NaP)为 $73.5 \times 10^{-4}$ S $\cdot$ m$^2$ $\cdot$ mol$^{-1}$,盐酸的 $\Lambda_m^\infty$(HCl) 为 $426.1 \times 10^{-4}$ S $\cdot$ m$^2$ $\cdot$ mol$^{-1}$,氯化钠的 $\Lambda_m^\infty$(NaCl)为 $126.4 \times 10^{-4}$ S $\cdot$ m$^2$ $\cdot$ mol$^{-1}$,求苯巴比妥溶液的无限稀释摩尔电导率 $\Lambda_m^\infty$(HP)。

**解:** 根据离子独立运动定律,有

$$\Lambda_m^\infty(HP) = \lambda_m^\infty(H^+) + \lambda_m^\infty(P^-) = \Lambda_m^\infty(HCl) + \Lambda_m^\infty(NaP) - \Lambda_m^\infty(NaCl)$$
$$= (426.1 \times 10^{-4} + 73.5 \times 10^{-4} - 126.4 \times 10^{-4}) S \cdot m^2 \cdot mol^{-1}$$
$$= 373.2 \times 10^{-4} \ S \cdot m^2 \cdot mol^{-1}$$

离子的无限稀释摩尔电导率可由离子迁移数求得。离子迁移数反映了离子的导电能力占电解质总导电能力的分数。因此,离子的迁移数也可看作是某种离子摩尔电导率占电解质的摩尔电导率的分数。对 1-1 价型的电解质,在无限稀释时有

$$\Lambda_m^\infty = \lambda_{m,+}^\infty + \lambda_{m,-}^\infty$$

$$t_+^\infty = \frac{\lambda_{m,+}^\infty}{\Lambda_m^\infty} = \frac{\lambda_{m,+}^\infty}{\lambda_{m,+}^\infty + \lambda_{m,-}^\infty} \qquad t_-^\infty = \frac{\lambda_{m,-}^\infty}{\Lambda_m^\infty} = \frac{\lambda_{m,-}^\infty}{\lambda_{m,+}^\infty + \lambda_{m,-}^\infty} \tag{5-10}$$

表 5-3 为一些离子在 298.15 K 时在无限稀释水溶液中的摩尔电导率。可以看到,H$^+$ 的摩尔电导率特别大,这是因为溶液中 H$^+$ 是以质子传递的形式传导电流,即从一个水分子传递给另一个水分子。按现代质子跳跃理论,它是通过隧道效应进行跳跃,然后受电场控制而定向传递。所以 H$^+$ 的迁移速率特别快,摩尔电导率特别大。

表 5-3 298.15 K 时离子在无限稀释水溶液中的摩尔电导率

| 正离子 | $\lambda_{m,+}^\infty /(10^{-4}$ S $\cdot$ m$^2 \cdot$ mol$^{-1})$ | 负离子 | $\lambda_{m,-}^\infty /(10^{-4}$ S $\cdot$ m$^2 \cdot$ mol$^{-1})$ |
|---|---|---|---|
| H$^+$ | 349.8 | OH$^-$ | 198.3 |
| Li$^+$ | 38.7 | F$^-$ | 55.4 |
| Na$^+$ | 50.1 | Cl$^-$ | 76.3 |
| K$^+$ | 73.5 | Br$^-$ | 78.4 |

续表

| 正离子 | $\lambda_{m,+}^{\infty}/(10^{-4}\ S \cdot m^2 \cdot mol^{-1})$ | 负离子 | $\lambda_{m,-}^{\infty}/(10^{-4}\ S \cdot m^2 \cdot mol^{-1})$ |
|---|---|---|---|
| $Ag^+$ | 61.9 | $I^-$ | 76.8 |
| $NH_4^+$ | 73.5 | $NO_3^-$ | 71.5 |
| $Mg^{2+}$ | 106.0 | $ClO_3^-$ | 64.6 |
| $Ca^{2+}$ | 119.0 | $ClO_4^-$ | 67.3 |
| $Sr^{2+}$ | 118.9 | $CH_3COO^-$ | 40.9 |
| $Ba^{2+}$ | 127.2 | $C_6H_5COO^-$ | 32.4 |
| $Fe^{2+}$ | 108.0 | $CO_3^{2-}$ | 138.6 |
| $Cu^{2+}$ | 107.2 | $SO_4^{2-}$ | 160.0 |
| $Zn^{2+}$ | 105.6 | $C_2O_4^{2-}$ | 148.2 |
| $Al^{3+}$ | 183.0 | $PO_4^{3-}$ | 207.0 |
| $La^{3+}$ | 209.1 | $[Fe(CN)_6]^{3-}$ | 302.7 |

## 四、电导测定的应用

电导测定在科研和工业生产中都有广泛应用,如水的纯度检验、弱电解质解离度和解离常数的测定、难溶盐溶解度和溶度积的测定、蛋白质等电点的测定和电导滴定等。

### (一) 水的纯度检验

用电导法可实现快速、连续的水质纯度检验。电导率越小,水中所含杂质离子越少,即水的纯度越高。

一般饮用水的电导率范围是 $5 \times 10^{-3} \sim 5 \times 10^{-2}\ S \cdot m^{-1}$,而海水的电导率则可达 $5\ S \cdot m^{-1}$。理论上可算得纯水的电导率为 $5.5 \times 10^{-6}\ S \cdot m^{-1}$。

2010 版《中国药典》增加了对纯化水、注射用水、灭菌注射用水测量电导率的项目,规定了合格制药用水水质的电导率限度值。一般制药用水的电导率的数量级为 $10^{-4}\ S \cdot m^{-1}$。

### (二) 弱电解质解离度和解离常数的测定

一定浓度的弱电解质溶液中只有已解离的离子参与导电,无限稀释时,弱电解质完全解离,所有离子参与导电。由于两种情况下离子的浓度都很低,离子间的相互作用均可以忽略不计,这样弱电解质在无限稀释时的 $\Lambda_m^{\infty}$ 和某一浓度下 $\Lambda_m$ 的差别主要源于溶液中离子数目的不同。因此,某一浓度时弱电解质的解离度为

$$\alpha = \frac{\Lambda_m}{\Lambda_m^{\infty}} \tag{5-11}$$

对 AB 型弱电解质,其解离平衡常数为

$$K^{\ominus} = \frac{\alpha^2}{1-\alpha} \cdot \frac{c}{c^{\ominus}}$$

将式(5-11)代入,得

$$K^{\ominus} = \frac{\Lambda_m^2}{\Lambda_m^{\infty}(\Lambda_m^{\infty} - \Lambda_m)} \cdot \frac{c}{c^{\ominus}} \qquad (5-12)$$

若测得某一浓度下的 $\Lambda_m$，可利用式(5-12)计算解离平衡常数 $K^{\ominus}$。另外，式(5-12)也可以变换为

$$\frac{1}{\Lambda_m} = \frac{\Lambda_m \dfrac{c}{c^{\ominus}}}{K^{\ominus}(\Lambda_m^{\infty})^2} + \frac{1}{\Lambda_m^{\infty}} \qquad (5-13)$$

以 $1/\Lambda_m$ 对 $\Lambda_m c$ 作图，可由直线的截距和斜率分别求得弱电解质的 $\Lambda_m^{\infty}$ 和 $K^{\ominus}$。式(5-12)和式(5-13)均称为 Ostwald 稀释定律。

**例 5-2** 293.15K 时，实验测得 $9.16 \times 10^{-4}$ mol·L$^{-1}$ 的苯甲酸水溶液的电导率 $\kappa$ 为 $8.7 \times 10^{-6}$ S·m$^{-1}$，摩尔电导率 $\Lambda_m$ 为 $9.50 \times 10^{-3}$ S·m$^2$·mol$^{-1}$，无限稀释摩尔电导率 $\Lambda_m^{\infty}$ 为 $35.9 \times 10^{-3}$ S·m$^2$·mol$^{-1}$。试求该温度下苯甲酸的解离度 $\alpha$ 及解离平衡常数 $K^{\ominus}$。

**解：** 根据式(5-11)和式(5-12)，有

$$\alpha = \frac{\Lambda_m}{\Lambda_m^{\infty}} = \frac{9.50 \times 10^{-3} \text{ S·m}^2\text{·mol}^{-1}}{35.9 \times 10^{-3} \text{ S·m}^2\text{·mol}^{-1}} = 0.264\,6$$

$$K = \frac{\alpha^2 \dfrac{c}{c^{\ominus}}}{1-\alpha} = \frac{(0.264\,6)^2 \times \dfrac{9.16 \times 10^{-4} \text{ mol·L}^{-1}}{1 \text{ mol·L}^{-1}}}{1-0.264\,6} = 8.721 \times 10^{-5}$$

### （三）难溶盐溶解度和溶度积的测定

难溶盐在水中的溶解度很小，此时水的解离对电导率的贡献不容忽视，即整个溶液的电导率为难溶盐溶解部分的解离对电导率的贡献加上水的解离对电导率的贡献。因此，难溶盐的解离所贡献的电导率为

$$\kappa(\text{盐}) = \kappa(\text{溶液}) - \kappa(\text{水})$$

由于浓度很稀，难溶盐饱和溶液的摩尔电导率可近似地用无限稀释摩尔电导率代替。这样，根据式(5-7)，难溶盐的溶解度为

$$c = \frac{\kappa(\text{盐})}{\Lambda_m^{\infty}}$$

由难溶盐溶解度即可进一步求得其溶度积。

**例 5-3** 298.15 K 时，测得 $BaSO_4$ 饱和水溶液的电导率 $\kappa$ 为 $4.536 \times 10^{-4}$ S·m$^{-1}$，该温度下水的电导率 $\kappa$ 为 $1.52 \times 10^{-4}$ S·m$^{-1}$。试计算 $BaSO_4$ 的溶解度及溶度积。

**解：** 查表得 $\lambda_m^{\infty}(Ba^{2+}) = 127.2 \times 10^{-4}$ S·m$^2$·mol$^{-1}$，$\lambda_m^{\infty}(SO_4^{2-}) = 160 \times 10^{-4}$ S·m$^2$·mol$^{-1}$

$$\Lambda_m(BaSO_4) = \Lambda_m^{\infty}(BaSO_4) = \lambda_m^{\infty}(Ba^{2+}) + \lambda_m^{\infty}(SO_4^{2-})$$
$$= 127.2 \times 10^{-4} \text{ S·m}^2\text{·mol}^{-1} + 160 \times 10^{-4} \text{ S·m}^2\text{·mol}^{-1}$$
$$= 287.2 \times 10^{-4} \text{ S·m}^2\text{·mol}^{-1}$$

则

$$c(BaSO_4) = \frac{\kappa(BaSO_4)}{\Lambda_m^{\infty}(BaSO_4)} = \frac{\kappa(\text{溶液}) - \kappa(H_2O)}{\Lambda_m^{\infty}(BaSO_4)}$$
$$= \frac{4.536 \times 10^{-4} \text{ S·m}^{-1} - 1.52 \times 10^{-4} \text{ S·m}^{-1}}{287.2 \times 10^{-4} \text{ S·m}^2\text{·mol}^{-1}}$$
$$= 1.05 \times 10^{-2} \text{ mol·m}^{-3} = 1.05 \times 10^{-5} \text{ mol·L}^{-1}$$

BaSO$_4$ 的溶度积为

$$K_{sp}^{\ominus}(BaSO_4) = \frac{c(Ba^{2+})}{c^{\ominus}} \cdot \frac{c(SO_4^{2-})}{c^{\ominus}}$$

$$= (1.05 \times 10^{-5})^2 = 1.10 \times 10^{-10}$$

### (四) 电导滴定

**电导滴定(conductimetric titration)**是根据滴定过程中溶液的电导变化来确定终点,可用于酸碱滴定、氧化还原滴定、沉淀滴定和配位滴定等。电导滴定不需使用指示剂,可在有色溶液中进行,并可连续跟踪反应进程,操作简单,重现性好。

下面以酸碱滴定中的 NaOH 滴定 HCl 为例,讨论电导滴定确定终点的原理。将 NaOH 溶液滴入 HCl 溶液中,两者将发生中和反应,H$^+$ + OH$^-$ ===== H$_2$O。随着滴定的不断进行,溶液中的 H$^+$ 不断被 Na$^+$ 取代,而 Na$^+$ 的迁移速率较 H$^+$ 小很多,因此,溶液的电导率不断下降。当加入的 NaOH 和 HCl 的物质的量相当时,溶液的电导率降至最低。以后随着过量 NaOH 的加入,溶液中迁移速率较大的 OH$^-$ 的物质的量不断增加,溶液的电导率又逐渐增加。因此,以电导率为纵坐标,加入的 NaOH 的体积为横坐标,所得的滴定曲线呈 V 字形,最低处 A 点所对应的体积即为滴定终点,见图 5-6。

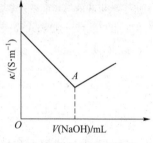

图 5-6 电导滴定曲线

# 第三节 强电解质溶液的活度与活度因子

## 一、电解质溶液的平均活度和平均活度因子

强电解质溶液中,正、负离子间的静电引力作用,使得每一种离子均可作为中心离子被一定数量的异号离子所包围,形成"离子氛"。因此,离子的自由运动受到限制,即使在稀溶液中,离子间的静电作用仍不容忽视,溶液的行为偏离热力学理想溶液,在讨论电解质溶液的化学势时,必须引入活度因子对浓度加以校正。

对于任意强电解质 M$_{\nu_+}$A$_{\nu_-}$,在溶液中按下式完全解离

$$M_{\nu_+}A_{\nu_-} \longrightarrow \nu_+M^{z+} + \nu_-A^{z-}$$

因此,电解质的化学势为

$$\mu_B = \nu_+\mu_+ + \nu_-\mu_- \tag{5-14}$$

电解质及其解离的正、负离子的化学势与活度的关系分别为

$$\mu_B = \mu_B^{\ominus}(T) + RT\ln a_B \tag{5-15}$$

$$\mu_+ = \mu_+^{\ominus}(T) + RT\ln a_+ \tag{5-16}$$

$$\mu_- = \mu_-^{\ominus}(T) + RT\ln a_- \tag{5-17}$$

由于不存在独立的正、负离子溶液,单个离子的活度无法由实验直接测得。为此,引入**离子平均活度(mean activity of ions)**$a_{\pm}$、**离子平均活度因子(mean activity coefficient of ions)**

$\gamma_\pm$ 和**离子平均质量摩尔浓度(mean molality of ions)** $m_\pm$ 的概念,并分别定义为

$$a_\pm = (a_+^{\nu_+} \cdot a_-^{\nu_-})^{1/\nu} \tag{5-18}$$

$$\gamma_\pm = (\gamma_+^{\nu_+} \cdot \gamma_-^{\nu_-})^{1/\nu} \tag{5-19}$$

$$m_\pm = (m_+^{\nu_+} \cdot m_-^{\nu_-})^{1/\nu} \tag{5-20}$$

三者间的关系为

$$a_\pm = \gamma_\pm \cdot \frac{m_\pm}{m^\ominus} \tag{5-21}$$

于是,有

$$\begin{aligned}
\mu_B &= \mu_B^\ominus(T) + RT \ln a_B \\
&= \nu_+ \mu_+ + \nu_- \mu_- \\
&= \nu_+ [\mu_+^\ominus(T) + RT\ln a_+] + \nu_- [\mu_-^\ominus(T) + RT\ln a_-] \\
&= [\nu_+ \mu_+^\ominus(T) + \nu_- \mu_-^\ominus(T)] + RT\ln(a_+^{\nu_+} \cdot a_-^{\nu_-})
\end{aligned}$$

由式(5-18)和式(5-21)可得

$$a_B = a_\pm^\nu = (\gamma_\pm \cdot m_\pm / m^\ominus)^\nu \tag{5-22}$$

由电解质溶液的离子平均活度因子 $\gamma_\pm$ 及平均质量摩尔浓度 $m_\pm$,可求得电解质的活度 $a$ 及离子平均活度 $a_\pm$。$\gamma_\pm$ 可通过依数性、电池电动势和溶解度等方法测得。

表5-4列出了298.15 K时水溶液中一些电解质的离子平均活度因子。

表5-4 298.15 K 时水溶液中一些电解质的离子平均活度因子 $\gamma_\pm$

| 电解质 | $m/(\text{mol} \cdot \text{kg}^{-1})$ | | | | | | | |
|---|---|---|---|---|---|---|---|---|
| | 0.001 | 0.005 | 0.01 | 0.05 | 0.10 | 0.50 | 1.0 | 5.0 |
| HCl | 0.965 | 0.929 | 0.905 | 0.832 | 0.797 | 0.759 | 0.811 | 2.380 |
| HNO$_3$ | 0.965 | 0.929 | 0.905 | 0.829 | 0.792 | 0.725 | 0.730 | 1.063 |
| NaOH | 0.965 | 0.927 | 0.902 | 0.819 | 0.775 | 0.685 | 0.674 | 1.076 |
| KOH | 0.965 | 0.927 | 0.902 | 0.821 | 0.779 | 0.710 | 0.733 | 1.697 |
| NaCl | 0.966 | 0.929 | 0.904 | 0.823 | 0.778 | 0.682 | 0.658 | 0.874 |
| KCl | 0.965 | 0.927 | 0.901 | 0.815 | 0.769 | 0.650 | 0.605 | 0.593 |
| CaCl$_2$ | 0.888 | 0.787 | 0.727 | 0.577 | 0.517 | 0.444 | 0.500 | 5.907 |
| ZnCl$_2$ | 0.887 | 0.781 | 0.719 | 0.561 | 0.499 | 0.384 | 0.330 | 0.342 |
| H$_2$SO$_4$ | 0.830 | 0.639 | 0.544 | 0.340 | 0.265 | 0.154 | 0.130 | 0.171 |
| Na$_2$SO$_4$ | 0.886 | 0.777 | 0.712 | 0.529 | 0.446 | 0.268 | 0.204 | |
| K$_2$SO$_4$ | 0.885 | 0.772 | 0.704 | 0.511 | 0.424 | 0.262 | 0.210 | |
| CuSO$_4$ | 0.74 | 0.530 | 0.444 | 0.230 | 0.164 | 0.066 | 0.044 | |
| ZnSO$_4$ | 0.734 | 0.477 | 0.387 | 0.202 | 0.148 | 0.063 | 0.043 | |

表5-4中的数据表明,电解质的离子平均活度因子与浓度有关。一般情况下,$\gamma_\pm$ 小于1。在低浓度范围,$\gamma_\pm$ 随浓度的减小而增大,无限稀释时趋近于1;而高浓度时,$\gamma_\pm$ 又可随浓

度的增加而变大,甚至可以超过 1。在相同浓度下,相同价型电解质的 $\gamma_{\pm}$ 值几乎相等;不同价型电解质的 $\gamma_{\pm}$ 并不相同,且价型越高,$\gamma_{\pm}$ 越小。

**例 5-4** 分别计算 $m = 0.05 \text{ mol} \cdot \text{kg}^{-1}$ 的 KCl($\gamma_{\pm} = 0.815$)和 $K_2SO_4$($\gamma_{\pm} = 0.529$)溶液的离子平均质量摩尔浓度 $m_{\pm}$、离子平均活度 $a_{\pm}$ 和电解质活度 $a$。

**解:**(1) 对 1-1 价型的 KCl

$$m_{\pm} = (m_+^{\nu_+} \cdot m_-^{\nu_-})^{1/\nu} = (\nu_+^{\nu_+} \cdot \nu_-^{\nu_-})^{1/\nu} \cdot m = (1 \times 1)^{1/2} \times 0.05 \text{ mol} \cdot \text{kg}^{-1} = 0.05 \text{ mol} \cdot \text{kg}^{-1}$$

$$a_{\pm} = \gamma_{\pm} \cdot m_{\pm}/m^{\ominus} = 0.815 \times 0.05/1 = 0.040\ 75$$

$$a = a_{\pm}^{\nu} = 0.040\ 75^2 = 1.66 \times 10^{-3}$$

(2) 1-2 价型的 $K_2SO_4$

$$m_{\pm} = (\nu_+^{\nu_+} \cdot \nu_-^{\nu_-})^{1/\nu} \cdot m = (2^2 \times 1)^{1/3} \times 0.05 \text{ mol} \cdot \text{kg}^{-1} = 0.079\ 4 \text{ mol} \cdot \text{kg}^{-1}$$

$$a_{\pm} = \gamma_{\pm} \cdot m_{\pm}/m^{\ominus} = 0.529 \times 0.079\ 4/1 = 0.042\ 00$$

$$a = a_{\pm}^{\nu} = 0.042\ 00^3 = 7.41 \times 10^{-5}$$

## 二、离子强度

离子间的静电引力导致强电解质溶液偏离理想溶液,而这种偏离程度与溶液中导电离子数目及离子所带的电荷数密切有关。1921 年,Lewis 和 M. Randall 提出了**离子强度(ionic strength)** $I$ 的概念,用以度量离子所受静电引力干扰的程度。离子强度的定义式为

$$I = \frac{1}{2} \sum_{B} m_B z_B^2 \tag{5-23}$$

式中,$m_B$ 为溶液中离子 B 的质量摩尔浓度;$z_B$ 为其电荷数。

**例 5-5** 某水溶液中含有 $0.1 \text{ mol} \cdot \text{kg}^{-1}$ KCl、$0.01 \text{ mol} \cdot \text{kg}^{-1}$ $K_2SO_4$ 和 $0.05 \text{ mol} \cdot \text{kg}^{-1}$ ZnSO$_4$,求该溶液的离子强度 $I$。

**解:**$I = \frac{1}{2} \sum_{B} m_B z_B^2 = \frac{1}{2}(0.1 \text{ mol} \cdot \text{kg}^{-1} \times 1^2 + 0.1 \text{ mol} \cdot \text{kg}^{-1} \times 1^2 + 0.01 \text{ mol} \cdot \text{kg}^{-1} \times 2 \times 1^2$

$+ 0.01 \text{ mol} \cdot \text{kg}^{-1} \times 2^2 + 0.05 \text{ mol} \cdot \text{kg}^{-1} \times 2^2 + 0.05 \text{ mol} \cdot \text{kg}^{-1} \times 2^2)$

$= 0.33 \text{ mol} \cdot \text{kg}^{-1}$

根据实验事实,Lewis 进一步总结出稀溶液范围内离子平均活度因子和离子强度之间的经验式

$$\lg \gamma_{\pm} = -常数\sqrt{I} \tag{5-24}$$

式(5-24)表明,电解质的离子平均活度因子 $\gamma_{\pm}$ 主要受溶液中所有离子的浓度和离子所带电荷的影响,而并非离子的本性。

## 三、Debye-Hückel 极限定律

1923 年,P. Debye 和 E. Hückel 以强电解质溶液中离子间静电引力所形成的"离子氛"为基点,结合离子强度的概念,并借助 Boltzmann 分布定律和 Poisson 方程,导出了强电解质稀溶液离子活度因子的极限公式,即

$$\lg \gamma_B = -A z_B^2 \cdot \sqrt{I} \tag{5-25}$$

式中,$A$ 在温度和溶剂一定时为定值,在 298.15 K 的水溶液中,$A = 0.509 \text{ mol}^{-1/2} \cdot \text{kg}^{1/2}$。

由于单个离子的活度因子无法直接测定,必须将式(5-25)转换为离子平均活度因子的表达形式,即有

$$\lg\gamma_{\pm} = -Az_{+}\,|\,z_{-}\,|\sqrt{I} \tag{5-26}$$

式(5-25)和式(5-26)均称为 **Debye-Hückel 极限定律(Debye-Hückel limiting law)**,适用于离子强度小于 $0.01\ \mathrm{mol \cdot kg^{-1}}$ 的强电解质稀溶液。当溶液的离子强度增大,此时需对 Debye-Hückel 极限定律加以修正。

**例 5-6** 试用 Debye-Hückel 极限定律,计算 298.15 K 时 $0.002\ \mathrm{mol \cdot kg^{-1}}$ $Na_2SO_4$ 和 $0.002\ \mathrm{mol \cdot kg^{-1}}$ $ZnCl_2$ 混合溶液中 $ZnCl_2$ 的离子平均活度因子 $\gamma_{\pm}$。

**解**:混合溶液的离子强度为

$$I = \frac{1}{2}\sum_{B}m_B z_B^2$$

$$= \frac{1}{2}[2\times 0.002\ \mathrm{mol \cdot kg^{-1}} \times 1^2 + 0.002\ \mathrm{mol \cdot kg^{-1}} \times 2^2 + 0.002\ \mathrm{mol \cdot kg^{-1}} \times 2^2 + 2$$

$$\times 0.002\ \mathrm{mol \cdot kg^{-1}} \times (-1)^2] = 0.012\ \mathrm{mol \cdot kg^{-1}}$$

$$\lg\gamma_{\pm} = -Az_{+}\,|\,z_{-}\,|\sqrt{I}$$

$$= -0.509\ \mathrm{mol^{-1/2} \cdot kg^{1/2}} \times 2 \times |(-1)| \cdot \sqrt{0.012\ \mathrm{mol \cdot kg^{-1}}} = -0.111\ 5$$

$$\gamma_{\pm} = 0.774$$

# 第四节 可逆电池

## 一、可逆电池的基本概念

原电池可实现化学能向电能的转变,如果这种能量转换是以热力学可逆的方式进行的,这种电池称为**可逆电池(reversible cell)**。等温等压和可逆条件下,系统 Gibbs 自由能的减小等于系统所做的最大非体积功。就可逆电池而言,该最大非体积功就是电池所做的电功,即电池的电动势。它们之间的关系为

$$-(\Delta_r G_m)_{T,p} = -W' = zEF \tag{5-27}$$

式中,$z$ 为电极反应中得失的电子数;$F$ 为 Faraday 常数。

符合热力学意义上的可逆电池,必须满足以下三个条件。

(1)电池反应可逆,即电池的充、放电反应必须互为逆反应。将电池与一外加电动势 $E'$ 并联。当电池电动势 $E$ 大于 $E'$ 时,电池内将发生化学反应而放电;当电池电动势 $E$ 小于 $E'$ 时,电池将获得能量而被充电,电池内发生的化学反应将完全逆向进行。

例如,图 5-7(a)中的铜锌电池,放电时的电极反应和电池反应分别为

负极(锌电极)　　　$Zn \longrightarrow Zn^{2+} + 2e^{-}$

正极(铜电极)　　　$Cu^{2+} + 2e^{-} \longrightarrow Cu$

电池反应　　　　　$Zn + CuSO_4 \longrightarrow Cu + ZnSO_4$

电池被充电时的电极反应和电池反应为

阴极(锌电极)　　　$Zn^{2+} + 2e^{-} \longrightarrow Zn$

阳极（铜电极）　　　$Cu \longrightarrow Cu^{2+} + 2e^-$

电池反应　　　　　$Cu + ZnSO_4 \longrightarrow Zn + CuSO_4$

显然,该电池在充、放电时的反应是可逆的。

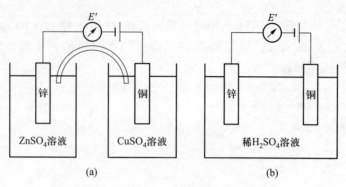

图 5-7　与外加电动势并联的电池示意图

（2）能量转换可逆。无论充电或放电,通过电池的电流必须十分微小,这样才能保证电池内的化学反应是在无限接近平衡态的条件下进行的。

（3）没有不可逆的扩散过程。

注意,上述三个条件同时满足的电池才是热力学上的可逆电池,否则均是不可逆电池。例如,图 5-7(a)中的电池,当通过的电流无限小时,能量转化也可逆,则该电池为可逆电池。反之,按图 5-7(b)所示的电池,即使通过的电流无限小,由于离子扩散的不可逆性,使得其充、放电时的反应不可逆,则该电池为不可逆电池。电池的充、放电反应分别为

放电反应　　　　　$Zn + 2H^+ \longrightarrow Zn^{2+} + H_2$

充电反应　　　　　$2H^+ + Cu \longrightarrow H_2 + Cu^{2+}$

可逆电池的研究十分有意义,因为可逆电池所做的最大有用功是化学能向电能转化的最高限度,同时可逆电池的电动势测定也为热力学问题的研究提供了电化学手段和方法。

## 二、可逆电极的种类

根据电极反应的特点不同,构成可逆电池的可逆电极主要分为三类。

### （一）第一类电极

这类电极主要包括金属电极和气体电极等。

将金属插入含有该金属离子的溶液中构成金属电极。这类电极可表示为 $M^{n+}(a) | M(s)$。如 $Cu(s)$ 插在 $CuSO_4$ 溶液中构成铜电极,$CuSO_4(aq) | Cu(s)$,电极反应为

$$Cu^{2+}(aq) + 2e^- \longrightarrow Cu(s)$$

一些活泼的金属,如 Na、K,则通常做成汞齐电极。如钠汞齐电极,$Na^+(a_+) | Na(Hg)(a)$,电极反应为

$$Na^+(a_+) + Hg(l) + e^- \longrightarrow Na(Hg)(a)$$

将惰性金属片插入含有相应气体元素的离子溶液中构成气体电极。气体不断冲击金属片使其吸附达平衡,惰性金属（如铂）则起到导电和促进电极平衡建立的作用。常见的气体

电极有氢电极、氧电极和氯电极。如氯电极可表示为 $Cl^-(a) \mid Cl_2(p) \mid Pt$，电极反应为

$$Cl_2(p) + 2e^- \longrightarrow 2Cl^-(a)$$

### （二）第二类电极

第二类电极包括金属-难溶盐电极和金属-难溶氧化物电极。

在金属表面覆盖一层该金属的难溶盐，然后浸入含有该难溶盐的负离子溶液中，构成金属-难溶盐电极，如银-氯化银电极，$Cl^-(a) \mid AgCl(s) \mid Ag(s)$；甘汞电极，$Cl^-(a) \mid Hg_2Cl_2(s) \mid Hg(l)$。由于制备简单，电极电势稳定，这两种电极也是最为常用的参比电极。它们的电极反应分别为

$$AgCl(s) + e^- \longrightarrow Ag(s) + Cl^-(a)$$
$$Hg_2Cl_2(s) + 2e^- \longrightarrow 2Hg(l) + 2Cl^-(a)$$

若在金属表面覆盖一层该金属的氧化物，然后浸在含有 $H^+$ 或 $OH^-$ 的溶液中，则构成的是金属-难溶氧化物电极。

例如，酸性介质中的汞-氧化汞电极，$H^+(a_+) \mid HgO(s) \mid Hg(l)$，电极反应为

$$HgO(s) + 2H^+(a_+) + 2e^- \longrightarrow Hg(l) + H_2O$$

碱性介质中的汞-氧化汞电极，$OH^-(a_-) \mid HgO(s) \mid Hg(l)$，电极反应为

$$HgO(s) + H_2O + 2e^- \longrightarrow Hg(l) + 2OH^-(a_-)$$

### （三）第三类电极

由惰性金属（如 Pt）插入含有某种离子的两种不同氧化态的溶液中构成第三类电极。由于电极反应只涉及组成电极的溶液中离子间的氧化还原反应，故这类电极又称为氧化还原电极。如 $Fe^{2+}$ 与 $Fe^{3+}$ 构成第三类电极，$Fe^{3+}(a_1), Fe^{2+}(a_2) \mid Pt$，电极反应为

$$Fe^{3+}(a_1) + e^- \longrightarrow Fe^{2+}(a_2)$$

## 三、电池的书写方式

为了方便而科学地将电池组成和结构书写出来，通常有下面几点原则：

（1）将发生氧化反应的负极写在左边，发生还原反应的正极写在右边。

（2）用单垂线"$\mid$"表示电极与溶液的接触界面，用逗号"，"表示可混溶的两种溶液间的接界面。若电池中使用盐桥来降低液体接界电势，则用双垂线表示盐桥"$\Vert$"。

（3）注明电池中各物质所处的状态（气、液、固），气体要标明压力，溶液要注明浓度或活度。还需表明温度和压力（如不写出，一般指 298.15 K 和标准压力）。

（4）需要惰性金属作电极导体的，也应标明。例如，$H_2(g)$ 吸附在 Pt 片上。

根据上述原则，可以为化学反应设计电池，或写出电池表示式所对应的化学反应。图 5-7(a) 中的铜-锌电池可以书写为

$$Zn(s) \mid Zn^{2+}(a_1) \Vert Cu^{2+}(a_2) \mid Cu(s)$$

左边为负极，发生氧化反应：$Zn \longrightarrow Zn^{2+} + 2e^-$

右边为正极，发生还原反应：$Cu^{2+} + 2e^- \longrightarrow Cu$

电池反应为 $Zn+CuSO_4 \longrightarrow Cu+ZnSO_4$

**例 5-7** 写出下列电池的电极反应和电池反应。

(1) $Pt(s) \mid Cu^+(a_1), Cu^{2+}(a_2) \; \vdots \; Ag^+(a_3) \mid Ag(s)$

(2) $Pt \mid H_2(p) \mid H^+(a) \mid HgO(s) \mid Hg(l)$

**解:** 首先写出左侧负极上发生的氧化反应和右侧正极上发生的还原反应,然后将两个电极反应相加即为电池反应。

(1) 负极 $\quad Cu^+(a_1) \longrightarrow Cu^{2+}(a_2)+e^-$

正极 $\quad Ag^+(a_3)+e^- \longrightarrow Ag$

电池反应 $\quad Cu^+(a_1)+Ag^+(a_3) \longrightarrow Cu^{2+}(a_2)+Ag$

(2) 负极 $\quad H_2 \longrightarrow 2H^+(a)+2e^-$

正极 $\quad HgO+2H^+(a)+2e^- \longrightarrow Hg+H_2O$

电池反应 $\quad H_2+HgO \longrightarrow Hg+H_2O$

**例 5-8** 将下列反应设计成电池:

(1) $Pb(s)+HgO(s) \longrightarrow Hg(l)+PbO(s)$

(2) $Ag^+(a_1)+Br^-(a_2) \longrightarrow AgBr(s)$

**解:**(1) 该反应中有金属及其氧化物,可知该电池由两个金属-难溶盐电极组成,且氧化铅电极为负极,氧化汞电极为正极。这类电极,既可对 $H^+$ 可逆,也可对 $OH^-$ 可逆。这里选用对 $OH^-$ 可逆的电极,两电极公用电解质溶液。因此,设计电池为

$$Pb(s) \mid PbO(s) \mid OH^-(a) \mid HgO(s) \mid Hg(l)$$

设计完后,需写出该电池所对应的反应,核对与题中所给反应是否一致,否则需重新设计。

负极 $\quad Pb(s)+2OH^-(a) \longrightarrow PbO(s)+H_2O+2e^-$

正极 $\quad HgO(s)+H_2O+2e^- \longrightarrow Hg(l)+2OH^-(a)$

电池反应 $\quad Pb(s)+HgO(s) \longrightarrow Hg(l)+PbO(s)$

组成电池的电池反应与题中所给反应一致,故电池设计正确。

(2) 该反应不涉及氧化还原变化,但根据反应物和产物,可以确定其中一个电极为 Ag-AgCl 电极。这样,用给定的化学反应减去 Ag-AgCl 电极的电极反应,可知另一电极为金属 Ag 电极。因此,设计电池为

$$Ag(s) \mid AgBr(s) \mid Br^-(a_2) \; \vdots \; Ag^+(a_1) \mid Ag(s)$$

复核反应:

负极 $\quad Br^-(a_2)+Ag(s) \longrightarrow AgBr(s)+e^-$

正极 $\quad Ag^+(a_1)+e^- \longrightarrow Ag(s)$

电池反应 $\quad Ag^+(a_1)+Br^-(a_2) \longrightarrow AgBr(s)$

组成电池的电池反应与题中所给反应一致,故电池设计正确。

## 四、可逆电池电动势的测定

电池电动势不能用伏特计直接测量,这是因为用伏特计将电池连通后,电池中将发生化学反应,导致溶液浓度不断变化,同时电路中将有电流流通,使得电池的工作状态不符合可逆电池的条件。

为了在几乎没有电流通过的情况下测定可逆电池的电动势,一般采用 Poggendorff **补偿法**(compensation method)进行测量,即在外电路上接一方向相反而电动势几乎相同的电池,对抗原电池的电动势,使外电路上基本没有电流通过,线路示意图见图 5-8。AB 为均匀滑

线电阻,工作电池 $E_w$ 经可变电阻 $R$ 与 AB 构成回路,在 AB 上产生一均匀的电势降。K 为双臂电钥,可将待测电池 $E_x$ 或电动势已知的**标准电池(standard cell)** $E_s$ 通过检流计与工作电池并联。测定时,先将电钥 K 与 $E_s$ 相连,调节滑动接头至恰当的位置,如图中的 C 处,可观察到检流计中无电流通过,表明此时 AC 段所代表的电势差数值完全被 $E_s$ 抵消。再将电钥 K 与 $E_x$ 联通,当滑动接头改变至 C′ 位置时,检流计中无电流测出,此时 AC′ 段所代表的电势差数值恰好被 $E_x$ 抵消。由于 AB 为均匀导体,电势差与画线电阻的长度成正比,即

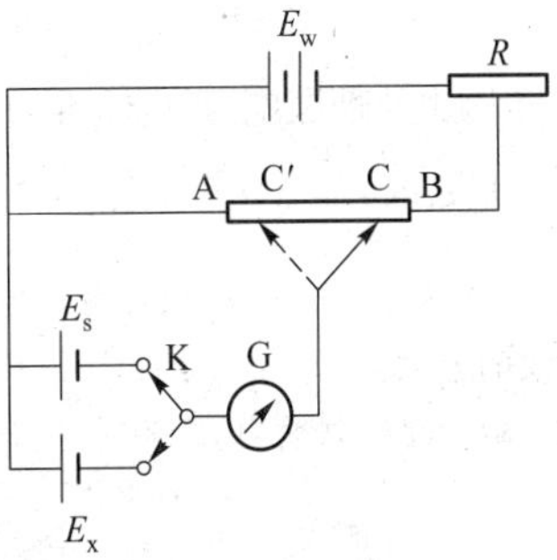

图 5-8 对消法测电动势示意图

$$\frac{E_x}{E_s}=\frac{AC'}{AC}$$

这样,由标准电池电动势 $E_s$、画线电阻长度 AC 和 AC′ 可计算出待测电池的电动势。

电势差计是根据补偿法原理设计的一种测量电池电动势的仪器,待测电池的电动势可由电势差计直接读出。

## 第五节 可逆电池热力学

### 一、电池电动势的 Nernst 方程

1892 年,Nernst 将化学反应的 Gibbs 自由能和可逆电池电动势联系起来,提出了可逆电池电动势的 **Nernst 方程(Nernst equation)**。

若在等温等压下,某可逆电池的电池反应为

$$a\,A(a_A)+d\,D(a_D)\longrightarrow g\,G(a_G)+h\,H(a_H)$$

根据化学反应等温式可知

$$\Delta_r G_m=\Delta_r G_m^\ominus+RT\ln\frac{a_G^{g}\cdot a_H^{h}}{a_A^{a}\cdot a_D^{d}} \tag{5-28}$$

将式(5-27)代入,得

$$E=E^\ominus-\frac{RT}{zF}\ln\frac{a_G^{g}\cdot a_H^{h}}{a_A^{a}\cdot a_D^{d}} \tag{5-29}$$

式中,$E^\ominus$ 为 $T$ 温度下参加电池反应的各物质均处于标准态时的电动势;$z$ 为电极反应中电子的化学计量数。式(5-29)称为电池反应的 Nernst 方程。由该式可以得到,电动势为一强度性质,其数值与电池反应的化学计量数无关。

由式(5-28)和式(5-29)可知,当 $\Delta_r G_m<0$,电池反应是热力学上的自发反应,$E>0$;若 $\Delta_r G_m>0$,电池反应为非自发反应,$E<0$。因此,可以根据电池电动势的正、负号,判断电池反应的方向。

### 二、标准电池电动势和平衡常数的关系

当电池反应达到平衡时,$\Delta_r G_m=0$,则 $E=0$,由式(5-29)可以得出

$$E^\ominus = \frac{RT}{zF} \ln \frac{a_G^g \cdot a_H^h}{a_A^a \cdot a_D^d} = \frac{RT}{zF} \ln K_a^\ominus \qquad (5-30)$$

因此,通过电池的标准电动势,可求出电池反应的平衡常数。

**例 5-9**   将反应 $\frac{1}{2} H_2(p^\ominus) + AgCl(s) \longrightarrow HCl(a) + Ag(s)$ 设计成电池。298.15 K 时,电池的标准电动势 $E^\ominus$ 为 0.222 4 V,试计算该反应的平衡常数。若改变 HCl 的活度为 0.1 mol·kg$^{-1}$,试计算该条件下电池的电动势。

**解**:设计电池为

$$Pt \mid H_2(p^\ominus) \mid HCl(a) \mid AgCl(s) \mid Ag(s)$$

负极   $H_2(p^\ominus) \longrightarrow 2H^+(a_+) + 2e^-$

正极   $2AgCl(s) + 2e^- \longrightarrow 2Ag(s) + 2Cl^-(a_-)$

电池反应   $H_2(p^\ominus) + 2AgCl(s) \longrightarrow 2HCl(a_{HCl}) + 2Ag(s)$

由式(5-30)可得

$$\ln K_a^\ominus = \frac{zFE^\ominus}{RT} = \frac{2 \times 96\,500\ \text{C} \cdot \text{mol}^{-1} \times 0.222\,4\ \text{V}}{8.314\ \text{J} \cdot \text{mol}^{-1} \cdot \text{K}^{-1} \times 298.15\ \text{K}}$$

$$K_a^\ominus = 3.31 \times 10^7$$

若改变 HCl 的浓度为 0.1 mol·kg$^{-1}$,由式(5-29)可得

$$E = E^\ominus - \frac{RT}{zF} \ln \frac{[a(HCl)]^2 \cdot [a(Ag)]^2}{[p(H_2)/p^\ominus] \cdot [a(AgCl)]}$$

Ag、AgCl 为纯固体,其活度视为 1,氢气可视为理想气体,$a = p(H_2)/p^\ominus = 1$,$z = 2$,则电池电动势为

$$E = E^\ominus - \frac{RT}{F} \ln a(HCl)$$

$$= 0.222\,4\ \text{V} - \frac{8.314\ \text{J} \cdot \text{mol}^{-1} \cdot \text{K}^{-1} \times 298.15\ \text{K}}{2 \times 96\,500\ \text{C} \cdot \text{mol}^{-1}} \times \ln(0.1)^2$$

$$= 0.281\,5\ \text{V}$$

## 三、电池电动势与电池反应的热力学函数间的关系

根据热力学基本关系式

$$dG = -SdT + Vdp$$

$$\left[ \frac{\partial(\Delta_r G_m)}{\partial T} \right]_p = -\Delta_r S_m$$

将 $\Delta_r G_m = -zEF$ 代入,得到

$$\Delta_r S_m = zF \left( \frac{\partial E}{\partial T} \right)_p \qquad (5-31)$$

式中,$\left( \frac{\partial E}{\partial T} \right)_p$ 为电池电动势的温度系数。已知温度一定时,$Q_r = T\Delta_r S_m$,因此,电池反应的可逆热效应为

$$Q_r = zFT \left( \frac{\partial E}{\partial T} \right)_p \qquad (5-32)$$

于是,由电池电动势温度系数的正、负号,可以了解电池等温可逆放电时是吸热还是放热。当一电池电动势温度系数小于零且有较大数值时,表示化学能转化为电能过程中有较多热量生成,如果电池散热不良,可能引起电池燃烧、爆炸。可逆电池电动势的温度系数均较小,一般数量级在 $10^{-4} \sim 10^{-3}$。

已知等温条件下,热力学函数间的关系有 $\Delta_r G_m = \Delta_r H_m - T\Delta_r S_m$,则

$$\Delta_r H_m = -zEF + zFT\left(\frac{\partial E}{\partial T}\right)_p \tag{5-33}$$

可逆电池的电动势和温度系数可由实验精确测得,并由此计算得到反应的熵变和焓变,所得数据较热化学方法准确。

**例 5-10**　298.15 K 时,电池 $Ag(s) \mid AgCl(s) \mid KCl(m) \mid Hg_2Cl_2(s) \mid Hg(l)$ 的电动势 $E = 0.045\ 8$ V,$\left(\dfrac{\partial E}{\partial T}\right)_p = 3.38 \times 10^{-4}$ V·K$^{-1}$。试写出该电池的电池反应,并求算该温度下电池反应的 $\Delta_r G_m$、$\Delta_r H_m$、$\Delta_r S_m$ 及可逆放电时的热效应 $Q_r$。

**解:**电池反应　$2Ag(s) + Hg_2Cl_2(s) \longrightarrow 2AgCl(s) + 2Hg(l)$

$$\Delta_r G_m = -zEF$$
$$= -2 \times 96\ 500\ \text{C·mol}^{-1} \times 0.045\ 8\ \text{V} = -8.839\ \text{kJ·mol}^{-1}$$

$$\Delta_r S_m = zF\left(\frac{\partial E}{\partial T}\right)_p$$
$$= 2 \times 96\ 500\ \text{C·mol}^{-1} \times 3.38 \times 10^{-4}\ \text{V·K}^{-1} = 65.23\ \text{J·K}^{-1}\text{·mol}^{-1}$$

$$\Delta_r H_m = \Delta_r G_m + T\Delta_r S_m$$
$$= -8.840\ \text{kJ} + 298.15\ \text{K} \times 65.23 \times 10^{-3}\ \text{kJ·K}^{-1}\text{·mol}^{-1} = 10.608\ \text{kJ·mol}^{-1}$$

$$Q_r = T\Delta_r S_m = 298.15\ \text{K} \times 65.23\ \text{J·K}^{-1}\text{·mol}^{-1} = 19\ 448\ \text{J·mol}^{-1} = 19.448\ \text{kJ·mol}^{-1}$$

# 第六节　电　极　电　势

## 一、电池电动势的产生

由不同电极组成电池时,系统中可能存在电极和溶液、溶液和溶液及导线和电极之间的接触界面,而这些界面间的电势差是电池电动势产生的主要原因。

### (一) 电极-溶液界面电势差

电极和溶液界面间的电势差是电池电动势的主要组成部分。当把金属片插入水中,金属晶格中的金属离子受到极性水分子的吸引发生水化作用,一部分水化金属离子有可能离开金属表面而溶入水相,使金属表面带负电荷,而液相带正电荷。如果将金属浸入含有该金属离子的水溶液中,情况类似,只是当溶液中的金属离子更容易获得电子时,金属离子将转移至金属表面,使得电极带正电荷,液相带负电荷。这样,溶液中的异号离子受到电极表面电荷的吸引,趋向于集中在电极附近;而同时受热运动的影响,这些离子又趋向于远离电极向溶液中扩散。当静电引力和热扩散达到平衡时,在金属电极和溶液界面上形成**双电层**(**electrical double layer**)结构(图 5-9)。其中,**紧密层**(**contact layer**)的厚度约为 $10^{-10}$ m;**扩散层**(**diffusion layer**)的厚度在 $10^{-10}$ m $\sim 10^{-6}$ m 范围内,且随溶液中离子浓度的增大而变

薄。双电层的存在,阻止了金属离子进一步向溶液中的溶入或向电极表面的沉积,最后达成平衡,形成电势差,称为电极－溶液界面电势差,或称**电极电势**(electrode potential)。

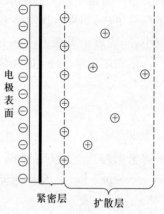

图 5-9　双电层结构示意图

### (二) 溶液和溶液间的接界电势

由于离子的迁移速率不同,当两种不同的电解质溶液或是电解质相同但浓度不同的溶液相互接触时,在接界面上会形成双电层,产生电势差,称为**液体接界电势**(liquid junction potential)。例如,两种不同浓度 HCl 溶液的接界面上,HCl 将由浓的一侧向稀的一侧扩散。由于 $H^+$ 的扩散速率大于 $Cl^-$,在浓度小的一侧就有过剩 $H^+$ 而带正电荷,浓度大的一侧则 $Cl^-$ 过剩而带负电荷,在界面上形成双电层。双电层的存在,使离子扩散通过界面的速率发生改变,速率快者减慢,速率慢者加快,最后达到稳态,离子以相同的速率通过界面,在界面处形成稳定的电势差。

液体接界电势一般在 30 mV 左右,但是它的存在将引起电池的不可逆性,因为液体的扩散是自发不可逆过程。为了尽量减小液体接界电势,通常在两种溶液之间连接一个**盐桥**(salt bridge),以避免两种溶液的直接接触。盐桥内装有用琼脂固定的高浓度电解质溶液,选用的电解质正、负离子的迁移速率要相近,常用的是饱和 KCl 溶液,但若组成电池的电解质溶液中含有 $Ag^+$、$Hg_2^{2+}$ 等,则需用 $NH_4NO_3$ 或 $KNO_3$ 溶液。

### (三) 金属和金属间的接触电势

组成电池时,需用导线连接两电极。因此,由于不同金属的电子逸出功的不同,在两种金属的接触面上将产生接触电势。但是接触电势的数值一般较小,常忽略不计。

### (四) 电池电动势的构成

由上述讨论可知,电池的电动势应为电池内各相界面上的电势差的代数和。如铜－锌电池中,各相界面上的电势差包括以下几个部分:

$$Cu(导线) \mid Zn(s) \mid ZnSO_4(a) \mid CuSO_4(a) \mid Cu(s)$$

$$\varepsilon_{接触} \qquad \varepsilon_- \qquad \varepsilon_{液接} \qquad \varepsilon_+$$

$\varepsilon_{接触}$ 表示接触电势;$\varepsilon_{液接}$ 表示液体接界电势;$\varepsilon_+$ 和 $\varepsilon_-$ 分别为两电极与溶液界面间的电势差。一般 $\varepsilon_{接触}$ 可忽略,$\varepsilon_{液接}$ 可用盐桥基本消除,故整个电池的电动势为

$$E = \varepsilon_- + \varepsilon_+ \tag{5-34}$$

若能测得或计算出电极与溶液界面间的电势差,则电池电动势的绝对值就可以直接求得。

## 二、电极电势的确定

目前尚无法由实验测得或理论上计算得到单个电极的电极电势绝对值,但是可以人为规定一个相对标准,通过比较的方法测得电极电势的相对值,并由此计算电池电动势。

### (一) 标准氢电极

1953 年,国际纯粹与应用化学联合会(IUPAC)建议采用**标准氢电极**(standard hydrogen

electrode)作为基准电极,并规定:在任何温度下,标准氢电极的电极电势 $\varphi^{\ominus}(H^+/H_2)$ 等于零。

图 5-10 为标准氢电极的结构示意图。将镀有铂黑的铂片插入氢离子活度为 1 的溶液中,然后用压力为 $p^{\ominus}$ 的纯净氢气不断冲击吹打铂片,直至铂黑吸附氢气达饱和,由此构成的就是标准氢电极。标准氢电极的电极表达式为

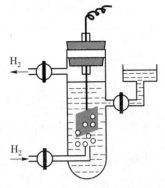

$$Pt \mid H_2(p^{\ominus}) \mid H^+(a=1)$$

### (二)任意电极的电极电势

用标准氢电极测定任意电极的相对电极电势时,将标准氢电极作为发生氧化作用的负极,而待测电极作为发生还原作用的正极,组成如下电池:

图 5-10 标准氢电极构造示意图

$$Pt \mid H_2(p^{\ominus}) \mid H^+(a=1) \vdots 待测电极$$

该电池电动势的数值和符号,就是待测电极的电极电势数值和符号,用 $\varphi$ 表示。若电极处在标准状态下,这时的电极电势为标准电极电势 $\varphi^{\ominus}$。由于待测电极处于发生还原作用的正极,测得的电极电势也称还原电势。若还原电势为正,表明该电极的还原倾向大于标准氢电极;若还原电势为负,表明该电极的还原倾向小于标准氢电极,电极上实际发生的为氧化反应。

例如,要确定铜电极 $Cu^{2+}(a=1) \mid Cu$ 的电极电势,可组成如下电池:

$$Pt \mid H_2(p^{\ominus}) \mid H^+(a=1) \vdots Cu^{2+}(a=1) \mid Cu(s)$$

298.15 K 时,测得电池的电动势为 +0.337 V,表明电池实际工作时电极上发生的反应与电池表达式一致。由于铜电极处在标准状态下,因此,该电池电动势即为铜电极的标准电极电势 $\varphi^{\ominus}(Cu^{2+}/Cu)=0.337$ V。

若要确定锌电极 $Zn^{2+}(a=1) \mid Zn(s)$ 的电极电势,组成的电池为

$$Pt \mid H_2(p^{\ominus}) \mid H^+(a=1) \vdots Zn^{2+}(a=1) \mid Zn(s)$$

298.15 K 时,电池电动势测得值为 -0.763 V,表明锌电极上实际进行的是氧化反应。因此,锌电极的标准电极电势为 $\varphi^{\ominus}(Zn^{2+}/Zn)=-0.763$ V。

由还原电势计算电池电动势的规定为

$$E=\varphi_+ - \varphi_- \tag{5-35}$$

用标准氢电极测得的相对标准电极电势在数据手册上都可查到,本书附录也收录了一些常用电极的标准电极电势,由此可以判断电极中反应物质得到或失去电子能力的强弱。电极电势越正,表示组成电极的氧化态物质越容易得到电子;反之,电极电势越负,还原态物质越容易失去电子。因此,将任意两个电极组成电池时,电极电势高者为正极,电极电势低者为负极。此外,标准电极电势还可用以判断金属被腐蚀的可能性,估计电解过程中金属离子发生还原反应的次序,计算电池电动势,判断氧化还原反应的方向,以及计算电池反应的热力学函数变化和平衡常数等。

### 三、电极电势的 Nernst 方程

用标准氢电极测定铜电极的电极电势时,组成的电池如下:

$$Pt\,|\,H_2(p^\ominus)\,|\,H^+(a=1)\,\vdots\,Cu^{2+}(a)\,|\,Cu(s)$$

该电池中发生的反应为

负极(氧化反应)　$H_2(p^\ominus)\longrightarrow 2H^+(a=1)+2e^-$

正极(还原反应)　$Cu^{2+}(a)+2e^-\longrightarrow Cu(s)$

电池反应　　　　$H_2(p^\ominus)+Cu^{2+}(a)\longrightarrow 2H^+(a=1)+Cu(s)$

电池电动势的 Nernst 方程为　　$E=E^\ominus-\dfrac{RT}{2F}\ln\dfrac{a^2(H^+)\cdot a(Cu)}{a(H_2)\cdot a(Cu^{2+})}$

由于标准氢电极中各物质的活度均为 1,又该电池的电动势即为铜电极的电极电势,因此,上式可写为

$$\varphi(Cu^{2+}/Cu)=\varphi^\ominus(Cu^{2+}/Cu)-\dfrac{RT}{2F}\ln\dfrac{a(Cu)}{a(Cu^{2+})}$$

该式与正极铜电极的反应相对应,即 Nernst 方程对电极反应也适用。将上式推广至任意电极,其电极反应可用通式表示为

$$氧化态+ze^-\longrightarrow 还原态$$

电极电势的计算式为

$$\varphi=\varphi^\ominus-\dfrac{RT}{zF}\ln\dfrac{a_{还原态}}{a_{氧化态}} \tag{5-36}$$

此式即为电极反应的 Nernst 方程,它表明电极电势与组成电极的物质、活度及温度有关。需注意,电极电势也是一强度性质。

**例 5-11**　298.15 K 时,将下面两电对组成电池,计算电池电动势,并写出电池表达式和电池中发生的反应。电对为 $Sn^{2+}(a=0.1)\,|\,Sn(s)$ 和 $Pb^{2+}(a=0.01)\,|\,Pb(s)$。

**解:** 首先计算两电极在给定活度下的电极电势,然后根据电极电势的数值大小判断正、负极,并按规定设计电池。

查表得 $\varphi^\ominus(Pb^{2+}/Pb)=-0.126\text{ V}$,$\varphi^\ominus(Sn^{2+}/Sn)=-0.136\text{ V}$,则

$$\varphi(Pb^{2+}/Pb)=\varphi^\ominus(Pb^{2+}/Pb)-\dfrac{RT}{2F}\ln\dfrac{a(Pb)}{a(Pb^{2+})}$$

$$=-0.126\text{ V}-\dfrac{8.314\text{ J}\cdot K^{-1}\cdot mol^{-1}\times 298.15\text{ K}}{2\times 96\,500\text{ C}\cdot mol^{-1}}\times\ln\dfrac{1}{0.01}=-0.185\text{ V}$$

$$\varphi(Sn^{2+}/Sn)=\varphi^\ominus(Sn^{2+}/Sn)-\dfrac{RT}{2F}\ln\dfrac{a(Sn)}{a(Sn^{2+})}$$

$$=-0.136\text{ V}-\dfrac{8.314\text{ J}\cdot K^{-1}\cdot mol^{-1}\times 298.15\text{ K}}{2\times 96\,500\text{ C}\cdot mol^{-1}}\times\ln\dfrac{1}{0.1}=-0.166\text{ V}$$

由于 $\varphi(Sn^{2+}/Sn)>\varphi(Pb^{2+}/Pb)$,所以,锡电极为正极,铅电极为负极。电池电动势为

$$E=\varphi(Sn^{2+}/Sn)-\varphi(Pb^{2+}/Pb)=-0.166\text{ V}-(-0.185\text{ V})=0.019\text{ V}$$

组成的电池为

$$Pb(s) \mid Pb^{2+}(a=0.01) \; \Vert \; Sn^{2+}(a=0.1) \mid Sn(s)$$

电池中发生的反应为

负极(氧化反应)　　　$Pb(s) \longrightarrow Pb^{2+}(a=0.01) + 2e^-$

正极(还原反应)　　　$Sn^{2+}(a=0.1) + 2e^- \longrightarrow Sn(s)$

电池反应　　　$Pb(s) + Sn^{2+}(a=0.1) \longrightarrow Pb^{2+}(a=0.01) + Sn(s)$

### 四、生化系统的标准电极电势

生化系统中的反应,大部分是在体温和接近中性的条件下进行的,且很多都涉及 $H^+$ 的转移。第三章化学平衡中已对生化系统的标准态规定作了介绍,这里不再赘述。生化系统的标准电极电势 $\varphi^{\oplus}$ 与物理化学系统的标准电极电势 $\varphi^{\ominus}$ 之间的关系,随 $H^+$ 在反应式中的位置不同而不同。当 $H^+$ 作为反应产物出现,反应式为

$$A(a=1) + D(a=1) + ze^- \longrightarrow G(a=1) + H^+(a=10^{-7})$$

$\varphi^{\oplus}$ 与 $\varphi^{\ominus}$ 的关系为

$$\varphi^{\oplus} = \varphi^{\ominus} - \frac{RT}{zF}\ln\frac{a_G \cdot a(H^+)}{a_A \cdot a_D} = \varphi^{\ominus} - \frac{RT}{zF}\ln 10^{-7}$$

298.15 K 时,有

$$\varphi^{\oplus} = \varphi^{\ominus} + 0.414/z \tag{5-37}$$

当 $H^+$ 作为反应物出现时,则 $\varphi^{\oplus}$ 与 $\varphi^{\ominus}$ 的关系为

$$\varphi^{\oplus} = \varphi^{\ominus} - 0.414/z \tag{5-38}$$

附录中列出了一些重要的生物氧化还原系统的标准电极电势。

## 第七节　电极电势及电池电动势的一些应用

### 一、难溶盐溶度积的计算

难溶盐的溶解过程可以设计成电池来实现,并利用两电极的标准电极电势 $\varphi^{\ominus}$ 计算出 $E^{\ominus}$,进而可求得 $K_{sp}$。

**例 5-12**　试用 $\varphi^{\ominus}$ 数据计算难溶盐 AgCl 在 298.15 K 时的溶度积。

**解:** AgCl 溶解过程为

$$AgCl(s) \longrightarrow Ag^+ + Cl^-$$

将该过程安排在电池中进行,电池表达式为

$$Ag(s) \mid AgNO_3(a_1) \; \Vert \; KCl(a_2) \mid AgCl(s) \mid Ag(s)$$

负极(氧化反应)　　$Ag(s) \longrightarrow Ag^+ + e^-$

正极(还原反应)　　$AgCl(s) + e^- \longrightarrow Ag(s) + Cl^-$

电池反应　　$AgCl(s) \longrightarrow Ag^+ + Cl^-$

解法一:查表得 298.15 K 时,$\varphi^{\ominus}(AgCl/Ag) = 0.222\ 4$ V,$\varphi^{\ominus}(Ag^+/Ag) = 0.799\ 1$ V。则

$$E^{\ominus} = \varphi^{\ominus}(\text{AgCl/Ag}) - \varphi^{\ominus}(\text{Ag}^+/\text{Ag}) = 0.222\ 4\ \text{V} - 0.799\ 1\ \text{V} = -0.576\ 7\ \text{V}$$

由式(5-30)可算得 AgCl 的溶度积 $K_{sp}$ 为

$$\ln K_{sp} = \frac{zFE^{\ominus}}{RT} = \frac{96\ 500\ \text{C} \cdot \text{mol}^{-1} \times (-0.576\ 7\ \text{V})}{8.314\ \text{J} \cdot \text{K}^{-1} \cdot \text{mol}^{-1} \times 298.15\ \text{K}}$$

$$K_{sp} = 1.78 \times 10^{-10}$$

解法二：将电池中的正极反应看作是由以下两步反应构成

$$\text{AgCl(s)} \longrightarrow \text{Ag}^+ + \text{Cl}^- \tag{1}$$

$$\text{Ag}^+ + \text{e}^- \longrightarrow \text{Ag} \tag{2}$$

总电极反应为

$$\text{AgCl(s)} + \text{e}^- \longrightarrow \text{Ag} + \text{Cl}^- \tag{3}$$

三个反应的 Gibbs 自由能变化之间的关系为

$$\Delta_r G_m^{\ominus}(1) + \Delta_r G_m^{\ominus}(2) = \Delta_r G_m^{\ominus}(3)$$

将相应的 Gibbs 自由能与溶度积及 Gibbs 自由能与电极电势之间的关系代入上式,可得

$$-RT\ln K_{sp} + [-F\varphi^{\ominus}(\text{Ag}^+/\text{Ag})] = -F\varphi^{\ominus}(\text{AgCl/Ag})$$

代入相关数据,计算得 AgCl 难溶盐的溶度积 $K_{sp} = 1.78 \times 10^{-10}$。

上例表明,金属电极的标准电极电势与其相应的难溶盐电极的标准电极电势之间可通过难溶盐的溶度积相互换算。

## 二、离子平均活度因子的计算

由实验测得电池的电动势,再利用两电极的标准电极电势 $\varphi^{\ominus}$ 计算出 $E^{\ominus}$,由电池电动势的 Nernst 方程可计算电池中电解质溶液的离子平均活度因子。

**例 5-13** 298.15 K 时,电池 Pt | $\text{H}_2$(100 kPa) | HBr($m$) | AgBr(s) | Ag(s) 的 $E^{\ominus} = 0.0711$ V。当 HBr 的浓度为 0.010 mol·kg$^{-1}$ 时,$E = 0.3126$ V,求此浓度下 HBr 的 $\gamma_{\pm}$。

**解:** 该电池的电池反应为

$$\frac{1}{2}\text{H}_2(100\ \text{kPa}) + \text{AgBr(s)} \longrightarrow \text{Ag(s)} + \text{HBr}(a)$$

$$E = E^{\ominus} - \frac{RT}{zF}\ln\frac{a(\text{HBr}) \cdot a(\text{Ag})}{[p(\text{H}_2)/p^{\ominus}]^{1/2} \cdot a(\text{AgBr})}$$

由于 $a(\text{Ag}) = a(\text{AgBr}) = 1, p(\text{H}_2)/p^{\ominus} = 1, a(\text{HBr}) = [a_{\pm}(\text{HBr})]^2$,则

$$E = E^{\ominus} - \frac{RT}{zF}\ln[a_{\pm}(\text{HBr})]^2$$

将相关数据代入上式,得

$$0.3126\ \text{V} = 0.0711\ \text{V} - \frac{2 \times 8.314\ \text{J} \cdot \text{K}^{-1} \cdot \text{mol}^{-1} \times 298.15\ \text{K}}{96\ 500\ \text{C} \cdot \text{mol}^{-1}} \times \ln a_{\pm}(\text{HBr})$$

$$\ln a_{\pm}(\text{HBr}) = -4.701$$

$$a_{\pm}(\text{HBr}) = 0.009\ 09$$

$$\gamma_{\pm}(\text{HBr}) = \frac{a_{\pm}(\text{HBr})}{m_r(\text{HBr})} = \frac{0.009\ 09}{0.01} = 0.909$$

### 三、溶液 pH 的测定

将一电极电势已知的参比电极和对 $H^+$ 可逆的电极组成电池,通过测定电池电动势,可求得溶液的 pH。甘汞电极是常用的参比电极,氢电极、醌－氢醌电极和玻璃电极则是常用的对 $H^+$ 可逆的电极。由于氢电极的使用条件十分严格,又极易中毒,而醌－氢醌电极在使用上有一定的 pH 范围限制。因此,实际测定时,普遍采用的是玻璃电极。

图 5-11 为玻璃电极的构造示意图。电极的下端是一球形的玻璃膜泡,玻璃膜是以 $SiO_2$ 为基质,加入 $Na_2O$、$Li_2O$ 和 $CaO$ 烧结而成的,膜厚约 0.05 mm。泡内插入一根 Ag-AgCl 电极作为内参比电极,内参比溶液为 pH 一定的缓冲溶液或盐酸溶液($0.1\ mol \cdot L^{-1}$)。玻璃膜电极的电势是玻璃膜内侧和膜外侧表面相界电势的加和,由于玻璃膜内参比溶液的 pH 一定,因此,整个玻璃膜电极的电势与待测溶液的 pH 有关,其电极电势为

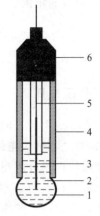

图 5-11 玻璃电极构造示意图
1—玻璃膜球;2—内充液;
3—银－氯化银电极;
4—玻璃电极杆;5—导线;
6—绝缘帽

$$\varphi_{玻璃} = \varphi_{玻璃}^{\ominus} - \frac{RT}{F} \ln \frac{1}{a_x(H^+)} = \varphi_{玻璃}^{\ominus} - \frac{2.303\ RT}{F} pH$$

式中,$\varphi_{玻璃}^{\ominus}$ 为玻璃电极的标准电极电势,对给定电极为一常数。将玻璃电极与甘汞电极组成如下电池:

$$Ag(s) \mid AgCl(s) \mid KCl(0.1\ mol \cdot kg^{-1}) \mid 玻璃膜 \mid 待测溶液[a(H^+)] \vdots 甘汞电极$$

298.15 K 时,电池电动势为

$$E = \varphi_{甘汞} - \varphi_{玻璃} = 0.280\ 1\ V - (\varphi_{玻璃}^{\ominus} - 0.059\ 13\ V\ pH)$$

整理后,可得

$$pH = \frac{E - 0.280\ 1\ V + \varphi_{玻璃}^{\ominus}}{0.059\ 13\ V} \tag{5-39}$$

不同的玻璃电极,由于膜的组成及制备方法的不同,其 $\varphi_{玻璃}^{\ominus}$ 不相同。因此,实际测量时通常先用 pH 已知的标准缓冲溶液标定出玻璃电极的 $\varphi_{玻璃}^{\ominus}$,然后再测定未知溶液的 pH。

设 $pH_s$ 和 $pH_x$ 分别为标准缓冲溶液和待测溶液的 pH,则由式(5-39)可以推得用玻璃电极测定溶液 pH 的计算公式为

$$pH_x = pH_s + \frac{(E_x - E_s)F}{2.303RT} \tag{5-40}$$

### 四、电势滴定

以滴定过程中电池电动势的突变来指示终点的分析方法称为**电势滴定(potentiometric titrations)**。电势滴定和电导滴定都属于电化学分析法,适用于那些难以用指示剂监控滴定终点的反应,操作十分简便。

将一支对待分析离子可逆的电极插入该离子的溶液中,并与参比电极(如甘汞电极)组成电池。在滴定过程中,随着滴定液的加入,溶液中待分析离子的浓度不断变化,电池电动势也随之改变,记录所加入的滴定液体积 $V$ 及对应的电池电动势 $E$,作 $E-V$ 图。在接近滴定终点时,少量滴定液就能引起电动势的突变,从而可确定终点。

## 第八节　电极的极化和超电势

### 一、分解电压

电解质溶液中通入电流后,在两电极上将分别发生氧化、还原反应,实现电能向化学能的转化,这种过程称为**电解(electrolysis)**。理论上,根据电极上发生的反应,可以求得电解顺利进行所需的理论**分解电压(decomposition voltage)**,而外加电压只要稍大于理论分解电压就能使电解进行。但是,实际电解时,由于电极的极化,测得的分解电压会较大地偏离理论分解电压。下面以硫酸水溶液的电解为例加以说明。

如图 5-12 所示,在硫酸水溶液中插入两根铂电极,逐渐增加外加电压,并记录电路中通过的电流。以电流对电压作图,可得如图 5-13 所示的电流-电压曲线。由图可见,曲线的开始阶段,电流随电压的增加变化很小,此时电极上观察不到电解现象。当电压增大到一定值后,电流突然呈快速的线性增加,同时电解质溶液连续不断发生电解,电极上有气泡逸出,这一临界电压值就是实际分解电压,也就是使电解质溶液发生电解所必需的最小电压。分解电压可以由直线反向延伸至电流为零处得到。

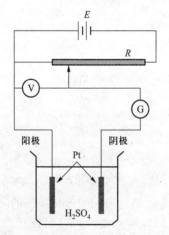

图 5-12　分解电压测定装置示意图

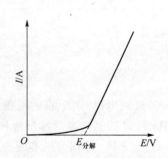

图 5-13　电流-电压曲线图

电解时,外加电压必须要加到一定值后电解才能进行,这是因为当电解池中通入电流后,两电极上发生的反应为

阴极　$2H^+(a) + 2e^- \longrightarrow H_2(p)$

阳极　$H_2O(l) \longrightarrow 2H^+(a) + \frac{1}{2}O_2(p) + 2e^-$

电解反应　$H_2O(l) \longrightarrow H_2(p) + \frac{1}{2}O_2(p)$

最初在电极上产生的氢气和氧气,由于压力较低无法逸出,而是分别吸附在电极表面,与溶液中的离子一起构成了氢电极和氧电极,组成如下电池

$$Pt \mid H_2(p) \mid H_2SO_4(m) \mid O_2(p) \mid Pt$$

该原电池的可逆电动势 $E_{可逆}$ 为 1.23 V,与外加于电解池上的电压相抗衡,阻碍了电解的进行,而该电动势数值就是电解进行的理论分解电压。显然,理论分解电压的大小由两电极的电极电势大小所决定。但是,实际电解时,由于电极的极化,电极电势将偏离平衡值,所测得的分解电压将大于理论值,约为 1.7 V。表 5-5 给出了一些酸碱溶液的 $E_{分解}$、$E_{可逆}$ 及它们之间的偏差情况。

**表 5-5　一些酸碱溶液的分解电压(Pt 电极)**

| 溶液 | 实际分解电压 $E_{分解}/V$ | 电解产物 | 理论分解电压 $E_{理论}/V$ | $(E_{分解} - E_{理论})/V$ |
|---|---|---|---|---|
| $HNO_3$ | 1.69 | $H_2 + O_2$ | 1.23 | 0.46 |
| $H_2SO_4$ | 1.67 | $H_2 + O_2$ | 1.23 | 0.44 |
| $H_3PO_4$ | 1.69 | $H_2 + O_2$ | 1.23 | 0.47 |
| NaOH | 1.70 | $H_2 + O_2$ | 1.23 | 0.46 |
| KOH | 1.67 | $H_2 + O_2$ | 1.23 | 0.44 |
| $NH_3 \cdot H_2O$ | 1.74 | $H_2 + O_2$ | 1.23 | 0.51 |

## 二、电极的极化

### (一) 电极的极化和超电势

电解时,电极上有电流通过,电极将偏离平衡状态,电极电势也随之偏离可逆值,且偏离程度随着电极上电流密度的增加而增大。电极在有电流通过时的电极电势与可逆电极电势的偏差现象称为**电极的极化(polarization of electrode)**,极化的程度可以用**超电势(overpotential)**或过电势来度量,其符号为 $\eta$,即

$$\eta = \mid \varphi_{不可逆} - \varphi_{可逆} \mid \tag{5-41}$$

电极的极化,将使阴极电势偏低,阳极电势偏高。即

$$\begin{aligned} \varphi_{不可逆,阴} &= \varphi_{可逆} - \eta \\ \varphi_{不可逆,阳} &= \varphi_{可逆} + \eta \end{aligned} \tag{5-42}$$

超电势的大小与流过电池的电流密度 $j$ 有关,它们之间的关系可以用电流密度与电极电势的关系曲线(也称极化曲线)来反映,见图 5-14。

由图可见,超电势的存在使得电解池的槽电压增大,而且电流密度越大,其不可逆程度亦越大,消耗电能也越多。对原电池而言,超电势的存在使得电池的输出电压变小,能做的电功减小,而且电流密度的增加,将增加电池的不可逆程度。所以,从能量消耗的角度来看,电极极化是不利的。但有时也可利用电极的极化,在电解时有选择地获得所希望的电解产物。如氢的超电势很高,可以使很多活泼的金属元素,如 Fe、Zn、Ni 等,在阴极上电解还原,进行电镀或制备金属。

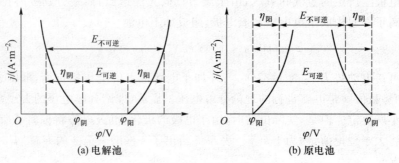

图 5-14 极化曲线

**（二）电极极化的原因**

电极极化现象产生的原因主要有浓差极化和电化学极化。

1. 浓差极化

以硝酸银溶液电解为例。将两个银电极插入溶液中,阴极的电极反应为 $Ag^+ + e^- \longrightarrow Ag$,阳极的电极反应为 $Ag \longrightarrow Ag^+ + e^-$。随着电解的进行,阴极附近的 $Ag^+$ 不断沉积到电极上,阳极附近不断有 $Ag^+$ 析出。如果 $Ag^+$ 在溶液中的扩散速率较慢,阴极附近不能及时补充到 $Ag^+$,阳极附近的 $Ag^+$ 又不能及时扩散到本体溶液中,则电极附近 $Ag^+$ 浓度与本体溶液中的 $Ag^+$ 浓度将不一致,从而导致电极电势偏离 $\varphi_{可逆}$,产生**浓差极化(concentration polarization)**。浓差极化所形成的超电势称为**浓差超电势(concentration overpotential)**。

设本体溶液中 $Ag^+$ 浓度为 $m$,阴极附近 $Ag^+$ 浓度为 $m'$,电极在有电流及没有电流通过时的电极电势分别为

$$\varphi_{可逆,阴} = \varphi^{\ominus}(Ag^+/Ag) - \frac{RT}{F}\ln\frac{1}{m(Ag^+)}$$

$$\varphi_{不可逆,阴} = \varphi^{\ominus}(Ag^+/Ag) - \frac{RT}{F}\ln\frac{1}{m'(Ag^+)}$$

因为 $m'(Ag^+) < m(Ag^+)$,浓差超电势为

$$\eta = \varphi_{可逆,阴} - \varphi_{不可逆,阴} = \frac{RT}{F}\ln\frac{m(Ag^+)}{m'(Ag^+)} \tag{5-43}$$

因此,浓差极化的结果将使阴极电势偏低。同理可以证明,浓差极化的结果将使阳极电势偏高。

浓差极化不仅将增加电解过程中电能的损耗,而且还将影响成品的质量,一般可用搅拌或升温的方法来降低它。但是,浓差极化也可用于定性或定量分析,如极谱分析等。

2. 电化学极化

在浓差极化已被降至最小的情况下,要使电解发生,外加电压仍需比理论分解电压高很多才能进行,造成这一现象的原因是电极上存在**电化学极化(electrochemical polarization)**。

在电流作用下,电极上将发生由多步骤组成的氧化还原反应。如果其中某一步骤的进行需要较高的活化能,反应比较缓慢,则电极的带电荷程度将改变,从而导致电极电势偏离 $\varphi_{可逆}$,产生电化学极化。电化学极化所形成的超电势称为**电化学超电势(electrochemical** overpotential)，它的数值大小反映了电极的极化程度。

一般来说，金属析出的电化学超电势较小，但是当有气体析出时，电化学超电势却相当大，而且同一气体在不同电极上逸出时，其超电势的数值相差很大。1905 年，Tafel 提出了氢超电势和电流密度之间的经验式，称为 Tafel 公式：

$$\eta = a + b\ln j \tag{5-44}$$

式中，$j$ 为电流密度，单位为 $A/m^2$；$a$、$b$ 为经验常数。氢气在不同电极上析出时，$a$ 的值相差很大，而 $b$ 值较为接近。表 5-6 列出了当电流密度较小时 $H_2$ 和 $O_2$ 在不同电极上的超电势值。

**表 5-6　电流密度较小时，$H_2$ 和 $O_2$ 在一些电极上的超电势值**

| 电极 | $\eta_{H_2}/V$ | $\eta_{O_2}/V$ | 电极 | $\eta_{H_2}/V$ | $\eta_{O_2}/V$ |
|------|------|------|------|------|------|
| 铂黑 | 0.000 | 0.3 | Ni | 0.2~0.4 | 0.05 |
| Pt | 0.000 | 0.4 | Cu | 0.4~0.6 | — |
| Au | 0.02~0.1 | 0.5 | Cd | 0.5~0.7 | 0.4 |
| Fe | 0.1~0.2 | 0.3 | Zn | 0.6~0.8 | — |
| 光亮铂 | 0.2~0.4 | 0.5 | Hg | 0.8~1.0 | — |
| Ag | 0.2~0.4 | 0.4 | Pb | 0.9~1.0 | 0.3 |

由表 5-6 中数据可见，在 Pt 等贵金属材料上氢超电势最小，尤其是镀了铂黑的 Pt 电极上，氢超电势很小，所以标准氢电极中的铂电极要镀上铂黑；其次为 Au、Fe、Ag、Ni 等；而在 Cd、Zn、Hg、Pb 等上氢超电势较大。利用氢超电势，可以使比氢活泼的金属先在阴极析出，这在电镀工业上是很重要的。

---

**案例 5-1　燃料电池**

2014 年 2 月 19 日据物理学家组织网报道，美国科学家开发出一种直接以生物质为原料的低温燃料电池。这种燃料电池(fuel cell)只需借助太阳能或废热就能将稻草、锯末、藻类甚至有机肥料转化为电能，能量密度比基于纤维素的微生物燃料电池高出近 100 倍。

燃料电池是一种将存在于燃料与氧化剂中的化学能直接转化为电能的发电装置。将燃料和空气分别送进燃料电池，电就被奇妙地生产出来。它从外表上看有正、负极和电解质等，像一个蓄电池，但实质上它不能"蓄电"而是一个"发电厂"。燃料电池是一种电化学装置，其组成与一般电池相同。其单体电池是由正、负两个电极(负极即燃料电极，正极即氧化剂电极)及电解质组成。不同的是一般电池的活性物质贮存在电池内部，因此限制了电池容量，而燃料电池的正、负极本身不包含活性物质，只是个催化转换元件。因此燃料电池是名副其实的把化学能转化为电能的能量转换机器。电池工作时，燃料和氧化剂由外部供给，进行反应。原则上只要反应物不断输入，反应产物不断排除，燃料电池就能连续地发电。

（崔黎丽　王全军）

## 参 考 文 献

[1] 傅献彩,沈文霞,姚天扬,等.物理化学(下册).5版.北京:高等教育出版社,2005.

[2] 崔黎丽,刘毅敏.物理化学.北京:科学出版社,2011.

[3] 李三鸣.物理化学.8版.北京:人民卫生出版社,2016.

## 习　　题

1. 构成化学能和电能相互转化的装置有哪些？它们的化学能和电能的相互转化关系是什么？

2. 电解质溶液的电导率和摩尔电导率与浓度各呈什么变化规律？其中强电解质和弱电解质的导电行为与浓度的关系又如何？

3. 满足可逆电池的条件是什么？研究可逆电池有何意义？

4. 298.15 K 时,将电导率为 0.141 14 S·m$^{-1}$ 的 0.010 mol·L$^{-1}$ KCl 水溶液盛满电导池,测得其阻为 112.3 Ω。若现在该电导池内改充 0.1 mol·L$^{-1}$ AgNO$_3$ 溶液,测得其电阻为 101.2 Ω,试计算:(1) 电导池的电导池常数;(2) 0.1 mol·L$^{-1}$ AgNO$_3$ 溶液的电导率;(3) 0.1 mol·L$^{-1}$ AgNO$_3$ 溶液的摩尔电导率。

5. 298.15 K 时,将电导率为 0.141 1 S·m$^{-1}$ 的 0.01 mol·L$^{-1}$ KCl 溶液充入一电导池内,测得其电阻为 262 Ω。若将 0.01 mol·L$^{-1}$ 醋酸溶液盛满该电导池,测得溶液的电阻为 2 220 Ω。(1) 试计算该醋酸溶液的解离度和解离平衡常数;(2) 若在该电导池内充以纯水,测得电阻为 1.852×10$^5$ Ω,试计算水的电导率;(3) 若扣除水对醋酸溶液电导率的影响,试计算醋酸溶液的解离度为多少？判断水的电导率对醋酸溶液的解离度是否有影响？

6. 298.15 K 时,测得 SrSO$_4$ 饱和水溶液电导率为 1.482×10$^{-2}$ S·m$^{-1}$,已知该温度时水的电导率为 1.52×10$^{-4}$ S·m$^{-1}$,$\frac{1}{2}$Sr(NO$_3$)$_2$ 的 $\Lambda_m^\infty$ 为 1.310×10$^{-2}$ S·m$^2$·mol$^{-1}$,$\frac{1}{2}$H$_2$SO$_4$ 的 $\Lambda_m^\infty$ 为 4.295×10$^{-2}$ S·m$^2$·mol$^{-1}$,HNO$_3$ 的 $\Lambda_m^\infty$ 为 4.211×10$^{-2}$ S·m$^2$·mol$^{-1}$。计算该温度下 SrSO$_4$ 在水中的溶解度及标准溶度积。

7. 试分析 NaOH 及 NH$_4$OH 滴定 HAc 时溶液电导率的变化情况,并作出相应的滴定曲线示意图。

8. 298.15 K 时,一混合溶液中含有 0.001 mol·kg$^{-1}$ NaCl 和 0.003 mol·kg$^{-1}$ Na$_2$SO$_4$。计算(1) 该溶液的离子强度;(2) 各离子的活度因子;(3) 各电解质的平均活度。

9. 试写出下列各电池的电极反应和电池反应:

(1) Pt | H$_2$(p) | HCl(a) | Cl$_2$(p) | Pt

(2) Pb(s) | PbSO$_4$(s) | SO$_4^{2-}$(a$_1$) ∥ Cu$^{2+}$(a$_2$) | Cu(s)

(3) Ag | AgCl(s) | KCl(a) | Hg$_2$Cl$_2$(s) | Hg(l)

10. 将下列化学反应设计成原电池:

(1) 2Ag$^+$(a$_1$) + H$_2$(p) ⟶ 2Ag + 2H$^+$(a$_2$)

(2) 2Fe$^{3+}$(a$_1$) + Sn$^{2+}$(a$_3$) ⟶ 2Fe$^{2+}$(a$_2$) + Sn$^{4+}$(a$_4$)

(3) Zn + Hg$_2$SO$_4$(s) ⟶ ZnSO$_4$(a) + 2Hg(l)

11. 根据标准电极电势及电极反应的 Nernst 方程,计算下列电极的电极电势。将每组电极组成电池后计算电池电动势,并写出电池表达式和电池反应。(1) Fe$^{2+}$(a=1)、Fe$^{3+}$(a=0.1)、Cl$^-$(a=0.001)、AgCl、Ag;(2) OH$^-$(a=2)、Zn(OH)$_2$–Zn,OH$^-$(a=2)、HgO、Hg。

12. 298.15 K 时,有反应 Pb(s)+Cu$^{2+}$[$a$(Cu$^{2+}$)]——→Pb$^{2+}$[$a$(Pb$^{2+}$)]+Cu(s),试为该反应设计电池。(1) 若已知该反应的标准电动势为 0.463 V,试计算该电池反应的平衡常数;(2) 若 $a$(Cu$^{2+}$)=0.02,$a$(Pb$^{2+}$)=0.1,试计算此时的电池电动势,并判断电池反应的方向。

13. 298.15 K 和 100 kPa 下,有过程 Ag$^+$($a_1$=1)——→Ag$^+$($a_2$=0.1)。(1) 为该过程设计电池;(2) 计算此电池的电池电动势;(3) 计算该过程的 $\Delta_r G_m$、$\Delta_r G_m^{\ominus}$、$\Delta_r S_m$、$\Delta_r H_m$ 及 $Q_r$。

14. 298.15 K 时,反应 Ag+$\frac{1}{2}$Hg$_2$Cl$_2$(s)——→AgCl(s)+Hg(l)的 $\Delta_r H_m$=5 356 J·mol$^{-1}$,电动势为 0.045 5 V,求此电池的 Gibbs 自由能变化及电池的温度系数。

# 第六章 化学动力学

化学热力学和**化学动力学(chemical kinetics)**是物理化学的两大组成部分。热力学研究平衡态,讨论化学反应从始态变化到终态的可能性,但不涉及变化所需的时间,以及所经过的具体步骤。但是,一个热力学允许的反应是否一定能在指定条件下真正实现呢? 例如,在温度为 298.15 K、压力为 100 kPa 的条件下,反应

$$H_2(g) + \frac{1}{2}O_2(g) \longrightarrow H_2O(l)$$

通过热力学计算,其 $\Delta_r G_m^{\ominus}$ 为 $-237.13$ kJ·mol$^{-1}$,说明该反应可以在指定条件下进行,并且该反应进行的限度是很大的,$K^{\ominus} = 3.51 \times 10^{41}$。但在上述条件下,由于反应速率很小,将氢气与氧气混合后是观察不到水生成的。若在反应混合物中加入催化剂,反应瞬时即可完成。所以对一个化学反应,除需要研究反应的方向和限度外,还需要研究反应速率和反应机理。

化学动力学是研究化学反应速率和机理的科学。其基本任务是:研究反应条件(如浓度、压力、温度、催化剂、溶剂等)对反应速率的影响;研究反应的具体过程,即反应机理。

## 第一节 化学反应速率方程

### 一、化学反应速率的表示方法

**化学反应速率(chemical reaction rate)**反映了化学反应过程进行的快慢程度,可以用反应物浓度或产物浓度随时间的变化率来表示,如图 6-1 所示。

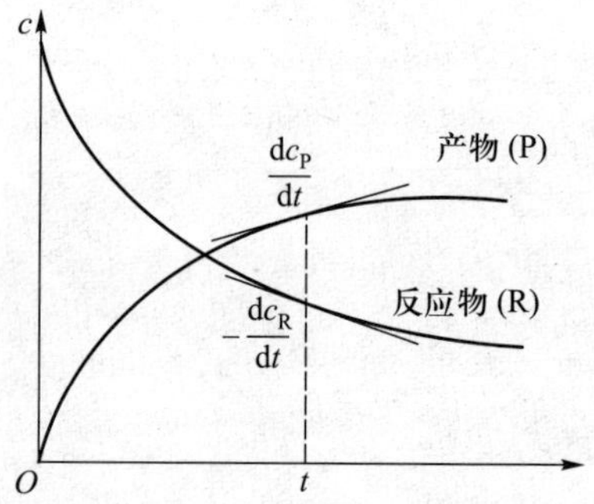

在化学反应中,每一反应组分物质的量或浓度,都严格地按照方程式中各组分的化学计量数成比例地改变,因此不论用哪一个组分的物质的量或浓度变化来表示反应速率都是等效的。例如,反应 $a\text{A} + d\text{D} \longrightarrow g\text{G} + h\text{H}$,若用不同组分的浓度变化表示,其反应速率有

$$r_A = -\frac{dc_A}{dt} \quad r_D = -\frac{dc_D}{dt} \quad r_G = \frac{dc_G}{dt} \quad r_H = \frac{dc_H}{dt}$$

图 6-1 反应组分浓度随时间变化曲线

它们之间的关系为

$$r = \frac{r_A}{a} = \frac{r_D}{d} = \frac{r_G}{g} = \frac{r_H}{h} \tag{6-1}$$

显然,如果反应式中各组分的化学计量数不同,用不同的组分所表示的反应速率在数值上是不等的。为了使结果统一,可以采用反应进度 $\xi$ 随时间的变化率来表示反应速率,即

$$r = \frac{1}{V} \frac{d\xi}{dt} \tag{6-2}$$

式中,$V$ 是反应系统的体积,$r$ 为整个反应的反应速率,其值只有一个,与反应系统中选择何种物质表示无关。对于上述反应,则 $r$ 可表示为

$$r = \frac{1}{V} \frac{d\xi}{dt} = -\frac{1}{a} \frac{dc_A}{dt} = -\frac{1}{d} \frac{dc_D}{dt} = \frac{1}{g} \frac{dc_G}{dt} = \frac{1}{h} \frac{dc_H}{dt} \tag{6-3}$$

## 二、化学反应速率的测定

测定反应速率是化学动力学研究中极为重要的一步。为了测定反应速率,关键是测定不同时刻反应物或产物的浓度,通常采用化学法或物理法。

化学法就是利用化学分析的方法测定反应进行到某一时刻反应物或产物的浓度。由于反应系统中各物质的浓度时刻都在变化,取样时必须立即停止反应,或使其速率降至可以忽略的程度。为此,常采用骤冷、冲淡、加入阻化剂或移出催化剂等方法使反应停止。此方法的特点是可以直接得出浓度随时间变化的绝对值,但操作烦琐,须有合适的方法使反应停止。

物理法就是测定反应进行到某一时刻某一组分的物理量,并且此物理量必须与该组分的浓度呈单值函数关系,并能准确地反映该组分浓度的变化。这些物理量有压力、折射率、旋光度、吸光度、电导率、电导、电动势、介电常数、黏度等。用物理方法时不必使反应停止,不必取出样品,可以直接在反应系统中连续测定,易于实现自动监测。因此该方法简便快捷,对反应系统无干扰。

## 三、基元反应与反应分子数

由反应物粒子(分子、原子、离子或自由基等)一步碰撞就直接生成产物的反应,称为**基元反应(elementary reaction)**。否则就是非基元反应。

例如,HCl 的气相合成反应

$$H_2(g) + Cl_2(g) \longrightarrow 2HCl(g) \tag{1}$$

经研究证明,该反应不能一步完成,而是经历以下几个主要步骤:

$$Cl_2 + M \Longleftrightarrow 2Cl\cdot + M \tag{2}$$

$$Cl\cdot + H_2 \longrightarrow HCl + H\cdot \tag{3}$$

$$H\cdot + Cl_2 \longrightarrow HCl + Cl\cdot \tag{4}$$

$$Cl\cdot + Cl\cdot + M \longrightarrow Cl_2 + M \tag{5}$$

式中,M 为第三分子,起能量传递作用。$Cl\cdot$ 和 $H\cdot$ 分别表示外层含有一个成单电子的自由氯原子和氢原子。反应(2)~(5)都是一步完成,属于基元反应。从微观角度看,基元反应相当于组成化学反应的基本单元。基元反应表明了从反应物到生成物所经历的实际过程,即**反应机理(reaction mechanism)**,也称为反应历程。反应(1)为非基元反应。

参加基元反应的反应物的粒子数之和称为**反应分子数(molecularity)**。反应分子数只能是正整数。根据反应分子数的不同,可以把基元反应分为单分子反应、双分子反应和三分子

反应。

顺丁烯二酸的异构化反应是单分子反应：

$$\begin{matrix} H-C-COOH \\ \| \\ H-C-COOH \end{matrix} \rightleftharpoons \begin{matrix} H-C-COOH \\ \| \\ HOOC-C-H \end{matrix}$$

乙酸的酯化为双分子反应：

$$CH_3COOH + C_2H_5OH \rightleftharpoons CH_3COOC_2H_5 + H_2O$$

三分子反应较为少见，一般只存在于自由基反应中：

$$2I \cdot + H_2 \longrightarrow 2HI$$

$$H \cdot + I_2 \longrightarrow 2HI + I \cdot$$

目前尚未发现更多分子数的反应，因为三个以上分子同时碰撞且发生反应的可能性很小。

有时也把只含一个基元反应的化学反应称为简单反应，由两个或两个以上的基元反应组成的化学反应称为**复杂反应(complex reaction)**或**总包反应(overall reaction)**。对于复杂反应，无反应分子数可言。

### 四、反应速率方程与反应级数

#### (一) 基元反应的速率方程

当温度一定时，基元反应的反应速率与各反应物的浓度幂之积成正比。

例如，基元反应 $CO(g) + H_2O(g) \longrightarrow CO_2(g) + H_2(g)$，CO 和 $H_2O$ 在不同初始浓度时反应的初始速率如表 6-1 所示。

表 6-1　$CO(g) + H_2O(g) \longrightarrow CO_2(g) + H_2(g)$ 反应的初始速率

| $c(CO)/(mol \cdot L^{-1})$ | $c(H_2O)/(mol \cdot L^{-1})$ | $r/(mol \cdot L^{-1} \cdot s^{-1})$ |
| --- | --- | --- |
| 0.10 | 0.010 | $1.2 \times 10^{-3}$ |
| 0.10 | 0.040 | $4.8 \times 10^{-3}$ |
| 0.20 | 0.010 | $2.4 \times 10^{-3}$ |

显然此基元反应的速率方程满足

$$r = kc(CO) \cdot c(H_2O) \qquad (6-4)$$

因此，当反应机制的研究表明某一反应是基元反应时，即可根据反应方程式直接写出该反应的速率方程。

式(6-4)中，$k$ 称为**反应速率常数(reaction rate constant)**，它在数值上相当于各反应物浓度都为单位浓度时的反应速率，故 $k$ 又称为比速率。$k$ 的量纲根据速率方程中浓度项上幂次的不同而不同，$k$ 值与反应条件如温度、浓度、催化剂、反应介质等有关，可通过实验测定。

#### (二) 非基元反应的速率方程

如果一个反应为非基元反应，其速率方程只能通过实验来确定。由实验确定的速率方

程,一般具有反应物浓度幂的形式

$$r = f(c) = kc_A^\alpha c_D^\beta \tag{6-5}$$

同一反应系统得到的速率方程式的形式也与实验条件密切相关。例如,反应

$$H_2(g) + Br_2(g) \longrightarrow 2HBr(g)$$

如果考察的是整个反应过程中的动力学行为,得到的速率方程为

$$r = \frac{kc(H_2)c(Br_2)^{1/2}}{1 + \dfrac{c(HBr)}{k'c(Br_2)}}$$

如果考察的仅仅是反应初期的动力学行为,则得到的速率方程为

$$r = kc(H_2)c(Br_2)^{1/2}$$

如果控制反应物的浓度 $c(H_2) \gg c(Br_2)$,得到的速率方程为

$$r = k'c(H_2)$$

### (三) 反应级数

在速率方程式中,多数情况下具有反应物浓度幂乘积的形式,但各浓度幂中的指数不一定等于计量方程式中相应的系数,有的则完全没有这种幂乘积的形式。例如,氢与氯、溴、碘三种卤素的气相反应,尽管它们具有相似的计量方程,但却具有完全不同的速率方程和浓度幂乘积形式:

$$H_2 + I_2 \longrightarrow 2HI \qquad r = kc(H_2)c(I_2) \tag{1}$$

$$H_2 + Cl_2 \longrightarrow 2HCl \qquad r = kc(H_2)c^{1/2}(I_2) \tag{2}$$

$$H_2 + Br_2 \longrightarrow 2HBr \qquad r = \frac{kc(H_2)c^{1/2}(Br_2)}{1 + \dfrac{c(HBr)}{k'c(Br_2)}} \tag{3}$$

在具有反应物浓度幂乘积的速率方程中,各反应物浓度幂中的指数称为该反应物的级数;所有反应物级数的代数和,称为该反应的总级数,或**反应级数**(reaction order)。上述方程(1)和(2)的反应级数分别为 2 和 1.5。方程(3)的速率方程由于不具有反应物浓度幂乘积的形式,所以无反应级数可言。

反应级数与反应分子数是两个不同的概念。反应分子数是参加基元反应的反应物的粒子数之和,其值只能是正整数,目前已知的反应分子数只有 1、2 和 3。反应级数是具有浓度幂乘积的速率方程中,各反应物浓度幂中的指数和,其值可以是整数,也可以是分数、零,甚至负数。

一般基元反应的反应分子数与反应级数是一致的,但也有例外。复杂反应的反应分子数与反应级数则没有必然的联系。

## 第二节　简单级数的反应

反应级数为简单正整数或零的反应,称为具有简单级数的反应。本节讨论一级、二级和零级反应。

## 一、一级反应

反应速率与反应物浓度的一次方成正比的反应是**一级反应(first order reaction)**。

设有一级反应

$$A \longrightarrow P$$

其速率方程为

$$r = -\frac{dc_A}{dt} = k_A c_A \tag{6-6}$$

将式(6-6)用定积分形式表示,得到

$$\int_{c_{A,0}}^{c_A} -\frac{dc_A}{c_A} = \int_0^t k_A dt$$

积分后,得

$$\ln \frac{c_{A,0}}{c_A} = k_A t \tag{6-7}$$

式中,$c_{A,0}$ 为 $t=0$ 时反应物 A 的初始浓度;$c_A$ 为反应进行到 $t$ 时刻反应物 A 的浓度。式(6-7)为一级反应的动力学方程,该方程也可写作指数形式,即

$$c_A = c_{A,0} e^{-k_A t} \tag{6-8}$$

由式(6-8)可以看出,反应物的浓度随时间呈指数减小,只有当 $t=\infty$ 时,才有 $c_A=0$,所以从理论上说,一级反应需要无限长的时间才能反应完全。

一级反应具有下述特点:

(1) 反应速率常数 $k_A$ 的量纲是[时间]$^{-1}$,单位为 s$^{-1}$(或 min$^{-1}$,h$^{-1}$,d$^{-1}$等)。

(2) 式(6-7)可改写为

$$\ln c_A = \ln c_{A,0} - k_A t \tag{6-9}$$

可以看出,$\ln c_A$ 与 $t$ 为线性关系,直线的斜率为 $-k_A$,截距为 $\ln c_{A,0}$,如图 6-2 所示。

(3) 反应物消耗一半$\left(即\ c_A = \frac{c_{A,0}}{2}\right)$所需的时间,称为**半衰期(half life)**,用 $t_{1/2}$ 表示。将 $c_A = \frac{c_{A,0}}{2}$ 代入(6-7),得

$$t_{1/2} = \frac{\ln 2}{k_A} = \frac{0.693}{k_A} \tag{6-10}$$

即温度一定时,一级反应的半衰期为常数,与反应物浓度无关。

一级反应很常见,如热分解反应、分子重排反应、放射性元素的衰变等都符合一级反应规律。许多药物,如单室模型药物在生物体内的吸收、分布、代谢和排泄过程,也常

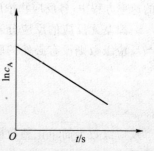

图 6-2　一级反应的 $\ln c$-$t$ 曲线

近似地被看作一级反应。

**例6-1** 对某滴眼液的药物动力学进行研究,在不同时间测得房水中的药物浓度如下表所示。

| $t/\text{h}$ | 1.5 | 2.0 | 2.5 | 3.5 |
|---|---|---|---|---|
| $c/(\mu\text{g} \cdot \text{mL}^{-1})$ | 1.87 | 1.58 | 1.34 | 0.89 |

已知药物的吸收可按一级反应的动力学处理。试问:(1)该药物在眼部的半衰期为多少?(2)若要保持药物在房水中的浓度不低于$1.50\ \mu\text{g} \cdot \text{mL}^{-1}$,第一次滴眼后需多长时间再进行第二次?

**解:**(1)由题给数据得到如下数据:

| $t/\text{h}$ | 1.5 | 2.0 | 2.5 | 3.5 |
|---|---|---|---|---|
| $\ln c$ | 0.63 | 0.46 | 0.29 | $-0.12$ |

根据以上数据作图(图6-3),得直线方程为$\ln c = -0.372t + 1.198$,即直线的斜率为$-0.372$,所以

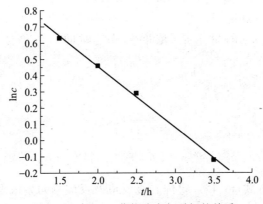

图6-3 例6-1药物浓度与时间的关系

$$k = 0.372\ \text{h}^{-1}$$

$$t_{1/2} = \frac{0.693}{k} = \frac{0.693}{0.372\ \text{h}^{-1}} = 1.86\ \text{h}$$

(2)根据线性回归方程所得截距为1.198,代入式(6-9),得第一次滴眼后房水中该药物的初浓度

$$c_{A,0} = 3.31\ \mu\text{g} \cdot \text{mL}^{-1}$$

当浓度降至$1.50\ \mu\text{g} \cdot \text{mL}^{-1}$所需时间为

$$t = \frac{1}{k} \ln \frac{c_{A,0}}{c_A} = \frac{1}{0.372\ \text{h}^{-1}} \ln \frac{3.31\ \mu\text{g} \cdot \text{mL}^{-1}}{1.50\ \mu\text{g} \cdot \text{mL}^{-1}} = 2.13\ \text{h}$$

所以必须在第一次滴眼约2 h后再进行第二次滴眼药。

## 二、二级反应

反应速率与一种反应物浓度的平方成正比,或与两种反应物浓度的乘积成正比的反应都是**二级反应(second order reaction)**。有时也把前者称为纯二级反应,后者称为混二级反应。本书只讨论纯二级反应。

若纯二级反应的计量方程为

$$2A \longrightarrow P$$

则反应速率方程为

$$r = -\frac{dc_A}{dt} = k_A c_A^2 \tag{6-11}$$

将式(6-11)用定积分形式表示,得到

$$\int_{c_{A,0}}^{c_A} -\frac{dc_A}{c_A^2} = \int_0^t k_A dt$$

积分后得

$$\frac{1}{c_A} - \frac{1}{c_{A,0}} = k_A t \tag{6-12}$$

此式即为符合式(6-11)的二级反应的积分速率方程。

二级反应具有下述特点:

(1) 反应速率常数 $k_A$ 的量纲是 [浓度]$^{-1}$ · [时间]$^{-1}$,单位为 $mol^{-1} \cdot L \cdot s^{-1}$ 或 $mol^{-1} \cdot m^3 \cdot s^{-1}$ 等。

(2) 式(6-12)可改写为

$$\frac{1}{c_A} = \frac{1}{c_{A,0}} + k_A t \tag{6-13}$$

由式(6-13)可以看出,$1/c_A$ 与 $t$ 为线性关系,直线的斜率为 $k_A$,截距为 $1/c_{A,0}$。

(3) 将 $c_A = \dfrac{c_{A,0}}{2}$ 代入式(6-12),得纯二级反应及反应物初始浓度相等的混二级反应的半衰期为

$$t_{1/2} = \frac{1}{k_A c_{A,0}} \tag{6-14}$$

式(6-14)表明,纯二级反应及反应物初始浓度相等的混二级反应的半衰期与反应物初始浓度成反比。

二级反应是一类较为常见的反应,溶液中的许多有机反应大都属于二级反应,如加成、取代和消除反应等。

**例 6-2** 某二级反应 $2A \longrightarrow P$,反应物的初始浓度 $c_{A,0} = 1.0 \text{ mol} \cdot L^{-1}$。反应 10 min 后,A 反应掉 20%。求(1) 该反应的半衰期;(2) 反应进行到 10 min 时的反应速率。

**解**:(1) 由式(6-12),可得

$$k = \frac{1}{t}\left(\frac{1}{c_A} - \frac{1}{c_{A,0}}\right) = \frac{1}{10 \text{ min}}\left[\frac{1}{(1.0-0.2)\text{mol} \cdot L^{-1}} - \frac{1}{1.0 \text{ mol} \cdot L^{-1}}\right] = 0.025 \text{ L} \cdot mol^{-1} \cdot min^{-1}$$

$$t_{1/2} = \frac{1}{k c_{A,0}} = \frac{1}{0.025 \text{ L} \cdot mol^{-1} \cdot min^{-1} \times 1.0 \text{ mol} \cdot L^{-1}} = 40 \text{ min}$$

(2) 反应进行到 10 min 时 A 的浓度为

$$c_A = c_{A,0} \times 80\% = 0.80 \text{ mol} \cdot \text{L}^{-1}$$

根据式(6-11),此时反应的速率为

$$r = -\frac{dc_A}{dt} = kc_A^2 = 0.025 \text{ L} \cdot \text{mol}^{-1} \cdot \text{min}^{-1} \times (0.80 \text{ mol} \cdot \text{L}^{-1})^2 = 1.6 \times 10^{-2} \text{ mol} \cdot \text{L}^{-1} \cdot \text{min}^{-1}$$

## 三、零级反应

反应速率与反应物浓度无关的反应为**零级反应(zero order reaction)**。零级反应的微分速率方程为

$$r = -\frac{dc_A}{dt} = k_A \tag{6-15}$$

将上式用定积分形式表示,得到

$$\int_{c_{A,0}}^{c} -dc_A = \int_0^t k_A dt$$

积分后得

$$c_{A,0} - c_A = k_A t \tag{6-16}$$

零级反应具有下述特点:

(1) 反应速率常数 $k_A$ 的量纲是[浓度]·[时间]$^{-1}$,单位为 mol·L$^{-1}$·s$^{-1}$。

(2) 式(6-16)可改写为

$$c_A = c_{A,0} - k_A t$$

可以看出, $c_A$ 与 $t$ 为线性关系,直线斜率为 $-k_A$,截距为 $c_{A,0}$。

(3) 将 $c_A = \dfrac{c_{A,0}}{2}$ 代入式(6-16),得其半衰期为

$$t_{1/2} = \frac{c_{A,0}}{2k_A} \tag{6-17}$$

式(6-17)表明,零级反应的半衰期与反应物初始浓度成正比。

常见的零级反应有某些光化学反应、电解反应和表面催化反应,它们的反应速率分别只与光强度、表面状态、通过的电荷量有关,而与浓度无关。近年来发展的一些缓释长效药,其释药速率在相当长的时间范围内比较恒定,因此也表现出了零级反应的动力学特征。如女性避孕药左旋18-甲基炔诺酮,将其制成长效缓释埋植剂,研究证明该埋植剂具有零级释放动力学特征,在体内长期维持稳定的药物释放量,每根 30 cm 长的埋植剂在体内每天释药约 21 $\mu$g,预期一次植入两根可有效地避孕两年。混悬液中的药物降解也可视为零级反应,因为在混悬液中,药物的降解主要发生在液相中,因而与药物在溶液中的溶解量有关,而在一定的温度下,药物的溶解度是一常数。

**例 6-3**　已知在 298.15 K 时 $\alpha$-氨苄青霉素的溶解度为 12 g·L$^{-1}$。现有一浓度为 25 g·L$^{-1}$ 的该药物的混悬液,药物零级降解的反应速率常数为 $2.2 \times 10^{-6}$ g·L$^{-1}$·s$^{-1}$,求该混悬液的有效期 $t_{0.9}$。

**解:**药剂学上常用药物降解10%所需的时间来评价药物的稳定性,用 $t_{0.9}$ 表示。根据式(6-16),可得到零级反应的 $t_{0.9}$ 为

$$t_{0.9} = \frac{c_{A,0} - c_A}{k_A} = \frac{0.1 c_{A,0}}{k_A}$$

将题中数据代入上式得

$$t_{0.9} = \frac{0.1 c_{A,0}}{k_A} = \frac{0.1 \times 25 \text{ g} \cdot \text{L}^{-1}}{2.2 \times 10^{-6} \text{ g} \cdot \text{L}^{-1} \cdot \text{s}^{-1}} = 1.14 \times 10^6 \text{ s} = 13.2 \text{ d}$$

上述简单级数反应的特点常用来作为判断反应动力学规律的依据,现将几种典型的简单级数反应的速率方程和特征小结在表 6-2 中。

表 6-2　几种典型的简单级数反应的速率方程

| 反应级数 | 微分速率方程 | 积分速率方程 | $t_{1/2}$ | 线性关系 | $k$ 的量纲 |
|---|---|---|---|---|---|
| 0 | $-\dfrac{dc_A}{dt} = k_A$ | $c_{A,0} - c_A = k_A t$ | $\dfrac{c_{A,0}}{2k_A}$ | $c_A \sim t$ | [浓度]·[时间]$^{-1}$ |
| 1 | $-\dfrac{dc_A}{dt} = k_A c_A$ | $\ln\dfrac{c_{A,0}}{c_A} = k_A t$ | $\dfrac{\ln 2}{k_A}$ | $\ln c_A \sim t$ | [时间]$^{-1}$ |
| 2 | $-\dfrac{dc_A}{dt} = k_A c_A^2$ | $\dfrac{1}{c_A} - \dfrac{1}{c_{A,0}} = k_A t$ | $\dfrac{1}{k c_{A,0}}$ | $\dfrac{1}{c_A} \sim t$ | [浓度]$^{-1}$·[时间]$^{-1}$ |
| 2 | $-\dfrac{dc_A}{dt} = k_A c_A c_B$ | $\dfrac{1}{c_{A,0} - c_{B,0}} \ln\dfrac{c_{B,0}(c_{A,0}-x)}{c_{A,0}(c_{B,0}-x)} = k_A t$　对 A、B 不同 | | $\ln\dfrac{c_{B,0} c_A}{c_{A,0} c_B} \sim t$ | [浓度]$^{-1}$·[时间]$^{-1}$ |
| $n$ ($n \neq 1$) | $-\dfrac{dc_A}{dt} = k_A c_A^n$ | $\dfrac{(1/c_A^{n-1} - 1/c_{A,0}^{n-1})}{n-1} = k_A t$ | $\dfrac{2^{n-1}-1}{(n-1)k_A c_{A,0}^{n-1}}$ | $\dfrac{1}{c_A^{n-1}} \sim t$ | [浓度]$^{1-n}$·[时间]$^{-1}$ |

# 第三节　反应级数的测定

化学动力学研究中的重要一步就是建立反应速率方程,而反应级数则是速率方程的重要动力学参数之一。测定反应级数通常有以下几种方法。

## 一、微分法

**微分法**(differential method)是用速率方程的微分形式来确定反应级数的方法。设某反应的微分速率方程为

$$r_A = -\frac{dc_A}{dt} = k_A c_A^n \tag{6-18}$$

测定不同时刻反应物的浓度 $c_A$,作 $c_A - t$ 曲线,见图 6-4(a)。在不同浓度处作曲线的切线,

切线斜率的绝对值即为此时的反应速率$-dc_A/dt$。在曲线上任意取两点,则

$$-\frac{dc_{A,1}}{dt}=kc_{A,1}^n \tag{6-19}$$

$$-\frac{dc_{A,2}}{dt}=kc_{A,2}^n \tag{6-20}$$

将式(6-19)和式(6-20)的两边都分别取对数后相减即得反应级数 $n$,即

$$n=\frac{\ln\left(-\dfrac{dc_{A,1}}{dt}\right)-\ln\left(-\dfrac{dc_{A,2}}{dt}\right)}{\ln c_{A,1}-\ln c_{A,2}} \tag{6-21}$$

用上述方法求出若干个 $n$,然后取平均值。

另外,对式(6-18)两端取对数得

$$\ln\left(-\frac{dc_A}{dt}\right)=\ln k_A+n\ln c_A \tag{6-22}$$

以 $\ln(-dc_A/dt)$ 对 $\ln c_A$ 作图得一直线,见图 6-4(b),其直线的斜率即为反应级数 $n$。此法比两点法准确。

用微分法确定反应级数,不仅适用于整数级数的反应,也适用于分数级数的反应。

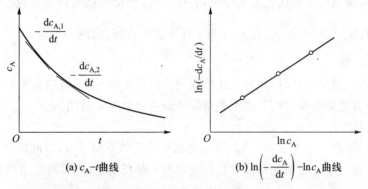

(a) $c_A$-$t$曲线    (b) $\ln\left(-\dfrac{dc_A}{dt}\right)$-$\ln c_A$曲线

图 6-4   微分法测定反应级数

## 二、积分法

**积分法(integration method)**是利用积分速率方程确定反应级数的方法,可分为尝试法、作图法和半衰期法。

### (一)尝试法

将实验获得的不同时刻反应物浓度代入表 6-2 各简单级数的积分速率方程中,计算反应速率常数 $k$。若 $k$ 为常数,则反应就是对应级数的反应。

例如,室温下,乙酸乙酯的皂化反应,NaOH 和 $CH_3COOC_2H_5$ 的初始浓度都是 $0.01\ mol\cdot L^{-1}$。用电导法测得在不同时刻反应物已反应掉的浓度,数据列于表 6-3。把数据代入不同级数的积分速率方程式,求出 $k$。

表 6-3    乙酸乙酯皂化反应动力学数据

| t/min | $(c_{A,0}-c_A)/(\text{mol} \cdot \text{L}^{-1})$ | $k$ | | |
| | | 零级 | 一级 | 二级 |
| | | $k_0 = \dfrac{c_{A,0}-c_A}{t}$ | $k_1 = \dfrac{1}{t}\ln\dfrac{c_{A,0}}{c_A}$ | $k_2 = \dfrac{1}{t}\left(\dfrac{1}{c_A}-\dfrac{1}{c_{A,0}}\right)$ |
| | | $/(\text{mol} \cdot \text{L}^{-1} \cdot \text{min}^{-1})$ | $/\text{min}^{-1}$ | $/(\text{L} \cdot \text{mol}^{-1} \cdot \text{min}^{-1})$ |
| 5 | 0.002 45 | $4.90\times10^{-4}$ | 0.056 2 | 6.49 |
| 7 | 0.003 13 | $4.47\times10^{-4}$ | 0.053 6 | 6.51 |
| 9 | 0.003 67 | $4.08\times10^{-4}$ | 0.050 8 | 6.44 |
| 11 | 0.004 14 | $3.76\times10^{-4}$ | 0.048 6 | 6.42 |
| 13 | 0.004 59 | $3.53\times10^{-4}$ | 0.047 3 | 6.53 |

从表 6-3 数据可以看出，二级反应时的反应速率常数 $k_2$ 值几乎相等，所以乙酸乙酯的皂化反应为二级反应。

**（二）作图法**

利用某简单级数反应的线性关系作图，若得直线，则反应就是该级数反应。例如，若 $c_A$ 对 $t$ 作图得一直线，反应为零级；若 $\ln c_A$ 对 $t$ 作图得一直线，反应为一级；若 $\dfrac{1}{c_A}$ 对 $t$ 作图得一直线，则反应为二级。

当反应级数是简单整数时，积分法比较简便。但是不够灵敏，特别是实验浓度范围不够大时，很难区分究竟是几级反应。当级数是分数或负数时也不适用。

**（三）半衰期法**

利用各简单级数反应半衰期 $t_{1/2}$ 与反应物初始浓度的不同关系，以此确定反应级数。

例如，某一反应中反应物初始浓度相同或只有一种反应物，则可得反应微分速率方程为

$$r_A = -\frac{dc_A}{dt} = k_A c_A^n$$

当 $n=1$ 时，半衰期与初始浓度无关。当 $n\neq1$ 时，则半衰期 $t_{1/2}$ 与反应物初浓度的关系为

$$t_{1/2} = \frac{2^{n-1}-1}{(n-1)k_A c_{A,0}^{n-1}} = \frac{C}{c_{A,0}^{n-1}}$$

若以两个不同初浓度 $c_{A,0}$ 和 $c'_{A,0}$ 的溶液进行实验，测得其半衰期分别为 $t_{1/2}$ 和 $t'_{1/2}$，则

$$\frac{t_{1/2}}{t'_{1/2}} = \left(\frac{c'_{A,0}}{c_{A,0}}\right)^{n-1}$$

或

$$n = 1 + \frac{\ln(t_{1/2}/t'_{1/2})}{\ln(c'_{A,0}/c_{A,0})} \tag{6-23}$$

如果实验数据较多,也可通过作图的方法获得,即

$$\ln t_{1/2} = (1-n)\ln c_{A,0} + 常数 \tag{6-24}$$

### 三、孤立法

当速率方程式中包括不止一种物质,其积分速率方程具有以下形式

$$-\frac{\mathrm{d}c}{\mathrm{d}t} = k_A c_A^\alpha c_B^\beta c_D^\gamma$$

这时往往采用**孤立法(isolation method)**,即除了使一种物质的浓度变化外(如 $c_A$),其他物质的浓度均大大过量(如 $c_B$ 和 $c_D$),因而 $c_B$ 和 $c_D$ 在反应过程中可以视为不变,此时速率方程变为

$$-\frac{\mathrm{d}c}{\mathrm{d}t} = k' c_A^\alpha$$

这样,可以应用上述几种方法求出反应对 A 的级数 $\alpha$。类似地,可依次求出反应对 C 和 D 的级数,从而求出反应的总级数。

## 第四节　温度对反应速率的影响

前面讨论了反应物浓度对反应速率的影响。对大多数化学反应来说,温度对反应速率的影响比浓度的影响更为显著。

### 一、van't Hoff 近似规则

1884 年 van't Hoff 根据大量的实验数据,总结出了温度对反应速率影响的经验规则,该规则指出:反应物浓度不变时,温度每升高 10℃,反应速率增大到原来速率的 2～4 倍。对于不同的反应,速率增大的倍数不同。通常用下列数学式表示,即

$$\frac{k_{T+10}}{k_T} = 2 \sim 4 \tag{6-25}$$

如果不需要精确的计算,则可根据上述规律近似地估计出温度对反应速率常数的影响。

### 二、Arrhenius 经验公式

1889 年 S. A. Arrhenius 根据大量的实验数据,提出了反应速率常数与热力学温度之间的关系式,即著名的 Arrhenius 经验公式,可表示为

$$k = A \cdot \mathrm{e}^{-\frac{E_a}{RT}} \tag{6-26}$$

式中,$k$ 是温度为 $T$ 时反应的速率常数;$A$ 为**指前因子(pre-exponential factor)**或频率因子;$E_a$ 为 Arrhenius **活化能(activation energy)**,简称活化能,$R$ 为摩尔气体常数。

Arrhenius 经验公式也可用微分式表示为

$$\frac{\mathrm{d}\ln k}{\mathrm{d}T} = \frac{E_a}{RT^2} \tag{6-27}$$

式(6-27)表明,反应速率随温度的变化率与活化能 $E_a$ 成正比,活化能越高,反应速率随温度的升高增加越快,对温度越敏感。如果温度变化范围不大,在这个温度区间内,$E_a$ 可以看作与温度无关的常数,对式(6-27)作不定积分,可以得到 Arrhenius 经验公式的不定积分式,即

$$\ln k = -\frac{E_a}{RT} + \ln A \tag{6-28}$$

式(6-28)表明,如果用 $\ln k$ 对 $1/T$ 作图,从直线斜率可以得到活化能 $E_a$。

若对式(6-27)作定积分,可以得到 Arrhenius 经验公式的定积分式,即

$$\ln \frac{k_2}{k_1} = -\frac{E_a}{R}\left(\frac{1}{T_2} - \frac{1}{T_1}\right) \tag{6-29}$$

由式(6-29)可以在已知活化能的情况下,由某一温度下的反应速率常数,求算一定温度范围内任一温度下的反应速率常数;或已知两个温度下的反应速率常数,求算反应的活化能。

**例 6-4** 青霉素 G 的分解为一级反应,实验测得有关数据如下:

| $T/\mathrm{K}$ | 310 | 316 |
|---|---|---|
| $k/\mathrm{h}^{-1}$ | $2.16\times10^{-2}$ | $4.05\times10^{-2}$ |

求反应的活化能和指数前因子 $A$。

**解:** 由式(6-29)可得

$$E_a = R\,\frac{T_2 T_1}{(T_1 - T_2)}\ln\frac{k_2}{k_1}$$

$$= \frac{8.314\ \mathrm{J\cdot K^{-1}\cdot mol^{-1}}\times 310\ \mathrm{K}\times 316\ \mathrm{K}}{316\ \mathrm{K} - 310\ \mathrm{K}}\times\ln\frac{4.05\times10^{-2}\,\mathrm{h^{-1}}}{2.16\times10^{-2}\,\mathrm{h^{-1}}}$$

$$= 85.3\times10^3\ \mathrm{J\cdot mol^{-1}} = 85.3\ \mathrm{kJ\cdot mol^{-1}}$$

又由式(6-28)可得

$$\ln A = \ln k + \frac{E_a}{RT}$$

分别将不同温度下的 $k$ 值代入上述关系式,得

$$\ln A_1 = \ln(2.16\times10^{-2}) + \frac{85.3\times10^3\ \mathrm{J\cdot mol^{-1}}}{8.314\ \mathrm{J\cdot K^{-1}\cdot mol^{-1}}\times 310\ \mathrm{K}}$$

$$A_1 = 5.10\times10^{12}\ \mathrm{h^{-1}}$$

$$\ln A_2 = \ln(4.05\times10^{-2}) + \frac{85.3\times10^3\ \mathrm{J\cdot mol^{-1}}}{8.314\ \mathrm{J\cdot K^{-1}\cdot mol^{-1}}\times 316\ \mathrm{K}}$$

$$A_2 = 5.11\times10^{12}\ \mathrm{h^{-1}}$$

求出两个 $A$ 值后,得均值 $\bar{A} = 5.10\times10^{12}\ \mathrm{h^{-1}}$。

温度对反应速率的影响是比较复杂的,并非所有化学反应都符合或近似符合 Arrhenius 经验公式。如果作 $k$-$T$ 的关系图,可以得到如图 6-5 所示的五种类型的关系曲线。

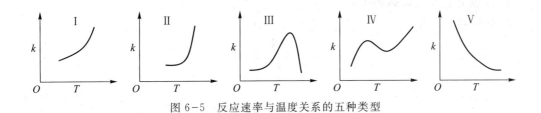

图 6-5　反应速率与温度关系的五种类型

第 I 种类型符合 Arrhenius 经验公式,大部分反应属于这一类型。第 II ～ IV 种类型不多,不符合 Arrhenius 公式。第 II 类主要为一些爆炸反应,第 III 类属一些酶催化反应,第 IV 类则多为有机物加氢、脱氢反应。第 V 类较为反常,温度升高反应速率反而下降的反常情况,如 $2NO + O_2 \longrightarrow 2NO_2$ 反应即属此类型。

## 三、活化能

Arrhenius 经验公式的提出,极大地促进了化学动力学的发展。为了解释这个经验公式,Arrhenius 提出了活化能的概念。

### (一) 活化能的物理意义

对于基元反应,活化能可以赋予明确的物理意义。Arrhenius 认为,基元反应的分子相互作用的首要条件是必须相互碰撞,但不是每次碰撞都能发生反应,只有分子具有足够大的能量,才能发生有效碰撞。这种能发生有效碰撞的分子称为活化分子,活化分子比一般分子的平均能量所高出的能量称为反应的活化能。R. C. Tolman 根据统计力学证明,基元反应的活化能是活化分子的平均能量与所有反应物分子的平均能量之差。

活化能的物理意义也可以通过化学反应的能量变化说明,如图 6-6 所示,图中 A 为反应物,P 为产物。由反应物 A 生成产物 P 时,中间要经过一个活化状态 $A'$。从物质结构的角度进行分析,要使反应分子接近并发生反应,必须具有足够的能量克服分子间来自电子云及原子核间的排斥力,并使旧键断裂,新键生成,最后生成产物 P。从 A 到 P,A 必须跨过一个能垒,成为具有活化能 $E_a$ 的活化分子,反应才能正向进行。同理,对于逆反应,从 P 到 A,P 也必须跨过一个能垒,成为具有活化能 $E_a'$ 的活化分子,反应才能逆向进行。$E_a$ 为正反应的活化能,$E_a'$ 则为逆反应的活化能。Arrhenius 活化能只对基元反应才有明确的物理意义。对总包反应而言,$E_a$ 只是一个表观参数,它是构成总包反应的各基元反应活化能的组合。表观活化能虽无明确的物理意义,但仍可以认为是阻碍反应进行的一个能量因素。

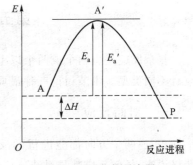

图 6-6　活化能示意图

活化能是一个重要的动力学参数,其大小对反应速率的影响很大。从图 6-6 可以看出,活化能越大,需要跨过的能垒越高,反应阻力就越大,反应速率就越慢;反之,反应速率越快。降低反应的活化能,可以显著提高反应速率。对于一般的化学反应,活化能的数值为 $40 \sim 400 \ kJ \cdot mol^{-1}$。

## （二）活化能与反应热的关系

设有一可逆反应

$$A \underset{k_{-1}}{\overset{k_1}{\rightleftharpoons}} B$$

根据 Arrhenius 公式，有

$$\frac{\mathrm{d}\ln k_1}{\mathrm{d}T} = \frac{E_a}{RT^2}$$

$$\frac{\mathrm{d}\ln k_{-1}}{\mathrm{d}T} = \frac{E_a'}{RT^2}$$

两式相减，得

$$\frac{\mathrm{d}\ln(k_1/k_{-1})}{\mathrm{d}T} = \frac{(E_a - E_a')}{RT^2} \tag{6-30}$$

反应达到平衡时，平衡常数 $K_c = k_1/k_{-1}$，代入式（6-30），得

$$\frac{\mathrm{d}\ln K_c}{\mathrm{d}T} = \frac{E_a - E_a'}{RT^2} \tag{6-31}$$

已知化学平衡的等压方程为

$$\frac{\mathrm{d}\ln K_c}{\mathrm{d}T} = \frac{\Delta H}{RT^2} \tag{6-32}$$

两式比较，可得

$$\Delta H = E_a - E_a'$$

即正逆反应的活化能之差为反应的热效应。若 $E_a > E_a'$，则 $\Delta H > 0$，反应为吸热反应；若 $E_a < E_a'$，则 $\Delta H < 0$，为放热反应。

# 第五节　典型的复杂反应

复杂反应是由两个或两个以上的基元反应构成，根据基元反应组合方式的不同，复杂反应有不同类型。本节讨论三种最典型的复杂反应：对峙反应、平行反应和连续反应。

## 一、对峙反应

正、逆两个方向都能进行的反应称为**对峙反应（opposing reaction）**，又称为**可逆反应**。严格说来，任何反应都是对峙反应。只是当逆向反应速率相比于正向反应速率可忽略不计时，动力学上才将此反应作为单向反应来处理。本节讨论的是正、逆反应速率相差不大，且正、逆反应都是一级的反应，即 1-1 级对峙反应。

$$A \underset{k_{-1}}{\overset{k_1}{\rightleftharpoons}} G$$

正反应速率为

$$r_1 = k_1 c_A$$

逆反应速率为

$$r_2 = k_{-1} c_G$$

对峙反应的总反应速率是正向反应速率与逆向反应速率之差,即

$$r = -\frac{dc_A}{dt} = r_1 - r_2 = k_1 c_A - k_{-1} c_G$$

设反应物 A 的初始浓度为 $c_{A,0}$,则 $t$ 时刻反应物 A 和 G 的浓度分别为 $c_A$ 和 $c_G = c_{A,0} - c_A$,代入上式得

$$-\frac{dc_A}{dt} = k_1 c_A - k_{-1}(c_{A,0} - c_A) = (k_1 + k_{-1})c_A - k_{-1} c_{A,0} \tag{6-33}$$

当反应达平衡时,正、逆反应速率相等,总反应速率为零,此时反应物和产物的浓度分别趋于平衡浓度 $c_{A,e}$ 和 $c_{G,e}$,即

$$-\frac{dc_{A,e}}{dt} = k_1 c_{A,e} - k_{-1} c_{G,e} = 0$$

$$k_1 c_{A,e} = k_{-1} c_{G,e} = k_{-1}(c_{A,0} - c_{A,e})$$

$$(k_1 + k_{-1})c_{A,e} = k_{-1} c_{A,0} \tag{6-34}$$

于是,得到

$$K_c = \frac{k_1}{k_{-1}} = \frac{c_{G,e}}{c_{A,e}}$$

上式表明,对峙反应的平衡常数就等于正、逆向反应速率常数之比。将式(6-34)代入式(6-33),得

$$-\frac{dc_A}{dt} = (k_1 + k_{-1})(c_A - c_{A,e}) \tag{6-35}$$

当 $c_{A,0}$ 一定时,$c_{A,e}$ 为常量,则

$$\frac{dc_A}{dt} = \frac{d(c_A - c_{A,e})}{dt}$$

代入式(6-35),得

$$-\frac{d(c_A - c_{A,e})}{dt} = (k_1 + k_{-1})(c_A - c_{A,e}) \tag{6-36}$$

式(6-36)经整理后积分,得

$$\ln \frac{c_{A,0} - c_{A,e}}{c_A - c_{A,e}} = (k_1 + k_{-1})t \tag{6-37}$$

即

$$\ln(c_A - c_{A,e}) = -(k_1 + k_{-1})t + \ln(c_{A,0} - c_{A,e}) \tag{6-38}$$

式(6-38)即为 1-1 级对峙反应的速率方程。

以 $\ln(c_A - c_{A,e})$ 对 $t$ 作图可得一直线,由直线的斜率可求得 $(k_1 + k_{-1})$,再由平衡常数 $K_C = \dfrac{k_1}{k_{-1}}$,联立可分别求得 $k_1$ 和 $k_{-1}$。

若将 A 和 G 的浓度对时间作图,可得图 6-7 所示曲线。从图可以看出,当反应足够长时间后,两者的浓度都趋于各自的平衡浓度 $c_{A,e}$ 和 $c_{G,e}$,且平衡常数 $K_C = \dfrac{k_1}{k_{-1}}$,这是对峙反应的动力学特征。

对峙反应很常见,许多分子内重排或异构化、酸与醇的酯化反应等都是对峙反应。

**例 6-5** 反应 $A \underset{k_{-1}}{\overset{k_1}{\rightleftharpoons}} G$,在 298 K 时,$k_1 = 2.0 \times 10^{-2}$ $\text{min}^{-1}$,$k_{-1} = 5.0 \times 10^{-3}$ $\text{min}^{-1}$。计算:(1) 298 K 时反应的平衡常数;(2) 若反应由纯 A 开始,问 A 分解 20% 需要多长时间?

**解:**(1) 298 K 时平衡常数 $K_c$

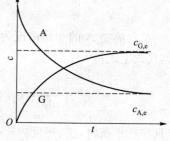

图 6-7 1-1 级对峙反应的
反应物与产物 $c\text{-}t$ 曲线

$$K_c = \frac{k_1}{k_{-1}} = \frac{2.0 \times 10^{-2} \ \text{min}^{-1}}{5.0 \times 10^{-3} \ \text{min}^{-1}} = 4.0$$

(2) 先求出 $c_{A,e}$,再求 A 分解 20% 需要的时间 $t$。

$$K_c = \frac{c_{G,e}}{c_{A,e}} = \frac{c_{A,0} - c_{A,e}}{c_{A,e}} = 4.0$$

得

$$c_{A,e} = 0.2 c_{A,0}$$

根据式(6-37)

$$\ln \frac{c_{A,0} - c_{A,e}}{c_A - c_{A,e}} = (k_1 + k_{-1})t$$

$$t = \frac{1}{(k_1 + k_{-1})} \ln \frac{c_{A,0} - c_{A,e}}{c_A - c_{A,e}} = \frac{1}{2.0 \times 10^{-2} \ \text{min}^{-1} + 5.0 \times 10^{-3} \ \text{min}^{-1}} \ln \frac{c_{A,0} - 0.2 c_{A,0}}{0.8 c_{A,0} - 0.2 c_{A,0}} = 11.5 \ \text{min}$$

即 A 分解 20% 需要 11.5 min。

## 二、平行反应

反应物同时进行两个或两个以上不同的且相互独立的反应称为**平行反应(parallel reaction)**。一般将反应速率较大的或生成目标产物的反应称为主反应,其他反应称为副反应。

最简单的平行反应是两个反应都是一级反应,即

$$A \underset{k_2}{\overset{k_1}{\diagup\diagdown}} \begin{matrix} F \\ G \end{matrix}$$

设反应物 A 的初始浓度为 $c_{A,0}$,则 $t$ 时刻反应物 A 的浓度为 $c_A$,两反应的速率分别为

$$r_1 = \frac{dc_F}{dt} = k_1 c_A$$

$$r_2 = \frac{\mathrm{d}c_G}{\mathrm{d}t} = k_2 c_A$$

平行反应的总反应速率是各反应的反应速率之和,于是

$$r = -\frac{\mathrm{d}c_A}{\mathrm{d}t} = k_1 c_A + k_2 c_A = (k_1 + k_2) c_A$$

对上式整理并作定积分,得

$$\ln \frac{c_A}{c_{A,0}} = -(k_1 + k_2)t \tag{6-39}$$

或

$$\ln c_A = -(k_1 + k_2)t + \ln c_{A,0} \tag{6-40}$$

以 $\ln c_A$ 对 $t$ 作图可得一直线,直线的斜率 $-(k_1 + k_2)$,截距为 $\ln c_{A,0}$。

将式(6-39)中的 $c_A$ 值代入产物 F 和 G 的生成速率表式中,并分别积分后,可得

$$c_F = \frac{k_1}{k_1 + k_2} c_{A,0} \left[ 1 - e^{-(k_1 + k_2)t} \right] \tag{6-41}$$

$$c_G = \frac{k_2}{k_1 + k_2} c_{A,0} \left[ 1 - e^{-(k_1 + k_2)t} \right] \tag{6-42}$$

将式(6-41)与式(6-42)相除,得

$$\frac{c_F}{c_G} = \frac{k_1}{k_2} \tag{6-43}$$

式(6-43)表明,任一时刻,各反应产物的浓度之比等于各支反应的反应速率常数之比,与时间无关,这是平行反应的特征。一级平行反应中,各物质浓度与时间的关系如图 6-8 所示。

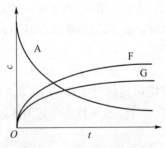

图 6-8　一级平行反应的反应物与产物 $c$-$t$ 曲线

一般平行反应的活化能不同,所以可以通过选择适当的催化剂、溶剂或改变温度,改变各支反应的相对反应速率,使所需要的其中某一反应加速,其余的副反应减慢,从而提高目标产物的含量。

## 三、连续反应

一个化学反应要经过连续的几步骤才能得到产物,并且前一步骤的产物为后一步骤的反应物,这种反应则称为**连续反应(consecutive reaction)**。如龙胆三糖的水解反应:

$$C_{18}H_{32}O_{16} + H_2O \longrightarrow C_6H_{12}O_6 + C_{12}H_{22}O_{11}$$
　　龙胆三糖　　　　　　　果糖　　龙胆二糖
$$C_{12}H_{22}O_{11} + H_2O \longrightarrow 2C_6H_{12}O_6$$
　　龙胆二糖　　　　　　葡萄糖

最简单的连续反应为两个连续的一级反应:

$$A \xrightarrow{k_1} G \xrightarrow{k_2} H$$

反应速率分别为

$$-\frac{dc_A}{dt} = k_1 c_A \tag{6-44}$$

$$\frac{dc_G}{dt} = k_1 c_A - k_2 c_G \tag{6-45}$$

$$\frac{dc_H}{dt} = k_2 c_G \tag{6-46}$$

对式(6-44)移项积分后得到

$$c_A = c_{A,0} e^{-k_1 t} \tag{6-47}$$

将式(6-47)代入式(6-45),积分可得

$$c_G = \frac{c_{A,0} k_1}{k_2 - k_1} (e^{-k_1 t} - e^{-k_2 t}) \tag{6-48}$$

由反应的计量方程可知,$c_H = c_{A,0} - c_A - c_G$,将式(6-47)和式(6-48)代入后,可得

$$c_H = c_{A,0} \left[ 1 - \frac{1}{k_2 - k_1} (k_2 e^{-k_1 t} - k_1 e^{-k_2 t}) \right] \tag{6-49}$$

　　根据各组分浓度随时间的变化关系,得到曲线如图6-9所示。从图中可以看出,反应物浓度 $c_A$ 随反应时间增长而减小,符合一级反应速率方程;最终产物浓度 $c_H$ 随时间增长而增大;中间产物 $c_G$ 开始随时间增长而增大,当生成 G 的速率与消耗 G 的速率相等时出现极大值,以后则随反应时间延长而减小。这是连续反应的特征。

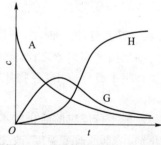

图 6-9　连续反应的 $c - t$ 曲线

　　对于连续反应,如果中间产物 G 是目标产物,其浓度所能达到的极大值为 $c_{G,max}$,对应的反应时间为 $t_{G,max}$。对式(6-48)求导数并令其为零,即

$$\frac{dc_G}{dt} = \frac{c_{A,0} k_1}{k_2 - k_1} (k_2 e^{-k_2 t} - k_1 e^{-k_1 t}) = 0$$

解之,得

$$t_{G,max} = \frac{\ln(k_2 / k_1)}{k_2 - k_1} \tag{6-50}$$

$$c_{G,max} = c_{A,0} \left( \frac{k_1}{k_2} \right)^{\frac{k_2}{(k_2 - k_1)}} \tag{6-51}$$

　　长链脂肪酸在生物体内的氧化反应就是连续反应,每反应一步,碳链就缩短一段。在正常情况下,虽然每天有几百克的脂肪酸被氧化,但只有极少量的中间产物被发现。当患糖尿病时,连续反应的某些环节发生障碍,反应速率大大降低,某些中间产物就会积累起来,它们

在血液、组织和尿中都会被发现。式(6-50)和式(6-51)就可用于计算药物在体内代谢最大血药浓度所需的时间。即把药物在体内的吸收和消除两个过程近似地看成为一个连续反应,而 $k_1$ 作为一级吸收常数,$k_2$ 作为一级消除常数,从而可求出达到最大血药浓度的时间和相应的最大血药浓度。

**例 6-6**　某连续反应 $A \xrightarrow{k_1} B \xrightarrow{k_2} C$,其中 $k_1 = 0.1 \ \text{min}^{-1}$,$k_2 = 0.2 \ \text{min}^{-1}$。反应刚开始时 A 的浓度为 $1 \ \text{mol} \cdot \text{L}^{-1}$,B、C 的浓度均为 0。求:(1)当 B 的浓度达到最大时的时间 $t_{\max}$;(2)该时刻 A、B、C 的浓度分别为多少?

**解:**(1)B 浓度达到最大时的时间

$$t_{\text{B,max}} = \frac{\ln(k_2/k_1)}{k_2 - k_1} = \frac{\ln(0.2 \ \text{min}^{-1}/0.1 \ \text{min}^{-1})}{0.2 \ \text{min}^{-1} - 0.1 \ \text{min}^{-1}} = 6.93 \ \text{min}$$

(2)$t_{\max}$ 时刻各反应组分的浓度

$$c_A = c_{A,0} e^{-k_1 t_{\text{B,max}}} = 0.5 \ \text{mol} \cdot \text{L}^{-1}$$

$$c_{\text{B,max}} = c_{A,0} \times \left(\frac{k_1}{k_2}\right)^{[k_2/(k_2 - k_1)]} = 0.25 \ \text{mol} \cdot \text{L}^{-1}$$

$$c_C = c_{A,0} - c_A - c_{\text{B,max}} = 0.25 \ \text{mol} \cdot \text{L}^{-1}$$

## 四、复杂反应的近似处理

在研究对峙反应、平行反应和连续反应等复杂反应时,由于反应机理比较复杂,常出现多种中间产物,要进行动力学研究,就必须列出多个微分方程。然而要从数学上严格求解多个联立的微分方程,是十分困难、甚至不可能的。因此,在动力学研究中,通常重点研究控制总反应速率的主要反应步骤,而忽略一些次要因素,为此常采用稳态近似和平衡态近似两种简化方法进行近似处理。

### (一)稳态近似

在连续反应 $A \xrightarrow{k_1} G \xrightarrow{k_2} H$ 中,当 $k_2 \gg k_1$ 时,则可以认为中间产物 G 一旦生成,就立刻进行下一步反应生成最终产物 H。最终产物 H 的生成速率取决于第一步反应的速率,式(6-48)和式(6-49)可简化为

$$c_H = c_{A,0}(1 - e^{-k_1 t})$$

$$c_G = \frac{k_1}{k_2} c_A$$

将 $c_G$ 表达式代入式(6-45)中,得

$$\frac{\text{d}c_G}{\text{d}t} = k_1 c_A - k_2 c_G = 0$$

上式说明,当 $k_2 \gg k_1$ 时,反应过程中 G 的浓度始终很小,因而其浓度随时间的变化率也非常小,近似地等于常数。这就是对中间产物 G 作稳态近似,这样的简化处理方法称为**稳态近似(steady state approximation)**,常用于研究链反应。图 6-10 是 $k_2 \gg k_1$ 时,连续反应中各组分的浓度随时间的变化关系。

### （二）平衡态近似

在连续反应中，如果在满足稳态条件的基础上，再假定 $k_{-1} \gg k_2$，即中间产物 G 逆转成反应物 A 的速率远大于其转变成产物 H 的速率，那么总反应的速率就等于最慢一步的速率，其他步骤都处于近似的平衡态，这样的简化处理方法称为**平衡态近似（equilibrium state approximation）**。最慢的一步称为反应的速控步。例如，在下列反应中：

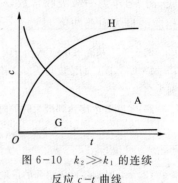

$$A \underset{k_{-1}}{\overset{k_1}{\rightleftharpoons}} G \qquad (1)$$

$$G \xrightarrow{k_2} H \qquad (2)$$

图 6-10　$k_2 \gg k_1$ 的连续
反应 $c$-$t$ 曲线

根据平衡态近似，反应（1）处于近似的化学平衡，正、逆向反应速率近似相等，即

$$k_1 c_A = k_{-1} c_G$$

则有

$$\frac{c_G}{c_A} = \frac{k_1}{k_{-1}} = K$$

$$c_G = K c_A = \frac{k_1}{k_{-1}} c_A$$

总反应的速率等于速控步的速率，即

$$\frac{dc_H}{dt} = k_2 c_G = \frac{k_1 k_2}{k_{-1}} c_A$$

设 $k = \dfrac{k_1 k_2}{k_{-1}}$，得速率方程为

$$\frac{dc_H}{dt} = k c_A$$

显然，利用平衡态近似可大大简化求解过程。

**例 6-7**　反应 A ⟶ C 的机理为 $A \underset{k_{-1}}{\overset{k_1}{\rightleftharpoons}} B \xrightarrow{k_2} C$。若 $t=0$ 时，$c_A = c_{A,0}$，$c_B = c_C = 0$，试讨论稳态近似和平衡态近似的使用条件。

**解**：中间产物 B 的浓度随时间的变化率为

$$\frac{dc_B}{dt} = k_1 c_A - (k_2 + k_{-1}) c_B$$

若满足稳态近似，则有

$$\frac{dc_B}{dt} \approx 0$$

即

$$k_1 c_A = (k_2 + k_{-1}) c_B$$

$$c_B = \frac{k_1 c_A}{k_2 + k_{-1}}$$

且此时 $c_B$ 应较小,即要求 $k_1 \ll k_2 + k_{-1}$,此即为稳态近似的使用条件。

若满足平衡态近似,则有

$$c_B = \frac{k_1}{k_{-1}} c_A$$

根据稳态近似的讨论,要使上式成立,须要满足 $k_{-1} \gg k_2$,此即为平衡态近似的使用条件,当然也必须满足稳态近似的条件。

# 第六节 链 反 应

在动力学中有一类特殊的化学反应,一旦由某种外因引发,反应即可通过低浓度、高活性的链载体(如自由基、原子)的生成,使链载体参与循环反应并导致产物和新的链载体的生成,直至整个反应结束。由于这类反应具有链式机理,故称为**链反应(chain reaction)**。自由基或原子能够不断生成是链反应得以维持的根本原因。由于自由基或原子本身具有未成对电子,所以它是高活性粒子,能引起稳定分子间发生化学反应。链反应也是由基元反应组合而成的更为复杂的化学反应。

## 一、链反应的一般过程

链反应通常由**链引发(chain initiation)**、**链传递(chain propagation)**、**链终止(chain termination)**三个步骤组成。

### (一)链引发

采用光照、加热、辐射或加入引发剂等方法,将反应物裂解为自由基(或原子)的过程称为链引发。这一过程所需的活化能较高,在 $200 \sim 400 \ kJ \cdot mol^{-1}$,与反应物分子的化学键能为同一数量级。此步骤是链反应最困难的阶段。

例如,反应 $H_2(g) + Cl_2(g) \longrightarrow 2HCl(g)$ 属于链反应,采用加热(573 K)或钠光辐射,都可以使 $Cl_2$ 分解产生自由的氯原子 $Cl \cdot$,从而实现链引发。

$$Cl_2 \xrightarrow{h\nu} 2Cl \cdot \qquad E_a = 243 \ kJ \cdot mol^{-1}$$

### (二)链传递

自由基非常活泼,一经生成就立刻同其他物质发生反应,在生成产物的同时,又生成新的自由基,如此循环不断地进行下去,称为链传递。由于链传递过程中有高活性的自由基参加,因此链传递反应的活化能一般小于 $40 \ kJ \cdot mol^{-1}$。链传递是链反应中最活跃的过程,是链反应的主体。

根据链传递步骤的不同,链反应可分为直链反应和支链反应两类。直链反应的传递方式是消耗一个自由基,再产生一个自由基,如此这般稳步前进。如果消耗一个自由基,可以产生两个自由基,如此 1 变 2,2 变 4,4 变 8,……,使自由基不断增多,反应速率迅速增加,甚至达到爆炸的程度,这种反应称为支链反应,这种爆炸称为支链爆炸,如图 6-11 所示。

在链反应中多数属于直链反应,在传递过程中自由基或原子的数目不变,所以直链反应开始后很快达到稳定,此时链引发速率与断链速率相等。反应 $H_2 + Cl_2 \longrightarrow 2HCl$ 就是一个典型的直链反应:

$$Cl \cdot + H_2 \xrightarrow{k_1} HCl + H \cdot \qquad E_a = 24 \text{ kJ} \cdot \text{mol}^{-1}$$

$$H \cdot + Cl_2 \xrightarrow{k_2} HCl + Cl \cdot \qquad E_a = 13 \text{ kJ} \cdot \text{mol}^{-1}$$

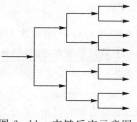

图 6-11  支链反应示意图

**(三) 链终止**

自由基相互结合成稳定分子,或与器壁及第三物种(M)碰撞消耗能量而失去活性,称为链终止。链终止是链反应的最后阶段,反应的活化能很小或为零。例如

$$2Cl \cdot + M \longrightarrow Cl_2 + M \qquad E_a = 0 \text{ kJ} \cdot \text{mol}^{-1}$$

M 是第三物种或反应器壁,借以传递多余的能量。自由基结合不需要活化能,如果处于激发态的自由基结合成稳定分子回到基态时,还会放出能量,使表观活化能出现负值。

## 二、直链反应的速率方程

反应 $H_2(g) + Cl_2(g) \longrightarrow 2HCl(g)$ 属于直链反应,反应机理为

链引发: $$Cl_2 \xrightarrow{k_1} 2Cl \cdot \tag{1}$$

链传递: $$Cl \cdot + H_2 \xrightarrow{k_2} HCl + H \cdot \tag{2}$$

$$H \cdot + Cl_2 \xrightarrow{k_3} HCl + Cl \cdot \tag{3}$$

链终止: $$2Cl \cdot + M \xrightarrow{k_4} Cl_2 + M \tag{4}$$

显然,HCl 的生成速率只与链传递的反应(2)和(3)有关,即

$$\frac{dc_{HCl}}{dt} = k_2 c_{Cl \cdot} c_{H_2} + k_3 c_{H \cdot} c_{Cl_2} \tag{6-52}$$

由于 $Cl \cdot$ 和 $H \cdot$ 都是反应过程中的中间产物,非常活泼,故可用稳态法近似处理,可得

$$\frac{dc_{H \cdot}}{dt} = k_2 c_{Cl \cdot} c_{H_2} - k_3 c_{H \cdot} c_{Cl_2} \tag{6-53}$$

$$\frac{dc_{Cl \cdot}}{dt} = 2k_1 c_{Cl_2} - k_2 c_{Cl \cdot} c_{H_2} + k_3 c_{H \cdot} c_{Cl_2} - 2k_4 c_{Cl \cdot}^2 \tag{6-54}$$

将式(6-53)和式(6-54)相加,得

$$c_{Cl \cdot} = \left( \frac{k_1}{k_4} c_{Cl_2} \right)^{1/2} \tag{6-55}$$

将式(6-53)和式(6-55)代入式(6-52),得

$$\frac{dc_{HCl}}{dt} = 2k_2 c_{Cl \cdot} c_{H_2} = 2k_2 \left( \frac{k_1}{k_4} c_{Cl_2} \right)^{1/2} c_{H_2} = k' c_{Cl_2}^{1/2} c_{H_2}$$

根据上述机理推导出的速率方程,与实验所得速率方程一致。

# 第七节 反应速率理论简介

当人们通过实验发现和总结了化学反应速率的一些经验规律后,就尝试从分子运动和分子结构的微观角度,在理论上对这些规律加以解释。由于反应速率受温度、浓度、催化剂等多种因素的影响,因此很难总结出一个普遍适用的理论。本节简要介绍两种仍处于发展中的反应速率理论——碰撞理论和过渡态理论,这两个理论只适用于基元反应。

## 一、碰撞理论

1918 年,Lewis 在 Arrhenius 活化能概念的基础上,结合气体分子运动论,对气相的双分子反应做出阐述,建立了**碰撞理论(collision theory)**。

### (一)碰撞理论的基本假定

碰撞理论有以下三点基本假设:

(1)反应物分子必须经过碰撞才可能发生反应。

(2)不是每次碰撞都能引起反应的发生。只有相互碰撞的分子具有足够高的能量,并超过某一临界值才能发生反应。这样的分子称为活化分子,活化分子间的碰撞称为**有效碰撞(effective collision)**。

(3)单位时间单位体积内发生的有效碰撞次数就是化学反应的速率。

### (二)碰撞频率

假设有一双分子基元反应

$$A + B \longrightarrow P$$

其中,A、B 代表反应物分子,P 代表产物分子。根据分子运动论,假设分子为刚性球体,单位时间单位体积内分子 A 和 B 的**碰撞频率(collision frequency)** $Z_{AB}$ 为

$$Z_{AB} = N_A N_B (r_A + r_B)^2 \sqrt{\frac{8\pi RT}{\mu}} \tag{6-56}$$

式中,$r_A$、$r_B$ 分别表示 A、B 分子的半径;$R$ 为摩尔气体常数;$T$ 为热力学温度;$\mu$ 为 A、B 分子的折合摩尔质量,$\mu = \dfrac{M_A M_B}{M_A + M_B}$;$N_A$、$N_B$ 分别表示单位体积中 A、B 分子的个数。常温下,$Z_{AB} \approx 10^{35}$ m$^{-3}$ · s$^{-1}$。

### (三)有效碰撞分数

根据碰撞理论基本假设,相互碰撞的一对分子必须具有足够高的能量,该能量指的是反应分子在质心连线方向上的相对平动能。只有当反应分子的相对平动能超过某一临界值($E_c$)时才能发生反应,$E_c$ 为化学反应的临界能。

根据 Boltzmann 能量分布定律,能量超过 $E_c$ 的分子数 $N_i$ 在总分子数 $N$ 中所占的比例为

$$\frac{N_i}{N} = \exp\frac{-E_c}{RT} \tag{6-57}$$

式中,$\dfrac{N_i}{N}$ 为**有效碰撞分数(effective collision fraction)**。

**（四）碰撞理论的基本公式**

根据碰撞理论的基本假定，基元反应 $A+B \longrightarrow AB$ 的反应速率为单位体积、单位时间内的有效碰撞次数，即有效碰撞频率

$$r = -\frac{dN_A}{dt} = Z_{AB}\frac{N_i}{N} \qquad (6-58)$$

将式(6-56)和式(6-57)代入式(6-58)，并将式中单位体积内气体分子数 $N$ 改用物质的量浓度 $c(c=N/L)$ 表示，得反应速率方程为

$$-\frac{dc_A}{dt} = Lc_Ac_B(r_A+r_B)^2\sqrt{\frac{8\pi RT}{\mu}}\exp\frac{-E_c}{RT} \qquad (6-59)$$

对双分子反应，其速率方程应为

$$-\frac{dc_A}{dt} = k_A c_A c_B \qquad (6-60)$$

比较式(6-59)和式(6-60)，得双分子反应速率常数为

$$k_A = L(r_A+r_B)^2\sqrt{\frac{8\pi RT}{\mu}}\exp\frac{-E_c}{RT} \qquad (6-61)$$

对于特定的反应，$r_A$、$r_B$ 和 $\mu$ 都是常数。等温下，$L(r_A+r_B)^2\sqrt{8\pi RT/\mu}$ 也为常数，令其为 $Z_{AB}^*$，则式(6-61)可写为

$$k = k_A = Z_{AB}^*\exp\frac{-E_c}{RT} \qquad (6-62)$$

式中，$Z_{AB}^*$ 称为频率因子，其物理意义是当反应物为单位浓度时，在单位时间、单位体积内以物质的量表示的 A、B 分子相互碰撞次数。

式(6-62)为碰撞理论基本公式，它与 Arrhenius 经验公式 $k=A\exp[-E_a/(RT)]$ 在形式上极为相似。频率因子 $Z_{AB}^*$ 相当于 Arrhenius 公式中的指前因子 $A$，这也是为何 $A$ 也被称为频率因子的原因所在。将 $Z_{AB}^*$ 中与温度有关的项分离出来，表达为 $Z_{AB}^* = Z'\sqrt{T}$，则式(6-62)可写作

$$k = Z'\sqrt{T}\exp\frac{-E_c}{RT} \qquad (6-63)$$

将等式两端取对数后，对 $T$ 微分，得

$$\frac{d\ln k}{dT} = \frac{RT/2+E_c}{RT^2}$$

与 Arrhenius 公式的微分形式相比较，得

$$E_a = E_c + \frac{RT}{2} \qquad (6-64)$$

显然临界能 $E_c$ 并不等于活化能 $E_a$。临界能 $E_c$ 与温度无关，但活化能 $E_a$ 有温度有关，只是

通常情况下,$E_c$ 都远大于 $RT/2$,因此近似认为在数值上 $E_a \approx E_c$,但两者的物理意义是不同的。

碰撞理论计算所得的反应速率常数,对分子结构比较简单的反应来说,与实验值能较好地符合,但对大多数反应来说,理论值常大于实验值。为纠正这一偏差,将校正因子 $P$ 引入式(6-62)中,得

$$k = PZ_{AB}^* \exp \frac{-E_c}{RT} \tag{6-65}$$

$P$ 为实验常数,称为**空间因子(steric factor)**或方位因子。对于简单分子,$P=1$;对于复杂分子,$P<1$,一般在 $10^{-9} \sim 1$ 之间。

碰撞理论清晰描述了双分子基元反应的过程,成功解释了 Arrhenius 公式中 $\ln k$ 与 $1/T$ 的线性关系、指前因子 $A$ 的物理意义,同时也指出了较高温度时可能出现偏差的原因。但碰撞理论仍有以下不足:

(1) 碰撞理论假设分子是刚性球碰撞,没有考虑碰撞时分子内部结构,不能说明分子碰撞的方位和取向,因而对空间因子 $P$ 未能做出令人信服的解释,同时也不能计算 $P$ 的数值。

(2) 欲通过碰撞理论求反应速率常数 $k$,必须知道临界能 $E_c$,而 $E_c$ 的获得还需要通过活化能 $E_a$ 求得,这就失去了从理论上预示 $k$ 的意义,所以碰撞理论还是半经验性的理论。

## 二、过渡态理论

化学反应总是伴随着旧键的断裂和新键的生成,要成功地计算反应速率常数,必须考虑分子之间的相互作用。20 世纪 30 年代,在统计力学和量子力学发展的基础上,H.Eyrin 和 M.Polanyi 等人提出了反应速率的**过渡态理论(transition state theory,TST)**,又称**活化络合物理论(activated complex theory)**。该理论考虑了空间结构、能量重新分配等影响因素,根据反应物和过渡态活化络合物的某些性质,如振动频率、质量、核间距离等,即可计算反应速率常数 $k$。故该理论又称为**绝对反应速率理论(absolute rate theory,ART)**。

### (一) 过渡态理论的基本假定

过渡态理论的基本假定是:

(1) 反应系统的势能是原子间相对位置的函数。

(2) 在由反应物生成产物的过程中,分子要经历一个价键重排的过渡阶段。处于这一过渡阶段的分子称为**活化络合物(activated complex)**或**过渡态(transition state)**。

(3) 活化络合物的势能高于反应物或产物的势能。反应的活化能是活化络合物与反应物势能之差。

### (二) 活化络合物

设有双分子反应:

$$A + BC \Longleftrightarrow [A \cdots B \cdots C]^{\neq} \longrightarrow AB + C$$

当原子 A 接近 BC 分子时,B—C 键拉长而减弱;当 A 与 B 逐渐靠近,将成键而未成键时,B—C 键变得更长,将断裂而未断裂,这样就形成了中间过渡状态 $[A \cdots B \cdots C]^{\neq}$,称为活化络合物。这种活化络合物极不稳定,一方面它可能分解为反应物 A 和 BC,另一方面又可能分解为产物 AB 和 C。相比来说,活化络合物分解为产物的过程为慢步骤,反应物 A 和 BC 与活化络合物之间存在快速平衡。

### （三）势能面

为了能够从理论上计算反应的活化能，过渡态理论在描述反应进行时采用了反应系统势能面的物理模型，假定原子间的相互作用表现为原子间有势能 $E_P$，势能 $E_P$ 是原子之间距离 $r$ 的函数，即 $E_P = E(r)$。

例如，反应

$$A + BC \longrightarrow AB + C$$

在单原子分子 A 与双原子分子 BC 碰撞生成产物 AB 和 C 的过程中，A、B、C 三原子间相互作用的势能与它们之间的距离 $r_{AB}$、$r_{BC}$、$r_{AC}$（或与 $r_{AB}$、$r_{BC}$ 及其夹角 $\theta$）有关，即

$$E_P = f(r_{AB}, r_{BC}, r_{AC})$$

或

$$E_P = f(r_{AB}, r_{BC}, \theta)$$

若要用图形表达势能 $E_P$ 与三个独立变量 $r_{AB}$、$r_{BC}$、$r_{AC}$（或 $r_{AB}$、$r_{BC}$、$\theta$）之间的关系，则要制成四维图形，无法在纸面上绘出。因此，可以固定三个变量中的一个，若令 $\theta$ 为常数，则

$$E_P = f(r_{AB}, r_{BC})$$

这样，$E_P$ 与 $r_{AB}$、$r_{BC}$ 之间的关系就可以用一个三维立体图形表达。

根据量子力学理论或经验公式可计算出 $E_P$，以 $E_P$ 对 $r_{AB}$、$r_{BC}$ 作图。显然给定一个 $\theta$ 值，就应有一个相应的势能面。对于上述双分子反应，A 原子沿双原子分子 BC 连心线方向从 B 原子侧（即 $\theta = \pi$）与 BC 分子碰撞时，对反应最为有利。图 6-12 为此过程中系统势能 $E_P$ 与原子间距离 $r_{AB}$、$r_{BC}$ 之间的关系。系统处于 $r_{AB}$、$r_{BC}$ 平面上的某一位置时所具有的势能，由这一点的高度表示。$r_{AB}$、$r_{BC}$ 平面上所有各点的高度汇集成一个马鞍形的曲面，称为**势能面 (potential energy surface)**。图 6-12 中势能面上的各曲线，是曲面上高度相等（即势能相等）之各点的连线，称为等势线。

由图 6-12 可见，反应物（A+BC）和产物（AB+C）分别处于势能面上的低谷 $R$ 点和 $P$ 点。显然，由 $R$ 点到 $P$ 点，可以有多种不同途径，但沿着途径 $RTP$ 来进行，反应所需克服的势垒最小，$T$ 点称为**鞍点 (saddle point)**，途径 $RTP$ 称为反应坐标，与 $T$ 点相应的构型称为活化络合物或过渡态。

若以反应历程为横坐标，势能为纵坐标，作平行于反应坐标的势能面的剖面图，如图 6-13 所示。$E_b$ 是活化络合物与反应物两者最低势能的差值。势能垒的存在从理论上表明了实验活化能 $E_a$ 的实质。

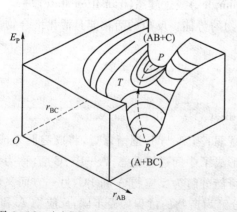

图 6-12　A+BC ⟶ AB+C 反应势能面示意图

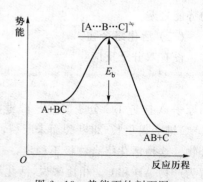

图 6-13　势能面的剖面图

### （四）过渡态理论的基本公式

过渡态理论认为，活化络合物很不稳定，它与反应物之间很快建立热力学平衡，然后再转化为产物。因此对反应

$$A+BC \Longleftrightarrow [A\cdots B\cdots C]^{\neq} \longrightarrow AB+C$$

存在关系式

$$K^{\neq}=\frac{c_{ABC^{\neq}}}{c_A c_{BC}} \tag{6-66}$$

式中，$K^{\neq}$ 表示反应物和活化络合物之间反应的平衡常数。

由于活化络合物很不稳定，沿反应坐标方向的每一次振动都会导致它分解成为产物。若以 $\nu^{\neq}$ 表示其伸缩振动频率，则分解速率为

$$-\frac{dc_{ABC^{\neq}}}{dt}=\nu^{\neq}c_{ABC^{\neq}} \tag{6-67}$$

根据量子理论，$\nu=\dfrac{k_B T}{h}$（$h$ 为 Planck 常量，$k_B$ 为 Boltzmann 常数），再将式（6-66）代入式（6-67），得

$$r=-\frac{dc_{ABC^{\neq}}}{dt}=\frac{k_B T}{h}K^{\neq}c_A c_{BC}$$

通常每消耗一个活化络合物分子 ABC，也将消耗一个 A 分子，故上式也可写作

$$r=-\frac{dc_A}{dt}=\frac{k_B T}{h}K^{\neq}c_A c_{BC} \tag{6-68}$$

将此式与双分子基元反应速率方程 $r=-dc_A/dt=kc_A c_{BC}$ 相比较，得

$$k=\frac{k_B T}{h}K^{\neq}=\frac{RT}{Lh}K^{\neq} \tag{6-69}$$

这就是由过渡态理论得出的计算反应速率常数的基本公式。在等温下，式中各项除 $K^{\neq}$ 外皆为常数，与具体的反应无关。只要能计算出 $K^{\neq}$，就能求出速率常数 $k$。

$K^{\neq}$ 可以借助热力学公式 $\Delta G^{\neq}=-RT\ln K^{\neq}$，由标准状态下，反应物生成活化络合物这一过程中系统的 $\Delta G^{\neq}$ 计算得到。将 $\Delta G^{\neq}=-RT\ln K^{\neq}=\Delta H^{\neq}-T\Delta S^{\neq}$ 经整理后代入式（6-69），得

$$k=\frac{RT}{Lh}\exp\frac{\Delta S^{\neq}}{RT}\exp\frac{-\Delta H^{\neq}}{RT} \tag{6-70}$$

式中，$\Delta H^{\neq}$ 和 $\Delta S^{\neq}$ 分别表示在标准状态下，由反应物生成活化络合物这一过程中系统的焓和熵的增量，分别称为活化焓和活化熵。

式（6-70）为过渡态理论的热力学公式。只要知道活化络合物的结构，即可计算出 $\Delta G^{\neq}$、$\Delta H^{\neq}$、$\Delta S^{\neq}$，从而求出 $k$。但因活化络合物的结构很难确定，使这一理论的应用受到限制。因此，对反应速率理论的完善还有待深入的探讨和研究。

## 案例 6-1 飞秒激光

飞秒激光(femtosecond laser)具有极短的脉冲宽度、极高的峰值功率和极宽的光谱范围,在超快化学动力学和生命科学等不同领域有着广泛应用。飞秒激光的超快特性在时间分辨光谱学实验中提供了飞秒量级的分辨率,能够全面准确地记录化学反应的动力学过程等瞬态现象。1987 年,Zewail 小组首次使用超短激光脉冲和分子束研究超快反应,获得的过渡态飞秒时间分辨光谱清晰地揭示了化学反应的实时图像。Zewail 也因其首次应用飞秒时间光谱在实验上揭示化学反应过渡态的存在,及发展"飞秒化学"的成就而获得了 1999 年的诺贝尔化学奖。

在生命科学方面,已有科学家利用飞秒激光转染技术对基因转染进行了研究。这项技术关键性问题是如何在不损伤细胞结构完整性前提下提高基因转染效率。常用的转染技术有裸露 DNA 直接注射、等离子膜渗透转移等,但这些技术都有自身的缺陷。用钛蓝宝石飞秒激光器,则可在细胞膜上产生单个的、特定位置的、瞬时的穿孔,允许 DNA 通过,并保存了细胞的完整性。这种转染技术的效率达 100%,且对细胞没有选择性,对细胞的生长和分裂不会产生有害影响,而且可同时运用双光子荧光成像技术对外源基因进行表达。这种对特定细胞类型(包括干细胞)能安全有效地进行外源基因转染的技术给很多领域带来广阔的应用前景,包括目标基因治疗和 DNA 接种疫苗。

**问题:**

(1)飞秒激光的特点是什么?

(2)飞秒激光对化学动力学研究的贡献有哪些?

(3)飞秒激光在生命科学领域有哪些应用?

# 第八节　几类特殊反应的动力学特征

## 一、溶液中反应

与气相反应不同,溶液中有大量的溶剂存在,因此溶液反应比气相反应复杂得多。如果溶剂分子仅仅作为反应介质,对反应物分子是惰性的,此时溶液中反应的动力学规律与气相中的反应相近。$N_2O_5$ 在一些溶剂中的分解反应就是这种情况,如表 6-4 所示,$N_2O_5$ 在气相或不同溶剂中分解速率几乎相等。

表 6-4　$N_2O_5$ 在不同溶剂中分解的数据(298.15 K)

| 溶剂 | $k/(10^{-5}\,s^{-1})$ | $lnA$ | $E_a/(kJ \cdot mol^{-1})$ |
|---|---|---|---|
| 气相 | 3.38 | 31.3 | 103.3 |
| $CCl_4$ | 4.09 | 31.3 | 101.3 |
| $CHCl_3$ | 3.72 | 31.3 | 102.5 |
| $C_2H_2Cl_2$ | 4.79 | 31.3 | 102.1 |
| $CH_3NO_2$ | 3.13 | 31.1 | 102.5 |
| $Br_2$ | 4.27 | 30.6 | 100.4 |

但更多情况下,溶剂对于化学反应速率的影响是不可忽视的,如 $C_6H_5CHO$ 的溴化反应,在 $CCl_4$ 中的反应速率比在 $CHCl_3$ 中快近 1 000 倍。一般来说,溶剂对反应系统有两个方面的影响:物理效应和化学效应。物理效应是指溶剂的解离作用、传能作用和介电性质等溶剂效应的影响。化学效应则是指溶剂的催化作用,甚至溶剂本身参与到反应中。

**(一) 笼效应**

在气相反应中,分子之间有着较大的间隙而自由地运动着。但溶液中进行的反应却与之不同,分子之间的空隙很小,每个分子的运动都受到相邻溶剂分子的阻碍,即反应分子被关在溶剂分子形成的"笼"中而不能自由运动,只能来回运动,与笼壁发生反复多次的碰撞。经过多次来回的碰撞后,分子有可能从笼中挤出,但很快又进入另一个笼中,这种现象称为**笼效应(cage effect)**,见图 6-14。

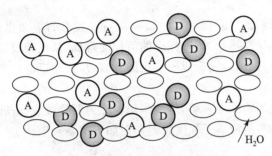

图 6-14　笼效应示意图

由于笼效应的存在,减少了不同笼子中反应物分子 A 与 D 之间的碰撞机会。但当两个反应物偶然进入同一个笼子之后,则可在笼中停留较长时间,发生多次的反复碰撞。据估算,在水溶液中,一对无相互作用的分子被关在同一笼子中的持续时间为 $10^{-12} \sim 10^{-11}$ s,在此期间进行 100~1 000 次碰撞。然后偶尔挤出这个笼子,扩散进入另一个笼中。可见溶液中分子的碰撞与气相中分子的碰撞不同,后者的碰撞是连续进行的,而前者是间断式的,一次碰撞中包含了多次的碰撞。但是就单位时间单位体积内反应物分子之间的总碰撞次数而言,溶液中的反应与气相反应大致相当。由于反应物分子穿过笼子所需的活化能(扩散活化能)一般小于 20 kJ·mol$^{-1}$,而大多数化学反应的活化能在 40~400 kJ·mol$^{-1}$ 之间,故扩散作用一般不影响反应速率。但对于活化能很小(反应速率很快)的反应,如溶液中的某些离子反应、自由基复合反应,则反应速率受到反应分子扩散速率的控制。若溶剂仅作为介质,同一反应在气、液相中反应速率接近。

在更多的情况下,溶剂分子与反应物分子之间存在着相互作用,对反应速率产生显著的影响,因此选择合适的溶剂,有时既可加速主反应的进行,又能抑制副反应的发生。

**(二) 溶剂性质对反应速率的影响**

1. 溶剂极性的影响

实验表明,如果产物的极性大于反应物的极性,则在极性溶剂中的反应速率比在非极性溶剂中的大;反之,如果产物的极性小于反应物的极性,则在极性溶剂中的反应速率比在非极性溶剂中的小。例如,反应

$$C_2H_5I + (C_2H_5)_3N \longrightarrow (C_2H_5)_4NI$$

生成物季铵盐的极性远远大于反应物,因此该反应随着溶剂极性的增加,反应速率逐渐加快。

### 2. 溶剂介电常数的影响

介电常数对于离子或极性分子之间的反应影响较大。一般来说,溶剂的介电常数越大,离子之间的相互作用力就越小,因此,同种电荷离子之间的反应,在介电常数较大的溶剂中进行,能增加反应速率;反之,异种电荷离子之间的反应或离子与极性分子之间的反应,在介电常数较小的溶剂中进行,反应速率相对较大。

例如,对于苄基溴的水解,$OH^-$有催化作用,这是一个正、负离子间的反应:

$$C_6H_5CH_2^+ + H_2O \xrightarrow{\quad OH^- \quad} C_6H_5CH_2OH + H^+ + Br^-$$

该反应在介电常数较小的溶剂中,异号离子容易相互吸引,故反应速率较大。加入介电常数比水小的物质如甘油、乙醇、丙二醇等,能加快该反应的进行。

### 3. 溶剂化的影响

物质的溶剂化将使其能量降低,因此,反应物与过渡态的溶剂化将影响反应的活化能。若过渡态的溶剂化作用比反应物大,则反应的活化能降低,从而使反应速率加快;反之,若反应物的溶剂化作用大于过渡态,则反应的活化能升高,从而使反应速率降低。

### 4. 离子强度的影响

溶液的离子强度会影响反应速率,这种作用也称为**原盐效应**(**primary salt effect**)。在稀溶液中离子反应的速率与溶液离子强度之间存在如下关系

$$\ln k = \ln k_0 + 2z_A z_B A \sqrt{I} \tag{6-71}$$

式中,$z_A$、$z_B$分别为反应物 A、B 离子电荷数;$I$ 为离子强度;$k_0$ 为离子强度为零时(无限稀释时)的速率常数;$A$ 为与溶剂和温度有关的常数,对 298 K 的水溶液,$A=1.172$。

由式(6-71)可知,同种电荷离子之间的反应,增加溶液的离子强度,可以加快反应速率;反之,异种电荷离子之间的反应,增加溶液的离子强度,则使反应速率降低。

---

**案例 6-2　离子液体**

离子液体曾经被认为是完全由离子组成的,然而最近的研究表明,除了游离态的离子外,离子液体中还含有带电荷的离子簇集、中性的离子对等。尽管目前尚无法对其组成和含量进行精准测定,但猜想它们之间的平衡,尤其是离子簇集大小和不同簇的比例,可能受外界环境(光、电、磁、热)的影响,并由此可能导致离子液体的物理化学性质发生变化。离子液体体系的复杂性使得它除了具有特殊的柔性离子环境(电荷分离状态和强的静电场)外,还可能具有其他一些特殊的性质,例如,已有研究证明,离子液体具有很好的吸收高能电子束的能力。

离子液体的性质研究大致可以分为三个阶段:早期的物理性质的研究,近期的化学性质研究,当前和将要开展的生物学特性研究。离子液体的生物学特性除了已经研究的毒性和生物降解性,还包括生物学相容性,以及生理特性等诸多方面。通过选择具有生物活性的阴、阳离子,可以得到具有药学特性的离子液体或者具有离子液体性质的药物,而离子液体的可设计性使得人们又可能调节其生物学特性,从而控制药物的传输、释放与药理特性。近年来,一些具有药学特性(抗菌、抗真菌、抗生素等)的离子液体药物已经开始出现并且相对于传统药物体现出了一定的优势。同时由于离子液体具有不同于固体或者分子液体的柔性和非挥发性表面,因此小尺度下的离子液体所具有的特性也将是纳米技术与生命科学研究的重要内容之一。

### 二、催化反应

#### （一）催化作用的基本概念

能够改变化学反应速率，而其本身的质量及化学组成在反应前后保持不变的物质称为**催化剂（catalyst）**，这种现象称为**催化作用（catalysis）**。

催化剂可以是有目的加入反应系统的，也可以是在反应过程中自发产生的产物或中间产物，后一种现象称为**自催化（autocatalysis）**，起催化作用的产物或中间产物称为**自催化剂（autocatalyst）**。例如，酸性 $KMnO_4$ 溶液氧化 $H_2C_2O_4$ 的反应，开始时反应进行得很慢，$KMnO_4$ 不褪色，但是经过一段时间后，$KMnO_4$ 褪色很快，这是由于反应生成的 $Mn^{2+}$ 具有自动催化作用的缘故。

有时反应系统中一些偶然的杂质、尘埃或反应容器壁等，也具有催化作用。例如，在 473 K，玻璃容器中进行的溴与乙烯的气相加成反应中，玻璃容器壁就具有催化作用。

根据反应物、产物和催化剂相态的异同，催化作用可分为**均相催化（homogeneous catalysis）**和**多相催化（heterogeneous catalysis）**两类。均相催化指催化剂和反应物在同一个相中的催化反应。例如，脂的水解在加入酸或碱后，反应速率即加快，属于均相催化。多相催化指催化剂在反应系统中自成一相的催化反应，反应发生在两相的界面，多见于固相催化剂催化气相或液相反应，如气固催化反应，催化剂为固相，反应物为气相。还有一种性质特殊的酶催化作用，可因酶所处的状态不同而视为单相催化或多相催化。单相催化具有较高的催化活性和较高的选择性，而多相催化的催化活性和选择性较差。但单相催化的最大缺点是在反应后，催化剂难以从系统中分离出来。目前人们正在积极研究单相催化剂的"固载化"或"多相化"，企图将单相催化剂担载在固相载体上，使其既保持高活性和高选择性的优点，又易于与反应系统分离以便重复使用。与之相反，为提高固相催化剂的催化活性和选择性，也在进行固相催化剂的单相化研究。

从化学反应动力学角度来看，催化剂与浓度、温度一样是影响化学反应速率的一种因素，但催化作用尤为显著。据统计，现代化学工业产品 80% 以上都要依靠催化反应获得，生物体内的各种生化反应是靠酶催化来进行的。研制新的催化剂是化学领域中的一个重要课题。

#### （二）催化作用的基本特征

均相催化作用、多相催化作用和酶催化作用的机理各不相同，但它们具有共同的基本特征：

（1）催化剂参与了化学反应，并在生成产物的同时，催化剂得到再生。因此在反应前后催化剂的质量及化学组成不变，而其物理性质可能发生变化，如外观、晶形等。

（2）催化剂不改变化学平衡，也不能使热力学上不可能实现的反应发生。从热力学可知，一个反应的平衡常数取决于该反应的标准摩尔 Gibbs 自由能变 $\Delta_r G_m^\ominus$。由于催化剂的存在不会改变反应系统的始态和终态，也就不会改变系统的状态函数，所以反应的平衡常数 $K$ 也保持不变。催化剂对正、逆反应都发生同样的影响，对正反应优良的催化剂也应该对逆反应有着同样的催化作用。

（3）催化剂具有选择性。通常一种催化剂只能催化一种或少数几种反应，同样的反应物选择不同的催化剂可以得到不同的产物。例如，298 K 时乙烯的氧化在不同催化剂的作用下将有以下三种情况：

$$CH_2=CH_2 + O_2 \begin{cases} \xrightarrow{\;Ag\;} & \begin{matrix} CH_2 - CH_2 \\ \diagdown O \diagup \end{matrix} \\ \xrightarrow{\;Pd\;} & CH_3CHO \\ \xrightarrow{\text{无催化剂}} & CO_2 + H_2O \end{cases}$$

催化剂的选择性对生产实际有重要意义，尤其是在一些手性化合物的合成中。工业上常用下式来定义催化剂的选择性，即

$$选择性 = \frac{转化为目的产物的原料量}{原料转化总量} \times 100\%$$

（4）许多催化剂对某些少量杂质极为敏感。若这些物质能使催化剂的活性、选择性、稳定性增强者称为助催化剂或促进剂，而能使催化剂的上述性质减弱者称为阻化剂或抑制剂。如果这些物质能使催化剂的活性严重降低甚至完全丧失，这种少量的杂质称为催化剂的毒物，这种现象称为催化剂中毒。例如，合成氨原料中的 $O_2$、$H_2O(g)$、$CO$、$CO_2$、$C_2H_2$、$PH_3$、As 和 S 等都是催化剂 Fe 的毒物。催化剂的中毒可以是永久性的，也可以是暂时性的。对于后者，只需将毒物除去，即可恢复催化剂的效力。

**（三）催化作用机理**

催化剂能加速反应的原因在于催化剂降低了反应的活化能 $E_a$ 或增大了指前因子 $A$。由表 6-5 可以看出，催化反应和非催化反应的活化能有很大的差别。

表 6-5　催化反应和非催化反应的活化能

| 反应 | 非催化反应 $E_a/(kJ \cdot mol^{-1})$ | 催化反应 $E_a/(kJ \cdot mol^{-1})$ | 催化剂 |
|---|---|---|---|
| 碘化氢的分解 | 184.1 | 104.6 | Au |
| 水的分解 | 244.8 | 134.0 | Pt |
| 蔗糖在盐酸溶液中的分解反应 | 107.1 | 39.3 | 转化酶 |
| 二氧化硫的氧化反应 | 251.0 | 62.76 | Pt |
| 合成氨 | 334.9 | 167.4 | $Fe-Al_2O_3-K_2O$ |

催化剂降低反应的活化能是由于催化剂与反应物分子形成了不稳定的中间化合物或活化络合物，或产生了物理或化学的吸附作用，然后中间产物继续反应生成产物并释放出催化剂，改变了反应途径，降低了表观活化能，使反应速率显著增大。

例如，某一反应

$$A + B \xrightarrow{\;k\;} AB$$

因催化剂参与反应，其催化机制可表达为

$$A + K \underset{k_2}{\overset{k_1}{\rightleftharpoons}} AK \quad （快平衡）$$

$$AK + B \xrightarrow{k_3} AB \quad (慢反应)$$

反应式中 K 为催化剂，AK 为反应物与催化剂生成的中间产物。

因第一步反应是快速平衡，则第二步反应是速控步。应用平衡态近似

$$\frac{dc_{AB}}{dt} = \frac{k_1 k_3}{k_2} c_K c_A c_B = k' c_A c_B$$

则反应的表观速率常数、表观活化能和表观指前因子分别为

$$\frac{dc_{AB}}{dt} = \frac{k_1 k_3}{k_2} c_K c_A c_B = k' c_A c_B$$

$$E_a' = E_{a1} + E_{a3} - E_{a2}$$

$$A' = \frac{A_1 A_3}{A_2} c_K$$

图 6-15 为上述反应机制中活化能的示意图。图中 $E_a$ 为非催化反应的活化能，$E_a'$ 为催化反应的活化能，各曲线上的峰代表活化分子的平均能量。由于催化剂参与了反应，改变了原来的反应途径，致使反应的活化能显著降低，多数催化剂能使反应的活化能降低 80 kJ·mol$^{-1}$ 以上。

研究发现，有些催化反应，活化能降低并不显著，但反应速率却有很大改变，这是由于指前因子 $A$ 的增加，从而使反应速率加快。

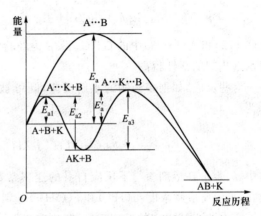

图 6-15 催化反应活化能与反应途径

### （四）酸碱催化反应

酸碱催化反应是溶液中最常见和最重要的一种催化反应。酸碱催化反应通常是离子型反应，其本质是质子的转移。

酸碱催化分为两类：**专属酸碱催化（specific acid-base catalysis）**和**广义酸碱催化（general acid-base catalysis）**。专属酸碱催化特指以 H$^+$ 或 OH$^-$ 为催化剂的反应。例如，蔗糖转化与淀粉水解都是以 H$^+$ 为催化剂，过氧化氢分解与醇醛缩合则是以 OH$^-$ 为催化剂，而阿司匹林和普鲁卡因的水解则既可被 H$^+$ 催化，又可被 OH$^-$ 催化。

广义酸碱催化是指以广义酸碱为催化剂的催化反应。根据 Brönsted 的定义，凡是在溶液中能给出质子的物质，就是广义酸；凡是能接受质子的物质，就是广义碱。酸碱催化剂的催化能力则取决于它给出质子或接受质子的能力。

例如，广义酸催化反应的作用机理可用下面的通式表示：

$$S(反应物) + HA(酸催化剂) \longrightarrow SH^+ + A^- \quad (慢)$$

$$SH^+ + A^- \longrightarrow P(产物) + HA(酸催化剂) \quad (快)$$

即在酸催化反应中，反应物 S 接受酸催化剂中的质子 H$^+$ 形成不稳定的中间物 SH$^+$，然后质子从中间物转移而生成产物 P 并重新得到酸催化剂 HA。通常反应的速率取决于第一步，

即催化剂把质子转移给反应物,因此催化剂的效率与其失去质子的能力,即酸的强度有关,可用酸的解离常数 $K_a$ 来衡量。

而广义碱催化反应的作用机理可用下列通式表示:

$$HS(反应物) + B(碱催化剂) \longrightarrow S^- + HB \quad (慢)$$

$$S^- + HB \longrightarrow P(产物) + B(碱催化剂) \quad (快)$$

同样,碱催化反应中,反应速率取决于第一步,即催化剂获取质子,催化剂的效率与其获取质子的能力,即碱的强度有关,可用碱的解离常数 $K_b$ 来衡量。

Brönsted 用实验证实了酸或碱的催化常数 $k_a$ 或 $k_b$ 与酸或碱的解离常数 $K_a$ 或 $K_b$ 之间存在如下关系,即

$$k_a = G_a K_a^{\alpha} \quad k_b = G_b K_b^{\beta} \tag{6-72}$$

或

$$\lg k_a = \lg G_a + \alpha \lg K_a \quad \lg k_b = \lg G_b + \beta \lg K_b \tag{6-73}$$

式(6-72)和式(6-73)中的 $G_a$、$G_b$、$\alpha$、$\beta$ 为经验常数,与反应种类和条件有关。$k_a$ 或 $k_b$ 越大,表示催化剂的活性越高。

有些反应,如很多药物的水解反应,既可被酸催化,又可被碱催化。其反应速率可表示为

$$-\frac{dc_S}{dt} = k_0 c_S + k(H^+) c(H^+) c_S + k(OH^-) c(OH^-) c_S$$

式中,$k_0$ 表示在溶剂参与下反应自身的速率常数;$k(H^+)$ 和 $k(OH^-)$ 分别为酸和碱催化常数;$c_S$ 表示反应物浓度;$c(H^+)$ 和 $c(OH^-)$ 分别表示 $H^+$ 和 $OH^-$ 的浓度。

令 $k$ 为上述反应的总速率常数,则有

$$k = k_0 + k(H^+) c(H^+) + k(OH^-) c(OH^-) \tag{6-74}$$

在水溶液中,式(6-74)也可表达为

$$k = k_0 + k(H^+) c(H^+) + k(OH^-) \frac{K_w}{c(H^+)} \tag{6-75}$$

式(6-75)表明,pH 对溶液中进行的酸碱催化反应速率有影响。若以 $k$ 对 pH 作图,可得图 6-16。

由图可见,当溶液的 pH 较小时,反应以酸催化为主,$k \approx k(H^+) c(H^+)$,即图中曲线的左段;当 pH 较大时,反应以碱催化为主,$k \approx k(OH^-) c(OH^-)$,即图中曲线的右段;pH 居中时,酸或碱催化作用都不大,主要为溶剂催化,$k \approx k_0$,即图中曲线的中段。

许多药物在溶液中的失效是由专属酸碱催化引起的,催化反应速率最慢(即药物最稳定)的 pH 用 $(pH)_m$ 表示,如图 6-16 曲线的最低点所对应的 pH。寻找药物 $(pH)_m$ 的方法有两种。一种是实验测定法,

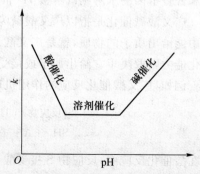

图 6-16 反应速率常数 $k$ 与 pH 的关系

即配制各种 pH 的药物溶液,测定其 $k$ 值,以 $k$(或 $\lg k$)对 pH 作图,从图中找出 $k$ 最小时的 pH。另一种方法是计算法,通过实验经如下简单计算得到。

对式(6-75)两端对 $c(H^+)$ 微分,并令其为零,则有

$$\frac{dk}{dc(H^+)}=k(H^+)-\frac{k(OH^-)-K_w}{c^2(H^+)}=0$$

整理后可得

$$(pH)_m=\frac{1}{2}\big[\lg k(H^+)-\lg k(OH^-)-\lg K_w\big] \tag{6-76}$$

式中不同温度下的 $K_w$ 可查手册,$k(H^+)$、$k(OH^-)$ 可从实验数据求得。

### (五) 酶催化反应

生物体内的千万种化学反应是维持生命活动的基本要素,这些反应的顺利进行依赖于高效、特异的生物催化剂——**酶(enzyme)**。酶是蛋白质,具有一般催化剂所没有的生物大分子特性,因此酶催化具有以下显著的特点:

(1) 高度的催化活性。酶的催化活性非常高,通常是普通催化剂的 $10^8 \sim 10^{12}$ 倍。例如,脲酶催化尿素的水解速率是 $H^+$ 催化作用的 $7 \times 10^{12}$ 倍;$\alpha$-胰凝乳蛋白酶对苯酰胺的水解速率是 $H^+$ 的 $6 \times 10^6$ 倍。酶的催化效率可用酶的转换数来表示。酶的转换数是指在酶被底物饱和的条件下,每个酶分子每秒钟将底物转换为产物的分子数。

(2) 高度的特异性。酶对所催化的底物具有较严格的选择性,一种酶通常只对一种反应具有催化效果,酶的这种特异性称为酶的特异性。例如,脲酶仅能催化尿素水解生成氨和二氧化碳,而对其他尿素的取代物(如甲脲)则无作用。糖代谢的酶类仅作用于 D-葡萄糖及其衍生物,对 L-葡萄糖及其衍生物则无作用;蛋白质代谢的酶类也仅作用于 L-氨基酸,对 D-氨基酸则无作用。但也有些酶对一类化合物或一种化学键有选择性,如酯酶可催化任何有机酯(包括脂类化合物)的水解;蔗糖酶不仅可催化蔗糖的水解,也可使棉籽糖中的同一糖苷键水解。

(3) 反应条件温和。温度对酶促反应速率具有双重影响。一方面温度升高可加快酶促反应的速率,但同时也增加酶变性的机会。因此酶催化反应一般在常温下进行,介质为中性或者近中性,反应的浓度往往比较低。

酶对外界条件很敏感,高温、强酸、强碱、紫外线、重金属盐都能使酶失去活性。例如,氰化物和砷化物就是许多酶催化剂的毒物,$CN^-$ 可与酶分子中的过渡金属配位,使酶丧失催化活性,从而造成生物的死亡。

酶催化反应的机理很复杂,目前多采用 Michaelis-Menten 提出的机理。该机理认为:在酶催化反应中,酶 E 与底物 S 先形成一种不稳定的中间产物 ES,即酶-底物复合物,这是一步快反应,然后酶底复合物再生成产物 P,并释放出酶 E,这是一步慢反应,控制了总反应速率。其过程可表示为

$$S+E \underset{k_2}{\overset{k_1}{\rightleftharpoons}} ES \xrightarrow{k_3} E+P$$

由于酶的催化活性很高,反应系统中酶的浓度很低,因此中间产物 ES 的浓度很低。根据稳态近似法,可得

$$\frac{dc_{ES}}{dt} = k_1 c_E c_S - k_2 c_{ES} - k_3 c_{ES} = 0 \tag{6-77}$$

根据式(6-77)可以求得中间产物 ES 的浓度为

$$c_{ES} = \frac{k_1 c_E c_S}{k_2 + k_3} = \frac{c_E c_S}{K_M} \tag{6-78}$$

式(6-78)中,$K_M = \frac{k_2 + k_3}{k_1} = \frac{c_S c_E}{c_{ES}}$,称为米氏常数;$c_E$ 和 $c_S$ 是游离酶和底物的浓度。实验过程中 $c_E$ 的浓度难以准确测定,而酶的起始浓度 $c_{E,0}$ 可以准确知道,即

$$c_{E,0} = c_E + c_{ES} \tag{6-79}$$

又产物 P 的生成速率为

$$r = \frac{dc_P}{dt} = k_2 c_{ES} \tag{6-80}$$

式(6-79)代入式(6-80)中,得

$$r = \frac{dc_P}{dt} = k_3 c_{ES} = k_3 \frac{c_{E,0} c_S}{K_M + c_S} \tag{6-81}$$

式(6-81)即为酶催化反应的速率方程,又称米氏方程。

由式(6-81)可知,当底物浓度很小时,即 $c_S \ll K_M$,则式(6-81)可简化为

$$r = \frac{dc_P}{dt} = k_3 c_{ES} = \frac{k_3}{K_M} c_{E,0} c_S$$

此时酶促反应速率与底物浓度的一次方成正比,因此为一级反应。

当底物浓度很大时,即 $c_S \gg K_M$,则式(6-81)可简化为

$$r = \frac{dc_P}{dt} = k_3 c_{E,0}$$

此时酶促反应速率与底物浓度无关,因此为零级反应。

当 $c_S \rightarrow \infty$ 时,反应速率趋近于最大值 $r_{max} = k_3 c_{E,0}$。将 $r_{max} = k_3 c_{E,0}$ 代入式(6-81),得

$$r = \frac{\gamma_{max} c_S}{K_M + c_S} \tag{6-82}$$

显然,当 $r = \frac{1}{2} r_{max}$ 时,$K_M = c_S$,即米氏常数等于最大速率一半时的底物浓度。图 6-17 为典型的酶催化反应速率曲线。

式(6-82)可改写为

$$\frac{1}{r} = \frac{K_M}{r_{max} c_S} + \frac{1}{r_{max}}$$

以 $\frac{1}{r}$ 对 $\frac{1}{c_S}$ 作图,可得一条直线,直线的斜率为 $\frac{K_M}{r_{max}}$,截

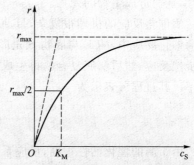

图 6-17 典型的酶催化反应速率曲线

距为 $\dfrac{1}{r_{\max}}$，从而可以求出 $K_M$ 和 $r_{\max}$。

$K_M$ 是酶催化反应的特性常数，它反映了酶与底物的亲和力，其值越小，酶的活性越高。大多数纯酶的 $K_M$ 值在 $10^{-4} \sim 10^{-1}\ mol \cdot L^{-1}$ 之间，其大小与酶的浓度无关。不同的酶 $K_M$ 不同，同一种酶催化不同的反应时 $K_M$ 也不同。

## 三、光化学反应

在光的照射下发生的化学反应称为**光化学反应**（photochemical reaction），简称光化反应。紫外线、可见光和近红外线等波长范围在 $100 \sim 1\,000\ nm$ 之间的光辐射，都能引发光化反应的发生。光化学反应现象实际早已为人们熟知，例如，植物在阳光下进行的光合作用就是典型的光化学反应，光合作用可表示为

$$CO_2 + H_2O \xrightarrow[\text{叶绿素}]{h\nu} \frac{1}{6}C_6H_{12}O_6 + O_2$$

相对于光化学反应，普通的化学反应可称为热反应。

**（一）光化学反应的特点**

与热化学反应相比，光化学反应具有以下特点：

（1）根据热力学第二定律，在等温等压和不做非体积功的条件下，自发进行的热化学反应必定 $\Delta G < 0$；而光化反应进行的方向则与 $\Delta G$ 增减没有必然的联系。因为在光化反应中，环境以光的形式对系统做了非体积功。例如，植物在阳光下进行的光合作用就是一个 $\Delta G > 0$ 的反应，而光化链反应 $H_2 + Cl_2 \longrightarrow 2HCl$ 则是一个 $\Delta G < 0$ 的反应。

（2）热反应的反应速率一般随温度升高而增大；而光化反应的反应速率受温度影响较小。在热反应中，反应所需的活化能来源于分子的热运动，因而反应速率对温度的变化十分敏感，即有较大的温度系数。而在光化反应中，活化能来源于光量子，反应速率主要取决于光的强度而受温度影响较小，它可以在热反应不能发生的条件下引起化学变化。例如，某些反应物即使在液氮或液氢下冻成固体时也可以光解。一般来说，温度升高 10 K，光化反应速率增大 $0.1 \sim 1$ 倍，也有负温度系数的光化反应。光化反应的活化过程完全不依赖于温度，温度对光化反应速率的影响，发生在继活化过程之后进行的热反应中。

（3）光化反应比热反应更具有选择性。光化反应的活化能来源于光量子，而物质对光量子的吸收是有选择性的。特定的物质吸收特定频率（或波长）的光量子，因而不同的频率的光可以有选择地引发不同的化学反应。而加热混合物，所有组分的平动能都增加，因而具有较低的选择性。

**（二）光化学基本定律**

只有被系统吸收的光才有可能引起光化学反应，这就是光化学第一定律。这一定律是 1818 年由 T. Grotthus 和 J. W. Draper 提出的，故又称为 Grotthus–Draper 定律。显然，能被反应物吸收的光子能量应该与反应物分子从基态跃迁到激发态所需能量相当。

Einstein 在此基础上提出了光化学第二定律：在光化反应的初级过程中，被活化的分子数或原子数等于被吸收的光量子数，又称为**光化学当量定律**（law of photochemical equivalence）。

根据量子学说，分子或原子对光的吸收或发射都是量子化的，并且光量子的能量 $\varepsilon$ 与光的频率 $\nu$ 成正比，即

$$\varepsilon = h\nu = \frac{hc}{\lambda}$$

式中，$h$ 为 Planck 常量，$h = 6.626 \times 10^{-34}$ J·s；$c$ 为真空中的光速，$c = 2.998 \times 10^{8}$ m·s$^{-1}$；$\lambda$ 为真空中的波长。

活化 1 mol 分子或原子需要吸收 1 mol 光量子，1 mol 光量子所具有的能量称为 1 Einstein，用 $E$ 表示，显然

$$E = Lhn = \frac{Lhc}{\lambda} = \frac{6.022 \times 10^{23} \, mol^{-1} \times 6.626 \times 10^{-34} \, J \cdot s \times 2.998 \times 10^{8} \, m \cdot s^{-1}}{\lambda}$$

$$= \frac{0.119\ 6}{\lambda} \, J \cdot mol^{-1}$$

式中，$L$ 为 Avogadro 常数；$\lambda$ 的单位为 m。

光化学当量定律只适用于光化反应的初级过程。光化学反应一般分两个阶段进行，第一阶段叫**初级过程（primary process）**，第二阶段叫**次级过程（secondary process）**。初级过程必须在光的照射下才能进行，是反应物分子或原子吸收光能被活化成为激发态的分子或原子。随后是次级过程，即活化分子或原子与其他分子发生反应，或将能量传递给低能量分子而失活，或发生其他一系列的热反应。

**（三）量子效率**

在光化反应中，系统吸收一个光量子而使一个分子或原子活化，但并不意味着一定能使一个分子或原子发生光化反应，有可能引起多个分子或原子发生反应，也可能不引发反应。在光化反应中，将发生反应的分子数与被吸收的光量子数之比称为**量子效率（quantum efficiency）**，也称**量子产率（quantum yield）**，用符号 $\Phi$ 表示，即

$$\Phi = \frac{\text{发生反应的分子数}}{\text{被吸收的光量子数}} \tag{6-83}$$

根据光化学当量定律，光化学初级过程的量子效率为 1，但一般光化学反应常伴有复杂的次级过程，而由于活化分子所进行的次级过程不同，$\Phi$ 值差别很大。例如，HI 的光化学分解反应：

初级过程（光化学反应）：$HI \xrightarrow{h\nu} H \cdot + I \cdot$

次级过程（热反应）：$H \cdot + HI \to H_2 + I \cdot$

次级过程（热反应）：$2I \cdot + M_{(低能)} \to I_2 + M_{(高能)}$

总反应：$2HI \xrightarrow{h\nu} H_2 + I_2$

即一个光量子能使两个 HI 分子分解，故 $\Phi = 2$。

若次级反应为链反应，则 $\Phi$ 值可能很大，如 $H_2$ 和 $Cl_2$ 的气相光化学反应，$\Phi$ 高达 $10^6$。若次级反应中包括消化作用，则 $\Phi$ 可能小于 1，如 $CH_3I$ 的光解反应，$\Phi = 0.01$。

光可以直接被反应物吸收而引起化学反应，也可以被反应体系中其他物质吸收而间接地引起化学反应。后者称为光敏反应（或感光反应），吸收光而间接引起反应的物质称为光敏剂（或感光剂），光敏剂本身在反应前后不发生变化。例如，植物在阳光下进行的光合作用就是一个光敏反应，$CO_2$ 和 $H_2O$ 分子都不能直接吸收波长为 400～700 nm 的可见光，而必须依赖叶绿素这一反应中的光敏剂。

　　研制开发合适的光敏剂对合理利用太阳能有重大意义。例如,水分解成氢气和氧气,所需要的能量约 286 kJ·mol$^{-1}$,太阳能足以将水分解。可是,在阳光照射下的水丝毫看不到氢气和氧气的生成,关键是缺乏光敏剂。若能研制出这类合适的光敏剂,人们将得到一个取之不尽的清洁能源。目前,这类光敏剂的研制已有较快的进展。

　　有的药物对热很稳定,而对光不稳定,其贮存期主要取决于光照度。在光源一定时,药物在光照射下的含量下降程度与入射光的照度与时间的乘积(累积光量)有关。研究药物在光照射下的稳定性和预测其贮存期,就需要在较高的照度下测定药物含量的变化,找出药物含量与累积光量的关系,由此计算得到在自然贮存条件下的药物贮存期。

(赵先英)

## 参 考 文 献

[1] 傅献彩,沈文霞,姚天扬,等.物理化学(下册).5 版.北京:高等教育出版社,2006.

[2] 张小华,夏厚林.物理化学.北京:人民卫生出版社,2012.

[3] 崔黎丽,刘毅敏.物理化学.北京:科学出版社,2011.

[4] Engel T,Reid R.Physical chemistry.3rd ed.New Jersey:Prentice Hall,2012.

[5] Mortimer R G.Physical chemistry.3rd ed.London:Elsevier Academic Press,2008.

## 习　　题

　　1. 现在已有科学家成功地用水光解制备了氢气和氧气。为什么阳光照在水面上看不到有丝毫的氢气和氧气生成?

　　2. 复合反应速率方程的近似处理有哪几种方法? 各种方法的适用条件是什么?

　　3. 酶催化有哪些特点? 结合这些特点谈谈仿生催化研究的意义。

　　4. 光化学反应对于温度为什么不如热反应敏感? 为什么还与温度有关?

　　5. 某一级反应在 340 K 时完成 20% 需 3.2 min,而在 300 K 时同样完成 20% 需 12.6 min。计算该反应的活化能。

　　6. 醋酸酐的分解是一级反应,其速率常数 $k/\text{s}^{-1}$ 与温度 $T/\text{K}$ 有如下关系:$\lg k = 12.041\ 4 - 7.537 \times 10^3/T$。欲使此反应在 10 min 内转化率达到 90%,应如何控制温度?

　　7. 反应 A $\underset{k_2}{\overset{k_1}{\rightleftharpoons}}$ G,在 298 K,$k_1 = 2.0 \times 10^{-2}$ min$^{-1}$,$k_2 = 5.0 \times 10^{-3}$ min$^{-1}$,温度增加到 310 K 时,$k_1$ 增加为原来的 4 倍,$k_2$ 增加为原来的 2 倍,计算:(1) 298 K 时平衡常数;(2) 若反应由纯 A 开始,问经过多长时间后,A 和 G 浓度相等? (3) 正、逆反应的活化能 $E_{a1}$、$E_{a2}$。

　　8. 已知某气相反应 A $\underset{k_2}{\overset{k_1}{\rightleftharpoons}}$ B+C,在 298 K 时的 $k_1$ 和 $k_{-1}$ 分别为 0.2 Pa$^{-1}$·s$^{-1}$ 和 3.938×10$^{-3}$ Pa$^{-1}$·s$^{-1}$,在 308 K 时正、逆反应的速率常数 $k_1$ 和 $k_{-1}$ 均增加为原来的 2 倍。求:(1) 298 K 时的平衡常数 $K_c$;(2) 正、逆反应的活化能;(3) 反应的热效应 $Q$。

　　9. 在 294 K,一级反应 A $\longrightarrow$ C 直接进行时,A 的半衰期为 1 000 min,若温度升至 400 K,则反应开始 0.1 min 后 A 的浓度降到初始浓度的 1/1 024。改变反应条件,使该反应分两步进行:A $\underset{k_{-1}}{\overset{k_1}{\rightleftharpoons}}$ A$^*$,A$^*$ $\overset{k_2}{\longrightarrow}$ C。

已知两步的活化能分别为 $E_1 = 125.52 \text{ kJ} \cdot \text{mol}^{-1}$，$E_{-1} = 120.3 \text{ kJ} \cdot \text{mol}^{-1}$ 及 $E_2 = 167.36 \text{ kJ} \cdot \text{mol}^{-1}$，试计算 500 K 时反应是直接进行的速率较快还是分步进行的速率较快？快多少倍？

10. 已知反应 $C \longrightarrow B$ 在一定范围内，其速率常数与温度的关系为

$$\lg k = -\frac{400}{T} + 7.0 \quad (k \text{ 的单位为 min}^{-1}, T \text{ 的单位为 K})$$

(1) 求反应的活化能和指前因子 $A$；(2) 若反应在 30 s 时 C 反应 50%，问反应温度应控制在多少度？

(3) 若此反应为可逆反应：$C \underset{k_{-1}}{\overset{k_1}{\rightleftharpoons}} B$，且正、逆反应都是一级，在某一温度时 $k_1 = 0.01 \text{ min}^{-1}$，平衡常数 $K = 4$，如果开始只有 C，其初始浓度为 $0.01 \text{ mol} \cdot \text{L}^{-1}$，求 30 min 后 B 的浓度。

11. 某溶液中反应 $A + B \longrightarrow C$，开始时 A 与 B 的物质的量相等，没有 C。1 h 后 A 的转化率为 75%，问 2 h 后 A 还有多少未反应？假设反应：

(1) 对 A 为一级，对 B 为零级；

(2) 对 A、B 都为一级；

(3) 对 A、B 都为零级。

12. 已知某气相反应的反应机理为

$$A \underset{k_{-1}}{\overset{k_1}{\rightleftharpoons}} B$$

$$B + C \overset{k_2}{\longrightarrow} D$$

B 为活泼物质，可运用稳态近似法。试证明此反应在高压下为一级，低压下为二级。

# 第七章 表面现象

多相系统中,相与相之间存在着一个约有几个分子厚度的过渡区,称为**界面(interface)**。根据接触两相物质聚集状态的不同,界面可分为气液、气固、液液、液固和固固界面五种类型。习惯上把其中一相为气相的界面称为**表面(surface)**,但在使用界面和表面这两个名词时往往不作严格区分,常统称为表面。在相界面上发生的一些行为和现象,通常称作**表面现象(surface phenomena)**。

表面现象在日常生活、生命现象及临床治疗的过程中广泛存在。表面物理化学的原理在生物学、医学、农学、气象学等学科及石油、日用化工、材料、环保、食品等各个领域有着广泛的应用。药物的合成、提取分离、药理活性、分析、制剂、保存及使用等过程都不同程度涉及表面物理化学问题。

## 第一节 表面 Gibbs 自由能与表面张力

### 一、表面积

对于一定量的凝聚态物质而言,分散程度越高,其表面积就越大,表面性质就越明显。通常以单位质量或单位体积物质所具有的表面积表示多相分散系统的分散程度,称为**比表面积(specific surface area)**,或称为**分散度(degree of dispersion)**,定义为

$$a_s = \frac{A}{m} \quad 或 \quad a_V = \frac{A}{V} \tag{7-1}$$

式中,$A$ 为物质的表面积;$m$ 为物质的质量;$V$ 为物质的体积。$a_s$ 的单位为 $m^2 \cdot kg^{-1}$ 或 $m^2 \cdot g^{-1}$,$a_V$ 的单位为 $m^{-1}$。

**例 7-1** 某药物的粉末剂型应用新的制备技术后,药物粒子的粒径从 $r_1 = 10^{-5}$ m 减小到 $r_2 = 10^{-7}$ m,假设药物粒子为球形,试计算相同质量的新旧药物粉末表面积 $A_2$ 和 $A_1$ 之比。

**解:** 设 $A_r$ 为粒径为 $r$ 的药物粉末的表面积,$n_r$ 为粒径为 $r$ 的药物粉末的粒数。质量相同,则总体积也相同,设为 $V_总$。球形粒子的表面积和体积分别为 $A = 4\pi r^2$,$V = \frac{4}{3}\pi r^3$,则

$$\frac{A_2}{A_1} = \frac{A_{r_2} \cdot n_{r_2}}{A_{r_1} \cdot n_{r_1}} = \frac{4\pi r_2^2 \cdot \dfrac{V_总}{\frac{4}{3}\pi r_2^3}}{4\pi r_1^2 \cdot \dfrac{V_总}{\frac{4}{3}\pi r_1^3}} = \frac{r_1}{r_2} = \frac{10^{-5}\ \text{m}}{10^{-7}\ \text{m}} = 100$$

由此可见,对于一定量的物质,分散的粒子越细小,粒子数量越多,系统的分散度就越高,则表面效应越显著。通常表面在整个系统的性质中所占比例很小,往往被忽略,但对于一个高度分散的系统,其表面性质对整个系统性质的影响则是不容忽视的。

---

**案例 7-1　药物颗粒的分散度**

药物的溶解度直接影响其在体内的吸收和生物利用度,很多药物由于溶解性较差,难以被机体吸收,从而导致生物利用度低。改善药物的溶解性,提高药物的生物利用度,是药剂学面临的亟待解决的问题。增加难溶性药物生物利用度的方法之一是提高药物颗粒的分散度(即减小药物粒径),不仅可提高溶解度,而且能减少用药剂量而保持同样的疗效。比如,难溶性口服药灰黄霉素片剂,主药经微粉化处理后,控制其平均粒径在 5 μm 以下,片剂的药效可以增加一倍以上。近年来出现的固体分散技术,其目的也是为了尽可能提高药物颗粒的分散度。

**问题:**

(1) 相同质量的情况下,药物粒径减小,其比表面积将如何变化?

(2) 药物粒径变小,为何能提高药物的溶解度?

(3) 固体分散技术如何提高药物颗粒的分散度?

## 二、表面 Gibbs 自由能

处于界面层的分子和体相内部分子受力不同。图 7-1 所示为液体及其蒸气所形成的界面,液相密度大,分子间距离近,分子间作用力大,体相内每个分子周围布满了液体分子,从各个方向所受的吸引力是对称的,可以相互抵消,合力为零,因此体相内部的分子可以无规则移动而不消耗功。但液相表面层中的分子的受力情况与体相内分子大不相同,由于气相密度比液相密度小得多,液相分子对表面层分子的吸引力大于气相分子对其的吸引力,吸引力的合力垂直于表面并指向液体内部。若把液体内部的一个分子拉至表面层,必须对系统做功以克服该分子所受到的体相内部分子对其的吸引力,所做的功转化为表面分子的势能,因此,表面层的分子比体相内部的分子具有更高的能量。

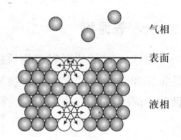

气相

表面

液相

图 7-1　液体表面与体相分子受力示意图

在温度、压力和组成确定的条件下,可逆增加表面积 $dA$ 时,环境对系统所做的功称为表面功,这是一种非体积功。表面功的大小与 $dA$ 成正比,即

$$\delta W_r' = \sigma dA \tag{7-2}$$

式中,$\sigma$ 为比例系数,即在等温、等压和组成恒定的条件下,可逆地增加单位表面积,环境对系统所做的表面功。由热力学第二定律可以得到

$$(dG)_{T,p,n_B} = \delta W_r' \tag{7-3}$$

因此式(7-2)可表示为

$$(dG)_{T,p,n_B} = \sigma dA \tag{7-4}$$

$$\sigma = \left( \frac{\partial G}{\partial A} \right)_{T,p,n_B} \tag{7-5}$$

式(7-5)是 $\sigma$ 的热力学定义,其物理意义为:在等温、等压和组成恒定的条件下,增加单位表面积时系统 Gibbs 自由能的增量。$\sigma$ 被称为**表面 Gibbs 自由能(surface Gibbs free energy)**,

简称**表面能**,单位为 J·m$^{-2}$。也可以把表面 Gibbs 自由能理解为单位表面积的分子比其处于体相内部时所高出的那一部分 Gibbs 自由能。一个高度分散的系统,就会蓄积大量的能量,这正是引起各种表面现象的根本原因,其表面能的数值也不容忽视。例如,产生大量固体粉尘的工厂车间需要高度重视粉尘爆炸的危险,其原因就是表面能过高导致系统处于极不稳定状态所致。

### 三、表面张力

早在表面 Gibbs 自由能的概念被提出之前的一个世纪,就有人提出表面张力的概念。液膜自动收缩、液滴自动成球形和毛细现象等,都表明有一种使液体表面收缩的作用力。把一个用金属丝做成的一边可以滑动的矩形框架浸入肥皂液中,取出使之在框架上形成一层肥皂液膜(见图 7-2),若要保持液膜不收缩,必须在可滑动边 $AB$ 上施加一个向右的力 $F$。而一旦撤去该力,$AB$ 边就会自动向左滑动,使液膜缩小。

上述现象表明,液体表面存在一种使液面收缩的力,称为**表面张力**(surface tension)或**界面张力**(interfacial tension)。表面张力的方向与表面相切,而不是指向液体内部,是垂直作用于表面上单位长度线段上的表面收缩力。

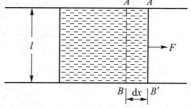

在图 7-2 所示的实验中,如果金属丝的长度为 $l$,作用力为 $F$,$AB$ 边在可逆的情况下向右移动的距离为 $\mathrm{d}x$,肥皂膜的表面积增加了 $\mathrm{d}A$。因为液膜有正、反两个表面,所以共增加面积为 $2l \cdot \mathrm{d}x$。在此过程中,环境对液体所做的表面功为 $\delta W'_r = F\mathrm{d}x$,该表面功即增加表面积 $\mathrm{d}A$ 而引起的表面 Gibbs 自由能的增量。即

图 7-2　表面张力示意图

$$\delta W'_r = F\mathrm{d}x = \mathrm{d}G_{T,p}$$

由式(7-4)可知,$\delta W'_r = \sigma \mathrm{d}A = \mathrm{d}G_{T,p}$,整理得

$$F\mathrm{d}x = \mathrm{d}G_{T,p} = \sigma \mathrm{d}A = 2\sigma l\,\mathrm{d}x$$

$$\sigma = \frac{F}{2l} \tag{7-6}$$

式(7-6)是 $\sigma$ 的力学定义,其物理意义为:与表面平行、垂直作用于单位长度上的使表面收缩的力,即表面张力,单位为 N·m$^{-1}$。因此,$\sigma$ 既是表面 Gibbs 自由能,也是表面张力,这两个概念是分别用热力学和力学方法讨论同一个表面现象时采用的物理量,虽然被赋予的物理意义不同,但它们是完全等价的,具有等价的量纲和相同的数值。由于习惯,在本章使用表面张力这个物理量名称,但用热力学理论讨论表面现象时,常使用表面 Gibbs 自由能的概念。液体表面张力的测定方法有很多,如毛细管上升法、最大泡压法、滴重(体积)法、吊片法等。由于固体表面不能任意移动,迄今尚无直接测定固体表面张力的方法。

### 四、表面的热力学关系式

前面在讨论热力学函数基本关系式时,假定只有体积功,当考虑高度分散的系统做非体积功(表面功)时,多组分系统的热力学函数基本关系式应表示为

$$dU = TdS - pdV + \sigma dA + \sum_B \mu_B dn_B \tag{7-7}$$

$$dH = TdS + Vdp + \sigma dA + \sum_B \mu_B dn_B \tag{7-8}$$

$$dF = -SdT - pdV + \sigma dA + \sum_B \mu_B dn_B \tag{7-9}$$

$$dG = -SdT + Vdp + \sigma dA + \sum_B \mu_B dn_B \tag{7-10}$$

由上述关系式得

$$\sigma = \left(\frac{\partial U}{\partial A}\right)_{S,V,n_B} = \left(\frac{\partial H}{\partial A}\right)_{S,p,n_B} = \left(\frac{\partial F}{\partial A}\right)_{T,V,n_B} = \left(\frac{\partial G}{\partial A}\right)_{T,p,n_B} \tag{7-11}$$

从式(7-11)可知,$\sigma$ 是在指定变量和组成不变的条件下,增加单位表面积时系统热力学函数的增量。

组成不变的系统在等容或等压条件下,式(7-9)和式(7-10)可分别表示为

$$(dF)_{V,n_B} = -SdT + \sigma dA \tag{7-12}$$

$$(dG)_{p,n_B} = -SdT + \sigma dA \tag{7-13}$$

由 Maxwell 关系式得

$$\left(\frac{\partial S}{\partial A}\right)_{T,V,n_B} = -\left(\frac{\partial \sigma}{\partial T}\right)_{A,V,n_B} \tag{7-14}$$

$$\left(\frac{\partial S}{\partial A}\right)_{T,p,n_B} = -\left(\frac{\partial \sigma}{\partial T}\right)_{A,p,n_B} \tag{7-15}$$

对于组成不变的等容系统,式(7-7)可表示为

$$(dU)_{V,n_B} = TdS + \sigma dA$$

代入式(7-14),得

$$\left(\frac{\partial U}{\partial A}\right)_{T,V,n_B} = \sigma - T\left(\frac{\partial \sigma}{\partial T}\right)_{A,V,n_B} \tag{7-16}$$

对于组成不变的等压系统,从式(7-8)和式(7-15)可得

$$\left(\frac{\partial H}{\partial A}\right)_{T,p,n_B} = \sigma - T\left(\frac{\partial \sigma}{\partial T}\right)_{A,p,n_B} \tag{7-17}$$

表面张力随温度升高而降低,故由式(7-16)和式(7-17)可知,增大表面积时,系统的热力学能和焓都增加,其增量可以通过表面张力及其随温度的变化率进行计算。

## 五、影响表面张力的因素

表面张力是系统的强度性质,其大小主要与物质的本性、共存的另一种物质及温度、压力等因素有关。

**（一）物质的本性**

表 7-1 给出了一些物质的表（界）面张力数据。从表 7-1 中可知,不同物质具有不同的表面张力,由于表面张力的产生是因物质内部的分子间引力所引起,所以分子间作用力越大的物质,其表面张力就越大。气相分子间作用力远远小于液体,表面张力主要取决于液体和固体分子间的作用力。而固体分子间作用力远大于液体分子间作用力,因此,固体的表面张力比液体表面张力大很多。一般物质的表面张力之间存在如下关系:金属键分子＞离子键分子＞极性分子＞非极性分子。例如,汞的表面张力 $\sigma$ 为 $484\times10^{-3}$ N·m$^{-1}$。

表 7-1　一些物质的表（界）面张力(293.15 K)

| 液体/空气 | $\sigma/(10^{-3}$ N·m$^{-1})$ | 液体/液体 | $\sigma/(10^{-3}$ N·m$^{-1})$ |
|---|---|---|---|
| 水 | 72.75 | 苯/水 | 35.0 |
| 苯 | 28.88 | 四氯化碳/水 | 45.0 |
| 乙醇 | 22.27 | 橄榄油/水 | 22.8 |
| 乙二醇 | 46.0 | 液体石蜡/水 | 53.1 |
| 甘油 | 63.0 | 乙醚/水 | 9.7 |
| 丙酮 | 23.7 | 正丁醇/水 | 1.8 |
| 液体石蜡 | 33.1 | 正庚烷/水 | 5.02 |
| 棉籽油 | 35.4 | 乙醇/汞 | 364.3 |
| 橄榄油 | 35.8 | 正庚烷/汞 | 378 |
| 蓖麻油 | 39.8 | 苯/汞 | 357 |
| 汞 | 484 | 水/汞 | 375 |

**（二）共存的另一相**

表面张力的大小还和形成相界面的另一相有关,同一种物质与不同性质的其他物质接触时,界面层分子所处的力场不同,界面张力会有明显差别,这可以从表 7-1 的数据中看出。

**（三）温度**

一般液体的表面张力随温度升高而下降。因为升高温度,分子的热运动加剧,分子间的相互作用力减弱,同时升高温度也会使两相之间的密度差减小。但当温度趋于临界温度时,饱和液体与饱和蒸气的性质趋于一致,气液界面消失,表面张力趋于零。

**（四）压力**

压力对表面张力的影响很小。一般增加气相的压力,可使气相的密度增大,减小液体表面分子受力不均匀程度,同时气体溶解度和表面吸附增加,改变液相组分,使表面张力降低。

**（五）溶液组成**

组成不同的系统,分子间力不同,因此会影响表面张力的大小,具体在本章第四节讨论。

## 第二节  弯曲液面的性质

### 一、弯曲液面的附加压力

#### （一）弯曲液面的附加压力

用细管吹一个肥皂泡后，若不堵住管口，肥皂泡很快会缩小成一个液滴。这一现象说明，肥皂泡液膜内外存在压力差。由于表面张力的存在，在弯曲液面下的液体与水平液面受到的压力情况不同，这种压力差是由于液面的弯曲而引起的。在液体表面取一小块圆形面积 $AB$ 进行分析，表面张力作用于 $AB$ 圆周边界线，力的方向与液面相切且和 $AB$ 圆周边界线相垂直。若液面 $AB$ 是水平的，则作用于圆周各方向的表面张力相互抵消，合力为零，此时液体内部的压力 $p_r$ 与液面上压力 $p_0$ 相等，$p_r = p_0$，见图 7-3(a)。对于凸液面，作用在 $AB$ 圆周边界的表面张力不在一水平面上，产生了一个指向液体内部的合力 $\Delta p$，导致液体内部分子受到的压力大于外部压力，即 $p_r = p_0 + \Delta p$，见图 7-3(b)。而对于凹液面，作用在 $AB$ 圆周边界的表面张力同样会产生一个合力，方向则指向液体外部，液体内部分子受到的压力小于外部压力，即 $p_r = p_0 - \Delta p$，见图 7-3(c)。此处的 $\Delta p$ 即为弯曲液面内外存在的压力差，称为**附加压力**（excess pressure）。若考虑附加压力的方向，则 $p_r$、$p_0$、$\Delta p$ 三者间的关系为

$$p_r = p_0 + \Delta p$$

附加压力的方向始终指向曲率中心，对于凸液面，$\Delta p$ 为正值，对于凹液面 $\Delta p$ 为负值。

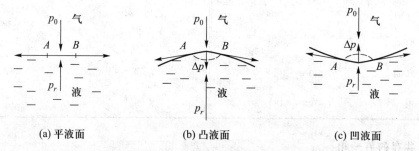

(a) 平液面　　　　　(b) 凸液面　　　　　(c) 凹液面

图 7-3　三种液面的附加压力示意图

#### （二）Young-Laplace 公式

弯曲液面附加压力的大小与液体的表面张力及液面的曲率半径有关。设有一毛细管管内充满液体，下端有一半径为 $r$ 的球形液滴与之处于平衡状态（见图 7-4），此时液滴内部的压力 $p_r = p_0 + \Delta p$。向下移动活塞使毛细管中液体减少 $\mathrm{d}V$，则液滴体积相应增大 $\mathrm{d}V$，其表面积增加 $\mathrm{d}A$。环境对系统所做的功为克服附加压力而做的体积功，也可以看作用于克服表面张力使液体表面积增大而做的表面功，两者等价，故有

$$(p_r - p_0)\mathrm{d}V = \Delta p \, \mathrm{d}V = \sigma \mathrm{d}A$$

对于球形液滴，其表面积 $A = 4\pi r^2$，$\mathrm{d}A = 8\pi r \mathrm{d}r$；球体积 $V = \dfrac{4}{3}\pi r^3$，

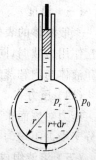

图 7-4　附加压力与曲率半径的关系

$dV = 4\pi r^2 dr$。因此,将 $dA$、$dV$ 代入上式,得

$$\Delta p = \frac{2\sigma}{r} \tag{7-18}$$

对于一个任意曲面,可用两个曲率半径来描述。1805 年,法国数学家 P. S. Laplace 导出了附加压力和表面张力及曲率半径的关系式:

$$\Delta p = \sigma \left( \frac{1}{r_1} + \frac{1}{r_2} \right) \tag{7-19}$$

该式称为 **Young-Laplace 公式**(Young-Laplace equation)。对于球形表面,$r_1 = r_2 = r$,即得到式(7-18)。根据公式可知,附加压力与液体的表面张力成正比,与曲率半径成反比。曲率半径越小,附加压力的数值越大;液滴越小,附加压力数值越大。要注意凹液面的曲率半径为负值,计算得到的附加压力也是负值。对于平面液体,曲率半径无穷大,故附加压力 $\Delta p = 0$;对于圆柱形曲面,$r_1 = \infty$,则 $\Delta p = \frac{\sigma}{r}$;若为肥皂泡这样的球形液膜,需注意液膜有内、外两个表面,均会产生指向球心的附加压力,泡内气体的压力比泡外压力大,其 $\Delta p = 2 \times \frac{2\sigma}{r} = \frac{4\sigma}{r}$。

用 Young-Laplace 公式可以解释为什么自由液滴和气泡都呈球形。若不规则形状液滴表面各点曲率半径不同,受到的附加压力大小和方向都不同(见图 7-5),这些力的共同作用最终会使液滴自发变成表面积最小的球形。此时表面各点的曲率半径相同,各处附加压力也相同,相互抵消,液滴处于稳定状态。

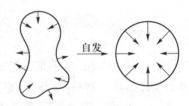

图 7-5 不规则形状液滴上的附加压力

---

**案例 7-2 气体栓塞**

液体在细管中流动时,如果管中有气泡,液体的流动会受到阻碍,气泡多时将发生栓塞,这种现象称为气体栓塞(air embolism)。通常是由于气泡两端曲率半径不同而产生阻碍液体流动的附加压力所致。因此临床上注射药液或静脉输液时要防止气泡进入血液中,以免在微血管中发生栓塞。此外,患者和工作人员从高压氧舱中出来,或潜水员从深水中上来,都应有适当的缓冲时间,否则溶于血液中的过量气体迅速释放产生气泡,容易发生气体栓塞,可能导致减压病。

**问题:**

(1) 在血液中存在气泡时为什么易发生气体栓塞?气泡液面有何特点?

(2) 潜艇为何下潜时要加压,上浮时要减压?

---

**(三)毛细现象**

将毛细管插入液体中时,管内外液面形成高度差的现象,称为**毛细现象**(capillary phenomenon)。该现象是证明表面张力存在的一个典型例子,正是由于表面张力引起弯曲液面产生的附加压力使得液体沿毛细管上升或下降。毛细管上升法也是测定液体的表面张力的常用方法之一。

液体可以润湿毛细管壁时,管内液体呈凹液面,接触角(润湿和接触角的概念见本章第

三节)$\theta < 90°$,毛细管内液面上升;若液体不能润湿毛细管壁,管内液体则呈凸液面,$\theta > 90°$,毛细管内液面下降,低于平液面。如图7-6所示,将半径为 $R$ 的毛细管插入表面张力为 $\sigma$ 的润湿性液体中,管内液体形成球形凹液面,其曲率半径为 $r$。在附加压力的作用下,毛细管内液体上升,直至上升高度为 $h$ 的液柱产生的静压力 $p_{\text{静}}$ 与附加压力 $\Delta p$ 的大小相等,达到平衡,液面不再上升。

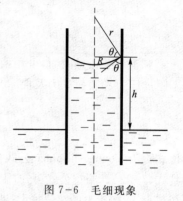

图 7-6　毛细现象

因为 $p_{\text{静}} = (\rho_{\text{液}} - \rho_{\text{气}})hg \approx \rho_{\text{液}}hg$,又有 $\Delta p = \dfrac{2\sigma}{r}$,$r\cos\theta = R$,代入 $p_{\text{静}} = \Delta p$,即

$$\rho_{\text{液}}hg = \frac{2\sigma\cos\theta}{R}$$

可得

$$h = \frac{2\sigma\cos\theta}{\rho_{\text{液}}gR} \tag{7-20}$$

若液体和毛细管壁完全润湿,$\theta = 0°$,此时式(7-20)可简化为

$$h = \frac{2\sigma}{\rho_{\text{液}}gR} \tag{7-21}$$

根据式(7-20)可知,毛细管越细,液体的密度越小,液体对管壁润湿得越好,液体在毛细管中上升就越高。物料堆积产生的毛细间隙也会出现毛细现象,例如,土壤中的水分会沿着毛细间隙上升至地表,农民天旱时通过锄地来保持土壤的水分。棉布纤维有许多毛细间隙而能吸收汗水。

## 二、弯曲液面的饱和蒸气压

### (一)弯曲液面的饱和蒸气压——Kelvin 公式

在一定温度 $T$ 下,纯液体与其饱和蒸气达到平衡时,液体所受压力为 $p_0$,其蒸气的压力即为该温度下纯液体的饱和蒸气压 $p^*$,根据相平衡条件气液两相化学势相等

$$\mu_{\text{l}} = \mu_{\text{g}} \tag{7-22}$$

如果把液体分散成半径为 $r$ 的小液滴,由于弯曲液面受到了附加压力,此时球形液滴受到的压力为 $p_r = p_0 + \Delta p$,因此其饱和蒸气压变化为 $p_r^*$,在建立新的平衡后,气相和液相的化学势仍然相等。

$$\mu_{\text{l}} + \mathrm{d}\mu_{\text{l}} = \mu_{\text{g}} + \mathrm{d}\mu_{\text{g}} \tag{7-23}$$

比较式(7-22)和式(7-23),得

$$\mathrm{d}\mu_{\text{l}} = \mathrm{d}\mu_{\text{g}}$$

即

$$\left(\frac{\partial\mu_{\text{l}}}{\partial p_{\text{l}}}\right)_T \mathrm{d}p_{\text{l}} = \left(\frac{\partial\mu_{\text{g}}}{\partial p_{\text{g}}}\right)_T \mathrm{d}p_{\text{g}}$$

由于 $\left(\dfrac{\partial \mu_1}{\partial p_1}\right)_T = V_{m,1}$，$\left(\dfrac{\partial \mu_g}{\partial p_g}\right)_T = V_{m,g}$，代入上式得

$$V_{m,1}\mathrm{d}p_1 = V_{m,g}\mathrm{d}p_g = RT\mathrm{d}\ln p_g$$

设液体的偏摩尔体积 $V_{m,1} = \dfrac{M}{\rho}$ 与压力无关，蒸气视为理想气体，对上式积分，得

$$V_{m,1}\int_{p_0}^{p_0+\Delta p}\mathrm{d}p_1 = RT\int_{p^*}^{p_r^*}\mathrm{d}\ln p_g$$

得

$$\frac{M}{\rho}\Delta p = RT\ln\frac{p_r^*}{p^*}$$

设液滴为球形，并将 $\Delta p = \dfrac{2\sigma}{r}$ 代入，得

$$\ln\frac{p_r^*}{p^*} = \frac{2\,\sigma M}{\rho\,RTr} \tag{7-24}$$

式中，$M$ 为液体的摩尔质量；$\rho$ 为液体的密度。

　　式(7-24)称为 **Kelvin 公式**(Kelvin equation)，该式给出了在指定温度下液体的蒸气压和曲率半径之间的关系。对于凸面液体(如小液滴)，$r>0$，其蒸气压大于正常蒸气压，曲率半径越小，蒸气压越大。对于凹面液体(如小气泡)，$r<0$，其蒸气压小于正常蒸气压，曲率半径的绝对值越小，蒸气压越小。

　　由式(7-24)还可推导出曲率半径分别为 $r_1$、$r_2$ 的液滴(气泡)饱和蒸气压的关系，即

$$\ln\frac{p_{r_2}^*}{p_{r_1}^*} = \frac{2\sigma M}{\rho RT}\left(\frac{1}{r_2}-\frac{1}{r_1}\right) \tag{7-25}$$

　　表 7-2 给出了不同半径的凸面液体和凹面液体的饱和蒸气压与正常蒸气压的比值。从表 7-2 数据可知，当液滴或气泡的曲率半径较大时，蒸气压的改变并不明显，曲率半径小于 $10^{-8}$ m 时，饱和蒸气压的变化已相当显著。

表 7-2　293.15 K 时小液滴(小气泡)半径与相对蒸气压关系

| $r/\mathrm{m}$ | | $10^{-5}$ | $10^{-6}$ | $10^{-7}$ | $10^{-8}$ | $10^{-9}$ |
|---|---|---|---|---|---|---|
| $p_r^*/p^*$ | 小液滴 | 1.000 1 | 1.001 | 1.011 | 1.114 | 2.950 |
| | 小气泡 | 0.999 9 | 0.996 9 | 0.989 1 | 0.897 7 | 0.339 0 |

**(二) Kelvin 公式应用举例**

1. 毛细管凝结

多孔性物质如硅胶、分子筛等可作为干燥剂，其原理在于这类物质含有许多毛细孔隙，与其相润湿的液体可以在这些孔隙内形成凹液面。在一定温度下，液体的蒸气分压即使低于其正常的饱和蒸气压，但对于孔隙内的凹液面已经是过饱和了，蒸气分子就会自发地在这些毛细孔内凝结成液体，这样就达到了干燥的目的。

2. 微小晶体的溶解度

Kelvin 公式也适用于固体，只需把式中的蒸气压用溶质的饱和浓度(活度)替换即可得到

$$\ln \frac{a_r}{a} = \frac{2\sigma_{s-1}M}{\rho RTr} \qquad (7-26)$$

式中,$a_r$ 和 $a$ 分别为微小晶体和普通晶体在饱和溶液中的活度,实际工作中通常直接用饱和浓度代替;$\sigma_{s-1}$ 为晶体与溶剂的固液界面张力;$\rho$ 为晶体密度;$r$ 为微小晶体的半径;$M$ 为晶体的摩尔质量。

由式(7-26)可知,在指定温度下,晶体粒径越小,其溶解度越大。实验室常采用陈化的方法来制备较大的晶体,即将新生成沉淀的饱和溶液长时间放置,使较小的晶粒逐渐溶解消失,较大的晶体逐渐长大。

3. 喷雾干燥

液滴越小,饱和蒸气压越大,液体蒸发速率越快,干燥效率就越高,这是制药工艺中常用的喷雾干燥法原理。通过一个喷雾装置,把药物溶液雾化成很细的雾滴,再使雾滴与热空气接触,由于半径小、蒸气压大及比表面积大,故干燥时间一般只需要几秒到几十秒,达到快速干燥。

### 三、亚稳态和新相生成

有一些系统处于热力学不稳定状态,但它们又能在一定条件下较长时间内稳定存在,这种状态被称为**亚稳态**(metastable state),如过饱和蒸气、过热液体、过冷液体和过饱和溶液等。这些亚稳态都是由于新相种子生成困难而引起的。新生成的相要经历从无到有、从小到大的过程,在初始阶段曲率半径极小,具有很大的表面能。根据 Kelvin 公式可知,这些新相粒子的蒸气压或溶解度等与正常状态有很大的不同,这将不利于新相的生成。而新相一旦生成,亚稳态就会很快转变为稳定状态。因此,若为即将形成的新相提供新相种子或形成新相的核,就可以破坏系统所处的亚稳态。

#### (一) 过饱和蒸气

按照相平衡条件,在大于饱和蒸气压的条件下仍不凝结为液体或固体的蒸气,称为**过饱和蒸气**(supersaturated vapor)。过饱和蒸气之所以存在是由于凝结时,新生成的凝聚相极其微小,根据 Kelvin 公式可知其蒸气压远大于该物质的正常蒸气压。以气体液化为例,如图 7-7 所示,曲线 $AB$ 为液体饱和蒸气压曲线,曲线 $A'B'$ 为微小液滴蒸气压曲线。当温度为 $T_1$ 时达到其饱和蒸气压 $p^*$,但仍小于将要形成的微小新相颗粒的饱和蒸气压 $p_r^*$,所以无法凝聚。天空乌云密布却没有滴雨下落就是这个道理。要使之凝结,一种方法是降低温度至 $T_2$,使系统蒸气压对新生相而言也达到饱和。另一种方法是提供新相中心。灰尘、容器等固体的粗糙表面都能成为饱和蒸气凝聚时的新相中心,使新生相从一开始就具有较大的曲率半径,其蒸气压更接近正常数值。目前人工降雨(雪)就是根据这一原理,往往采取既降温又提供新相中心的办法,向云层中撒入微小固体颗粒(如 AgI),同时向云层喷撒干冰,使已经饱和的水蒸气凝结成雨(雪)。

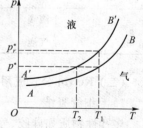

图 7-7    过饱和蒸气相图

#### (二) 过热液体

液体沸腾时,不仅要使液体表面汽化,而且要在液体内部自动生成极微小的气泡(新相)。但欲使液体中新生成的微小气泡存在,其蒸气压需承受住三种压力之和:大气压 $p_{atm}$、液体的静水压 $p_{静}$ 和附加压力 $\Delta p$。$p_{静}$ 一般较小,$p_{atm}$ 变化也不大,产生的附加压力 $\Delta p$ 则较大,因为液体内生成的微小气泡曲率半径很小。微小气泡曲率半径越小,气泡内的饱和蒸气压就越小,而凹液面产生的附加压力越大,因此小气泡难以生成。只有继续升高温度,使其蒸气压大到和外界压力相等时,液体才会沸腾。这种温度高于一定压力下的沸点但仍不沸腾的液体,称为**过热液体(superheated liquid)**。

例 7-2　在 101.325 kPa、373.15 K 的纯水中,离液面 0.02 m 处有一个半径为 1.00 μm 的气泡。已知水的密度为 958.4 kg·m$^{-3}$,表面张力为 58.9×10$^{-3}$ N·m$^{-1}$,水的汽化热为 40.66 kJ·mol$^{-1}$。试求:(1)气泡内水的蒸气压 $p_r$;(2)气泡需要克服多大的压力?能否存在?(3)设水在沸腾时初始形成的气泡半径为 1.00 μm,多少温度才会沸腾?

解:(1)由 Kelvin 公式,得

$$\ln \frac{p_r^*}{p^*} = \frac{2\sigma M}{\rho R T r}$$

$$\ln \frac{p_r^*}{101.325 \text{ kPa}} = \frac{2 \times 58.9 \times 10^{-3} \text{ N·m}^{-1} \times 18.015 \times 10^{-3} \text{ kg·mol}^{-1}}{958.4 \text{ kg·m}^{-3} \times (-10^{-6} \text{ m}) \times 8.314 \text{ kPa·L·K}^{-1}·\text{mol}^{-1} \times 373.15 \text{ K}}$$

$$= -7.14 \times 10^{-4}$$

$$p_r^* = 101.253 \text{ kPa}$$

(2)气泡需要克服的压力有大气压 $p_{atm}$,水柱的静水压 $p_{静}$ 及凹液面引起的附加压力 $\Delta p$。

$$\Delta p = \frac{2\sigma}{r} = \frac{2 \times 58.9 \times 10^{-3} \text{ N·m}^{-1}}{10^{-6} \text{ m}} = 117.8 \text{ kPa}$$

$$p_{静} = \rho g h = 958.4 \text{ kg·m}^{-3} \times 9.81 \text{ N·kg}^{-1} \times 0.02 \times 10^{-3} \text{ m} = 0.188 \text{ kPa}$$

气泡存在需要克服的压力为

$$p = p_{atm} + \Delta p + p_{静}$$
$$= 101.325 \text{ kPa} + 117.8 \text{ kPa} + 0.188 \text{ kPa}$$
$$= 219.31 \text{ kPa} \gg p_r^* = 101.253 \text{ kPa}$$

从上面的计算可知,小气泡受到的压力远远大于气泡内的蒸气压,因此气泡不可能存在。

(3)根据 Clausius-Clapeyron 方程,有

$$\ln \frac{p_2}{p_1} = \frac{-\Delta_{vap} H}{R} \left( \frac{1}{T_2} - \frac{1}{T_1} \right)$$

$$\ln \frac{219.31 \text{ kPa}}{101.325 \text{ kPa}} = \frac{-40.66 \times 10^3 \text{ J·mol}^{-1}}{8.314 \text{ J·K}^{-1}·\text{mol}^{-1}} \left( \frac{1}{T_2} - \frac{1}{373.15 \text{ K}} \right)$$

解得 $T_2 = 396.51$ K,可见水温高于正常沸点 23.36 K,水才会沸腾。

　　加热蒸馏水或液体试剂等纯净液体时,由于使用容器表面较光滑,液体又比较纯净,在加热时容易出现液体过热的现象。过热液体一旦底部出现气泡,它们就瞬间扩大上冲,气泡破裂,液体四溅,这种现象称为**暴沸(bumping)**。暴沸是十分危险的,在实验或生产中必须加以避免。实验时常在加热前在液体中加入沸石、素烧瓷片或毛细管等多孔性物质。当加热时,存于这些多孔性物质中的气体受热逸出,在液体中能生成许多曲率半径较大的小气泡,作为新相种子。这样克服了小气泡难以生成的困难阶段,从而降低或避免液体的过热现象,有效防止暴沸发生。此外防止暴沸也可以在加热时搅拌。搅拌可以使液体受热均匀,同时也能形成气泡。

**(三)过冷液体**

温度低于一定压力下的凝固点但仍不凝固的液体,称为**过冷液体(supercooled liquid)**。

过冷液体的产生同样是由于新生相(晶体颗粒)难以生成所致。晶体颗粒在液相中析出时形成凸面,根据 Kelvin 公式,刚刚生成的晶体颗粒越小,其溶解度越大,因此晶核难以形成。只有使液体进一步冷却到凝固点以下一定程度之后,晶核才能形成。纯液体静止冷却结晶时,往往会出现过冷现象。通常加强搅拌可促使新相晶核产生,或在液体冷却到凝固点附近时加入少量该物质的晶种作为新相种子,使晶体顺利析出,从而有效避免过冷现象。

### (四) 过饱和溶液

溶质浓度超过一定温度、压力下的溶解度但仍不析出结晶的溶液,称为**过饱和溶液**(supersaturated solution)。其原因及防止措施与过冷液体时基本一样,溶液结晶时由于开始析出的微小晶体有较大的溶解度,已达到饱和溶液的溶液对于微小晶体而言并没有饱和,只有增加溶液的过饱和程度才能使晶体自动析出。但如果过饱和程度太大,会生成大量过于细小的晶体颗粒,造成过滤和洗涤困难。加入晶种可以帮助结晶析出,并得到较大颗粒的晶体。

## 第三节 铺展与润湿

### 一、液体的铺展

液体在另一种不互溶的液体表面自动展开成膜的过程称为**铺展**(spreading)。设液体 A 与液体 B 不互溶,A 在液体 B 表面上铺展,液体 B 的表面消失,而形成了液体 A 的表面(铺展前液体 A 的表面可以忽略)和液体 A、B 之间的界面(见图 7-8)。在等温等压下,可逆铺展单位表面积时系统表面 Gibbs 自由能的增量为

$$\Delta G_{T,p} = \sigma_A + \sigma_{A-B} - \sigma_B \qquad (7-27)$$

若 $\Delta G_{T,p} \leqslant 0$,液体 A 可在液体 B 表面铺展。实际应用中,用**铺展系数** $S$(spreading coefficient)来判断一种液体是否能在另一种液体表面铺展,即

$$S = -\Delta G_{T,p} = \sigma_B - \sigma_A - \sigma_{A-B} \qquad (7-28)$$

当 $S \geqslant 0$ 时,液体 A 可以在液体 B 表面铺展;$S < 0$ 时,液体 A 不能在液体 B 表面铺展,液滴呈球形或透镜状。实际上液体 A、B 并非完全不互溶,则应改用相互饱和后的表面张力 $\sigma'_A$ 和 $\sigma'_B$ 数据计算 $S$。

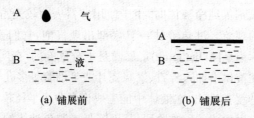

(a) 铺展前　　　　　　　　　(b) 铺展后

图 7-8 液体 A 在液体 B 表面的铺展示意图

**例 7-3** 293.15 K 时,将一滴己醇滴在洁净的水面上,已知:$\sigma_{水} = 72.8 \times 10^{-3} \ N \cdot m^{-1}$,$\sigma_{己醇} = 24.8 \times 10^{-3} \ N \cdot m^{-1}$,$\sigma_{己醇-水} = 6.8 \times 10^{-3} \ N \cdot m^{-1}$,当己醇与水相互饱和后,$\sigma'_{水} = 28.5 \times 10^{-3} \ N \cdot m^{-1}$,$\sigma'_{己醇} =$

$\sigma_{己醇}$，$\sigma'_{己醇-水}=\sigma_{己醇-水}$。试判断己醇在水面上最终呈何种形状？

**解：** $S_{己醇-水}=\sigma_水-\sigma_{己醇}-\sigma_{己醇-水}=(72.8-24.8-6.8)\times10^{-3}\ \text{N}\cdot\text{m}^{-1}$

$$=41.2\times10^{-3}\ \text{N}\cdot\text{m}^{-1}>0$$

因此开始时己醇在水面上铺展成膜。当己醇与水相互饱和后，铺展系数为

$$S'_{己醇.水}=\sigma'_水-\sigma'_{己醇}-\sigma'_{己醇-水}=(28.5-24.8-6.8)\times10^{-3}\ \text{N}\cdot\text{m}^{-1}$$

$$=-3.1\times10^{-3}\ \text{N}\cdot\text{m}^{-1}<0$$

最终，在水面上铺展的己醇又缩回成透镜状液滴。

## 二、固体表面的润湿

**润湿(wetting)** 是指固体与液体接触时发生的一种界面现象，通常是指固体表面的气体被液体取代。润湿是非常常见、重要的现象，没有润湿就没有生命，如食物的消化依靠消化液对食物的润湿作用。许多工业生产过程也与润湿有关，如机械的润滑、洗涤、印染等，在药物制剂中悬浊液的制备，外用制剂在皮肤和黏膜上的表面黏附等，都需考虑润湿性能。有时需要利用反润湿，如选矿、防水织物等。

根据润湿的程度不同，润湿可分为三类：**沾湿**(adhesional wetting)、**浸湿**(immersional wetting)和**铺展润湿**(spreading wetting)。沾湿是指固体和液体接触形成固液界面的过程，见图 7-9(a)；浸湿则是固体浸入液体形成固液界面的过程，见图 7-9(b)；而铺展润湿是液体在固体表面铺展形成固液界面和气液界面的过程，见图 7-9(c)。

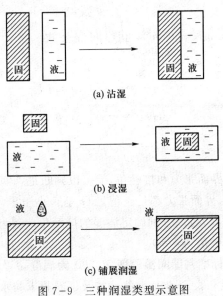

(a) 沾湿

(b) 浸湿

(c) 铺展润湿

图 7-9　三种润湿类型示意图

若沾湿、浸湿和铺展润湿过程的表面 Gibbs 自由能变化分别用 $\Delta G_{沾湿}$、$\Delta G_{浸湿}$ 和 $\Delta G_{铺展}$ 表示，则等温等压下，可逆润湿单位表面积的固体表面时，三种润湿过程表面 Gibbs 自由能变化为

$$\Delta G_{沾湿}=\sigma_{s-l}-\sigma_{l-g}-\sigma_{s-g} \tag{7-29}$$

$$\Delta G_{浸湿}=\sigma_{s-l}-\sigma_{s-g} \tag{7-30}$$

$$\Delta G_{铺展} = \sigma_{s-l} + \sigma_{l-g} - \sigma_{s-g} \qquad (7-31)$$

式中,$\sigma_{s-l}$、$\sigma_{l-g}$、$\sigma_{s-g}$分别为固液、气液和气固界面张力。

当$\Delta G \leqslant 0$时,液体可以润湿固体表面。三种润湿的难易程度可以由Gibbs自由能的降低多少来衡量,其中铺展润湿的标准最高,能铺展润湿则必能沾湿和浸湿。与液体的铺展相似,可以用铺展系数$S$来判断液体在固体表面的铺展润湿。若$S \geqslant 0$,可以铺展湿润,即

$$S = -\Delta G_{表,s} = \sigma_{s-g} - \sigma_{s-l} - \sigma_{l-g}$$

由于$\sigma_{s-l}$、$\sigma_{s-g}$还无法直接测定,上述几个润湿判断公式只是理论上的分析,在实际应用中,常用接触角来判断润湿程度。

### 三、接触角

人们发现润湿现象与接触角有关,而接触角可由实验测定,这样就把热力学判据转化成为直观简单的接触角判据。如图$7-10$,当一液滴在固体表面上不完全展开,达平衡时,在固、液、气三相交界点$A$作气液界面的切线,此切线与固液界面的水平线之间的夹角$\theta$称为**接触角(contact angle)**。接触角的大小由三相交界处三种界面张力的大小决定,即

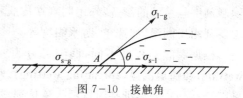

图$7-10$ 接触角

$$\sigma_{s-g} = \sigma_{s-l} + \sigma_{l-g}\cos\theta \qquad (7-32)$$

该式称为**Young公式**(Young equation),也称润湿公式。将式($7-32$)代入式($7-29$)、式($7-30$)和式($7-31$),可得

$$\Delta G_{沾湿} = -\sigma_{l-g}(1 + \cos\theta) \qquad (7-33)$$

$$\Delta G_{浸湿} = -\sigma_{l-g}\cos\theta \qquad (7-34)$$

$$\Delta G_{铺展} = -\sigma_{l-g}(\cos\theta - 1) \qquad (7-35)$$

这样,只要测出液体的界面张力和接触角,就可以判断是否润湿。实际上只需测出接触角即可判断润湿程度。因为界面张力都是正值,$\Delta G$是否小于零,关键在于接触角。根据式($7-33$)、式($7-34$)和式($7-35$)可以分别确定沾湿的接触角范围为$\theta \leqslant 180°$,浸湿的接触角范围为$\theta \leqslant 90°$,铺展润湿的接触角为$\theta = 0°$。

习惯上,人们常用以下标准判断润湿程度:$\theta < 90°$为润湿,$\theta \geqslant 90°$为不润湿,$\theta = 0°$为完全润湿,$\theta = 180°$为完全不润湿。表$7-3$是一些药物及辅料粉末与水的接触角。

表$7-3$ 一些药物及辅料粉末与水的接触角

| 物质 | 接触角 | 物质 | 接触角 |
|------|--------|------|--------|
| 乳糖 | 30° | 异烟肼 | 49° |
| 咖啡因 | 43° | 地高辛 | 49° |
| 氨茶碱 | 47° | 磺胺噻唑 | 53° |

续表

| 物质 | 接触角 | 物质 | 接触角 |
|------|--------|------|--------|
| 磺胺醋酰 | 57° | 非那西汀 | 78° |
| 碳酸钙 | 58° | 地西泮 | 83° |
| 氯霉素 | 59° | 戊巴比妥 | 86° |
| 强的松 | 63° | 吲哚美辛 | 90° |
| 氨苯磺胺 | 64° | 硬脂酸 | 98° |
| 磺胺嘧啶 | 71° | 水杨酸 | 103° |
| 阿司匹林 | 74° | 硬脂酸钙 | 115° |
| 硼酸 | 74° | 硬脂酸铝 | 120° |

# 第四节　溶液的表面吸附

## 一、溶液的表面张力与浓度关系

将溶质加入溶剂中后,溶液的表面张力与纯溶剂是不一样的,表面张力的变化不仅与温度、压力有关,而且与溶质的种类和溶液的浓度有关。以最常用的溶剂水为例,在一定温度下,用溶液的表面张力对浓度作图,所得曲线称为溶液**表面张力等温线**(surface tension isotherm curve)。不同溶质水溶液的表面张力等温线大致可分为三种类型,如图 7-11 所示。

### (一)第一种类型

这类等温线见图 7-11 中的曲线 I。溶液表面张力随浓度增大而增大,接近线性关系。如无机盐、不挥发性的酸或碱及甘油、蔗糖等多羟基有机物,这类溶质分子和水之间有很强的溶剂化作用,此时在增加单位表面积所做的功中,还必须包括克服静电引力所消耗的功,即把这些高度水化的离子或分子拉到表面所需的功较大,故溶液的表面张力升高,这些物质被称为**非表面活性物质**(surface inactive agent)。

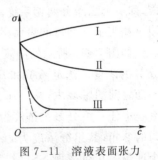

图 7-11　溶液表面张力
与浓度的关系

### (二)第二种类型

图 7-11 中的曲线 II 为第二种类型吸附等温线。溶液表面张力随浓度的增加而降低。属于这类吸附的溶质有醇、醛、酸、酯等大部分有机物,有较强极性,与水分子作用力较弱,随着浓度上升,溶液表面张力缓慢降低。

### (三)第三种类型

图 7-11 中的曲线 III 为第三种类型吸附等温线。肥皂、八碳以上直链有机酸的碱金属盐类、高碳直链烷基硫酸盐或磺酸盐等加入水中后,溶液表面张力在溶液浓度很低时就急剧下降,至一定浓度后溶液表面张力随浓度变化不大,甚至有的情况下,如图 7-11 中虚线所描述的形式,表面张力下降至一最低点后又缓慢上升,具有这种性质的物质称为**表面活性剂**(surfactant)。

物质能降低水的表面张力的性质称为表面活性,从广义上说上述 II、III 类物质都是**表面**

活性物质(surface active agent),但一般只将能显著降低水的表面张力的物质即Ⅲ类物质称为表面活性剂。

## 二、溶液的表面吸附和 Gibbs 吸附等温式

### (一) 溶液的表面吸附

对于纯液体,一定温度、压力下表面张力是一定值,只能通过缩小表面积来降低表面能。而对于溶液,不仅可通过缩小表面积,还可通过调节表面层与本体浓度来减小表面张力,进而降低表面能。若溶质为表面活性物质,这类物质能显著降低表面张力,因而溶质会富集在表面层,使表面层的浓度大于本体中的溶液;反之,若溶质为非表面活性物质,加入后浓度增加使表面张力增大,溶液表面层的溶质会自动向溶液本体转移,使其在表面层的浓度小于本体中的溶液。溶液自发降低表面张力的趋势,使溶液表面层与本体存在浓度差。这又会引起溶质由高浓度向低浓度扩散。当这两种相反的作用达到平衡时,溶质在表面层与本体维持一恒定的浓度差不再变化,这种现象称为溶液的**表面吸附**(surface adsorption)。溶质为表面活性物质时,其在表面层的浓度大于本体浓度,称为正吸附;溶质为非表面活性物质时,其在表面层的浓度小于本体浓度,称为负吸附。

### (二) Gibbs 吸附等温式

1. Gibbs 吸附等温式的导出

1878 年 Gibbs 用热力学方法推导出一定温度下,联系溶液的表面吸附量和表面张力、溶液浓度的微分方程,通常称为 Gibbs 吸附等温式。下面简要介绍其热力学推导过程。

考虑最简单的系统:设溶液中只含有一种溶质,溶液上方的气相由溶剂和溶质的蒸气组成,即一个二组分两相系统。用 1 表示溶剂,2 表示溶质,$\alpha$、$\beta$ 分别表示气相和液相,表面层用 $\gamma$ 相表示。溶液的表面层是一个只有几个分子厚度的薄层,其组成是连续变化的。

如图 7-12 所示的溶液表面结构示意图中,纵坐标为与界面层的距离($d$),横坐标为组分 B 的浓度。选定 $AA'$ 和 $BB'$ 两个平面,假设两相间组成的变化都发生在 $AA'$ 平面和 $BB'$ 平面之间的区域内,从 $AA'$ 平面以上为组成均匀的 $\alpha$ 相,系统中任一组分 B 的浓度为 $c_B^\alpha$;从 $BB'$ 平面以下为组成均匀的 $\beta$ 相,其组分浓度为 $c_B^\beta$。Gibbs 在两相交界区划定一个理想的几何平面 $SS'$,作为 $\alpha$ 相和 $\beta$ 相的分界面,它与 $AA'$、$BB'$ 平面相平行,并假定从 $SS'$ 至 $\alpha$ 相和 $\beta$ 相内部组成都是均匀的。从 $\alpha$ 相至 $\beta$ 相在 $SS'$ 平面上组成发生了突变,从 $c_B^\alpha$ 变为 $c_B^\beta$。$SS'$ 平面被称为 Gibbs 面或表面相($\gamma$ 相)。根据 Gibbs 面,计算系统中组分 B 物质的量 $n_B'$ 为

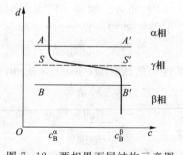

图 7-12  两相界面层结构示意图

$$n_B' = n_B^\alpha + n_B^\beta = c_B^\alpha V^\alpha + c_B^\beta V^\beta \tag{7-36}$$

式中,$n_B^\alpha$、$n_B^\beta$ 分别为组分 B 在 $\alpha$ 相和 $\beta$ 相中的物质的量;$V^\alpha$、$V^\beta$ 分别为 $\alpha$ 相和 $\beta$ 相的体积。

Gibbs 把组分 B 实际物质的量 $n_B$ 和由式(7-36)计算的物质的量 $n_B'$ 之间的差值全部归结到 $\gamma$ 相,即组分 B 在 Gibbs 表面的吸附量 $n_B^\gamma$ 为

$$n_B^\gamma = n_B - n_B' = n_B - (c_B^\alpha V^\alpha + c_B^\beta V^\beta) \tag{7-37}$$

对于同一个 Gibbs 面,不同组分的表面吸附量不同;而对于同一组分,Gibbs 面选择的位置不同,表面吸附量也不同。Gibbs 把溶剂的表面吸附量为 0(即 $n_1^\gamma = 0$)的位置选择为 $SS'$ 平面。

图 7-13(a)是在表面层中溶剂的浓度变化示意图,选择的 $SS'$ 平面位置使 $ASD$ 和 $B'S'D$ 的面积相等时,$n_1^\gamma = 0$。图 7-13(b)是表面层中溶质的浓度变化示意图,溶质在溶液表面发生正吸附时,图中阴影部分为溶质在 $\gamma$ 相中的吸附量 $n_2^\gamma$。

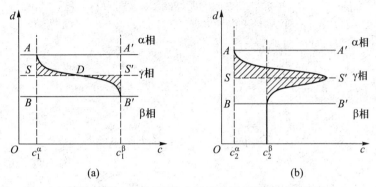

图 7-13 溶液表面吸附量示意图

单位表面积上的组分 B 的吸附量称**表面超量(surface excess)**,用符号 $\Gamma_B$ 表示,即

$$\Gamma_B = \frac{n_B^\gamma}{A} \tag{7-38}$$

式中,$A$ 为溶液的表面积。$\Gamma_B$ 的单位为 $mol \cdot m^{-2}$,其物理意义是:在单位面积的表面层中,所含溶质的物质的量与同量溶剂在溶液本体中所含溶质物质的量的差值。

根据式(7-10),对于等温等压下的二组分溶液,$\gamma$ 相的 Gibbs 自由能变化为

$$dG = \sigma dA + \mu_1^\gamma dn_1^\gamma + \mu_2^\gamma dn_2^\gamma \tag{7-39}$$

式中,$\mu_1^\gamma$、$\mu_2^\gamma$ 分别为溶剂和溶质在 $\gamma$ 相中的化学势。在等温等压和组成不变条件下,$\sigma$ 和 $\mu_B^\gamma$ 均为常数,对式(7-39)积分得

$$G = \sigma A + \mu_1^\gamma n_1^\gamma + \mu_2^\gamma n_2^\gamma \tag{7-40}$$

再对式(7-40)全微分,得

$$dG = \sigma dA + A d\sigma + \mu_1^\gamma dn_1^\gamma + n_1^\gamma d\mu_1^\gamma + \mu_2^\gamma dn_2^\gamma + n_2^\gamma d\mu_2^\gamma \tag{7-41}$$

比较式(7-39)和式(7-41),得

$$A d\sigma + n_1^\gamma d\mu_1^\gamma + n_2^\gamma d\mu_2^\gamma = 0 \tag{7-42}$$

因为 $n_1^\gamma = 0$,$\Gamma_2 = \dfrac{n_2^\gamma}{A}$,平衡时表面层和本体中的化学势相等,即 $\mu_2^\gamma = \mu_2$,则由式(7-42)得

$$d\sigma = -\Gamma_2 d\mu_2$$

或

$$\Gamma_2 = -\left(\frac{\partial \sigma}{\partial \mu_2}\right)_T$$

由于 Gibbs 选择溶剂 1 的表面吸附量为零的位置为 $SS'$ 分界面的位置,因此其他组分在表面相的吸附量并非是其绝对表面吸附量,只能是相对于溶剂 1 的吸附量。在二组分系统中,溶质的相对吸附量记作 $\Gamma_{2,1}$,即

$$\Gamma_{2,1} = -\left(\frac{\partial \sigma}{\partial \mu_2}\right)_T$$

又因为 $\mathrm{d}\mu_2 = RT\ln a_2$,代入上式得

$$\Gamma_{2,1} = -\frac{1}{RT}\left(\frac{\partial \sigma}{\partial \ln a_2}\right)_T$$

或

$$\Gamma_{2,1} = -\frac{a_2}{RT}\left(\frac{\partial \sigma}{\partial a_2}\right)_T \tag{7-43}$$

式(7-43)称为 **Gibbs 吸附等温式(Gibbs absorption isotherm)**;$\left(\frac{\partial \sigma}{\partial a}\right)_T$ 称为**表面活度(surface activity)**,即温度一定时,表面张力随系统活度的变化率。对于理想液态混合物或稀溶液,可以用溶质浓度 $c$ 代替活度 $a$,并略去下标,则 Gibbs 吸附等温式为

$$\Gamma = -\frac{1}{RT}\left[\frac{\partial \sigma}{\partial \ln \frac{c}{c^{\ominus}}}\right]_T \tag{7-44}$$

或

$$\Gamma = -\frac{c_r}{RT}\left[\frac{\partial \sigma}{\partial \frac{c}{c^{\ominus}}}\right]_T \tag{7-45}$$

**2. Gibbs 吸附等温式的意义**

根据 Gibbs 吸附等温式可以得知,当 $\left[\frac{\partial \sigma}{\partial \frac{c}{c^{\ominus}}}\right]_T > 0$ 时,$\Gamma < 0$,即溶质的浓度增加,溶液的表面张力随之增大,溶液的表面超量为负,溶质在表面层的浓度小于体相浓度,溶液表面发生负吸附;当 $\left[\frac{\partial \sigma}{\partial \frac{c}{c^{\ominus}}}\right]_T < 0$ 时,$\Gamma > 0$,即溶质的浓度增加,溶液的表面张力反而下降,溶液的表面超量为正,溶质在表面层的浓度大于体相浓度,溶液表面发生正吸附;若 $\left[\frac{\partial \sigma}{\partial \frac{c}{c^{\ominus}}}\right]_T = 0$,说明溶液表面没有吸附效果。

Gibbs 吸附等温式用热力学原理推导得出,原则上可用于任何两相的界面。但是实际上应用较多的是气液和液液界面,而不适用于固体表面的吸附,因为固体的表面张力数据难

以测定。

3. Gibbs 吸附等温式的应用

运用 Gibbs 吸附等温式可以计算溶质在溶液表面的吸附量,常用的方法有两种:

(1)实验方法。测定不同浓度溶液的表面张力 $\sigma$,以 $\sigma$ 对 $\dfrac{c}{c^{\ominus}}$ 作图,再在曲线上作指定浓度点的切线,求出斜率,即该浓度对应的 $\left[\dfrac{\partial \sigma}{\partial \left(\dfrac{c}{c^{\ominus}}\right)}\right]_T$,再用 Gibbs 吸附等温式求出不同浓度时溶液的表面吸附量,由此可绘制 $\Gamma - c$ 曲线,此曲线称作表面吸附等温线。

(2)数学解析法。利用溶液表面张力 $\sigma$ 和浓度 $c$ 之间关系的经验公式,将公式对浓度微分,求得 $\mathrm{d}\sigma/\mathrm{d}c$,代入 Gibbs 吸附等温式,便可计算出溶质在溶液表面的吸附量。

# 第五节 表面活性剂

表面活性剂是能够显著降低溶剂(通常指水)表面张力,并能改变系统的界面组成与结构的一类物质。表面活性剂在溶液中达到一定浓度后,会形成不同类型的分子有序组合体。这些特性使得其在日用化工、石油、纺织、食品、农业、环保、医药等各领域有着极为广泛的应用,并已扩展到生物技术、电子技术、新型材料等高新技术领域。不仅如此,生物体内的天然表面活性剂也与生命活动有着紧密相关的作用。

## 一、表面活性剂的分类

表面活性剂的种类繁多,分类方法也较多。可以从表面活性剂的用途、来源、溶解性、化学结构等角度来分类,但通常按其化学结构特点(离子类型)进行分类,一般可分为四类:阴离子型、阳离子型、两性型和非离子型表面活性剂(见表 7-4)。

表 7-4 表面活性剂按离子类型的分类

| 分类 | 实 例 | | |
| --- | --- | --- | --- |
| 阴离子表面活性剂 | R—COONa 羧酸盐 | $C_{17}H_{35}COONa$ | 硬脂酸钠 |
| | R—OSO$_3$Na 硫酸酯盐 | $C_{12}H_{25}OSO_3Na$ | 十二烷基硫酸钠 |
| | R—SO$_3$Na 磺酸盐 | $C_{12}H_{25}$—〇—$SO_3Na$ | 十二烷基苯磺酸钠 |
| | R—OPO$_3$Na$_2$ 磷酸酯盐 | $C_{16}H_{33}OPO_3Na_2$ | 十六醇磷酸酯二钠盐 |
| 阳离子表面活性剂 | R—NH$_2$·HCl 伯胺盐 | | |
| | R—NH(CH$_3$)·HCl 仲胺盐 | | |
| | R—N(CH$_3$)$_2$·HCl 叔胺盐 | | |
| | R—N$^+$(CH$_3$)$_3$·Cl$^-$ 季胺盐 | $[C_{12}H_{25}-\overset{CH_3}{\underset{CH_3}{N}}-CH_3]^+Cl^-$ | 十二烷基三甲基氯化铵 |

续表

| 分类 | 实例 | |
| --- | --- | --- |
| 两性<br>表面<br>活性剂 | R—NHCH$_2$—CH$_2$COOH<br>氨基酸型 | C$_{12}$H$_{25}$NHCH$_2$CH$_2$COONa | 十二烷基氨基丙酸钠 |
| | R—N$^+$(CH$_3$)$_2$—CH$_2$COO$^-$<br>甜菜碱型 | $\left[ C_{18}H_{37}\overset{\underset{CH_3}{|}}{\underset{\underset{CH_3}{|}}{N^+}}-CH_2COO \right]^-$ | 十八烷基二甲基甜菜碱 |
| 非离子<br>表面<br>活性剂 | R—O—(CH$_2$CH$_2$O)$_n$H<br>聚氧乙烯型 | CH$_3$(CH$_2$)$_{11}$O(CH$_2$CH$_2$O)$_n$H | 聚氧乙烯十二烷基醇醚 |
| | R—COOCH$_2$C(CH$_2$OH)$_3$<br>多元醇型 | | 司盘(span)类 |
| | | | 吐温(tween)类 |
| | 聚氧乙烯整体共聚物 | HO—(CH$_2$CH$_2$O)$_a$—<br>(CH$_2$CH$_2$CH$_2$O)$_b$—<br>(CH$_2$CH$_2$O)$_c$—H | 普朗尼克(pluronics)类 |

阴离子表面活性剂一般为长链有机酸的盐类或长链醇的多元酸酯盐,这类表面活性剂水溶性好,表面活性高,应用广泛,多作为洗涤剂、乳化剂、润湿剂等。阳离子表面活性剂大部分是含氮的化合物,最常用的是季铵盐。这类表面活性剂易吸附于固体表面,大多有毒,常用作杀菌剂、矿物浮选剂、纤维柔软剂等。两性表面活性剂其性质受 pH 变化的影响较大,毒性小,安全性高,与各种表面活性剂相容性好,常用作起泡剂、护发剂、杀菌剂等。非离子表面活性剂其亲水部分由一定数量的含氧基团组成,一般为聚氧乙烯或多元醇。这类表面活性剂毒性较小,常用于食品、化妆品和医药领域。

还有一些特种表面活性剂,如大分子表面活性剂、氟表面活性剂、硅表面活性剂,以及生物表面活性剂等。生物表面活性剂是由微生物产生的一类具有表面活性的生物大分子物质,除具有化学合成表面活性剂的理化特性外,还具有无毒、能生物降解等优点,在石油开采、食品工业、农业、药品和化妆品及环境保护等领域应用广泛。随着人们崇尚自然和环保意识的增强,生物表面活性剂将有更加广阔的应用前景。

## 二、表面活性剂的结构及其在溶液表面的定向排列

表面活性剂分子都是有两亲结构的物质,常称为**两亲分子(amphiphile)**,即一端为亲水

(憎油)的极性基团,一端为疏水(亲油或憎水)的非极性基团。为了表述方便,通常用"一●"表示表面活性剂分子,其中"一"表示疏水基团,其多数呈长链状的碳氢链,被形象地比作"尾巴","●"表示亲水基团,常被比作"头"。表面活性剂的非极性基团结构变化主要是长链结构的不同,对表面活性剂性质影响不大;而它的亲水基团的种类和结构对表面活性剂的性质影响较大。表面活性剂的疏水基团必须足够大,如碳链长度大于 8 个碳的正构烷基,才能显示表面活性剂的特性。

表面活性剂分子具有两亲结构,其极易被吸附在溶液表面。在水溶液中,表面活性剂分子的极性基团具有亲水作用,使分子的极性端插入水中;而另一端的疏水基有强憎水性,倾向于使分子离开水相指向气相。当溶液浓度较低时,这些被吸附在溶液表面的分子极性端插入水中,非极性端斜躺在溶液表面。随着溶液浓度的增加,表面吸附量逐渐加大,直至达到一个极限值 $\Gamma_m$,吸附在溶液表面的分子在表面定向排列成极性端在溶液中,非极性端伸向气相的表面层(见图 7-14)。实验测定脂肪酸同系物分子在吸附层中的截面积相同,证明了吸附层中的分子是直立在溶液表面的。表面活性剂分子在液液、液固和气固等界面发生定向排列时,亲水基团朝向极性大的一相,疏水链则朝向极性小的一相。表面活性剂分子在界面定向排列,减小了两相的接触面积,从而能使界面张力显著降低。表面活性剂分子这种能定向排列在两相界面上,使界面的不饱和力场得到一定程度的平衡,从而降低表面张力的现象称为分子定向平衡。

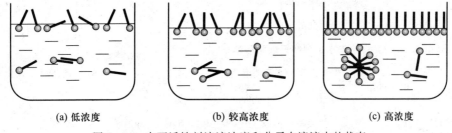

(a) 低浓度　　　　　　　(b) 较高浓度　　　　　　　(c) 高浓度

图 7-14　表面活性剂溶液浓度和分子在溶液中的状态

表面活性剂溶液在达到饱和吸附时,吸附为单分子层,并且它在表面层中的浓度远远大于体相内的浓度,故饱和吸附量 $\Gamma_m$ 可视为单位表面上溶质的总量,可根据 $\Gamma_m$ 计算被吸附分子的横截面积 $A$。

$$A = \frac{1}{\Gamma_m \cdot L} \tag{7-46}$$

式中,$L$ 为 Avogadro 常数。用这种方法计算所得分子截面积比用其他方法得到的结果略大,主要原因有以下几点:分子的热运动使溶液表面的分子不可能排列得非常整齐;水中的极性基团的溶剂化作用使表面层夹杂了溶剂分子;表面层中的分子和水面并不是完全垂直的,而是有一定的角度等。

### 三、表面活性剂的亲水亲油平衡值

#### (一)表面活性剂的亲水亲油平衡值的概念

表面活性剂分子具有既亲水又亲油的两亲性质。当表面活性剂分子中的亲水基团的极性越强而亲油的碳氢链越短,整个分子的亲水性就越强;如果分子中的亲水基团的极性越弱而碳氢链越长,整个分子的亲油性就越强。表面活性剂的亲水、亲油性是由分子中的亲水基团和亲油基团的相对强弱决定的,它们之间的平衡关系对表面活性剂的性能影响巨大。1949 年,W. C. Griffin 提出用**亲水亲油平衡值(hydrophile and lipophile balance value,HLB)**来衡量非离子表面活性剂的亲水性和亲油性的相对强弱。规定以完全疏水的碳氢化合物石蜡 HLB=0,完全亲水的聚乙二醇 HLB=20 作为标准,按亲水性强弱确定其他表面活性剂的 HLB。显然,HLB 越大,表面活性剂亲水性越强,反之则亲油性越强。之后又将这一方法扩展至离子型表面活性剂,规定十二烷基硫酸钠 HLB=40。

HLB 是反映表面活性剂性能的一个重要参数,不同 HLB 的表面活性剂用途不同,在选择使用表面活性剂时一般可通过查阅表面活性剂手册获得。表 7-5 列出了一些表面活性剂的 HLB 和用途。由于 HLB 的估算和测定都是经验性的,仅从表面活性剂本身的性质出发,而没有考虑温度、表面活性剂与水相及其他相(油、气、固)的相互作用等因素,因此实际选择和应用表面活性剂,可以参考 HLB,但不能将它作为唯一的依据,还需结合实际效果来确定。

表 7-5　一些表面活性剂的 HLB 及其应用

| 商品名称 | 化学组成 | HLB | 应用范围 |
|---|---|---|---|
| 石蜡 | 碳氢化合物 | 0 | |
| 油酸 | 直链脂肪酸 | 1 | |
| Span 65 | 失水山梨醇三硬脂酸酯 | 2.1 | HLB 1~3,消沫剂 |
| Span 60 | 失水山梨醇单硬脂酸酯 | 4.7 | HLB 3~8,W/O 乳化剂 |
| Aldo 28 | 甘油单硬脂酸酯 | 5.5 | |
| 阿拉伯胶 | 阿拉伯胶 | 8.0 | |
| Span 20 | 失水山梨醇单月桂酸酯 | 8.6 | HLB 7~11,润湿剂,铺展剂 |
| 明胶 | 明胶 | 9.8 | |
| 甲基纤维素 | 甲基纤维素 | 10.5 | |
| Myrj 45 | 聚氧乙烯硬脂酸酯 | 11.1 | HLB 8~16,O/W 乳化剂 |
| PEG 400 mono oleate | 聚乙二醇 400 单油酸酯 | 11.4 | |
| Atlas G-1794 | 聚氧乙烯蓖麻油 | 13.3 | HLB 12~15,去污剂 |
| Tween 60 | 聚氧乙烯失水山梨醇油酸单酯 | 15.0 | |
| Myrj 51 | 聚氧乙烯单硬脂酸酯 | 16 | |
| Myrj 52 | 聚氧乙烯 40 硬脂酸酯 | 16.9 | |
| 油酸钠 | 油酸钠 | 18 | |
| 聚乙二醇 | 聚乙二醇 | 20 | HLB 16 以上,增溶剂 |
| 油酸钾 | 油酸钾 | 20 | |
| 十二烷基硫酸钠 | 十二烷基硫酸钠 | 40 | |

**(二) HLB 的测定和估算**

测定表面活性剂 HLB 的方法有很多,如表面张力法、乳化法、浊度法、滴定法、气相色谱法、核磁共振法等。这些方法大多较烦琐,花费时间也比较长。浊度法相对简便易行,根据表面活性剂在水中的溶解情况可估算表面活性剂 HLB 的范围(见表 7-6)。

表 7-6　表面活性剂的 HLB 与性质的对应关系

| HLB 范围 | 加入水中后的性质 |
| --- | --- |
| 1~4 | 不分散 |
| 3~6 | 分散得不好 |
| 6~8 | 剧烈振荡后成不稳定乳状分散体系 |
| 8~10 | 稳定乳状分散体系 |
| 10~13 | 半透明至透明的分散体系 |
| >13 | 透明溶液 |

此外,1957 年 J. T. Davies 提出把表面活性剂分子分解为一些基团,每个基团对 HLB 都有各自的贡献,表面活性剂的 HLB 是这些基团 HLB 的总和。若已知这些基团的 HLB (表 7-7),利用式(7-47)可计算出表面活性剂的 HLB,即

$$HLB = 7 + \sum (各个基团的 HLB) \tag{7-47}$$

表 7-7　一些基团的 HLB

| 基团名称 | HLB | 基团名称 | HLB |
| --- | --- | --- | --- |
| —$SO_4Na$ | 38.7 | —OH(失水山梨醇环) | 0.5 |
| —COOK | 21.1 | —$CH_2CH_2O$— | 0.33 |
| —COONa | 19.1 | —CH— | −0.475 |
| —$SO_3Na$ | 11 | —$CH_2$— | −0.475 |
| —N(叔胺) | 9.4 | —$CH_3$ | −0.475 |
| 酯(失水山梨醇环) | 6.8 | =CH— | −0.475 |
| 酯(自由) | 2.4 | —$CH_2CH_2CH_2O$— | −0.15 |
| —COOH | 2.1 | —$CF_3$ | −0.87 |
| —OH(自由) | 1.9 | —$CF_2$— | −0.87 |
| —O— | 1.3 | 苯环 | −1.662 |

**例 7-4**　利用表 7-7 数据计算十二烷基磺酸钠的 HLB。

**解:** 十二烷基磺酸钠可分解成—$SO_3Na$,—$CH_3$ 和 11 个—$CH_2$—,将各基团的 HLB 代入式(7-47),得

$$HLB = 7 + 11 + 12 \times (-0.475) = 12.3$$

应该指出,这种方法所得结果只能作为参考,若要得到比较确切的 HLB,还需通过实验

方法来获得。

HLB 具有加和性,两种或两种以上组成的混合表面活性剂 HLB 等于被混合的表面活性剂 HLB 的质量分数权重加和。

$$HLB_{A+B} = \frac{HLB_A \cdot m_A + HLB_B \cdot m_B}{m_A + m_B} \tag{7-48}$$

式中,$m_A$、$m_B$ 分别为表面活性剂 A 和 B 的质量。计算结果较为粗略,但基本可满足一般应用的需要。

## 四、胶束

### (一)胶束的形成和临界胶束浓度

表面活性剂水溶液的浓度较低时,表面活性剂分子少数被吸附在溶液表面层作定向排列,使空气和水的接触面减少,引起水的表面张力显著降低,还有少量分子在体相内部以单个分子或离子的状态存在,同时也有可能形成一些二聚体、三聚体。当表面活性剂浓度增大到一定程度时,溶液表面将达到饱和吸附,表面活性剂分子在溶液体相内部形成亲水基向外、疏水基向内的多分子聚集体(见图 7-14),称作**胶束(micelle)**或**胶团**。形成胶束所需的表面活性剂最低浓度称为**临界胶束浓度(critical micelle concentration,CMC)**。溶液浓度达到 CMC 后,由于表面层已形成紧密定向排列的单分子层表面膜,继续增加表面活性剂的浓度,只会改变体相内部胶束的形态,使胶束增大或增加胶束的数目,溶液中表面活性剂单个分子的数目不再增加。所形成胶束是亲水性的,不具有表面活性,不能继续降低表面张力,所以在表面张力与表面活性剂浓度的关系曲线上呈现出水平线段(见图 7-11 中的曲线Ⅲ)。

表面活性剂形成胶束后,疏水基团相互靠紧并被完全包在胶束内部,脱离与水分子的接触或接触面积很小,只有亲水基团朝外,与水几乎没有相斥作用,因此胶束溶液是热力学稳定系统,能够在水中稳定存在。

当表面活性剂溶液浓度达到 CMC 后,不仅溶液的表面张力不再下降,而且溶液的电导率、蒸气压、渗透压、增溶作用及去污能力等理化性质也有很大变化,各种性质随浓度的变化关系曲线都有一个明显的转折点,见图 7-15。因此可以通过测定上述性质随浓度变化而发生显著变化时的转折点来确定 CMC。

CMC 是表面活性剂性质的一个重要数据。一般离子型表面活性剂的 CMC 为 $10^{-4} \sim 10^{-2}\ mol \cdot L^{-1}$,非离子型表面活性剂的 CMC 更小,可以低至 $10^{-6}\ mol \cdot L^{-1}$。CMC 的大小和表面活性剂分子的结构有关,亲水性强的分子 CMC 较大,憎水性强的分子 CMC 较小。同系物分子中,碳氢链的碳原子数越多,CMC 越小。

### (二)胶束的结构

当表面活性剂溶液的浓度大于 CMC 时,分子在溶液体相中开始形成胶束。较低浓度时胶束通常为球状,随着浓度增加,可形成板层状、肠状(棒状)胶束等复杂形状(图 7-16)。若向表面活性剂溶液中添加比例合适的其他成分,溶液中还会呈现出除胶束以外的更复杂的分子有序组合体。聚集成胶束的表面活性剂单体数目称作为聚集数。离子型表面活性剂形成的胶束聚集数为 40~100;非离子型表面活性剂胶束聚集数较大,一般大于 100。

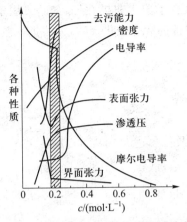

图 7-15　表面活性剂溶液各种性质在
胶束形成前后的变化

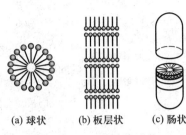

图 7-16　几种胶束形状

胶束很小,其大小与胶体粒子相近。球形胶束的直径在 3 nm 左右,大约为两个分子疏水链的长度。胶束内核为近似呈液态的疏水基部分,表面是溶剂化的极性基团。离子型表面活性剂形成的胶束,表面层除了极性基团和被结合的水分子外,还有一部分被结合的反离子,胶束外还有一个反离子的扩散层。聚氧乙烯非离子表面活性剂的胶束表面层较厚,表面层中结合了大量的溶剂化水。整个胶束就像一个包着极性外壳的小油滴。

## 五、表面活性剂的几种重要作用

表面活性剂在日常生活和工业生产中有着广泛应用,对改善各类产品性能具有重要作用,被誉为"工业味精"。下面介绍表面活性剂的几种重要作用。

### (一) 增溶作用

表面活性剂水溶液的浓度达到或超过临界胶束浓度时,能够溶解相当量的几乎不溶于水的有机化合物。例如,室温下苯在水中的溶解度仅为 0.07%,加入 10% 油酸钠后可使其溶解度增大至 7%。这种由于表面活性剂的存在使不溶或微溶于水的非极性有机化合物溶解度显著增加的现象称为**增溶作用(solubilization)**。

增溶作用是通过胶束实现的。起到增溶作用的表面活性剂称为**增溶剂(solubilizer)**,被增溶的物质称为**增溶物(solubilized material)** 或**增溶质(solubilizate)**。作为增溶剂的表面活性剂 HLB 应在 15 以上,非离子型表面活性剂的增溶能力一般较强。由于增溶质被胶束增溶的方式不同,在选择增溶剂时往往还需要考虑增溶质的结构。

增溶主要有以下四种方式,实际上增溶时经常多种方式同时发生。

(1) 内部溶解型。不易极化的环烷烃、饱和脂肪烃等化合物,一般被增溶在胶束的内核部分,相当于溶解在"液烃"中,见图 7-17(a)。

(2) 外壳溶解型。短链芳烃等容易极化的化合物在量少时被吸附在胶束表面,量多时插入表面活性剂分子"栅栏"中,直至进入胶束内核,见图 7-17(b)。

(3) 插入型。醇、胺和脂肪酸等烃链较长的极性分子,增溶时插入胶束的表面活性剂分子"栅栏"中,分子的非极性碳氢链插入胶束内部,极性部分则留在表面活性剂分子的极性基之中,见图 7-17(c)。

（4）吸附型。一些极性较小的分子既不溶于水也不溶于非极性烃,如苯二甲酸二甲酯等,增溶时吸附于胶束表面,见图 7-17(d)。一些极性的大分子化合物,无法进入胶束内部,也只能吸附在胶束表面上。

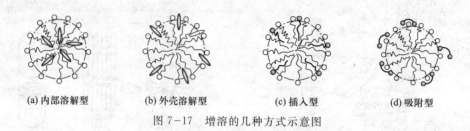

(a) 内部溶解型　　(b) 外壳溶解型　　(c) 插入型　　(d) 吸附型

图 7-17　增溶的几种方式示意图

增溶作用与溶解和乳化作用都不同。溶解是使溶质分散成分子或离子,而增溶后的溶液依数性无明显变化,表明被增溶的物质并不是以单个分子的形式分散在水中。增溶作用也不同于乳化作用。乳化是通过借助乳化剂使不溶液体分散到另一液体中形成热力学不稳定的多相系统,而增溶使系统的 Gibbs 自由能降低,是一个自发过程,形成的溶液是热力学均相系统。

在药物制剂中常用吐温类、聚氧乙烯蓖麻油等作增溶剂。如一些挥发油、甾体激素类、抗生素类、脂溶性维生素和磺胺类等许多难溶性药物都可通过增溶作用制成浓度较高的澄清液,可内服、外用或注射用。一些生理现象也与增溶作用有关,如脂肪不能被小肠直接吸收,却能通过胆汁的增溶作用被有效吸收。

**（二）润湿作用**

在生产和生活中,人们常需改变液体对某一固体的润湿程度,如把不润湿改变为润湿,或把润湿变成不润湿,使用表面活性剂都可以实现这些变化。表面活性剂分子能定向地吸附在固液界面上。在疏水表面上,表面活性剂分子疏水基与表面有较强的相互作用,而极性基团则向外,这样就形成了亲水的"新表面",液体便能较好地润湿表面了,这种作用称为**润湿作用**（wetting action）,见图 7-18(a)。反之,表面活性剂的极性基与固体表面有极强的吸附作用,非极性基朝外。这样原来与水润湿良好的表面变为不润湿的表面,见图 7-18(b)。该过程称为**去润湿作用**（reverse wetting action）或**憎水化作用**（hydrophobic action）。

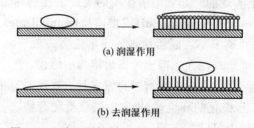

(a) 润湿作用

(b) 去润湿作用

图 7-18　表面活性剂的润湿作用和去润湿作用

一般选择 HLB 在 7～11 之间的表面活性剂作为**润湿剂**（wetting agent）。常选用阴离子型和非离子型的表面活性剂作为润湿剂,如十二烷基苯磺酸钠、十二醇硫酸钠、油酸丁酯硫酸钠等。非离子表面活性剂对酸、碱、盐都不敏感,一般起泡较少。去润湿过程中常选用油酸、植物油、二甲基二氯硅烷、氯化十二烷基吡啶等表面活性剂。

润湿作用应用非常广泛。在药物制剂中,外用软膏基质加入润湿剂可使药物与皮肤或黏膜很好地润湿,有利于药物吸收发挥药效;在片剂中添加表面活性剂可以改善药物颗粒表面的润湿性,有利于压片;制备混悬剂时,加入表面活性剂使粒子表面易被润湿,从而使之分散均匀。在针剂安瓿内壁涂上一薄层二甲基二氯硅烷,使玻璃内壁成为憎水表面,使用时能使安瓿内的药液完全抽入注射器内。在农药中加入润湿剂能改进药液对农作物茎叶表面和害虫体表的润湿程度,增加农药对这些表面的接触面积和接触时间,增强杀虫效果。在防水布的制备过程中,通过对纤维织物进行防湿剂处理,使水布之间接触角增大,达到去润湿的效果。还有采矿中的泡沫浮游选矿法、开采石油中注入有表面活性剂的"活性水"采油等都应用了与润湿有关的原理。

### (三) 乳化作用

使一种或几种液体以极小的液滴形式均匀地分散在另一种与其不互溶的液体之中,形成高度分散系统的过程称为**乳化作用(emulsification)**,得到的分散系称为**乳状液(emulsion)**。乳状液在医药上用途广泛,如口服液、静脉注射液等。

乳状液具有多相和易聚结的特点,是热力学不稳定系统。乳状液的制备必须加入适量的表面活性剂作为**乳化剂(emulsifying agent)**。这些乳化剂分子定向吸附在两相界面上,降低界面张力,同时在液滴周围形成具有足够机械强度的保护膜,使乳状液得到稳定。离子型表面活性剂还可以在液滴外形成具有静电斥力的双电层结构,阻碍小液滴相互靠拢,增加乳状液的稳定性。乳化剂的用量一般为 $1\% \sim 10\%$,可选阴离子型、阳离子型或非离子型表面活性剂,其中以阴离子型应用最普遍。近年发展较快的是非离子型表面活性剂,因其具有不怕硬水、不受介质 pH 的影响等优点。实际应用中常考虑使用混合乳化剂,可以获得更佳的乳化效果。

### (四) 起泡作用

**泡沫(foam)**是气体分散在液相中的分散系统,是热力学不稳定体系。借助表面活性剂作为**起泡剂(foaming agent)**以形成较稳定泡沫的过程称为**起泡作用(foaming action)**。起泡剂能显著降低气液界面张力,维持泡沫稳定;同时在气泡的液膜上定向排列形成双层吸附,疏水基伸向气相,亲水基在液膜内形成水化层,增加液膜的黏度和机械强度。起泡剂的碳氢链宜长,一般碳原子数为 $12 \sim 14$ 较好,有利于形成牢固的液膜。非离子型表面活性剂作为起泡剂,其 HLB 一般应在 $8 \sim 18$。起泡作用常用于泡沫灭火、矿物浮选分离、洗涤等。在医学上常用起泡剂使胃充气扩张,以便于 X 射线透视检查等。

### (五) 洗涤作用

**洗涤作用(washing action)**是将浸在某种介质中的固体表面的污垢去除的过程。去除污垢的洗涤作用除了机械搓洗作用外,与表面活性剂的增溶、润湿、乳化和起泡作用都有关系。例如,去除油脂污垢,水中加入洗涤剂后,首先是润湿作用使得表面活性剂溶液进入有污垢的固体(纤维)之间;洗涤剂分子的憎水基团吸附在污物和固体表面,使 $\sigma_{污物-水}$ 和 $\sigma_{固体-水}$ 降低,减弱污垢在固体上的附着力;再通过机械搓洗等方法使污垢从固体表面脱落被水冲走。同时,洗涤剂分子在有些污垢表面形成保护膜发生乳化作用,有些污垢则进入洗涤剂的胶束中发生增溶作用,这样促使污垢被洗涤剂保护起来悬浮于溶液中,同时洗涤剂在洁净的固体表面形成吸附保护膜,防止污物重新沉积。去污性能以非离子型表面活性剂为最强,其次是阴离子型表面活性剂。肥皂是一种良好的洗涤剂,但酸性溶液和硬水会显著影响其去污性能。近几十年来,以烷基硫酸盐、烷基芳基磺酸盐和聚氧乙烯型非离子表面活性剂等为原料制成的具有更强去污能力的各种合成洗涤剂发展迅速。

# 第六节 两亲分子有序组合体

两亲分子能以一定的方式进行缔合而形成各种形态和大小不同的**分子有序组合体(molecular sequenced assembly)**。两亲分子有序组合体一般可分为两类:一类是在界面上形成的超薄膜,如单分子膜、LB 膜、双层类脂膜等;另一类是在溶液中形成的聚集体,如胶束、囊泡、溶致液晶等。形成特定形态结构的两亲分子有序组合体使系统显示出许多独特的性质与功能。两亲分子有序组合体已引起人们的极大兴趣,其能为生命科学的研究提供最适宜的模拟系统,为材料科学、环境和医学等领域高新技术的发展提供许多新的途径,也成为药物制剂中药物载体的重要研究领域。

## 一、不溶性表面膜

### (一) 单分子膜

1765 年 B. Franklin 观察到油滴在水面上能铺展形成厚度约为 2.5 nm 的很薄的油层,厚度相当于油分子的伸展长度。后来研究表明,在适当的条件下,具有两亲结构的不溶性表面活性物质可以形成一个分子厚度的稳定的膜,分子的极性基在水中,非极性基向外。这种膜被称作**单分子膜(monomolecular film)**。

用来制备不溶性单分子膜的成膜材料通常为疏水基团较大的微溶或不溶于水的两亲分子,如一些长链的脂肪酸和脂肪醇等。天然的或合成的大分子化合物,如蛋白质、聚乙烯醇、聚丙烯酸酯等,也是常见的成膜材料。单分子膜制备时,通常先把成膜材料溶于某种溶剂中,然后将溶液均匀地滴加到底液上使之铺展,溶剂挥去后,在底液表面上就会形成了一层单分子膜。

1. 表面压及测定

若有两根平行靠近的火柴棒在洁净的水面上,在它们之间的水面上滴加一滴油酸,则油膜可以展开并将原本靠近的火柴棒推开,说明展开的油膜对浮在水面上的火柴棒有一种推力。这种不溶性膜对单位长度浮物所施加的推力称为**表面压(surface pressure)**,用 $\pi$ 表示。

设浮物长度为 $l$,则油膜对浮物施加的力为 $\pi l$,若浮物被膜推动的距离为 $\mathrm{d}x$,则膜对浮物所做的功为 $\pi l \mathrm{d}x$,同时油膜面积增加 $l\mathrm{d}x$,而洁净水面则减少了面积 $l\mathrm{d}x$。设水和油的表面张力分别为 $\sigma_0$ 和 $\sigma$,则此过程系统 Gibbs 自由能降低了 $(\sigma_0-\sigma)l\mathrm{d}x$,若系统表面 Gibbs 自由能的降低全部用于扩大油膜表面积做功,则

$$\pi l \mathrm{d}x = (\sigma_0-\sigma)l\mathrm{d}x$$

$$\pi = \sigma_0 - \sigma \tag{7-49}$$

式(7-49)表明膜的表面压数值等于水和油的表面张力之差。由于水的表面张力较大,$\sigma_0-\sigma>0$,浮物被推向纯水一边。

测定表面压最常用的方法是**膜天平(film balance)**法。图 7-19 是 Langmuir 膜天平示意图。在涂有石蜡的浅盘 A 上放一片装有扭力丝的憎水薄浮片 C,浮片两端用涂了凡士林

的细金属丝连在盘上。实验时在盘中盛满水,并使水面略高于盘边,再用滑尺 B 刮去水的表层,重复多次直至水面干净。把溶解在挥发性溶剂中的待测物溶液滴加在浮片 C 和滑尺 B 之间,溶剂挥发后,水面上便形成了单分子膜。膜作用于浮片上的压力可通过扭丝旋转的度数测得。移动滑尺改变膜的面积,可测量相对应的表面压数据,从而得到一系列表面压 $\pi$。根据成膜物质的量可知膜中的分子数,由膜面积可求得每个成膜分子占有的面积 $a$。用 $\pi$ 对 $a$ 作图,可以进一步研究表面膜的性质。

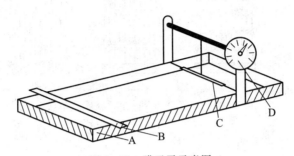

图 7-19　膜天平示意图
A—盛水的长盘;B—滑尺;C—浮片;D—扭力天平

2. 不溶性表面膜的一些应用

(1) 测定成膜物质的摩尔质量　在一定温度下把成膜物质铺展成单分子膜,当表面压很低时,成膜分子所占面积大,分子间的相互作用较小,膜的行为特征与气体类似,膜状态方程可表示为

$$\pi A_s = nRT = \frac{m}{M}RT \qquad (7-50)$$

式中,$A_s$ 为膜面积;$n$ 为成膜物质的物质的量;$m$ 为成膜物质的质量;$M$ 为成膜物质的摩尔质量。

用式(7-50)可测定许多可铺展的蛋白质的摩尔质量,结果与渗透压法、超离心法或黏度法测定结果相符。该方法的优点是测定时间短,所需样品量极少,适于测定相对分子质量小于 25 000 的成膜物质,对生物化学研究有重要价值。

(2) 抑制水分蒸发　在水面上覆盖单分子膜可以抑制水库、湖泊和水稻田中的水分蒸发,可使蒸发速度下降 $40\% \sim 90\%$,对于干旱缺水地区,膜的这一应用具有重要意义。

(3) 膜的化学反应　化学反应在不溶性表面膜上进行时与在溶液体相中进行区别很大,反应速率不同,有时反应产物也不同。表面膜中分子的定向排列和聚集状态等因素对反应的影响很大。复相化学反应研究常涉及固体表面,由于固体表面不均匀,给研究工作带来不便,而利用膜反应来进行复相化学反应动力学的研究可以避免这一问题。

**(二) LB 膜**

I. Langmuir 和他的学生 K. Blodgett 在 1920 年和 1935 年先后将不溶性单分子膜转移到固体表面上,并且经重复操作,可以多层重叠,在固体表面制备得到多分子层膜,称为 **LB 膜(Langmuir-Blodgett film)**。LB 膜的制备是将不溶性两亲分子在底液上铺展成单分子膜,将一块固体基板插入膜中或从膜中提出,从而将单分子膜转移到固体基板上,重复上述操作,就可以组建多分子层膜。根据固体基板的不同和插入或提出膜的转移方式的不同,就可以获得 X 型、Y 型和 Z 型三种不同结构的 LB 膜,见图 7-20。利用 LB 膜技术在生物膜的功能模拟研究中,由维生素、叶绿素和磷脂等各类物质进行分子组装,可用于研究生物膜的电子传递、能量传递和物质跨膜运输等过程。此外,LB 膜技术也用于生物传感器、分子电子元器件和仿生元件等研究,在生物学、材料学、信息科学等高科技领域有着广阔的应用前景。

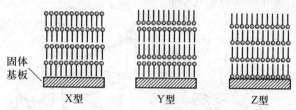

图 7-20　X 型、Y 型和 Z 型 LB 膜的结构

### （三）生物膜与双层脂质膜

**生物膜(biological membrane)**如细胞膜是具有特殊功能的半透膜,具有能量传递、物质运输、信息传递等多种功能,在生命过程中起着十分重要的作用。生物膜主要由蛋白质、类脂和糖类等物质组成,其中蛋白质对生物膜的功能起着主要作用。如细胞与周围环境之间的物质、能量和信息交换,几乎都与细胞膜中的蛋白质有关。不同细胞有其特有的膜蛋白质,这是决定细胞具有特异性功能的重要因素。类脂是一种含有一个极性端基和两条非极性的长脂肪尾链的两亲分子。生物膜中类脂分子由极性端基形成里外表层的亲水区,中间形成非极性尾链的疏水区,蛋白质分子通过多种方式镶嵌在类脂双分子层中。从表面化学的观点出发,生物膜可看作是由双分子厚的类脂相将两个水相分隔开所构成的三相系统,即细胞内液—细胞膜—细胞外液。利用不同的天然成膜物质如卵磷脂、蛋白类脂等可制备出不同性质的**双层脂质膜(bilayer lipid membrane,BLM)**。

对生物膜进行模拟,是当今化学生物学和分子生物学的重要内容。双层脂质膜具有与生物膜非常相近的厚度、电性、渗透性和可激发性,可用来模拟光合作用,考察电子输送和电荷分离机制等生物过程。通过药物与双层脂质膜的相互作用,可了解药物与膜结合对离子通道的影响和相应的药理作用。

## 二、囊泡与脂质体

**囊泡(vesicle)**是一种由两亲分子尾对尾结合形成的分子有序组合体,其闭合的双分子层能形成单室或多室结构的囊泡,在其内部包含着水或水溶液。由类脂质形成的囊泡称为**脂质体(liposome)**。脂质体自 20 世纪 70 年代开始用作药物载体,成为药物新剂型的研究热点之一。脂质体既可以将水溶性药物包封在亲水的中心部位或极性层之间,也可以将脂溶性药物包封在双层膜中,见图 7-21,对所载的药物具有广泛的适应性。脂质体与细胞不同方式的相互作用,可将包封的药物输送到特定器官的细胞内,也可引入特殊基团,使其具有主动靶向性。此外,脂质体也可以用于生物膜的研究和模拟,构建生化反应的微环境等。

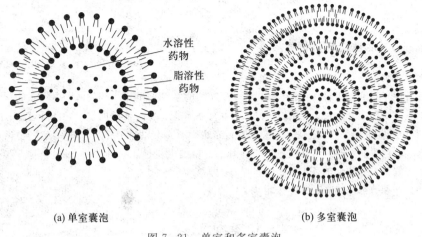

(a) 单室囊泡          (b) 多室囊泡

图 7-21 单室和多室囊泡

### 三、溶致液晶

**液晶**(liquid crystal)是液态的晶体,既有各向异性的晶体所特有的双折射性,又有液体的流动性。液晶一般可分为热致液晶和**溶致液晶**(lyotropic liquid crystal)两类。热致液晶常用于显示领域,如液晶电视。溶致液晶是将一种溶质溶于一种溶剂而形成的液晶态物质,通常是由两亲分子与某种溶剂组成的二元或多元均相系统,是两亲分子在溶液中形成有序组合体的重要形式之一。随着两亲分子的结构、浓度和系统温度的变化,溶致液晶可有层状、六角和立方液晶等不同类型,见图 7-22。构成溶致液晶的溶剂通常是水或其他极性有机溶剂;两亲分子可以是磷脂等生物分子、各类化学合成表面活性剂及两亲性大分子化合物等。由于分子的有序组合排布使溶致液晶具有光学性质、传质性质和电学性质的各向异性。

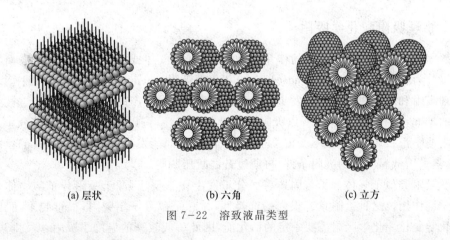

(a) 层状        (b) 六角        (c) 立方

图 7-22 溶致液晶类型

溶致液晶广泛存在于大自然、生物体内。许多生物器官与组织(如人的皮肤、肌肉和眼睛视网膜等)都具有液晶态的有序组合排列。生命物质(如神经、血液、生物膜等)与生命过程中的新陈代谢、消化吸收、信息传递等生命现象都与溶致液晶态物质及性能有关。因此,在生物化学、仿生学、生物物理学、医学等研究领域,溶致液晶的研究都备受瞩目。

---

**案例 7-3　活性炭与防毒面具**

防毒面具是个人特种劳动保护用品,也是军事上的单兵防护用品,最早出现于第一次世界大战中。目前其广泛应用于石油化工、矿山冶金、抢险救灾、卫生防疫、消防和军事等领域,在雾霾、光化学烟雾污染较严重的城市也能起到比较重要的个人呼吸系统保护作用。防毒面具的主要功能是过滤有害气体和粉尘颗粒,其中最关键的结构元件是滤毒罐。在滤毒罐中填充有以超细纤维材料和活性炭、活性炭纤维等吸附剂为核心的过滤材料。活性炭是防毒面具中常用的主要过滤材料之一,活性炭对不同有毒气体均有一定的吸附作用。比如部分军用防毒面具的滤毒罐中就装填有优质活性炭-催化剂和高效滤纸,能够过滤除一氧化碳以外的各种有毒气体和粒子气溶胶。

**问题:**

(1) 雾霾或光化学烟雾污染严重的城市各类个人防护用品主要吸附过滤哪些物质?

(2) 戴上防毒面具能在有毒气体环境中长时间不中毒吗? 为什么?

(3) 活性炭为什么吸附有毒气体而基本上不吸附氧气?

---

# 第七节　固体的表面吸附

固体表面是不均匀的,表面原子受力不对称,有剩余力场存在,这使固体表面也具有表面张力和表面自由能。但由于固体的非流动性,不能像液体一样通过缩小表面积来降低表面 Gibbs 自由能,只能对接触表面的气体或液体分子产生**吸附**(adsorption),改善受力不对称程度,以使表面 Gibbs 自由能降低。这种具有吸附能力的固体称为**吸附剂**(adsorbent),被吸附的物质称为**吸附质**(adsorbate)。吸附剂的表面性质、组成、结构及吸附质的性质对吸附都有影响。

## 一、物理吸附和化学吸附

按照固体表面和吸附分子间的作用力性质的不同,气体或液体分子在固体表面的吸附行为可以分为**物理吸附**(physical adsorption)和**化学吸附**(chemical adsorption)两种。

物理吸附和气体在固体表面发生的液化相类似,吸附的产生源于固体表面与被吸附分子之间的 van der Waals 引力,所以吸附一般没有选择性,可以是单分子层或多分子层。吸附和脱附速率都很快,且一般不受温度的影响,低温下即能发生,其吸附是可逆的。在实际工作中,常采用低温高压的吸附条件,再通过升温减压脱附。

化学吸附类似于气体分子与固体表面分子发生化学反应,源于吸附分子与固体表面形成了化学键作用。这种吸附具有很强的选择性,并总是单分子层吸附,很难脱附,脱附时可能伴有化学变化。化学吸附需要一定的活化能,因此一般较高的温度下吸附才发生,其吸附是不可逆的。化学吸附在许多应用科学中都有涉及,如化学工业中的复相催化就与化学吸附密切相关。表 7-8 列出了这两种吸附的主要区别。

表 7-8　物理吸附与化学吸附的区别

|  | 物理吸附 | 化学吸附 |
|---|---|---|
| 吸附力 | van der Waals 力 | 化学键力 |
| 吸附热 | 较小,接近于液化热 | 较大,接近于化学反应热 |
| 吸附选择性 | 无选择性或很差 | 有选择性 |
| 吸附稳定性 | 不稳定,易解吸 | 比较稳定,不易解吸 |
| 吸附分子层 | 单分子层或多分子层 | 单分子层 |
| 吸附速率 | 较快,不受温度影响 | 较慢,温度升高则速率加快,需要活化能 |

物理吸附和化学吸附并不是独立的,往往两者同时发生。如氧气在金属钨表面上的吸附,一部分氧是以分子状态被吸附(物理吸附),还有一部分则是以原子状态被吸附(化学吸附)。在不同温度下有的吸附体系会发生不同类型的吸附。如氢气在镍上的吸附,在低温时发生物理吸附,而高温时发生化学吸附。

## 二、吸附等温线

### (一) 吸附平衡与吸附量

气相的分子可能被吸附到固体表面上来,已被吸附的分子也可以脱附(或称解吸)而重新回到气相。在一定温度和气相压力下,单位时间内被吸附到固体表面上的气体量与脱附而重新返回气相的气体量相等。此时吸附速率与脱附速率相等达到吸附平衡,吸附在固体表面上的气体量不再随时间而变化。达到吸附平衡时,单位质量吸附剂所能吸附气体的物质的量 $x$ 或这些气体在标准状态下所占体积 $V$,称为**吸附量**(adsorption quantity),以 $\Gamma$ 表示,即

$$\Gamma = \frac{x}{m} \text{ 或 } \Gamma = \frac{V}{m} \tag{7-51}$$

式中,$m$ 为吸附剂的质量,$x$ 和 $V$ 分别为吸附质的物质的量和体积。吸附量可通过实验直接测定。

### (二) 吸附曲线

实验表明,对一定的吸附剂和吸附质,达到平衡时,吸附量只是温度和气体压力的函数,即

$$\Gamma = f(T, p)$$

若上式的三个变量中固定一个变量,反映其他两个变量之间的函数关系称为吸附曲线。按固定变量不同,有如下三种吸附曲线。

#### 1. 吸附等压线

吸附质平衡分压一定时,吸附温度 $T$ 和吸附量 $\Gamma$ 之间的关系曲线,称为**吸附等压线**(adsorption isobar),其可以用来判断吸附类型。由于一般情况下吸附过程是放热的,升高温度

将使吸附量降低。对于物理吸附,吸附量随温度升高而下降的规律明显,如图 7-23(a)所示。而化学吸附吸附速率慢,在低温时很难达到平衡,随着温度升高吸附速率加快,吸附量增加,达到平衡后吸附量又随温度升高而下降,如图 7-23(b)所示为钯对 CO 的吸附。

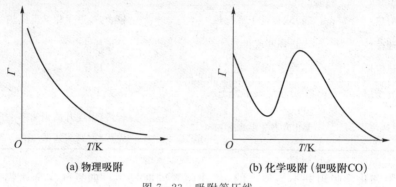

(a) 物理吸附      (b) 化学吸附(钯吸附CO)

图 7-23 吸附等压线

### 2. 吸附等温线

恒定温度下,吸附质平衡分压 $p$ 与吸附量之间的关系曲线,称为**吸附等温线**(adsorption isotherm)。吸附等温线大致有五种类型,见图 7-24。图中纵坐标代表吸附量,横坐标为相对压力 $p/p^*$,其中 $p$ 是吸附平衡时的气体压力,$p^*$ 为该温度下被吸附物质的饱和蒸气压。除 I 型为单分子层吸附外,其余均为多分子层吸附。例如,78 K 时氮在活性炭上的吸附属于 I 型;78 K 时氮在硅胶上的吸附属于 II 型;352 K 时 $Br_2$ 在硅胶上的吸附属于 III 型;323 K 时苯蒸气在氧化铁凝胶上的吸附属于 IV 型;373 K 时水蒸气在活性炭上的吸附属于 V 型。

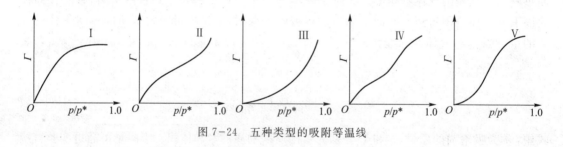

图 7-24 五种类型的吸附等温线

吸附等温线是这三种吸附曲线中最常用的,从上述五种类型吸附等温线可以得到吸附剂的表面性质、孔的分布性质等有关信息,具有重要的实际意义。

### 3. 吸附等量线

吸附量一定时,吸附温度 $T$ 与吸附质平衡分压 $p$ 之间的关系曲线,称为**吸附等量线**(adsorption isostere)。其主要应用是计算吸附热。吸附热一般为负值,即吸附过程放热。由吸附热数值大小可判断吸附作用的强弱。

三种吸附曲线之间是相互联系的,由其中一组吸附曲线可得到另外两种吸附曲线。通常先由实验测得一组吸附等温线,再画出相应的吸附等压线和吸附等量线。

### 三、几个重要的吸附等温式

吸附等温线最为常用,人们已导出了很多描述吸附等温线的经验公式。这里只介绍描述单分子层吸附(图 7-24 中 I 型)的 Langmuir 吸附等温式和 Freundlich 吸附等温式,以及描述多分子层吸附的 BET 吸附等温式。

#### (一) Langmuir 单分子层吸附等温式

1. Langmuir 单分子层吸附理论及吸附等温式

1916 年 Langmuir 根据大量的吸附实验事实,从动力学理论出发,首先提出了最简单的**单分子层吸附理论(monolayer adsorption theory)**。其基本假设是:

(1) 气体分子只有碰撞到空白固体表面才可能被吸附,而已经吸附了气体的固体表面不能再吸附其他气体分子,即只发生单分子层吸附;

(2) 固体表面是均匀的,且被吸附的分子之间无相互作用力,气体的吸附、脱附不受周围被吸附分子的影响,也不受吸附位置的影响;

(3) 吸附平衡是吸附与脱附的动态平衡,吸附速率与脱附速率相等。

基于以上假设,设在一定温度下,$\theta$ 为固体表面被覆盖的分数,即表面覆盖率,则$(1-\theta)$ 表示尚未被覆盖的分数。根据假设(1),吸附速率 $r_{吸附}$ 与$(1-\theta)$ 和被吸附气体的分压 $p$ 成正比,所以吸附速率为

$$r_{吸附} = k_1 p (1-\theta)$$

根据假设(2),脱附速率 $r_{脱附}$ 与 $\theta$ 成正比,即解吸速率为

$$r_{脱附} = k_2 \theta$$

式中,$k_1$、$k_2$ 均为比例常数。当达到吸附平衡时吸附和脱附速率相等,即

$$k_1 p (1-\theta) = k_2 \theta$$

整理上式,可得

$$\theta = \frac{k_1 p}{k_2 + k_1 p}$$

令 $b = \dfrac{k_1}{k_2}$,则得

$$\theta = \frac{bp}{1+bp} \tag{7-52}$$

式中,$b$ 称为吸附系数,其值越大代表固体表面吸附气体的能力越强。式(7-52)即为 **Langmuir 吸附等温式(Langmuir adsorption isotherm)**,它指出了吸附平衡时固体表面覆盖率 $\theta$ 与气体压力 $p$ 之间的定量关系。

2. Langmuir 吸附等温式的物理意义及应用

由式(7-52)可以看出:

(1) 在压力足够低或吸附很弱时,$bp \ll 1$,$\theta \approx bp$,即 $\theta$ 与 $p$ 呈直线关系,这与第 I 类吸附等温线的低压部分相符。

（2）当压力足够高或吸附很强时，$bp \gg 1$，$\theta \approx 1$，此时吸附量为一常数，与压力无关，反映单分子层吸附达到完全饱和的极限情况，与第 I 类吸附等温线的高压部分（水平段）相符。

（3）当压力适中时，$\theta$ 与 $p$ 呈曲线关系。$\theta = \dfrac{bp}{1+bp} = bp^n (0 < n < 1)$，与第 I 类吸附等温线的中压部分相符。

以 $\Gamma_m$ 表示单分子层的饱和吸附量，$\Gamma$ 为压力 $p$ 时的吸附量，把 $\theta = \dfrac{\Gamma}{\Gamma_m}$ 代入式（7-52）得

$$\frac{\Gamma}{\Gamma_m} = \frac{bp}{1+bp} \tag{7-53}$$

实际应用时常以 $V_m$ 表示饱和吸附时的气体体积，$V$ 为分压 $p$ 时吸附气体的体积，则表面被覆盖的分数 $\theta = \dfrac{V}{V_m}$，代入式（7-52）得

$$\frac{V}{V_m} = \frac{bp}{1+bp} \tag{7-54}$$

整理后得

$$\frac{p}{V} = \frac{1}{bV_m} + \frac{p}{V_m} \tag{7-55}$$

这是用饱和吸附量表示的 Langmuir 吸附等温式另一种表示法。以 $\dfrac{p}{V}$ 对 $p$ 作图得一直线，斜率为 $\dfrac{1}{V_m}$，截距为 $\dfrac{1}{bV_m}$，可由斜率和截距求得吸附系数 $b$ 和饱和吸附量 $V_m$。

Langmuir 吸附等温式只适用于单分子层吸附，较好地解释了第 I 类型吸附等温线。但推导过程中所做的基本假设过于理想化，大多数是不完全符合实际情况的，因此对于多分子层吸附，或对吸附分子间作用力较强的单分子层吸附不能给予解释，适用范围较窄。虽然如此，Langmuir 吸附等温式在推导过程中第一次对固气吸附机制作了形象的描述，为后来其他一些吸附等温式的建立奠定了基础。

**例 7-5**　在 273.15 K 时，$NH_3$ 的不同平衡压力下，实验测得 1kg 活性炭吸附的 $NH_3$ 体积数据（已换算成标准状况）如下

| $p/10^3$ Pa | 0.524 0 | 1.730 5 | 3.058 4 | 4.534 3 | 7.496 7 |
|---|---|---|---|---|---|
| $V/10^{-3} m^3$ | 0.987 | 3.043 | 5.082 | 7.047 | 10.310 |

试用作图法求 Langmuir 吸附等温式中的常数 $b$ 和 $V_m$ 的值。

**解：**数据处理如下：

| $p/10^3$ Pa | 0.524 0 | 1.730 5 | 3.058 4 | 4.534 3 | 7.496 7 |
|---|---|---|---|---|---|
| $\dfrac{p}{V}/(10^6\ Pa \cdot m^{-3})$ | 0.530 9 | 0.568 7 | 0.601 8 | 0.643 4 | 0.727 1 |

$$\frac{p}{V} = \frac{1}{bV_m} + \frac{p}{V_m}$$

以 $\dfrac{p}{V}$ 对 $p$ 作图得一直线,直线的斜率为 27.9 m$^{-3}$,直线的截距为 0.517 6×10$^6$ Pa·m$^{-3}$,得

$$V_m = \frac{1}{\text{斜率}} = \frac{1}{27.9} = 3.58 \times 10^{-2} \text{ m}^3$$

$$b = \frac{\text{斜率}}{\text{截距}} = \frac{27.9}{0.517\ 6 \times 10^6} = 5.39 \times 10^{-5} \text{ Pa}^{-1}$$

### (二) Freundlich 吸附等温式

Freundlich 吸附等温式是 H. M. F. Freundlich 对一氧化碳在碳上、己醇在硅胶上的吸附等温线等实验结果进行分析归纳后提出的经验公式,即

$$\frac{x}{m} = k p^{\frac{1}{n}} \tag{7-56}$$

式中,$x$ 为吸附气体的质量;$m$ 为吸附质的质量;$\dfrac{x}{m}$ 为平衡压力 $p$ 时的吸附量;$k$ 和 $n$ 是与吸附剂、吸附质种类以及温度等有关的常数。

将式(7-56)取对数,得

$$\ln \frac{x}{m} = \ln k + \frac{1}{n} \ln p \tag{7-57}$$

以 $\ln \dfrac{x}{m}$ 对 $\ln p$ 作图,由所得直线的斜率和截距可分别求得 $n$ 及 $k$ 值。Freundlich 吸附等温式形式简单,使用方便,应用较为广泛,包括物理吸附和化学吸附,甚至溶液吸附都可用。但它仅适用于第 I 类吸附等温线中间部分的吸附情况,低压和高压部分往往结果较差。此外,式中的常数 $k$、$n$ 没有明确的物理意义,也不能由该式推测吸附机制。

### (三) BET 吸附等温式——多分子层吸附理论

大多数固体对气体的吸附往往是多分子层吸附。1938 年 S. Brunauer、P. H. Emmett 和 E. Teller 三人在 Langmuir 吸附理论的基础上提出了多分子层的气固吸附理论,简称 BET 吸附理论。如图 7-25 所示,假设吸附为多分子层,第一层吸附未饱和之前,也可能发生多分子层吸附;第一层吸附是固体表面分子与吸附质分子之间的分子间力,从第二层以后的各层吸附是吸附质分子之间的分子间力,因此第一层和其他各层的吸附热不同,第二层以后

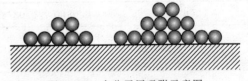

图 7-25　多分子层吸附示意图

各层的吸附热相同,接近于气体的凝聚热;吸附和解吸附均发生在最外层;当吸附达到平衡时,吸附量等于各层吸附量的总和。

基于上述假定,用统计方法得出等温时,吸附量 $V$ 和平衡压力 $p$ 之间的关系为

$$V = V_m \frac{Cp}{(p^* - p)[1 + (C-1)p/p^*]} \tag{7-58}$$

式中,$V_m$ 为固体表面上铺满单分子层时所需气体的体积;$p^*$ 为实验温度下气体的饱和蒸气压;$C$ 是与吸附热有关的常数。式(7-58)为 **BET 吸附等温式(BET adsorption isotherm)**。

BET 吸附等温式适用于单分子层及多分子层吸附,能对图 7-24 中第 I ~ III 类三种吸附等温线给予说明,其主要应用是测定固体吸附剂的质量比表面积 $a_s$(单位质量吸附剂所具有的表面积)。实际应用时对式(7-58)进行整理,得

$$\frac{p}{V(p^*-p)}=\frac{1}{V_m C}+\frac{C-1}{V_m C}\cdot\frac{p}{p^*} \tag{7-59}$$

以 $\frac{p}{V(p^*-p)}$ 对 $\frac{p}{p^*}$ 作图可得一直线,其斜率为 $\frac{C-1}{V_m C}$,截距为 $\frac{1}{V_m C}$,由此可得 $V_m=\frac{1}{斜率+截距}$。假设吸附质每个分子的截面积为 $A$,则由 $V_m$ 可计算固体吸附剂的比表面积 $a_s$,即

$$a_s=\frac{V_m L}{22.4\times 10^{-3}}\cdot\frac{A}{m} \tag{7-60}$$

式中,$m$ 为固体吸附剂的质量;$L$ 是 Avogadro 常数;$V_m$ 是换算为标准状况下(101.325 kPa、273.15 K)的体积,单位为 $m^3$。固体吸附剂和催化剂的比表面积是吸附机制和催化性能研究中的重要参数,能很好地衡量固体的吸附能力和催化性能。对固体比表面积的测定曾有过许多研究,但 BET 法因其简便可靠,相对误差较小,仍是公认的经典方法。

**例 7-6** 在液氮温度时 $N_2$ 在 $ZrSiO_4(s)$ 上的吸附符合 BET 公式,现取 $1.752\times 10^{-2}$ kg 样品进行吸附测定,数据如下:

| $p$/kPa | 1.39 | 2.77 | 10.13 | 14.93 | 21.01 | 25.37 | 34.13 |
|---|---|---|---|---|---|---|---|
| $V/10^{-6}$ $m^3$ | 8.16 | 8.96 | 11.04 | 12.16 | 13.09 | 13.73 | 15.10 |

$p$ 和 $V$ 是吸附平衡时气体的压力和被吸附气体在标准状况下的体积,该温度下氮气的饱和蒸气压为 101.325 kPa,每个 $N_2$ 分子的截面积为 $1.62\times 10^{-19}$ $m^2$。试计算该 $ZrSiO_4$ 的比表面积。

**解:** 先计算不同 $p/p^*$ 时的 $\frac{p}{V(p^*-p)}$:

| $p/p^*$ | 0.031 7 | 0.027 3 | 0.100 0 | 0.147 3 | 0.207 4 | 0.250 4 | 0.336 8 |
|---|---|---|---|---|---|---|---|
| $\frac{p}{V(p^*-p)}/10^3$ $m^{-3}$ | 1.705 | 3.137 | 10.06 | 14.21 | 19.98 | 24.33 | 33.64 |

以 $\frac{p}{V(p^*-p)}$ 对 $\frac{p}{p^*}$ 作线性回归,得回归方程为

$$\frac{p}{V(p^*-p)}=9.746\times 10^4\times\frac{p}{p^*}+216.8(r=0.999\ 4,n=7)$$

$$V_m=\frac{1}{斜率+截距}=\frac{1}{9.746\times 10^4\ m^{-3}+216.8\ m^{-3}}=1.024\times 10^{-5}\ m^3$$

$$a_s=\frac{V_m L}{22.4\times 10^{-3}}\cdot\frac{A}{m}$$

$$=\frac{1.024\times 10^{-5}\ m^3\times 6.022\times 10^{23}\ mol^{-1}}{22.4\times 10^{-3}\ m^3\cdot mol^{-1}}\cdot\frac{1.62\times 10^{-19}\ m^2}{1.752\times 10^{-2}\ kg}$$

$$=2\ 546\ m^2\cdot kg^{-1}$$

### 四、固体自溶液中吸附

固体在溶液中的吸附比它对气体的吸附复杂得多，至今尚无完善的吸附理论。因为固体在溶液中会同时吸附溶质和溶剂，而固体与溶质、固体与溶剂和溶剂与溶质间都存在相互作用。但也有规律可循，一般极性吸附剂易从非极性溶剂的溶液中优先吸附极性组分，非极性吸附剂易从极性溶剂的溶液中优先吸附非极性组分；溶质在溶剂中的溶解度越小越易被吸附；随温度升高，大多数溶质的吸附量是减少的。固体在溶液中的吸附应用极为广泛，如糖液脱色、水的净化、胶体的稳定及色谱分析等均与吸附有关。

#### （一）吸附特点

固体自溶液中的吸附，至少需考虑三种相互作用力：固体表面与溶质之间的作用力、固体表面与溶剂之间的作用力和溶质与溶剂之间的作用力。溶液中的吸附可以看成是溶质与溶剂分子争夺固体表面的净结果。若固体表面上的溶质浓度比溶液本体大，即为正吸附，反之就是负吸附。

固体在溶液中的吸附速率一般比在气体中吸附速率慢得多，因为吸附质分子在溶液中的扩散速率慢，而且固体表面通常有一层液膜，溶质分子必须通过这层膜才能被吸附。多孔性固体的吸附速率更慢，往往需要更长的时间才能达到吸附平衡。

#### （二）吸附量的测定

将定量的吸附剂与一定量已知浓度的溶液相混合，在一定温度下振摇达到平衡。澄清后，测定溶液的浓度，可以计算每克吸附剂所吸附溶质的量 $\Gamma_{表观}$。

$$\Gamma_{表观} = \frac{x}{m} = \frac{(c_0 - c)V}{m} \tag{7-61}$$

式中，$c_0$、$c$ 分别表示吸附前后的溶液的浓度；$V$ 为溶液的体积；$m$ 为吸附剂的质量。需要注意的是，用式(7-61)计算吸附量时并未考虑对溶剂的吸附，通常称为**表观吸附量(apparent adsorption quantity)** 或**相对吸附量(relative adsorption quantity)**。在稀溶液中由于溶剂被吸附而引起的浓度变化很小，可以忽略，式(7-61)计算所得结果可近似代表固体对溶质的吸附情况。但由于吸附剂对溶剂和溶质同时吸附，要测定吸附量的绝对值是很困难的，目前这一问题尚未解决。

#### （三）吸附等温线

以表观吸附量对溶液浓度作图，可以得到三种类型的吸附等温线，如图7-26。

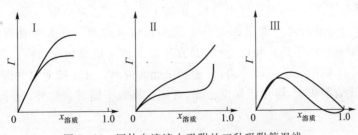

图7-26　固体自溶液中吸附的三种吸附等温线

第Ⅰ类型溶液吸附等温线的形状和气固第Ⅰ类型吸附等温线(图7-24)很相似,可用 Freundlich 吸附等温式、Langmuir 吸附等温式和 BET 吸附等温式处理,以浓度代替原公式中压力即可。如活性炭从水中吸附低级脂肪酸、高岭土从水溶液中吸附番木鳖碱等,但是使用这些公式只是由于它们和实验数据相符合,没有任何理论意义。

第Ⅱ类型溶液吸附等温线与气固吸附等温线Ⅱ、Ⅲ型相似,如石墨和炭黑自水中吸附苯酚、戊酸等。

第Ⅲ类型溶液吸附等温线比较特殊(图7-26中第Ⅲ类型等温线),在气相吸附中没有。一种是倒 U 型,吸附量从零开始,随着溶液浓度增加逐渐增大,达到最大值后又逐渐下降,最后回到零,如硅胶自苯-甲苯溶液中吸附苯。另一种是 S 型的,吸附量不仅出现极大值,还出现负值,最后回升到零点,如活性炭自苯-甲醇溶液中吸附苯。图7-26中表观吸附量为零,是由于吸附剂对溶剂和溶质同时吸附后,溶液浓度与原溶液的浓度相同;表观吸附量为负,则是由于浓度较高时,溶剂被吸附反而使溶液浓度增加所致。

## 五、常用的固体吸附剂

几乎任何固体表面对任何气体分子都或多或少存在吸附作用,但并非任何固体都可用作吸附剂。有应用价值的吸附剂必须吸附能力强,比表面积大;机械强度好,热稳定性高;不与吸附质和其他相接触的介质发生化学反应;易于再生,能够规模化生产,价格低廉。

固体吸附剂最主要的性能指标是孔隙率和比表面积。孔隙率是指孔隙的总体积与分散系统的总体积之比,是孔性吸附剂的重要特性。比表面积决定吸附剂的吸附能力,是吸附剂的定量标准。常用的吸附剂通常具有大量微孔结构,孔隙率大,因而比表面积巨大。在药物研究和药剂生产过程中,活性炭、硅胶、活性氧化铝和分子筛等吸附剂有着重要应用,常用于产品干燥、分离提纯等过程。下面对几种常见的吸附剂作简要介绍。

(1)活性炭 活性炭是典型的非极性吸附剂,对非极性有机物质有很强的亲和性。活性炭吸附性能优良,价廉易得,在化工、食品、环保、制药等各行业应用广泛。如用于药物提取及生产中的脱色、精制、吸附等过程,也可用于临床治疗,如解毒、血液净化等。

(2)硅胶 硅胶是典型的孔性极性吸附剂。天然的多孔 $SiO_2$ 通常称为硅藻土,人工合成的称为硅胶,可由水玻璃制取。人工合成多孔硅胶杂质少,化学稳定性较高,耐热耐磨性好。硅胶具有优良的吸水性能,常用作干燥剂,也常用于提纯天然活性成分。

(3)活性氧化铝 活性氧化铝与硅胶相似,也是孔性极性吸附剂。氧化铝由三水合铝 $[Al(OH)_3]$ 或三水铝矾土加热脱水而成。活性氧化铝能吸附 $H_2O$、$NH_3$、$H_2S$ 等多种气体,也能吸附醇和烯烃类化合物,常用作干燥剂,也用于净化空气,分离中草药的活性成分。

(4)分子筛 分子筛是一类能筛分分子的多孔性吸附剂。分子筛具有单一的表面孔径,能选择性吸附直径小于其孔径的分子,并在一定条件下解吸出来,比孔径大的分子则被排除,从而将大小不同的分子进行分离,分子筛由此而得名。分子筛对极性分子尤其对水有极大的亲和力,比表面积大,可用于深度干燥,常用作高效干燥剂。此外,分子筛也用于分离提纯各种气体。

(李武宏)

## 参 考 文 献

[1] 滕新荣.表面物理化学.北京:化学工业出版社,2009.

[2] 李三鸣.物理化学.8版.北京:人民卫生出版社,2016.

[3] 傅献彩,沈文霞,姚天扬,等.物理化学(下册).5版.北京:高等教育出版社,2006.

[4] 崔黎丽,刘毅敏.物理化学.北京:科学出版社,2011.

[5] 高丕英,李江波,徐文媛,等.物理化学.2版.北京:科学出版社,2013.

[6] 邵伟.物理化学.3版.北京:人民卫生出版社,2013.

## 习　　题

1. 对于纯液体、溶液和固体,各采用什么方法来降低表面能以达到稳定状态?

2. 纯水在某毛细管中上升的高度为 $h$,当把毛细管折断一半,如图 7-27 所示,水能否从管顶冒出?

3. 一杀虫剂粉末欲分散在适当液体中制成混悬喷洒剂,现有 A、B、C 三种液体供选,测得它们与药粉及虫体表皮之间的界面张力关系如下:

$$\sigma_{粉} > \sigma_{A-粉}, \quad \sigma_{虫} < \sigma_{虫-A} + \sigma_A$$

$$\sigma_{粉} < \sigma_{B-粉}, \quad \sigma_{虫} > \sigma_{虫-B} + \sigma_B$$

$$\sigma_{粉} < \sigma_{C-粉}, \quad \sigma_{虫} > \sigma_{虫-C} + \sigma_C$$

试从润湿原理考虑最合适的液体是哪种,并简要说明理由。

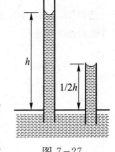

图 7-27

4. 在静止的纯水液面上放一小纸船,小纸船不会运动。若在船尾靠水部分涂抹一点肥皂,再放入水中,会发生什么情况?

5. 干净的玻璃片表面是亲水的,用稀有机胺(分子由亲水基和疏水基两部分组成)水溶液处理后变成疏水的。再用浓溶液处理后又变成亲水的表面。后者用水冲洗之又变成疏水的表面,请解释这一现象。

6. 293.15 K 时把半径为 $1 \times 10^{-3}$ m 的水滴分散成半径为 $1 \times 10^{-6}$ m 的小水滴,试计算比表面积为原来的多少倍? 表面 Gibbs 自由能增加了多少? 完成该过程环境至少需做功多少? 已知 293.15 K 时水的表面张力为 $72.88 \times 10^{-3}$ N·$m^{-1}$。

7. 假设水对玻璃板完全润湿,在两块平行的玻璃板之间会形成一薄水层,试分析在垂直玻璃平面的方向上想把两块玻璃分开较为困难的原因。假设薄水层厚度 $\delta = 1 \times 10^{-6}$ m,水的表面张力为 $72 \times 10^{-3}$ N·$m^{-1}$,玻璃板的边长 $l = 1 \times 10^{-2}$ m(见图 7-28),求两块玻璃板之间的作用力。

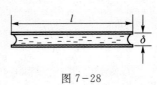

图 7-28

8. 汞对玻璃表面完全不润湿,若将直径为 0.100 mm 的玻璃毛细管插入大量汞中,管内汞面会下降多少? 已知某温度下汞的密度为 $1.36 \times 10^4$ kg·$m^{-3}$,表面张力为 $470 \times 10^{-3}$ N·$m^{-1}$,重力加速度 $g = 9.8$ N·$kg^{-1}$。

9. 已知 373.15 K 时水的表面张力 $\sigma = 58.9 \times 10^{-3}$ N·$m^{-1}$,摩尔汽化焓 $\Delta H_m = 40.656$ kJ·$mol^{-1}$,并忽略不计水面至气泡之间液柱静压力及气泡内蒸气压下降。试计算在 101.325 kPa 压力下,要使水中生成半径为 $10^{-5}$ m 的小气泡,需要多高温度?

10. 某药粉 S 在两种不互溶的液体 1 和 2 中分布,试说明:(1) 当 $\sigma_{S-2} > \sigma_{S-1} + \sigma_{1-2}$ 时,S 分布在液体 1 中;(2) 当 $\sigma_{1-2} > \sigma_{S-1} + \sigma_{S-2}$ 时,S 分布在液体 1、2 界面上。

11. 293.15 K 时一滴油酸滴到洁净的水面上,已知 $\sigma_{水}=75\times10^{-3}$ N·m$^{-1}$,$\sigma_{油}=32\times10^{-3}$ N·m$^{-1}$,$\sigma_{油酸-水}=12\times10^{-3}$ N·m$^{-1}$,当油酸与水相互饱和后,$\sigma'_{油酸}=\sigma_{油酸}$,$\sigma'_{水}=40\times10^{-3}$ N·m$^{-1}$。据此推测,油酸在水面上开始与最终的形状? 相反,如果把水滴在油酸表面上,形状又如何?

12. 293.15 K 时,已知 $\sigma_{水-乙醚}=10.7\times10^{-3}$ N·m$^{-1}$,$\sigma_{汞-乙醚}=379\times10^{-3}$ N·m$^{-1}$,$\sigma_{汞-水}=375\times10^{-3}$ N·m$^{-1}$,若在乙醚和汞的界面上滴一滴水,试计算上述条件下的接触角 $\theta$。

13. 293.15 K 时,丁酸水溶液的表面张力与浓度关系可以表示为 $\sigma=\sigma_0-a\ln(1+bc)$,式中,$\sigma_0$ 为纯水的表面张力,$c$ 为丁酸的浓度,$a$ 和 $b$ 为常数。(1) 试导出此溶液在浓度极稀时表面吸附量 $\Gamma$ 与 $c$ 的关系;(2) 已知 $a=13.1\times10^{-3}$ J·m$^{-2}$,$b=19.62\times10^{-3}$ m$^3$·mol$^{-1}$,求丁酸在溶液表面的饱和吸附量 $\Gamma_m$;(3) 假定饱和吸附时表面全部被丁酸分子占据成单分子层排列,试计算每个丁酸分子所占的截面积。

14. $CHCl_3(g)$在活性炭上的吸附服从 Langmuir 吸附等温式,在 273.15 K 时的饱和吸附量为 $9.38\times10^{-2}$ m$^3$·kg$^{-1}$。已知 $CHCl_3(g)$ 的分压为 5.2 kPa 时平衡吸附量为 $6.92\times10^{-2}$ m$^3$·kg$^{-1}$,试求:(1) Langmuir 吸附等温式中的常数 $b$;(2) $CHCl_3(g)$的分压为 8.50 kPa 时的平衡吸附量。

15. 微球硅酸铝催化剂在 77.15 K 时吸附 $N_2$,测得每千克吸附剂的吸附量 $V$(已换算成标准状况)与 $N_2$ 平衡压力的数据见下表。

| $p$/kPa | 8.699 | 13.64 | 22.11 | 29.92 | 38.91 |
|---|---|---|---|---|---|
| $V$/($10^{-3}$ m$^3$·kg$^{-1}$) | 115.58 | 126.3 | 150.69 | 166.38 | 184.42 |

已知 77.15 K 时 $N_2$ 的饱和蒸气压为 99.13 kPa,每个 $N_2$ 分子的截面积为 $1.62\times10^{-19}$ m$^2$。试用 BET 吸附等温式计算形成单分子层所需 $N_2$ 的体积 $V_m$ 和该硅酸铝的比表面积 $a_s$。

# 第八章　胶体分散系

胶体(colloid)一词由英国科学家 T.Graham 于 1861 年提出,他应用分子运动论研究水溶液中溶质的扩散时发现:有些物质在水中扩散速率很快,易透过半透膜,当把溶剂蒸干后析出晶体;另一些物质在水中扩散速率很慢,不能透过半透膜,把溶剂蒸干后得到黏稠的胶状物。由此他把物质分为晶体和胶体两大类。随着科学的发展,人们发现这种对物质的分类方法并不正确。只要选择适当的分散介质,任何一种晶体物质都可以被分散成胶体,如氯化钠溶在水中是真溶液,但分散在酒精中则成为胶体。胶体是物质以一定分散程度存在的一种状态,而不是某一类物质的固有特性。"胶体"的含义就是高度分散的意思。尽管"胶体"作为物质的分类方法并不科学,但具有上述特征的分散系统理解为"胶体"这一概念被延续下来。

胶体化学(colloidal chemistry)是研究胶体分散系物理化学性质的一门科学。胶体化学的原理已广泛应用于气象学、环境学、地质学、农学、生物医药等领域,尤其是近年来超微技术、纳米材料制备等技术的迅速发展,胶体化学研究的内容更为广泛和深入。

胶体化学与生命科学和医学科学紧密相关。从胶体化学的观点出发,人体就是典型的胶体系统,血液、细胞液等是蛋白质及其他物质的胶体溶液,皮肤、肌肉、脏器乃至于毛发、指甲等也属胶体系统的范畴。某些药物如胰岛素、催产素、增压素以及血浆代用液、疫苗等,本身就是胶体系统。

## 第一节　分散系概述

### 一、分散系的分类

一种或几种物质分散在另一种物质中所形成的系统称为**分散系**(disperse system),被分散的物质称为**分散相**(dispersed phase),容纳分散相的连续介质称为**分散介质**(disperse medium)。例如,矿物分散在岩石中生成矿石,水滴分散在空气中形成云雾,聚乙烯分散在水中形成乳胶,氯化钠分散在水中形成溶液。

分散相分散后按其形成的相态分为均相系统和多相系统。在均相系统中,按溶质分子的大小分为小分子溶液和大分子溶液;在多相系统中按分散相粒径大小分为超微分散系统(或称溶胶)和粗分散系统。小分子溶液中分散相的半径通常小于 1 nm,**溶胶**(sol)和大分子溶液中分散相粒子均在 1~100 nm 之间,故常被归属于胶体分散系同一大类中,而粗分散系统中分散相的半径远大于 100 nm。表 8-1 为按粒子大小分类的分散系统及它们的特性。

表 8-1　分散系统及特性

| 分散系统 | 分散相半径 | 特性 |
|---|---|---|
| 分子分散系（真溶液） | <1 nm | 能透过滤纸和某些半透膜,扩散速率快,普通显微镜下观察不到 |

续表

| 分散系统 | 分散相半径 | 特性 |
|---|---|---|
| 胶体分散系<br>（溶胶、大分子溶液） | 1～100 nm | 能透过滤纸，不能透过半透膜，扩散速率极慢，在高倍显微镜下可观察到 |
| 粗分散系<br>（悬浊液、乳浊液） | >100 nm | 不能透过滤纸，也不能透过半透膜，无扩散能力，肉眼或普通显微镜下即可辨别 |

## 二、溶胶的分类

溶胶和大分子溶液都有胶体的共性，但在性质上又有很大的不同。

溶胶是由难溶物分散在分散介质中所形成的热力学不稳定多相分散系统，其分散相具有明显的憎水性，故又称为**憎液溶胶（lyophobic sol）**，简称溶胶，如 Au、$Fe(OH)_3$ 溶胶。

大分子溶液是分子分散的真溶液，是热力学上稳定、可逆的系统。只是由于其分子的大小属于胶体的范围，因此具有胶体的一些性质（如扩散慢、不透过半透膜，有 Tyndall 效应等），它们与水或其他溶剂有很强的亲和力，故又称**亲液溶胶（lyophilic sol）**。因大分子溶液与溶胶有着本质的差别，亲液溶胶一词已被大分子溶液所取代。

溶胶和大分子溶液中分散相和分散介质之间的相互作用不同。只有典型的憎液溶胶才能全面地表现出胶体的特性。本章所阐述的内容主要是溶胶，有关大分子溶液的内容将在第九章中讲述。

根据分散相和分散介质的聚集状态不同，溶胶还可分为**气溶胶（aerosol）**、**液溶胶（sol）**和**固溶胶（solid sol）**，见表 8-2。

表 8-2　胶体分散系的分类

| 名称 | 分散相 | 分散介质 | 实例 |
|---|---|---|---|
| 液溶胶 | 气 | 液 | 灭火泡沫 |
|  | 液 |  | 牛奶，石油，血浆 |
|  | 固 |  | 金溶胶，碘化银溶胶，牙膏 |
| 固溶胶 | 气 | 固 | 浮石，泡沫塑料 |
|  | 液 |  | 珍珠 |
|  | 固 |  | 合金，有色玻璃，照相胶片 |
| 气溶胶 | 气 | 气 | — |
|  | 液 |  | 雾 |
|  | 固 |  | 烟尘 |

## 三、溶胶的基本特性

溶胶与小分子溶液、大分子溶液及粗分散系比较，具有三大基本特性：特有的分散程度，多相不均匀性和聚结的不稳定性。

### （一）高度分散性

由于溶胶的粒子大小在 1～100 nm 之间，这是溶胶的根本特性，分散程度很高，没有明显的相界面，分散相用肉眼不可分辨。溶胶的许多特性与此相关。

## （二）多相不均匀性

在溶胶分散系中，分散相粒子由众多分子或离子组成，分散相与分散介质之间实际存在着明显的相界面，属多相分散系统，具有不均匀性。因此，其许多物理化学性质与真溶液不同。例如，扩散慢和不能透过半透膜等。

## （三）聚结不稳定性

由于溶胶分散相粒子小，比表面积大，表面 Gibbs 自由能高，因此从热力学角度看胶粒有自发聚结在一起以降低表面能的趋势，具有聚结不稳定性。为了防止溶胶的聚结，在制备溶胶时，通常需要加入**稳定剂（stablizing agent）**，即适量的电解质。小分子溶液和大分子溶液不存在相界面，是热力学的稳定体系。

溶胶的许多性质与上述三个基本特性有关，确定一个分散系统是否为溶胶，也要从这三个基本特征综合考虑，仅考虑其中个别特征是不充分的。此外，溶胶分散相的结构和形状对溶胶的性质也有很大影响，如溶胶粒子的荷电多少，形状是球状、椭球状、棒状还是线状，直接会影响溶胶的动力性质、光学性质、电学性质和流变性质。

# 第二节　溶胶的制备与净化

## 一、溶胶的制备

形成溶胶的最基本条件是分散相粒子的大小须落在胶体粒子范围之内，同时制备所得的溶胶还须具有足够的稳定性，即在制备过程中不仅应加入适量稳定剂，还要除去过量的电解质或杂质。溶胶的制备方法可以分为两类：即分散法和凝聚法，前者将粗分散系进一步分散，后者将分子或离子聚结成胶体尺寸的粒子。

## （一）分散法

这种方法是将大块物质在稳定剂存在时分散成胶体粒子大小，常用的有以下几种方法。

### 1. 研磨法

又称机械粉碎法，常用的设备是胶体磨。图 8-1 是盘式胶体磨，有两个用坚硬耐磨的合金钢或碳化硅制成的、相距很近的磨盘，两磨盘以 $10\ 000 \sim 20\ 000\ \mathrm{r \cdot min^{-1}}$ 的速度反向高速转动。分散相、分散介质及稳定剂同时经过两磨盘之间时，分散相被磨碎成为胶粒。该法适用于分散脆而易碎的物质，对于柔韧性的物质必须先硬化后（如用液态空气处理）再分散。一般工业上用的胶体石墨、颜料及医药用硫溶胶等都是使用胶体磨制成的。

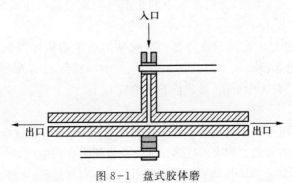

图 8-1　盘式胶体磨

## 2. 超声波分散法

用高频率的超声波(频率大于 20 000 Hz)将物料分散的方法称为超声波分散法。通常使用超声波发生器,高频电流通过两个电极,使电极间的石英片发生相同频率的机械振动,在介质中产生疏密交替的高频机械波,使分散相受到很大撕碎力,再加上高压的作用,分散相发生破碎,从而均匀地分散在介质中而成为溶胶。这种分散方法清洁力强,主要用于乳状液的制备,见图 8-2。

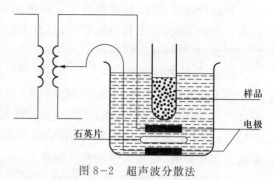

图 8-2 超声波分散法

## 3. 电分散法

该法主要用于制备金属溶胶。将需分散的金属(如 Au、Pt、Ag 等)作为电极,浸入不断冷却的水中,加电压,通过调节两电极的距离使金属电极产生电弧。在电弧作用下,电极表面金属原子因高温气化,随即又被溶液冷却而凝聚形成胶体粒子。为使溶胶稳定,常加少量 NaOH 作稳定剂。

## 4. 胶溶法

又称解胶法,是在新生成并经过洗涤的沉淀中加入适当的电解质溶液作稳定剂,经过搅拌,沉淀会重新分散成溶胶。例如

$$Fe(OH)_3(新鲜沉淀) \xrightarrow{\text{加} FeCl_3} Fe(OH)_3(溶胶)$$

$$AgCl(新鲜沉淀) \xrightarrow{\text{加} AgNO_3, \text{加} KCl} AgCl(溶胶)$$

$$SnCl_4 \xrightarrow{\text{水解}} SnO_2(新鲜沉淀) \xrightarrow{\text{加} K_2Sn(OH)_6} SnO_2(溶胶)$$

该方法只适合于新生成的沉淀,沉淀老化后就很难发生胶溶作用了。

### (二) 凝聚法

凝聚法是将分散的分子(或原子、离子)在适当条件下凝聚而形成溶胶粒子的方法。通常有物理凝聚法和化学凝聚法两种。

## 1. 物理凝聚法

利用适当的物理过程(如蒸气骤冷、改换溶剂等)可以使某些物质凝聚成胶体粒子。

(1) 蒸气凝聚法 利用蒸气骤冷可以使某些物质凝聚成胶体粒子大小。例如,将汞蒸气通入冷水中可以得到汞溶胶,此时高温下的汞蒸气与水接触时生成的少量氧化物起稳定剂的作用。

(2) 过饱和法 通过改变溶剂或冷却的方法使溶质的溶解度降低,由于处于过饱和状态,溶质从溶液中析出来凝聚成溶胶。例如,将松香的酒精溶液滴入水中,由于松香在水中溶解度很低,溶质以胶粒大小析出,形成松香水溶胶。

## 2. 化学凝聚法

化学凝聚法是利用可以生成难溶性物质的化学反应,控制析晶过程,使粒子停留在胶粒大小阶段而得到溶胶的方法。较大的过饱和浓度及较低的操作温度,利于胶核的大量形成而减缓胶核长大的速率,防止难溶性物质聚沉。常用的反应有复分解、水解、氧化还原、沉淀等。

（1）$As_2S_3$ 溶胶的制备　在 $As_2O_3$ 的过饱和溶液中缓慢地通入 $H_2S$ 气体，即可生成淡黄色 $As_2S_3$ 溶胶。反应式如下

$$As_2O_3 + 3H_2S \longrightarrow As_2S_3(溶胶) + 3H_2O$$

其中 $HS^-$ 为稳定剂，胶粒带负电荷。

（2）$Fe(OH)_3$ 溶胶的制备　在不断搅拌的条件下，把 $FeCl_3$ 溶液滴入沸腾的水中，即可生成棕红色的 $Fe(OH)_3$ 溶胶。反应式为

$$FeCl_3 + 3H_2O \longrightarrow Fe(OH)_3(溶胶) + 3HCl$$

$Fe(OH)_3$ 的微小晶体选择性地吸附 $FeO^+$ 为其稳定剂，使胶粒带正电荷。铁、铬、铜等金属的氢氧化物溶胶，也可通过上述方法制得。

（3）$AgI$ 溶胶的制备　当 $AgNO_3$ 过量时，在搅拌下将 $KI$ 溶液滴入 $AgNO_3$ 溶液里，即可制备 $AgI$ 溶胶。反应式为

$$AgNO_3 + KI \longrightarrow AgI(溶胶) + KNO_3$$

过量的 $AgNO_3$ 起稳定剂的作用，$AgI$ 胶粒选择性吸附 $Ag^+$，胶粒带正电荷。当 $KI$ 过量时，在搅拌下将 $AgNO_3$ 溶液滴入 $KI$ 溶液中，也可制得 $AgI$ 溶胶，但在此条件下，$AgI$ 胶粒选择性吸附 $I^-$，胶粒带负电荷。

一些贵金属溶胶可通过氧化还原反应制备。例如，生物医学研究中常用的金溶胶可以在 $HAuCl_4$ 溶液中用 $H_2O_2$（或白磷、抗坏血酸等）作为还原剂制得，反应式为

$$2HAuCl_4 + 3H_2O_2 \longrightarrow 2Au + 8HCl + 3O_2\uparrow$$

此法制得的金溶胶，胶粒 $5\sim15$ nm，表面带负电荷，可与抗体蛋白结合并保持抗体不丧失活性，形成胶体金标记抗体，用于电子显微镜下观察抗原在组织细胞内的分布。

## 二、溶胶的净化

在制得的溶胶中常含有一些电解质或其他杂质，适量的电解质可以使胶粒表面吸附离子而带电荷，起到稳定溶胶的作用；但过量的电解质反而会破坏溶胶的稳定性。因此，制得的溶胶后期需**净化（purification）**处理。通常有以下两种方法。

### （一）渗析法

利用胶粒不能通过半透膜的特点，分离出溶胶中多余的电解质或其他杂质的方法称为渗析法。由于胶粒不能通过半透膜，而分子、离子能通过，故把溶胶放在装有半透膜的容器内，膜外放溶剂，膜内的电解质和杂质会向膜外渗透。若不断更换膜外溶剂，可逐渐减少溶胶中的电解质或其他杂质，达到分离的目的，见图 8-3。常用的半透膜有羊皮纸、动物膀胱膜、硝酸纤维、醋酸纤维等。为了加速渗析，可使用**电渗析（electrodialysis）**，在渗析器装置外面加上电场，促使离子向两极移动并更快地透过膜，从而达到净化的目的，见图 8-4。电渗析法不仅可以净化溶胶，还广泛用于污水处理、生物制品的纯化等。

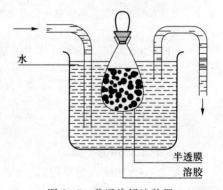

图 8-3　普通渗析法装置

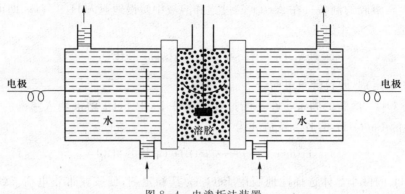

图 8-4 电渗析法装置

### （二）超滤法

用孔径细小的半透膜在外压或吸滤的情况下，使胶体与分散介质分离的方法称为超滤法。有时可将胶体加到纯分散介质中，再加压过滤，如此反复进行，可以达到净化的目的。最后所得的胶体，应立即分散在新的分散介质中，以免胶体凝结成块。如果超滤时在半透膜两边装置电极，加上一定的电压，就是电超滤法，见图 8-5。这样可以降低超滤的压力，还能较快地除去溶胶中多余的电解质，提高净化速率。

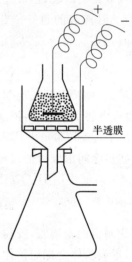

半透膜

图 8-5 电超滤法装置

渗析法和超滤法可应用于分离和提取中草药有效成分，从中草药浸取液中除去淀粉、植物蛋白、树胶等杂质，还可用于浓缩、脱盐、除菌及除热源过滤细菌。

---

**案例 8-1**

由氯金酸通过还原法可以方便地制备各种不同粒径、不同颜色的胶体金颗粒，因其直径在 1～100 nm，称之为纳米金。这种球形的粒子具有高电子密度、介电特性和催化作用，能与多种生物大分子结合，且不影响其生物活性。纳米金对蛋白质有很强的吸附功能，可以与葡萄球菌 A 蛋白、免疫球蛋白、毒素、糖蛋白、酶、抗生素、激素、牛血清白蛋白多肽缀合物等非共价结合。1971 年 Faulk 和 Taylor 首次将胶体金引入免疫化学，将兔沙门氏菌抗血清与纳米金胶粒结合，用直接免疫细胞化学技术检测沙门氏菌的表面抗原。此后免疫胶体金技术作为一种新的免疫学方法，在生物医学各研究领域得到了广泛的应用。

**问题：**

(1) 由氯金酸经还原法制备的胶体金是正溶胶还是负溶胶？

(2) 为什么胶体金粒子可以与各种不同蛋白质非共价结合？

---

## 三、纳米材料

### （一）纳米材料的概念

纳米是一种长度计量单位，纳米粒子是指粒度在 1～100 nm 之间的超细粒子，属于胶体粒子大小的范畴。就大小而论处于原子簇和宏观物体之间的过渡区，它们既非典型的微观系统,亦非典型的宏观系统,属于**介观系统(mesoscopic system)**。

当物质粒子小至纳米量级后,物质的许多性质将发生很大的变化,并产生一些奇异的特性。所以纳米材料具有既不同于原子、分子,又不同于宏观物质的特殊性质,对这些性质的研究和开发的技术领域称为纳米技术。

### (二)纳米粒子的特性

#### 1. 表面效应

处于纳米尺度的物质,其表面原子与总原子之比急剧增大,由于表面原子的力场不饱和,具有非常高的表面能,因而表面原子有很强的化学活性,极不稳定,很容易与其他原子结合。表面原子的活性,不但引起纳米粒子表面输运和构型的变化,同时也引起表面原子自旋构象和电子能谱的变化,使纳米粒子表现出高催化活性和高反应性。

#### 2. 小尺寸效应

当纳米粒子的尺寸与光波波长、de Broglie 波长及超导态的相干波长长度或透射深度等物理尺寸相当或更小时,材料的声、光、电、磁及热力学等性质发生很大变化。

#### 3. 量子效应

电子是一种 Fermi 子,Fermi 子的能级间距与系统中原子的数量成反比。对宏观物体,原子数无穷大,能级间距趋于零,能级是连续的;而对纳米粒子,Fermi 能级附近的电子能级发生分裂,由连续变为离散的不连续或变宽的现象,这就是纳米材料的量子效应。

#### 4. 宏观量子隧道效应

隧道效应是指微观粒子具有贯穿势垒的能力。纳米粒子对磁化强度、磁通量等宏观量亦具有隧道效应,即可以穿越宏观系统的势垒而产生变化,称为宏观量子隧道效应。宏观量子隧道效应为现代电子器件的微型化和磁盘、磁带储存信息的大型化提供了依据。

纳米粒子具有的这些特异性,使其在光、磁、电、热、力及化学活性等方面与宏观性质有显著的差异。

### (三)纳米材料的物理化学性质

#### 1. 特殊的热学性质

大尺寸的固态物质具有恒定的熔点,将其超细微化后,物质的熔点将显著降低。例如,银的常规熔点为 $960.8℃$,而超微银的熔点可低于 $100℃$。因此,超细银粉制成的导电浆料可以进行低温烧结,此时元件的基片不必采用耐高温的陶瓷材料,甚至可用塑料。

#### 2. 特殊的光学性质

黄金被细分到小于光波波长的尺寸时,即失去了原有的光泽而呈黑色。事实上,所有的金属在超微粒子状态都呈现为黑色。尺寸越小,颜色越黑。由此可见,金属超微粒子对光的反射率很低,通常可低于 $1\%$,几微米的厚度就能完全消光。利用这个特性可以作为高效率的光热、光电等转换材料,可以高效率地将太阳能转变为热能、电能。

#### 3. 特殊的力学性质

陶瓷材料在通常情况下呈脆性,然而由纳米超微粒子压制成的纳米陶瓷材料却具有良好的韧性。因为纳米材料具有很大的界面,界面的原子排列是相当混乱的,原子在外力变形的条件下很容易迁移,因此表现出甚佳的韧性与一定的延展性,使陶瓷材料具有新奇的力学性质。超微粒子的小尺寸效应还表现在超导电性、介电性能、声学特性以及化学性能等方面。

4. 吸附能力和选择性催化性能

纳米材料由于尺寸小、表面所占的体积分数大、表面的电子态和键态与材料内部不同、表面原子配位不全等导致表面的活性位置增加,这就使它具有高的表面活性与催化性能。与同材料的大块材料比较,纳米材料有较强的吸附能力和选择性催化性能。例如,在固体火箭燃料中加入 Ni 纳米粒子催化剂,可使燃烧效率提高数倍。利用金属纳米粒子制成的纳米炸药,释放的能量是原有弹药爆炸能量的数十倍甚至上百倍。

5. 高磁化率

磁性纳米粒子具有单磁畴结构,用作磁记录材料可大大提高信噪比,改善其音质图像质量,并具有对电磁波在较宽范围的强吸收特性,可用于战略轰炸机和导弹作隐身材料。

**(四) 纳米材料在医药和生物工程领域的应用**

纳米粒径的药物具有溶解度大、吸收快的特点,所以在药物制剂研究中,开发大剂量的难溶性药物的纳米口服液及注射制剂,如纳米乳酸钙的口服吸收从普通制剂的 30% 增加到 98%;已成功开发了以纳米磁性材料为药物载体的靶向药物,称为"生物导弹",例如,在磁性 $Fe_2O_3$ 纳米粒子包覆的蛋白质表面携带药物,注射进入人体血管,通过磁场导航输送到病变部位释放药物,可减少肝、脾、肾等所受由于药物产生的副作用。在生物分析中,利用纳米传感器可获取各种生化反应的信息和电化学信息,利用荧光纳米粒子可探测 DNA 分子的序列。在药物化学中,纳米结构的催化剂性能十分优越,催化效率显著提高。在药物分析中,纳米级微乳液滴显示出较大的分离优势,毛细管微乳电泳对疏水性的大环化合物和中药活性成分的分离和含量测定有极为广阔的发展前景。还可以利用纳米材料研制成纳米机器人,注入人体血液中,对人体进行全身健康检查,疏通脑血管中血栓,清除心脏动脉脂肪沉积物,甚至还能吞噬病毒,杀死癌细胞等。

可以预言,随着制备纳米材料技术的发展和功能开发,会有越来越多的新型纳米材料在众多的高科技领域中得到广泛的应用。

# 第三节 溶胶的光学性质

溶胶在光学性质上既不同于小分子真溶液、粗分散系统,也不同于大分子溶液,其独特性质是其高分散度和不均匀性(多相)性质的反映。通过溶胶光学性质的研究,不仅可以解释溶胶的一些光学现象,而且在观察胶体粒子的运动,研究它们的大小和形状方面也具有重要的用途。

## 一、Tyndall 效应

1869 年,英国物理学家 J.Tyndall 发现,将一束光线通过溶胶,在光束垂直的方向可以看到一个光柱,这种现象称为 **Tyndall 现象(Tyndall phenomenon)** 或 **Tyndall 效应(Tyndall effect)**。

Tyndall 现象是分散相粒子对光的散射引起的。当光线射入分散系统时除了有光的吸收外,还可能发生三种情况:① 若分散相的粒子大于入射光的波长,则主要发生光的反射或折射现象,粗分散系统就属于这种情况。② 若分散相粒子的尺度与入射光的波长相近时,产生光的衍射。③ 若分散相粒子小于入射光的波长,则会发生光的散射,即光波绕过粒子前进的同时,又会从粒子的各个方向散射,散射出来的光称为乳光。可见光的波长在 380～700 nm 之间,而溶胶粒子的半径在 1～100 mm 之间,小于可见光的波长,因此发生光散射作用而出现 Tyndall 现象。小分子分散系统的粒径太小,散射光不明显。

## 二、Rayleigh 公式

1871 年,英国物理学家 Lord Rayleigh(J.W.Strutt)根据光的电磁理论,研究了溶胶的光散射现象,发现溶胶的散射光强度取决于溶胶中粒子的大小、单位体积中粒子数目的多少、入射光波长和强度、分散相和分散介质的折射率,导出了散射光强度的计算公式,称为 Rayleigh 公式,即

$$I = \frac{24\pi A^2 \nu V^2}{\lambda^4} \left( \frac{n_1^2 - n_2^2}{n_1^2 + 2n_2^2} \right)^2 \tag{8-1}$$

式中,$A$ 为入射光振幅;$\nu$ 为单位体积中粒子数;$\lambda$ 为入射光波长;$V$ 为每个粒子的体积;$n_1$ 和 $n_2$ 分别为分散相和分散介质的折射率。

从 Rayleigh 公式可以看出:

(1) 散射光强度与每个粒子体积的平方成正比,即与分散度有关。真溶液分子体积甚小,产生的散射光极其微弱。所以当光通过小分子溶液时几乎看不到光柱。粗分散相的粒子大于可见光波长,故没有乳光产生。因此,Tyndall 现象可以区分溶胶和小分子溶液。由于散射光强度与粒子体积有关,因此还可以通过测定散射光强度求算粒子半径。

(2) 散射光强度与入射光波长的四次方成反比。入射光波长越短,引起的散射光强度越强。如果入射光为白光,则其中波长较短的蓝色和紫色光散射作用最强,而波长较长的红色或橙色光散射较弱,大部分透过溶胶。因此,晴朗的天空呈现蓝色是由于空气中的尘埃和小水滴散射太阳光,看到的是侧面散射光的原因;而朝霞和落日的余晖呈橙红色,则是观察到的透射光。

(3) 散射光强度与分散相及分散介质的折射率有关。分散相与分散介质的折射率相差越大,则散射光强度越大。溶胶的分散相与分散介质间存在明显的相界面,两者折射率相差较大,所以 Tyndall 现象特别明显。而大分子溶液是均相系统,溶质大分子被溶剂分子所裹住,无相界面存在,两者折射率无明显区别,Tyndall 现象极为微弱。所以利用 Tyndall 现象还可以区分溶胶和大分子溶液。

(4) 散射光强度与单位体积中的粒子数或浓度成正比。由此可通过散射光强度求算溶胶的浓度。对于同一光源、同一溶胶系统,当两份溶胶具有相同浓度时,由式(8-1)可以得到

$$\frac{I_1}{I_2} = \frac{r_1^3}{r_2^3}$$

若两份溶胶粒子大小相同,而浓度不同,则有

$$\frac{I_1}{I_2} = \frac{c_1}{c_2}$$

因此,在上述条件下,如果已知一种溶液的散射光强度和粒子半径(或浓度),测定未知溶液的散射光强度,就可以知道其粒径(或浓度)。这种测定可以在乳光计中进行。乳光计的

原理类似于比色计。所不同的是乳光计的光源是从侧向照射溶胶,检测的是散射光的强度。

### 三、溶胶的颜色

有些溶胶是无色的,但大部分溶胶都有颜色,这是由于溶胶对光的吸收和散射所致。

光的吸收与物质结构有关,当入射光光量子的能量恰好等于粒子中元素电子从基态跃迁到激发态所需的能量时,光即被选择性吸收。当溶胶对光有吸收时,散射光由于较微弱而被掩盖,溶胶显示特有的被吸收光的互补色,且与观测方向无关。如金溶胶选择性吸收绿光后,显现的是红色。其他如 $As_2S_3$ 溶胶为黄色,$Sb_2S_3$ 溶胶为橘色,都是各自吸收了一定波长的光形成的。

当溶胶对光的吸收很弱时,则显现出散射光形成的颜色,并与观测方向有关,即侧面看呈淡蓝色,对着光源看呈淡橙色。$AgCl$、$BaSO_4$ 等溶胶在可见光区吸收很弱,只呈现乳光。

此外,粒子大小也会改变溶胶对光的吸收和散射的相对强弱。当粒子较小时散射光很弱,溶胶的颜色由其对光的吸收决定;随着粒子变大,散射光增强,溶胶的颜色发生变化。例如,金溶胶在高度分散时,以吸收为主,呈红色。放置一段时间后,粒子变大,散射作用增强,颜色由红色变为蓝色。

### 四、超显微镜与粒子大小的测定

普通显微镜只能看到半径大于 200 nm 的粒子,难以对胶体粒子进行观察。1903 年,R.A.Zsigmondy 发明了超显微镜,利用它可以观察到半径为 5~150 nm 的胶体粒子。超显微镜是根据光散射原理制成的,在暗室里将一束强光侧向射入观察系统,在入射光垂直的方向上用普通显微镜来观察,这样可以避免光直接照射物镜,也消除了光的干涉,看到的是粒子散射的光点。所以,超显微镜是用普通显微镜来观察胶体的 Tyndall 现象。超显微镜的结构简单,装置见图 8-6。

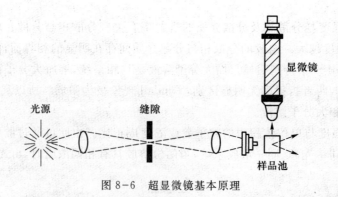

图 8-6　超显微镜基本原理

需要指出,用超显微镜看到的是胶粒散射后所成的光点而不是胶粒本身,这种光点通常要比粒子本身大好多倍。虽然它不能代表胶粒真实的大小和形状,也没有直接提高光学显微镜的分辨率,但是利用所观测到的信息,在一些假定的基础上,也可以近似地来估算胶粒的大小和形状。

设某溶胶的质量浓度为 $c$,用超显微镜测出此溶胶在体积 $V$ 中含有的粒子数为 $n$,则每个胶粒的质量为 $cV/n$;若粒子为球形,半径为 $r$,其密度为 $\rho$,则可得

$$r = \sqrt[3]{\frac{3}{4}\frac{cV}{n\pi\rho}} \tag{8-2}$$

此外,可以根据超显微镜视野中光点亮度的强弱差别,来估计溶胶粒子的大小是否均匀;观察一个小体积范围内粒子数的变化情况,了解溶胶的涨落现象,同时还可以大体判断胶粒的形状;利用超显微镜还可以观察胶粒的 Brown 运动、电泳、沉降和凝聚等现象。

尽管超显微镜只能看到粒子的光点,但设备简单、方法简便,在普通实验室内都可以进行。如果要观察胶粒的全貌,则需借助于电子显微镜。

## 第四节　溶胶的动力学性质

溶胶粒子在介质中总是不停地运动着,其运动状况与小分子溶液有明显差别。溶胶的动力学性质主要指溶胶粒子不规则的热运动和由此产生的扩散作用、渗透现象,以及在外力场下的沉降行为。

### 一、Brown 运动

1827 年,英国植物学家 R.Brown 用显微镜观察到悬浮在水中的花粉不停地做不规则的运动。此后还发现其他粒子(如矿石、金属和碳等)也有同样的现象,粒子的这种不规则运动被称为 **Brown 运动(Brownian motion)**。

1903 年,Zsigmondy 利用超显微镜观察到了溶胶粒子在介质中也有同样的 Brown 运动现象。对于某一粒子,每隔一段时间观察并记录它的位置,可以得到类似图 8-7 所示的完全不规则“之”字形的运动轨迹。Zsigmondy 观察了一系列溶胶,得出结论认为:① 粒子越小、Brown 运动越剧烈;② Brown 运动的剧烈程度随温度的升高而增加。

产生 Brown 运动的原因是分散介质分子对胶粒撞击的结果。在分散系统中,周围的介质分子始终处于无规则的热运动之中,并不断地撞击比它们大得多的胶粒。每一瞬间胶粒在各个方向受到的撞击力不能相互抵消,使得胶粒向着合力所指的方向运动,见图 8-8。但在另一时刻,撞击所产生的合力又指向另一方向,胶粒的运动方向随即也发生改变。所以,胶粒时时刻刻都在以不同的速度向着不同的方向做不规则的运动,这就是粒子 Brown 运动的本质所在。大粒子质量较大,在瞬间受到的撞击力相互抵消,没有 Brown 运动。

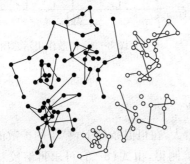

图 8-7　超显微镜下胶粒的 Brown 运动

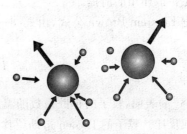

图 8-8　介质分子对胶粒的撞击

1905 年，Einstein 应用分子运动论的一些基本概念和公式，推导了 Brown 运动扩散方程式，即

$$\bar{x}=\sqrt{\frac{RT}{L}\frac{t}{3\pi\eta r}}=\sqrt{2Dt} \tag{8-3}$$

式中，$\bar{x}$ 为粒子沿 $x$ 方向的平均位移；$t$ 为观察时间；$r$ 为粒子半径；$\eta$ 为介质黏度；$L$ 为 Avogadro 常数；$D$ 为扩散系数。这个公式又称 Einstein-Brown 公式。该式对研究胶体分散系的动力性质、确定胶粒的大小与扩散系数等都具有重要应用意义。

1908 年，法国物理学家 J.B.Perrin 和他的合作者用半径为 0.212 $\mu$m 的藤黄溶胶水溶液测定 $\bar{x}$，求得 $L=6.05\times10^{23}$；T.Svedberg 用超显微镜测定 270 nm 和 52 nm 的两种溶胶的 $\bar{x}$，并且和实验值进行比较，证明了 Einstein 公式的正确性。由此可以看出，Brown 运动的本质就是质点的热运动。

## 二、扩散与渗透

由于胶粒具有 Brown 运动的特征，因此也应该有扩散和渗透作用。但因为胶粒的体积比一般真溶液的分子或离子大得多，而浓度又比真溶液的小得多，所以溶胶的扩散和渗透作用与真溶液相比不明显。

### （一）扩散

**扩散(diffusion)** 现象是指粒子在介质中由高浓度区自发地向低浓度区迁移的现象。显然，粒子的扩散是由 Brown 运动引起的。胶粒在介质中的扩散速率比小分子慢得多，但两者的扩散规律相同。

A.Fick 根据实验结果发现扩散速度 $\mathrm{d}n/\mathrm{d}t$ 与粒子通过的截面积 $A$ 及浓度梯度 $\mathrm{d}c/\mathrm{d}x$ 成正比（见图 8-9），即

$$\frac{\mathrm{d}n}{\mathrm{d}t}=-DA\frac{\mathrm{d}c}{\mathrm{d}x} \tag{8-4}$$

式中，负号表示 $\mathrm{d}n/\mathrm{d}t$ 与 $\mathrm{d}c/\mathrm{d}x$ 方向相反，即扩散朝浓度降低方向进行；$D$ 称为扩散系数，表示单位浓度梯度，即单位时间内通过单位截面积的胶粒量，单位 $\mathrm{m}^2\cdot\mathrm{s}^{-1}$，它与粒子的半径 $r$、介质黏度 $\eta$ 和温度 $T$ 有关。该式即为 Fick 第一定律，它表明浓度梯度的存在是发生扩散作用的前提。

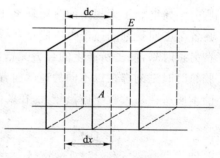

图 8-9 扩散作用示意图

根据 Einstein-Brown 公式，由式(8-3)可得

$$D=\frac{RT}{L}\frac{1}{6\pi\eta r} \tag{8-5}$$

式(8-5)表明，粒子的扩散系数随温度上升而增大，在恒温条件下，粒子的扩散能力和粒子大小成反比。粒子的 Brown 运动位移值可从实验测得，由式(8-3)可求得溶胶粒子的扩散系数 $D$，再由式(8-5)可求出粒子大小。

同时还可以根据粒子的密度 $\rho$ 求出粒子的平均摩尔质量 $M$，这是测定扩散的基本用途

之一。

$$M = \frac{4}{3}\pi r^3 \rho L \tag{8-6}$$

溶胶粒子比一般小分子大得多,这使得它的扩散能力远远小于小分子溶质。实验表明,一般分子或离子的扩散系数 $D$ 的数量级为 $10^{-9}$ $m^2 \cdot s^{-1}$,而溶胶粒子为 $10^{-13} \sim 10^{-11}$ $m^2 \cdot s^{-1}$,相差 $2\sim4$ 个数量级。由于稳定性的缘故,溶胶的浓度一般都较低,因此扩散作用不明显。

### (二) 渗透

用半透膜将溶液与纯溶剂分开,溶剂分子会透过半透膜向溶液扩散,这种现象称为**渗透** (**osmosis**)。渗透导致溶液一侧液面上升,平衡时两边液面间的静压差称为**渗透压** (**osmotic pressure**)。如果对溶液一方施加额外压力 $p$ 以消除液面差,则 $p$ 就是渗透压,用 $\Pi$ 表示。渗透的驱动力与扩散一样,都是源于浓度差,只是扩散常用于描述溶质的移动,渗透用于描述溶剂的移动。由于胶粒不能透过半透膜,而介质分子或外加的电解质离子可以透过半透膜,所以有从化学势高的一方向化学势低的一方自发渗透的趋势。

溶胶的渗透压可以借用稀溶液渗透压公式计算:$\Pi = cRT$。式中,$c$ 为胶粒的浓度。由于憎液溶胶不稳定,浓度不能太大,所以测出的渗透压及其他依数性质都很小。但是大分子溶液是热力学稳定体系,可以配制高浓度溶液,用渗透压法可以求它们的摩尔质量,具体讨论见第九章。

## 三、沉降与沉降平衡

分散系中粒子在外力场作用下的定向移动称为**沉降** (**sedimentation**)。沉降与扩散是结果相反的两个过程,构成了胶体的动力学稳定性。沉降使粒子浓集,扩散使粒子分散。当粒子较小或外力场较弱时,主要表现为扩散;当粒子较大或外力场较强时,主要表现为沉降;当两种作用力相当时,构成沉降和扩散的平衡,称为**沉降平衡** (**sedimentation equilibrium**)。

### (一) 重力沉降

胶粒受到重力的作用而下沉的过程称为重力沉降。因分散介质对分散粒子产生浮力,其方向与沉降方向相反,故沉降力为

$$F_{沉} = F_{重} - F_{浮} = \frac{4}{3}\pi r^3 (\rho - \rho_0) g \tag{8-7}$$

式中,$r$ 是假设为球体的粒子的半径;$\rho$ 和 $\rho_0$ 分别为粒子和介质的密度;$g$ 为重力加速度。由于在沉降过程中粒子将与介质产生摩擦作用,对球形粒子,摩擦阻力 $F$ 为

$$F_{阻} = fv = 6\pi\eta rv \tag{8-8}$$

式中,$f$ 为阻力系数;$\eta$、$v$ 分别表示介质的黏度和粒子的沉降速率。当 $F_{沉} = F_{阻}$ 时,粒子匀速沉降,由式(8-7)和式(8-8),得出沉降速率为

$$v = \frac{2}{9} \frac{(\rho - \rho_0) g}{\eta} r^2 \tag{8-9}$$

式(8-9)为重力沉降速率公式。由公式可以看出,沉降速率与 $r^2$ 成正比,所以粒子的大小对沉降速率的影响很大。粒子越小,沉降速率越慢,当粒子很小时,由于受扩散和对流影

响,基本上已不沉降。

### (二) 重力沉降平衡与高度分布

胶体粒子在重力作用下的沉降必然导致浓度差的出现,而浓度梯度又使得粒子朝着沉降的反方向扩散。当沉降与扩散速率相等时,则系统达到沉降平衡,这时溶胶粒子浓度(密度)分布随高度变化关系与大气层中空气密度随高度分布情况类似,下部浓上部稀(见图 8-10),并可用高度分布定律来定量表示:

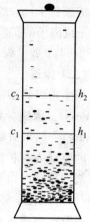

$$\ln \frac{c_2}{c_1} = -\frac{L}{RT}\frac{4}{3}\pi r^3 (\rho - \rho_0)(h_2 - h_1)g \qquad (8-10)$$

式中,$r$ 为胶粒半径;$L$ 为 Avogadro 常数;$\rho$ 和 $\rho_0$ 分别为粒子和介质的密度;$\frac{4}{3}\pi r^3 \rho L$ 为胶粒的摩尔质量;$g$ 为重力加速度。

由式(8-10)可见,粒子的质量越大,则其平衡浓度随高度的降低程度越大。表 8-3 列出了一些分散系统中粒子浓度降低二分之一时所需高度(简称半浓度高)的数据。可以看出,粒子半径越大,半浓度高越小。但藤黄悬浮体的半浓度高反而比半径小的粗分散金溶胶的大许多,这是其相对密度比金小得多所致。

图 8-10    沉降平衡

**表 8-3    几种分散系中离子浓度随高度的变化情况**

| 分散系统 | 粒子直径 $d$/nm | 粒子浓度降低一半时的高度 $h_{1/2}$/m |
|---|---|---|
| 氧气 | 0.27 | 5 000 |
| 高度分散的金溶胶 | 1.86 | 2.15 |
| 金溶胶 | 8.36 | $2.5 \times 10^{-2}$ |
| 粗分散金溶胶 | 186 | $2 \times 10^{-7}$ |
| 藤黄悬浮体 | 230 | $3 \times 10^{-5}$ |

应该指出,式(8-10)所表示的是在重力场中已达平衡时的分布情况,这对于粒子不太小的系统,能够较快地达到平衡。而对那些高分散系统,往往需要较长时间才能达到平衡,一些溶胶甚至可以维持几年仍然不会沉降。

### (三) 离心沉降

由于胶体粒子的粒径很小,在重力场中的沉降速率很慢,需要很长的时间才能达到沉降平衡。1923 年,瑞典科学家 Svedberg 成功地创制了离心机,将离心力提高到地心引力的 5 000 倍,目前新型的超速离心机,其离心力可达地心引力的 100 万倍。在离心力场中,胶体分散粒子迅速沉降,因此,超速离心技术可以用于测定胶粒的大小及它们的相对分子质量。

离心沉降法测定分散相的相对分子质量的计算公式为

$$M = \frac{2RT\ln(c_1/c_2)}{(1-\rho_0/\rho)\omega^2(x_2^2-x_1^2)} \qquad (8-11)$$

式中,$c_1$ 和 $c_2$ 分别为从旋转轴到溶胶平面距离 $x_1$ 和 $x_2$ 处的粒子浓度;$\omega$ 为超离心机旋转的角速度。

超速离心技术是研究蛋白质、核酸、病毒及某些其他大分子化合物的重要手段,也是分离提纯各种细胞不可缺少的工具。

# 第五节　溶胶的电学性质

溶胶是固体分散在液体中所形成的高度分散的多相系统。固体胶粒表面由于电离或吸附离子等原因而带电荷,从而使溶胶表现出各种电学性质。溶胶粒子表面带电荷是溶胶系统最重要的性质,它不仅直接影响粒子的外层结构,影响溶胶的动力学性质、光学性质、流变学性质,而且是保持溶胶稳定性最主要的原因。

## 一、电动现象

粒子表面带电荷的外在表现就是电动现象。**电动现象(electrokinetic phenomenon)** 是带电荷的胶体粒子与液体介质之间发生相对移动所引起的现象的总称,包括电泳、电渗、电动电势和沉降电势。

### (一)电泳

在一 U 形管内注入棕红色的氢氧化铁溶胶,小心地在溶胶液面上注入无色氯化钠电解质溶液,使溶胶与电解质溶液间保持清晰的界面,并使溶胶液面在同一水平高度。然后插入电极,接通直流电,一段时间后,可看到负极一端有色溶胶的界面上升而正极一端界面下降(图 8-11)。该实验说明,氢氧化铁溶胶向负极发生了移动。这种在电场作用下,带电荷胶粒在介质中定向移动的现象称为**电泳(electrophoresis)**。电泳现象说明胶粒是带电荷的,从电泳的方向可以判断胶粒所带电荷的种类。大多数金属硫化物、硅酸、金、银等溶胶向正极迁移,胶粒带负电荷,称为负溶胶;而大多数金属氢氧化物溶胶向负极迁移,胶粒带正电荷,称为正溶胶。

### (二)电渗

电泳是在介质不运动时观察胶粒的运动。反之,如果使胶粒不运动,则在外电场作用下,液体介质将通过多孔隔膜(如活性炭、素烧瓷片等)向与介质电荷相反的电极方向移动(胶粒被吸附而固定),很容易从电渗仪毛细管中液面的升降观察到液体介质的移动方向。这种在外电场作用下,分散介质定向移动的现象称为**电渗(electroosmosis)**,如图 8-12 所示。

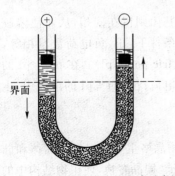

图 8-11　氢氧化铁溶胶的电泳示意图

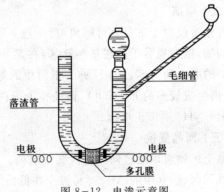

图 8-12　电渗示意图

电渗也可用以判断粒子所带电荷的正、负号。

### （三）流动电势

对液体介质施加压力，迫使其流经毛细管或多孔塞时，在多孔塞两侧产生的电势差，称为**流动电势**（streaming potential）。显然流动电势是电渗作用的逆过程。用输油管道输送油品时，液体油沿管壁流动会产生很大的流动电势，这常常是引起火灾或发生爆炸的原因。故应采用相应防护措施，如将输油管接地，或加入油溶性电解质，增加介质的电导，以减小流动电势。

### （四）沉降电势

当分散相粒子在分散介质中受重力场的作用沉降时，在液体的表面与底层之间产生的电势差称为**沉降电势**（sedimentation potential）。沉降电势是电泳的逆过程。在生产实际中也要考虑到沉降电势的存在。储油罐中的油常含有水滴或其他悬浮粒子，它们的沉降常形成很高的沉降电势，甚止达到危险的程度。可以加入一些有机电解质，增加其导电性以便降低沉降电势。

电泳技术在生命活性物质如氨基酸、多肽、蛋白质及核酸等的分离和分析研究中有广泛的应用。用聚丙烯酰胺凝胶电泳分离血清样品可以得到二十余种不同的组分。20 世纪 80 年代发展起来的高效毛细管电泳法，具有高效、快速、进样体积小和溶剂消耗少等优点，在化学、生命科学和药学等领域得到了广泛应用。

## 二、胶粒表面电荷的来源

电动现象证明了溶胶粒子表面的带电荷性质，胶粒表面电荷的来源主要有以下几种原因。

### （一）吸附

溶胶是高分散系统，表面积大，表面能高而不稳定，它将通过吸附介质中与胶粒组成相同的离子降低表面能以趋稳定，这一选择性吸附规则称为 Fajans 规则。例如，用 $AgNO_3$ 和 KI 通过复分解反应制备 AgI 溶胶时，若 $AgNO_3$ 过量，胶粒表面将吸附与溶胶粒子组成相同的过量 $Ag^+$，使溶胶带正电荷。若 KI 过量，则吸附过量 $I^-$，使溶胶带负电荷。

如果介质中没有与溶胶粒子组成相同的离子存在时，则胶粒一般先吸附水化能力弱的离子，这种选择称为非选择性吸附。通常阳离子的水化能力比阴离子强得多，因此通过非选择性吸附机制带电荷的溶胶往往带负电荷，如一些悬浮于水中的固体粒子容易带负电荷。

### （二）电离

有些溶胶粒子本身就可解离，离子进入液相，残留的基团则留在固相，从而使溶胶带电荷。例如，蛋白质分子的羧基和氨基，在某一特定的 pH 条件下，正、负电荷数量相等，蛋白质分子的净电荷为零，此 pH 称为蛋白质的**等电点**（isoelectric point，pI）。在 pH＞pI 的溶液中，解离生成较多的 $P—COO^-$ 而使整个蛋白质分子带负电荷；在 pH＜pI 的溶液中，生成较多的 $P—NH_3^+$ 而带正电荷。

### （三）同晶置换

黏土矿物可以通过同晶置换获得电荷。晶质黏土矿物晶格主要由铝氧八面体和硅氧四面体堆积而成，其中的 $Al^{3+}$ 容易被一些低价的 $Mg^{2+}$ 或 $Ca^{2+}$ 同晶置换，使矿物结构中的电荷不平衡，结果黏土晶格带负电荷。同晶置换是土壤胶体带电荷的一种特殊情况，在其他溶胶中很少见。为了维持电中性,在黏土表面会吸附一些正离子作为反离子,并在其周围形成双电层。

**(四)摩擦带电荷**

分散相与分散介质之间可以通过摩擦产生电荷分离,比如非水介质中的溶胶带电荷,就是通过这一途径来实现的。但这只是一种猜测,没有直接的实验证据。

## 三、双电层理论与电动电势

双电层理论的建立为解释电动现象产生的原因奠定了理论基础。人们对双电层的认识经历了 100 多年漫长的历程,1879 年 Helmholtz 提出了类似于平行板电容器的"平板双电层模型";1910 年 L.G.Gouy、1913 年 D.L.Chapman 建立了"扩散双电层模型",认为液相中的反离子呈单纯的扩散分布;1924 年 O.Stern 提出了兼有前两种模型特点的"吸附扩散双电层模型";1947 年 D.C.Grahame 提出了紧密层中水化正离子的问题,使人们对双电层的结构有了更清楚的认识。下面介绍 Stern 的双电层模型。

**(一)双电层模型**

由于分散相固体表面吸附或电离使溶胶粒子表面带有电荷,但整个溶胶保持电中性,因此分散介质必然带电性相反的电荷。在溶液中,与固相粒子表面所带电荷相反的离子(称反离子)受到两方面的作用:一方面是粒子表面电荷的静电吸引力,力图把它们拉向胶核;另一方面由于热运动,反粒子将向外扩散,远离粒子表面,扩散到溶液中呈均匀分布。这两种作用的结果,只有一部分反离子与粒子表面吸附离子(定位离子)紧密地束缚在一起构成吸附层(紧密层或 Stern 层),厚度 $\delta$ 约为一个分子的大小;另一部分反离子则松散地分布在粒子的周围,随着与胶核距离的增加,反离子浓度逐渐减小,直至为零,形成扩散层。上述紧密层和扩散层构成了 Stern 双电层。由于离子的溶剂化作用,胶粒在移动时,紧密层会结合一定数量的溶剂分子一起移动,所以固液两相发生移动时的滑动面在 Stern 平面之外。其模型如图 8–13(a)所示。

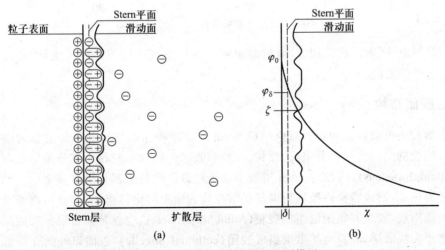

图 8–13　Stern 吸附扩散双电层模型

### （二）电动电势

分散相固体表面与本体溶液之间的电势差称为热力学电势 $\varphi_0$，见图 8-13(b)。$\varphi_\delta$ 为 Stern 平面与本体溶液之间的电势差，称为 Stern 电势；而滑动面与本体溶液之间的电势差称为 **ζ 电势**（zeta potential）。因为 ζ 电势只有当胶粒在介质中运动时才能表现出，故称之为 **电动电势（electrokinetic potential）**。

ζ 电势与热力学电势 $\varphi_0$ 不同。$\varphi_0$ 的数值主要取决于溶液中与胶粒固体表面成平衡的离子浓度，少量外加电解质对 $\varphi_0$ 不产生明显影响。而 ζ 电势则随着溶剂层中离子的浓度而改变。由于在吸附层中有部分异电离子抵消固体表面所带电荷，故 ζ 电势的绝对值小于 $\varphi_0$ 的绝对值。

ζ 电势与 Stern 电势 $\varphi_\delta$ 的区别在于，ζ 电势是 $\varphi_\delta$ 电势的一部分，对浓度很低的溶液，由于扩散层分布范围较宽，两者可认为近似相等；但浓度很高时两者有明显的差别。

ζ 电势对其他离子十分敏感，外加电解质浓度的变化会引起 ζ 电势的显著变化。如图 8-14(a) 所示，随着电解质浓度的增加，会有更多的反离子进入溶剂化层，导致双电层的厚度变薄（从 $d_1$ 变成 $d_2,\cdots,d_\delta$），ζ 电势的数值降低。如果外加电解质中反离子的价数很高，或者其吸附能力特别强，在溶剂化层内可能吸附了过多的反离子，便会使 ζ 电势改变符号[图 8-14(b)]。

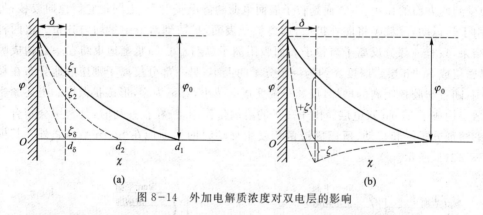

图 8-14　外加电解质浓度对双电层的影响

ζ 电势与电泳、电渗直接相关，通过测定在一定外电场作用下的胶粒电泳、电渗速率可以求得 ζ 电势的数值。

### 四、胶团结构

根据溶胶的电动现象和扩散双电层模型，可以推测胶团的结构并解释胶粒表面带电荷的现象。溶胶的结构由三部分组成：胶核、胶粒和胶团。组成溶胶核心部分的固态粒子称为 **胶核（colloidal nucleus）**，例如，在 AgI 溶胶中每个被分散的粒子都是由很多个（$m$ 个）AgI 形成的晶粒为核心，形成胶核。胶核周围是吸附在核表面上的定位离子、部分反离子及溶剂分子组成的吸附层，胶核与吸附层组成 **胶粒（colloidal particle）**，也就是紧密层。吸附层以外剩余的反离子为扩散层，胶粒与扩散层组成 **胶团（colloidal micelle）**，胶团以外的介质称为胶体间液（本体溶液）。溶胶是指所有胶团和胶团间液构成的整体。整个胶团保持电中性。在外电场作用下，胶团的紧密层和扩散层发生分离，胶粒向某一电极移动，扩散层中的反离子向另一电极移动。胶团结构可以用排列式表示，如 $Fe(OH)_3$ 的胶团结构为

$$\{[Fe(OH)_3]_m \cdot nFeO^+ \cdot (n-x)Cl^-\}^{x+} \cdot xCl^-$$

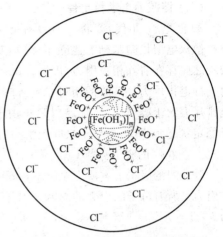

图 8-15　Fe(OH)₃ 胶团的结构示意图

吸附层包括吸附在胶核表面上的定位离子 $nFeO^+$ 和一部分反离子 $Cl^-$。因整个胶团是电中性的，$FeO^+$ 和 $Cl^-$ 的数量是相等的，则扩散层中有 $x$ 个 $Cl^-$，而吸附层中有 $(n-x)$ 个 $Cl^-$。因此，$Fe(OH)_3$ 的胶团结构也可用如图 8-15 所示的示意图表示。

应注意的是，溶胶的制备条件不同时，溶胶粒子可以带正电荷，也可以带负电荷。例如，AgI 溶胶一般用下列反应制备：

$$AgNO_3 + KI \longrightarrow AgI + KNO_3$$

若在制备时，$AgNO_3$ 过量，胶核将吸附 $Ag^+$ 而带正电荷，则胶团结构为

$$[(AgI)_m \cdot nAg^+ \cdot (n-x)NO_3^-]^{x+} \cdot xNO_3^-$$

反之，若制备时 KI 过量，胶核将吸附 $I^-$ 而带负电荷，则胶团结构为

$$[(AgI)_m \cdot nI^- \cdot (n-x)K^+]^{x-} \cdot xK^+$$

还必须指出，同一溶胶的胶核大小并不相同，所以 $m$ 不是一个定值，$n$，$x$ 也各不相同。上述表示式只是依据双电层理论和 X 射线衍射、电子显微镜等实验结果对胶体结构的一种推测，对胶团的描述也没有考虑到溶剂化作用。真实的胶团结构是非常复杂的。

**例 8-1**　在 25 mL 0.016 mol·L⁻¹ AgNO₃ 溶液中加入 0.005 0 mol·L⁻¹ KCl 溶液制备 AgCl 溶胶，请问：欲制得正溶胶需加入多少毫升 KCl 溶液？欲制得负溶胶需加入多少毫升 KCl 溶液？分别写出胶团结构式。

**解：**
$$V(KCl) = \frac{c(AgNO_3)V(AgNO_3)}{c(KCl)} = \frac{0.016 \text{ mol·L}^{-1} \times 25 \text{ mL}}{0.005 \text{ mol·L}^{-1}} = 80 \text{ mL}$$

所以 KCl 溶液必须小于 80 mL 可制得正溶胶，大于 80 mL 可制得负溶胶。胶团结构式分别为
$[(AgCl)_m \cdot nAg^+ \cdot (n-x)NO_3^-]^{x+} \cdot x NO_3^-$；$[(AgCl)_m \cdot nCl^- \cdot (n-x)K^+]^{x-} \cdot xK^+$。

# 第六节　溶胶的稳定性

## 一、溶胶的稳定性

溶胶是热力学不稳定系统，有自动聚集而沉降的趋势。然而许多净化后的溶胶在一定条件下能稳定存在相当长的时间，有的长达数年或几十年。使溶胶保持相对稳定的因素主要可归纳如下。

### (一)溶胶的动力学稳定性

溶胶粒子很小，Brown 运动较强，它所形成的扩散作用不利于粒子的浓集和下沉，因此溶胶有动力学稳定性。溶胶为热力学不稳定系统，有自发聚结的趋势，使系统表面能降低，一旦溶胶质点聚结变大，动力学稳定性将丧失。所以，增加介质的黏度，增大溶胶粒子的分散度，提高溶胶粒子的扩散能力，有利于溶胶的稳定。

### (二)溶胶的电学稳定性

20 世纪 40 年代，苏联的 B.Derjaguin 和 L.Landau 与荷兰的 E.Verwey 和 T.Overbeek 在扩散双电层模型基础上建立了溶胶稳定性的定量理论，简称 DLVO 理论。该理论认为：胶粒之间存在着互相吸引力，即 van der Waals 力，同时也存在着互相排斥力，即双电层重叠时的静电排斥力。溶胶的相对稳定或聚沉取决于吸引力和排斥力相对大小，当胶粒间的静电排斥力大于吸引力，而且足以阻止由于 Brown 运动使粒子相互碰撞而聚结时，胶体就处于稳定状态。相反，当粒子之间吸引力占主导时，溶胶发生聚沉。

1. 胶粒间的吸引势能 $U_A$

胶粒间的吸引力本质上是 van der Waals 力。由于胶粒是大量分子的聚集体，故胶粒间的引力是所有分子间引力的总和。对于半径为 $r$ 的两个球形胶粒，当它们之间的最短距离为 $h$，且当 $h \ll r$ 时，则单位面积上吸引势能 $U_A$ 为

$$U_A = -\frac{ar}{12h} \tag{8-12}$$

式中，$a$ 为 Hamaker 常数，它与胶粒的性质、浓度及极化率有关，一般在 $10^{-20} \sim 10^{-19}$ 之间。吸引势能与粒子之间距离成反比。

2. 胶粒间的排斥势能 $U_R$

根据双电层模型，胶粒是带电荷的，并为离子氛所包围。当胶粒相互接近到离子氛发生重叠时，产生排斥作用，排斥势能 $U_R$ 为

$$U_R = K\varepsilon r\varphi_0^2 \exp(-kh) \tag{8-13}$$

式中，$K$ 为常数；$\varepsilon$ 为介质的介电常数；$\varphi_0$ 为胶粒表面的电势；$k$ 是离子氛的半径的倒数；$r$ 和 $h$ 的意义同前。式(8-13)表明排斥势能随胶粒表面的电势增大呈平方增加，随距离增大呈指数降低。

3. 胶体粒子系统的势能曲线

两个胶粒之间的总势能 $U$ 应是吸引势能 $U_A$ 与排斥势能 $U_R$ 之和，其数值随两胶粒间距的变化如图 8-16 所示。当两胶粒相距较远时，双电层尚未重叠，只是吸引力起作用，总势能降低；随着相互接近，排斥力开始起作用，当胶粒相互靠近以致双电层部分重叠时，在重叠部分中离子浓度比正常分布时大，过剩离子产生的渗透将阻碍粒子的进一步靠近而产生排斥势能，因此，排斥势能随粒子间距离减小逐渐升高。总势能开始逐渐上升，出现第二最小值。

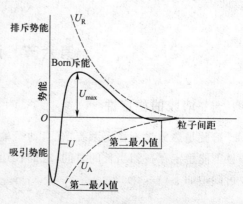

图 8-16　粒子间势能曲线

但是,粒子相互靠近的过程中,离子间的吸引力也在随距离缩短而增大,当距离缩短到一定程度后,吸引力又占优势,势能迅速降低至第一最小值。由图 8-16 可以看到,粒子要相互聚集在一起,必须克服一能垒。显然,能垒的高度是溶胶稳定性的一种标志。一般粒子的动能小于该能垒,不能逾越,被双电层重叠时产生的排斥力分开,因此溶胶能在一定时间内保持相对稳定。

### (三) 溶剂化的稳定性

胶团中的离子都是溶剂化的,若以水为溶剂,胶团的双电层结构中的离子都是水化的,胶粒被水分子包裹形成的水合膜犹如一层弹性隔膜,可造成胶粒接近时的机械阻力,使胶粒隔开不易聚集,从而阻止溶胶聚沉。水化膜越厚,溶胶越稳定,越薄则溶胶越不稳定。

## 二、影响溶胶聚沉的因素

稳定的溶胶必须同时具备动力学稳定性和不易聚结稳定性,如果一旦这种不易聚结的稳定因素受到外部因素的破坏,胶粒碰撞时便会合并变大,从介质中析出而下沉,此种现象称为**聚沉(coagulation)**。加入电解质、提高溶胶的浓度、升高温度等都会促使溶胶聚沉,其中对聚沉影响最大、作用最敏感的因素是电解质。

### (一) 外加电解质的聚沉作用

溶胶制备时,少量电解质的存在能帮助胶团双电层和胶粒 $\zeta$ 电势的形成,对溶胶起到稳定的作用。若在已制备好的溶胶中再加入电解质,随着电解质浓度增加,将有更多的反离子进入紧密层内,$\zeta$ 电势降低,甚至可降为零。这样,双电层的斥力不足以抗衡胶粒之间的 van der Waals 引力而发生聚沉作用。电解质对溶胶的聚沉能力通常用**聚沉值(coagulation value)**来表示,即指一定量的溶胶在一定时间内完全聚沉所需电解质的最小浓度。聚沉值也称**临界聚沉浓度(critical coagulation concentration)**。聚沉值越小,聚沉能力越大。表 8-4 列出了不同电解质对一些溶胶的聚沉值。

表 8-4 不同电解质的聚沉值 单位:mmol·L$^{-1}$

| As$_2$S$_2$(负溶胶) | | AgI(负溶胶) | | Al$_2$O$_3$(正溶胶) | |
|---|---|---|---|---|---|
| LiCl | 58 | LiNO$_3$ | 165 | NaCl | 43.5 |
| NaCl | 51 | NaNO$_3$ | 140 | KCl | 46 |
| KCl | 49.5 | KNO$_3$ | 136 | KNO$_3$ | 60 |
| KNO$_3$ | 50 | RbNO$_3$ | 126 | | |
| CaCl$_2$ | 0.65 | Ca(NO$_3$)$_2$ | 2.40 | K$_2$SO$_4$ | 0.30 |
| MgCl$_2$ | 0.72 | Mg(NO$_3$)$_2$ | 2.60 | K$_2$Cr$_2$O$_7$ | 0.63 |
| MgSO$_4$ | 0.81 | Pb(NO$_3$)$_2$ | 2.43 | K$_2$C$_2$O$_4$ | 0.69 |
| AlCl$_3$ | 0.093 | Al(NO$_3$)$_3$ | 0.067 | K$_3$[Fe(CN)$_6$] | 0.08 |
| $\frac{1}{2}$Al$_2$(SO$_4$)$_2$ | 0.096 | La(NO$_3$)$_3$ | 0.069 | | |
| Al(NO$_3$)$_3$ | 0.095 | Ce(NO$_3$)$_3$ | 0.069 | | |

电解质对溶胶的聚沉作用有如下规律:

(1) **不同价反离子的影响** 反离子价数增高,电解质聚沉能力迅速增加。对同一溶胶,反离子为一、二、三价的不同电解质的聚沉值之比为

$$\left(\frac{1}{1}\right)^6 : \left(\frac{1}{2}\right)^6 : \left(\frac{1}{3}\right)^6 = 100 : 1.6 : 0.14$$

式中,括号中的分母为反离子的价数。该规律称为 **Schulze-Hardy 规则**(Schulze-Hardy rule)。

(2)同价反离子的影响  同价反离子的聚沉能力虽然相近,但依然有差别。例如,不同一价阳离子的硝酸盐对负电性溶胶的聚沉能力可排成下列次序,即

$$Cs^+ > Rb^+ > K^+ > Na^+ > Li^+$$

对正电性溶胶,一价阴离子的钾盐对其的聚沉能力次序为

$$F^- > Cl^- > Br^- > NO_3^- > I^- > CNS^-$$

这种同价离子聚沉能力的次序称为**感胶离子序(lyotropic series)**。这种顺序和离子的水合半径的顺序相同,可能是离子半径越小,其电荷密度越大,越容易靠近胶体粒子。

(3)有机化合物离子的影响  有机化合物的离子都具有很强的聚沉能力,这可能与其具有很强的吸附能力有关。表 8-5 列出了不同有机阳离子对 $As_2S_3$ 负溶胶的聚沉值,可见有机盐的聚沉能力较无机盐的大得多。

表 8-5  有机化合物对 $As_2S_3$ 负溶胶的聚沉值 　　　　　　　　　　　　单位:$mol \cdot m^{-3}$

| 电解质 | 聚沉值 | 电解质 | 聚沉值 |
|---|---|---|---|
| 氯化苯胺 | 2.5 | $(C_2H_5)_3NH^+Cl^-$ | 2.79 |
| 氯化吗啡 | 0.4 | $(C_2H_5)_4N^+Cl^-$ | 0.89 |
| $(C_2H_5)NH_3^+Cl^-$ | 18.2 | KCL | 49.5 |
| $(C_2H_5)_2NH_2^+Cl^-$ | 9.96 | | |

(4)同号离子的影响  电解质溶液中那些与胶粒带相同电荷的离子称为同号离子,一般情况下,它们对溶胶有一定的稳定作用。但有时它们也会影响聚沉值,通常价数越高,聚沉能力越低。这可能与这些同性离子的吸附作用有关。

例如,对带负电荷的亚铁氰化铜溶胶,不同价数负离子所成钾盐的聚沉能力次序为

$$KNO_3 > K_2SO_4 > K_4[Fe(CN)_6]$$

(5)不规则聚沉  在溶胶中加入少量的电解质可以使溶胶聚沉,电解质浓度稍高,沉淀又重新分散成溶胶,并使胶粒所带电荷改变符号,如果再增加电解质的浓度,可以使新生成的溶胶再次沉淀,这种现象称为不规则聚沉。不规则聚沉是溶胶粒子对高价异号离子强烈吸附的结果。

从上述讨论可以看出,电解质对溶胶的作用是相当复杂的。

**(二)不同溶胶的相互聚沉作用**

一般说来,电性相同的两种溶胶混合时,没有明显的变化。但是,将电性相反的两种溶胶以适当量混合,就会发生相互聚沉作用。与电解质的聚沉作用不同之处在于两种溶胶用量应恰能使其所带的总电荷量相等,才能完全聚沉,否则只能部分聚沉,甚至不聚沉。用明矾净化水的方法就是两种溶胶相互作用的一个例子。天然水是泥沙等硅酸盐形成的 $SiO_2$ 负溶胶,而明矾 $KAl(SO_4)_2 \cdot 12H_2O$ 水解后生成 $Al(OH)_3$ 正溶胶,两者相互聚沉,使水得

以净化。医学上利用血液相互聚沉判断血型。

### （三）大分子化合物对溶胶聚沉的影响

在溶胶中，加入大分子化合物既可使溶胶稳定，也可使溶胶聚沉。

#### 1. 大分子化合物的保护作用

一定量的大分子化合物加入到溶胶中后，可以吸附在溶胶粒子的表面，将胶粒完全包围起来，同时将亲水基团伸向水中，形成一层水化高分子保护膜，由于大分子吸附有一定的厚度和黏度，削弱了溶胶粒子相互接近时的吸引力，阻止了胶粒之间或胶粒与电解质之间的直接接触，起到了稳定和保护溶胶的作用。应当注意，加入大分子化合物的量以能盖住溶胶粒子固体表面为宜，一旦大分子在溶胶表面形成了一个高分子薄层后，再过量的大分子也不能增加它的稳定性。由于大分子吸附在溶胶表面需要一定的时间，故加入的方法和混合次序对溶胶稳定性都有影响。例如，明胶对 $Fe(OH)_3$ 的保护作用。如果将明胶加入到 $Fe(OH)_3$ 溶胶中之后再加入氨水，则 $Fe(OH)_3$ 不会聚沉。若氨水先加入到明胶溶液中，再将该明胶溶液加入到 $Fe(OH)_3$ 溶胶中，则立即聚沉。保护胶体在生理上起着很重要的作用。例如，胆汁蛋白质可以维持微溶的胆固醇和胆红素钙盐处于悬浮的状态。如果胆汁蛋白质的量不足，就可能生成胆石。血浆中所含的难溶盐类，如碳酸钙、磷酸钙等，也是靠蛋白质的保护作用而存在的。

#### 2. 大分子化合物的敏化作用

当保护胶体的大分子所用的量不足时，反而会引起溶胶的聚沉，大分子化合物的这种作用称为敏化作用，溶胶因敏化作用引起的聚沉称为絮凝。其原因可从三个方面说明。

（1）搭桥效应　一个长碳链的大分子周围同时吸附有许多个溶胶粒子，大分子起到搭桥作用，把许多个胶粒聚集在一起，变成较大的集合体而聚沉。

（2）脱水效应　大分子化合物对水分子有更强的亲和力，由于它的溶解与水化作用，使胶体粒子脱水，失去水化外壳而聚沉。

（3）电中和效应　离子型的大分子化合物吸附在带电荷的胶体粒子上，可以中和分散相粒子的表面电荷，使粒子间的静电斥力降低，而使溶胶聚沉。

大分子化合物对溶胶的聚沉作用，广泛应用于工业污水的处理和净化、石油化工操作中的分离和沉淀，以及有用矿泥的回收等。它比无机聚沉剂效率高，聚沉速率快，且沉淀物块大而疏松，便于过滤。

## 第七节　乳状液和泡沫

### 一、乳状液

一种或几种液体以液珠分散在另一与其互不相混溶的液体中形成的多相分散系统称为**乳状液**（emulsion）。制备乳状液的过程称为**乳化**（emulsify）。其中分散相称为**内相**（inner phase），分散介质称为**外相**（outer phase）。

#### （一）乳状液的类型

乳状液的类型有：以油作为分散相，分散在介质水中所形成的水包油型（O/W）乳状液；以水作为分散相，分散在介质油中形成的油包水型（W/O）乳状液，如图 8-17 所示。此处的油是指极性较小的有机溶剂。除上述两类基本乳状液外,还有一种复合乳状液,它的分散相本身就是一种乳状液,如将一个 W/O 的乳状液分散到连续的水相中,而形成一种复合的 W/O/W 型乳状液。

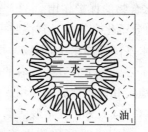

图 8-17　乳状液的类型

乳状液中分散相的粒子大小在 100 nm 以上,用显微镜可以清楚地观察到,属于粗分散系统。但由于它具有多相和易聚结的不稳定性等特点,所以也作为胶体化学研究的对象。在自然界、工业生产及日常生活中,经常接触乳状液,如从油井喷出的原油、橡胶类植物的乳浆、杀虫剂的乳剂、牛奶等都是乳状液。

W/O 型和 O/W 型乳状液在外观上并无多大区别,一般通过下列三种方法可以鉴别:

(1) 稀释法　乳状液能被外相液体所稀释。因此,能被水稀释的是 O/W 型,能被油稀释的是 W/O 型。

(2) 染色法　取少量油溶性染料加到乳状液中,振荡后若整个乳状液都被染色,则外相为油相,即 W/O 型;若只是液珠呈现染料色,则内相为油,即 O/W 型。同理,也可用水溶性染料进行鉴别。

(3) 电导法　一般油是电的不良导体,水是良导体。通过测定乳状液的导电情况可以鉴别其类型。能导电的是 O/W 型,不能导电的是 W/O 型。

**(二) 乳化剂与乳化作用**

乳状液具有很大的表面和表面能,是热力学的不稳定系统,必须加入**乳化剂(emulsifying agent)**降低其表面能。目前,绝大多数的乳化剂都是表面活性剂。

乳化剂对乳状液的稳定作用主要表现在以下几个方面:

(1) 降低表面张力　乳状液的形成使系统具有很大的表面和表面能,导致系统不稳定。乳化剂的稳定作用首先在于它能定向吸附在油-水两相界面上,有效降低系统的表面张力,可以增加乳状液的稳定性。但是,许多研究证明低的表面张力并不是决定乳状液稳定性的唯一因素。如有些低碳醇(如戊醇)能将油-水表面张力降至很低,但却不能形成稳定的乳状液;有些大分子(如明胶)的表面活性并不高,但却是很好的乳化剂。固体粉末作为乳化剂形成相当稳定的乳状液,则是更极端的例子。因此,降低表面张力虽使乳状液易于形成,但它并不是决定乳状液稳定的唯一因素。

(2) 形成坚固的表面膜　作为乳化剂的表面活性剂具有特殊的两亲性质,在表面发生吸附,形成一层具有一定机械强度的表面膜。表面膜对分散相液滴具有保护作用,使其在 Brown 运动的相互碰撞中不易聚结,表面膜的机械强度是决定乳状液稳定的主要因素。不同乳化剂分子间的相互作用可以使表面膜更坚固,因此经常使用混合乳化剂来增加乳状液的稳定性。

(3) 形成双电层 用离子型的表面活性剂作为乳化剂时，由于其在表面上的规则排列及自身电离、吸附等作用，会使乳状液的液滴带电荷，在其周围形成双电层。若乳化剂是非离子表面活性剂，也可能会因为吸附、摩擦等作用，使得液滴带有电荷，其电荷大小与外相离子浓度、介电常数和摩擦系数有关。带电荷的液滴相靠近时，产生排斥力，难以聚结，因而提高了乳状液的稳定性。

(4) 固体粒子的稳定 许多固体粒子，如碳酸钙、黏土、炭黑、石英、金属氧化物及硫化物等，可以作为乳化剂起到稳定乳状液的作用。显然，固体粒子只有存在于油-水界面上才能起到乳化剂的作用。而其存在于油相、水相还是在相界面上，则取决于油、水对固体粒子润湿性的相对大小。若固体粒子完全被水润湿，则在水中悬浮；粒子完全被油润湿，则在油中悬浮。只有当固体粒子既能被水、也能被油所润湿，才会停留在油-水界面上，形成牢固的表面膜，而起到稳定作用。这种膜越牢固，乳状液越稳定。这种表面膜具有与表面活性剂吸附于界面所形成的吸附膜类似的性质。

在选用乳化剂时，除了根据上述一般原理外，还要考虑所乳化的物质、形成的乳状液的类型来选取合适的表面活性剂。通常 O/W 型选用 HLB 较大的表面活性剂（HLB 8～18），W/O 型则选用 HLB 较小的表面活性剂（HLB 3.5～6）。

### （三）乳状液的破坏

有时我们需要稳定的乳状液，有时则需要将乳状液破坏掉，称之为破乳。例如，在药物生产中有时会形成不必要的乳状液，必须加以破坏。乳状液的破坏一般要经过分层、变型和破乳等不同阶段。

(1) 分层 这往往是破乳的前导，如牛奶的分层是最常见的现象，它的上层是奶油，在上层中分散相乳脂约占 35%，而在下层只占 8%。

(2) 变型 是指乳状液由 O/W 型变成 W/O 型（或反之）。影响变型的因素如改变乳化剂类型，变更两相的体积比，改变温度及电解质的影响等。

在乳状液中加入一定量的电解质，会使乳状液变型。例如，以油酸钠为乳化剂的苯和水系统是 O/W 型乳状液，加入 0.5 mol·L$^{-1}$ NaCl 溶液后，则变为 W/O 型乳状液。

高价金属离子导致乳状液变型的作用可以用楔子理论来说明，离子的价数对变型所需要的电解质的浓度有很大的影响。电解质的变型能力可按如下的次序排列：

$$Al^{3+} > Cr^{3+} > Ni^{2+} > Pb^{2+} > Ba^{2+} > Sr^{2+} (Ca^{2+} \ Fe^{2+} \ Mg^{2+})$$

乳状液的变型可能与高价金属离子压缩液滴的双电层有关。

(3) 破乳 破乳与分层不同，分层还有两种乳状液存在，而破乳是使两液体完全分离。破乳的过程分两步实现，第一步是絮凝，分散相的液珠聚集成团。第二步是聚结，在团中各液滴相互合并成大液珠，最后聚沉分离。在乳状液的内相浓度较稀时以絮凝为主，内相浓度较高时则以聚沉为主。

破乳就是破坏乳化剂对乳状液的保护作用，最终使油水两相分离。破乳的方法很多，如加热破乳、高压电破乳、过滤破乳、化学破乳等。原油脱水就是采用高压电破乳的方法，在电场的作用下液珠质点排列成行，当电压升高到某一定值（约为 2 000 V·m$^{-1}$ 的直流电），聚结过程瞬间完成。化学破乳是加入破乳剂，破坏乳化剂的吸附膜。例如，用皂作为乳化剂时，如果在乳状液中加酸，皂就变成脂和酸而析出，乳状液即分层被破坏。当前最主要的化学破乳方法是选择一种能强烈吸附于油-水界面的表面活性剂,用以顶替在乳状液中生成牢固膜的乳化剂,产生一种新膜,新膜的强度显著降低而导致破乳。

实际过程的破乳是几种方法的综合运用,例如,使原油破乳往往是加热、电场和破乳剂等几种方法同时并用,以提高破乳效果,使油水分离。

## 二、微乳状液

将两种互不相溶的液体在表面活性剂作用下形成的热力学稳定的、各向同性、外观透明或半透明、粒径 $10 \sim 100$ nm 的分散系统称为**微乳状液(microemulsion)**,简称微乳液。制备微乳液的技术称为微乳化技术。

微乳液属宏观均匀而微观上不均匀的液体混合物,具有低黏度、各向同性等性质。微乳液将连续介质分散成为微小空间,这种微小空间粒度细小、大小均一、稳定性高,一般可以稳定存在几个月,它包括油包水型(W/O)、水包油型(O/W)及双连续相三种。

制备微乳液一般需加较大量的表面活性剂,并需加入助表面活性剂。助表面活性剂通常为极性有机物(如短链醇类),它可以改善油水两相的性质,调节表面活性剂的 HLB,使表面活性剂在油-水界面上有较大的吸附量,提高表面活性。另外还能增强表面膜的流动性,使表面膜的弯曲更加容易,有利于微乳液的形成。

微乳液与普通乳状液有明显的不同,主要有以下几个方面:

(1)外观 通常微乳液外观均匀透明,普通乳状液是乳白色的不透明液体。液滴粒径大小的不同,对光的吸收、反射和散射也不同,因而两者外观上有较大的差异。若普通乳状液液滴逐步变小,散射光就会增强,外观由不透明的乳白色逐渐变为半透明的蓝色。

(2)稳定性 微乳液是热力学稳定的均相系统,始终保持均匀通明的液体状态,稳定的微乳液即使离心也不能使之分层。由于制备时表面活性剂的用量大,在助表面活性剂共同作用下,可使油水界面张力趋于零,形成的乳滴粒径很小,如同表面活性剂的胶束。

微乳液与普通乳状液的性质比较见表 8-6。

表 8-6 乳状液与微乳液的性质比较

| | 乳状液 | 微乳液 |
|---|---|---|
| 分散度 | 粗分散体系,质点 $>0.1$ μm | 质点 $0.01 \sim 0.1$ μm |
| | 显微镜下可见,质点一般大小不均匀 | 显微镜下不可见,质点大小一般均匀 |
| 质点形状 | 一般为球状 | 球状 |
| 透光性 | 不透明 | 半透明或透明 |
| 稳定性 | 不稳定,离心可分层 | 稳定,离心不分层 |
| 表面活性剂用量 | 少,不一定加辅助剂 | 多,需加辅助剂 |
| 与油、水的混溶 | O/W 与油不能混溶 | 与油、水在一定范围内可混溶 |
| | W/O 与水不能混溶 | |

微乳液常规制备方法有两种:一种是把有机溶剂、水和乳化剂混合均匀,然后向该乳状液中滴加醇,在某一时刻系统会突然间变得透明,这样就制得了微乳液;另一种是把有机溶剂、醇和乳化剂混合为乳化系统,向该乳化液中加入水,系统也会在瞬间变成透明。

微乳液的形成主要依靠系统中各组分的匹配,但会受油相、温度、pH 和表面活性剂等因素的影响。

微乳液作为一种热力学稳定的系统,因其所具有的超低界面张力和表面活性剂所具有的乳化、增溶、分散、起泡、润滑和柔软性等性能,使它在石油工程、日用化工、材料科学、生物技术、医药学、环境科学和分析化学等领域的应用日趋广泛。

微乳在化妆品中得到广泛应用,例如,微乳液可以包裹 $TiO_2$ 和 $ZnO$ 纳米粒子添加在化妆品中,具有增白、吸收紫外线和放射红外线等特性。近年来,微乳技术被用于多种药物制剂的研究开发,其突出优点有增溶、促进吸收,提高生物利用度、减少过敏反应等。如抗肿瘤药喜树碱在微乳中的溶解度提高 23 倍,环孢素 A 的口服微乳生物利用度增加 2~3 倍,胰岛素微乳透皮给药的皮肤透过量明显提高,氟比洛芬微乳注射剂在病变部位的浓度提高 7 倍,因此微乳作为给药载体有着很好的开发前景。

---

**案例 8-2**

啤酒泡沫是啤酒区分于其他饮料最重要的特征,也是啤酒的一项重要感观指标,有人称泡沫是啤酒之花,也有人将洁白细腻的啤酒泡沫誉为啤酒的"皇冠"。泡沫性能主要指啤酒的起泡性、泡沫的持久性及泡沫的附着力等,良好的泡沫性能是优质啤酒的一个显著标志。产生泡沫的主要原因是麦芽、酒花和酵母等啤酒原料在发酵过程中产生了大量的处于过饱和状态的 $CO_2$ 气体,这是形成啤酒泡沫的关键,在这些原料发酵的同时还会产生一种特殊的蛋白质,并溶解在啤酒中,具有独特的"起泡"作用,如果将 $CO_2$ 通入纯水中只能产生气泡,不可能产生泡沫。

**问题:**

(1) 什么叫泡沫?泡沫与气泡有何区别?

(2) 为什么啤酒中含有适量蛋白质时能保持泡沫的稳定?

---

## 三、泡沫

**泡沫**(foam)是以气体为分散相,固相或液相为分散介质的粗分散系。若分散介质是固体,称固体泡沫(如泡沫塑料、泡沫玻璃、泡沫混凝土等),通常所指的是液体泡沫。

泡沫在工业生产、日用化工及分离分析技术中用途广泛。例如,用泡沫浮选法能把矿石中需要的成分与泥沙、黏土等物质分离,使有用矿物得以富集;洗涤时泡沫有助于带走洗掉的尘埃和油污;啤酒、汽水饮料、洗发护发用品中都需要大量泡沫产生。

### (一) 泡沫的形成

气泡是指由液体膜包围着的气体,泡沫则是指被很薄的液膜隔开的许多气泡的聚集物。纯液体不能形成稳定的泡沫,如纯净的水、乙醇、苯等,能形成稳定泡沫的液体,至少必须有两个以上组分。表面活性剂溶液、蛋白质及其他一些水溶性大分子溶液等容易产生稳定、持久的泡沫。起泡溶液不仅限于水溶液,非水溶液也常会产生稳定的泡沫。

泡沫形成的条件可以归纳为两个方面:

1. 气液接触

因为泡沫是气体在液体中的分散体,所以只有当气体连续充分地接触液体时才有可能产生泡沫。

**2. 起泡剂**

一般纯水中产生的气泡寿命在 $0.5\ s$ 之内，只能瞬间存在，所以纯液体不能形成稳定的泡沫，当有少量的表面活性剂作为**起泡剂（foaming agent）**存在时，因其能稳定气液表面膜，才可以得到稳定的泡沫。

气体的密度远小于液体，泡沫中的气泡总是自然集中到系统的上部，相互紧贴，形成多面体的堆积层。

**（二）泡沫的稳定性**

泡沫的稳定性就是指泡沫存在"寿命"的长短，当然，就其本质而言，泡沫是一热力学上的不稳定系统。其原因是破泡之后，系统的总表面积大为减少，从而系统能量（自由能）有较大的降低，因此气泡的破裂可自动发生。

泡沫破裂的过程，主要是隔开液体的液膜由厚变薄，直至破裂的过程，因此，泡沫的稳定性主要决定于排液的快慢和液膜的强度。

**1. 泡沫破裂的机制**

泡沫的存在是因为气泡有一层液膜相隔。由于气液两相密度的很大差异，气泡间的液膜在重力作用下产生向下的排液现象，使液膜变薄，同时强度也随之下降，在外界扰动下容易破裂，造成气泡聚并。除此之外，表面张力的作用也会促使排液现象的发生。一般相互紧贴的三个气泡，形成夹角 $120°$ 时最稳定，如图 8-18 所示。P 为三个气泡的交界处，X 为两个气泡的交界处。由于曲率半径不同和表面张力的存在，P 处的曲面压力小于 X 处，液体从 X 处流向 P 处，再经管道排出，其结果使界面液膜变薄。

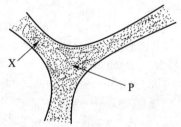

图 8-18 气泡的 Plateau 交界

除了上述两种排液现象，泡内气体的扩散作用也是导致气泡破裂的原因之一。泡沫中的气泡大小不一，小气泡受到较大的曲面压力，内压大于大气泡，两者又都大于外压，因此小气泡通过液膜向大气泡里排气，使小气泡变小以至于消失，大气泡变大且液膜变得更薄，最后破裂。另外液面上的气泡也会因泡内的压力比大气压力大而通过液膜直接向大气排气，最后气泡破灭。制泡时应尽量均匀一致，泡沫越均匀稳定性就越好。所以在发泡时要尽量做到均匀一致。

因此凡能阻止排液和气体扩散的因素，都有利于泡沫的稳定。

**2. 泡沫稳定的主要影响因素**

影响泡沫稳定性的主要原因，亦即影响液膜厚度和表面膜强度的因素。

（1）适度降低表面张力　泡沫排液的速度和气泡液膜的交界处与平面液膜之间的压力差有关，表面张力低则压差小，因而排液速度较慢，液膜变薄也较慢，这有利于泡沫的稳定。但表面张力不宜过低，否则会导致液膜机械强度减弱。表面张力不是决定泡沫稳定的主要因素。例如，丁醇等烷基醇类的水溶液的表面张力比一般表面活性剂水溶液（如十二烷基硫酸钠水溶液）低，但后者的起泡性及泡沫稳定性却优于前者。一些蛋白质水溶液的表面张力比表面活性剂水溶液高，但却有较高的泡沫稳定性。

（2）增加表面黏度　表面黏度是泡沫稳定性的关键因素。表面黏度大，可增强膜抗御外界扰动的能力，减缓液膜排液和气体跨膜扩散的速度，增加表面膜的机械强度，维持泡沫的稳定。

（3）表面张力的"修复"作用和表面弹性　泡沫受外界扰动时，液膜会发生局部变薄的现象。变薄之处的液膜表面积增大，表面吸附的表面活性剂分子密度较前减少，表面张力增大，导致与邻近区域产生表面压。在此压力下，邻近区域的表面分子会带动邻近的液体一起向变薄处迁移，使变薄处区域又重新变厚，表面张力恢复原来的数值。表面张力和液膜厚度的修复均导致液膜强度的恢复，使泡沫具有一定的稳定性而不易破坏。此种修复作用也称作表面弹性。纯液体没有表面弹性，其表面张力不会随表面积的变化而变化，因而不能形成稳定的泡沫。

除上述因素外，影响泡沫稳定性的还有表面电荷的斥力、温度等因素。

### （三）消泡和消泡剂

在减压蒸馏、过滤、中草药有效成分提取、制糖、食品发酵、生物医药、涂料、石油化工、造纸等生产工艺中，常会产生有害泡沫，影响产品质量。因此，防止泡沫产生和有效消除泡沫成为另一个重要问题。泡沫的消除有物理法和化学法。物理法包括机械搅动、交替升温降温、加压减压、射线照射、气流喷射、超声波振荡、离心分离、过滤去除等；化学法是加入抑止剂防止泡沫产生和加入消泡剂破坏泡沫。比如利用吸附、溶解、稀释、化学反应等除去起泡性物质，利用加入酸、碱调节 pH 及 HLB，利用消泡剂除去分散性的气泡，加入电解质或电解以减弱双电层的相斥，加入排液性的物质，盐析等。

消泡剂主要是通过降低泡沫局部表面张力、降低液膜的表面黏度、削弱膜弹性、促使液膜排液及破坏表面活性剂双电层等机制导致泡沫破灭。消泡剂的种类很多，主要有有机硅氧烷、聚醚、硅和醚接枝、含胺、亚胺和酰胺类，等等。

（刘　坤）

## 参 考 文 献

[1] 周祖康，顾惕人，马季铭.胶体化学基础.北京：北京大学出版社，1987.
[2] Myers D.表面、界面和胶体——原理及应用.吴大诚，朱谱新，王罗新，等译.北京：化学工业出版社，2005.
[3] 王思玲，苏德森.胶体分散药物制剂.北京：人民卫生出版社，2006.
[4] 傅献彩，沈文霞，姚天扬，等.物理化学（下册）.5 版.北京：高等教育出版社，2006.
[5] 江龙.胶体化学概论.北京：科学出版社，2011.
[6] 沈钟，赵振国，康万利.胶体与表面化学.4 版.北京：化学工业出版社，2012.
[7] 崔黎丽，刘毅敏.物理化学.北京：科学出版社，2011.
[8] 邵伟.物理化学.3 版.北京：人民卫生出版社，2013.

## 习　　题

1. 为什么说溶胶是不稳定体系，而实际上又常能相对稳定存在？
2. 为什么晴朗的天空呈蓝色？为什么雾天行驶的车辆必须用黄色灯？

3. 解释为什么在江海的交界处易形成小岛和沙洲。

4. 不同型号的钢笔墨水为什么不能混合使用?

5. 某 AgCl 溶胶,稳定剂为 $0.01\ mol\cdot L^{-1}$ KCl 溶液,要求(1)试判断 $\zeta$ 电势的正负,并写出胶团结构,电泳时,胶粒向哪个电极移动;(2)若稳定剂改为 $1\ mol\cdot L^{-1}$ KCl 溶液,加相同电压,则电泳速度发生何种变化? (3)稳定剂为 $AgNO_3$ 时,判断 $\zeta$ 电势的正负。

6. 将 $0.08\ mol\cdot L^{-1}$ KBr 溶液慢慢滴加到同体积的 $0.1\ mol\cdot L^{-1}$ $AgNO_3$ 溶液中得到溶胶。(1)请写出胶团结构;(2)电泳时胶粒向哪个电极移动;(3)用 NaCl 溶液,NaI 溶液,$Na_2SO_4$ 溶液使溶胶聚沉,指出聚沉能力最大和最小的电解质各为何种?

7. 用氧化法制备硫溶胶,在水中通入 $H_2S$ 和 $O_2$ 的气体,发生如下反应,$2H_2S+O_2\longrightarrow 2S(溶胶)+2H_2O$。(1)写出胶团结构;(2)判断 $\zeta$ 电势是正还是负,或是零?电泳时胶粒向哪个电极移动? (3)分别用 KCl,NaCl,LiCl 使之聚沉,指出聚沉能力最大和最小的电解质各为何种?

8. 怎样解释高分子物质对溶胶的保护作用?

9. 制备乳状液时,油多水少的情况下形成哪种类型的乳状液,此时用什么类型的乳化剂?

10. 某 $Al(OH)_3$ 溶胶,在加入 KCl 溶液使其最终浓度为 $80\ mmol\cdot L^{-1}$ 时恰能聚沉,加入 $K_2C_2O_4$ 溶液浓度为 $0.4\ mmol\cdot L^{-1}$ 时恰能聚沉,问 $Al(OH)_3$ 溶胶胶粒带什么电荷?若改加 $CaCl_2$ 使该溶胶聚沉,所需的浓度约为多少?

11. 试计算 298.15 K 时粒子直径为 $1.0\times10^{-8}$ m 的金溶胶浓度降低一半需要的高度差。已知金和水的密度分别为 $19.3\times10^3\ kg\cdot m^{-3}$ 和 $1.0\times10^3\ kg\cdot m^{-3}$。

12. 293.15 K 时实验测得某胶粒的 Brown 运动的数据:

| 时间 $t/s$ | 20.0 | 40.0 | 60.0 | 80.0 | 100 |
|---|---|---|---|---|---|
| $\overline{x}^2/10^{10}$ s | 2.56 | 5.664 | 8.644 | 11.42 | 13.69 |

已知介质的黏度:$\eta=1.00\times10^{-3}$ Pa·s,试计算:

(1) 该温度下胶粒的扩散系数;

(2) 胶粒的直径。

# 第九章　大分子化合物

人们的衣食住行离不开大分子化合物,如饮食中的淀粉和蛋白质;衣着中的棉、麻、丝、毛;构造房屋及出行用的交通工具也含有大分子材料。不仅如此,生命的维持更是依赖于核酸和糖类这些生物大分子。目前随着人工合成大分子技术的飞速发展,大分子化合物不仅广泛应用于材料、化工、环境、印染和农业及生命科学领域,而且药用大分子材料成为现代药剂学不可缺少的重要组成部分。

## 第一节　大分子化合物的结构特点

大分子(macromolecule)化合物的平均摩尔质量一般大于 $10\ 000\ \text{g}\cdot\text{mol}^{-1}$,也称为高分子化合物,其单个分子已达到胶粒大小的范围($10^{-9}\sim10^{-7}\ \text{m}$)。大分子化合物的诸多性质与其大的相对分子质量有关,也与大分子化合物特殊的结构有关。

### 一、大分子的结构

大分子化合物的结构是指大分子的结构单元、原子或基团在空间由共价键连接而成的排布状态,可分为链结构和聚集态结构两个层次,本章主要介绍链结构。

大分子的链结构是指大分子的化学构造、立体结构及大分子的大小和形态。它可细分为近程结构和远程结构,所谓"近程"和"远程"是指沿大分子链走向上距离的远近。

近程结构亦称一级结构,是大分子结构单元的化学组成和键接方式、空间排列及链的交联和支化,是分子链中较小范围的结构状态,也是大分子最基础的微观结构。一级结构能直接影响大分子熔点、密度、黏度、溶解性、黏附性等。

远程结构包括分子链的长短(即相对分子质量的大小及分布)和分子链的构象,是指整个分子链在整体范围内的结构状态,又称为二级结构。

### 二、大分子链的构象和柔顺性

大分子结构中的长链由无数个碳原子通过共价单键连接而成,这些单键可以绕键轴旋转,这种现象称为单键内旋转。单键内旋转使大分子链在空间产生不同形态,称之为**构象(conformation)**。由于分子热运动,使得大分子各种构象之间转换速度极快,在没有外力情况下,各种内旋转异构体的相对含量达到平衡,于是大分子链呈现出无规则线团、折叠链、螺旋链等构象。

由于单键内旋转会使大分子链表现不同程度的卷曲,大分子的这种特性叫作**柔顺性(flexibility)**。以饱和碳链为例,C—C 单键是 $\sigma$ 键,电子云呈圆柱状轴对称分布,C—C 单键之间夹角为$109°28'$,键两端的原子可以绕键轴自由旋转而不影响电子云分布。但碳链中一个 C—C 键的自转会引起相邻键绕其公转(如图 9-1),当 $C_1$—

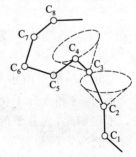

图 9-1　大分子链中
C—C 单键内旋转

$C_2$单键以自身为轴进行自转时,$C_2$—$C_3$键在固定的键角下绕$C_1$—$C_2$键公转,运动轨迹是一个圆锥面。依此类推,由于$C_2$—$C_3$的自转,$C_4$可在以$C_2$—$C_3$为轴的圆锥底边的任何位置。由此可见,大分子链中任何一个单键内旋转必会影响其毗邻的链节运动。这些受牵扯的链节可看作是大分子长链上能够独立运动的最小单元,称之为**链段(chain segment)**。大分子柔顺性可用链段长短表征,受影响的链段长度越短,大分子中所含的链段数目越多,分子柔顺性越强;反之大分子的刚性越强。

### 三、影响大分子柔顺性的因素

大分子的柔顺性是大分子物质的许多性能不同于小分子物质的主要原因。其柔顺性的大小主要取决于结构因素(主链结构、取代基等),分子间作用力等也会对其产生影响。

#### (一) 主链结构的影响

主链全部是单键或主链上有孤立双键的大分子链有较大的柔顺性。全部由单键组成的主链容易发生单键内旋转,分子柔顺性好;主链有杂原子时,因杂原子上一般无氢原子或取代基,内旋转也会较好而会更柔顺些;若主链含有苯环、杂环或共轭双键,则造成内旋转困难,分子刚性较强,柔顺性差,芳环越多柔顺性越差。

#### (二) 取代基

大分子的柔顺性还会受取代基的极性、数量和对称性影响。分子链上取代基的极性越大,链段间相互作用力越大,链段运动越受阻,分子链的柔顺性变差;同理,取代基沿大分子链排布越紧密,它们之间的作用越强,柔顺性越低。此外对称性排布的取代基比非对称排布的取代基使大分子链有更大的柔顺性,因为偶极矩能部分相互抵消,整个分子的极性减小,同时由于增大的分子链间距影响超过空间位阻的影响,柔性显著增加。

#### (三) 氢键作用

一些大分子化合物从化学结构来看应具有较大的柔顺性,但实际上并非如此,原因在于除极性外的分子间的其他作用力。如果分子间的这种相互作用力越大,分子链的柔顺性会越差。氢键是分子间作用力最强的一种,它对柔顺性影响较大;氢键作用力越强,分子链的柔顺性越低。蛋白质、纤维素等天然高分子的分子链内和链间有很强的氢键,所以完全是刚性的。交联对柔顺性也有影响,轻度交联对柔性影响不大,如含硫2%~3%的橡胶,但交联度达一定程度,如含硫30%以上,链的柔性大为减小,变为硬橡皮。

温度、相对分子质量和外力等因素也会影响柔顺性。温度越高,柔性越大;相对分子质量越大,构象数目越多,链的柔性也越好;而外力作用速度越慢,柔性越容易显示出来。

## 第二节 大分子的平均摩尔质量

大分子一般是由小分子单体聚合而成的,两者结构上有相似之处,但是理化性质却完全不同,这和大分子化合物有较大的相对分子质量(一般在$10^3$~$10^7$数量级)密切相关。不仅如此,大分子的摩尔质量只能用统计平均值表示,而非小分子那么精确,因为大分子化合物的相对分子质量具有不均匀性。对于同一大分子化合物,不同的相对分子质量测试方法会得到不同统计学意义的平均摩尔质量,常有以下几种平均摩尔质量表示方法。

## 一、数均摩尔质量

**数均摩尔质量**（number average molar weight,$\overline{M_n}$）是按分子数进行统计平均的摩尔质量。假定大分子样品中含有各组分的分子数（物质的量）分别为 $N_1,N_2,\cdots,N_i$,相对应的单个分子质量（摩尔质量）为 $M_1,M_2,\cdots,M_i$,则数均摩尔质量 $\overline{M_n}$ 为

$$\overline{M_n}=\frac{N_1M_1+N_2M_2+\cdots+N_iM_i}{N_1+N_2+\cdots+N_i}=\frac{\sum\limits_i N_iM_i}{\sum\limits_i N_i} \tag{9-1}$$

数均摩尔质量可用端基分析法或膜渗透压法测得。

## 二、质均摩尔质量

**质均摩尔质量**（mass average molar weight,$\overline{M_m}$）是按相对分子质量进行统计平均的摩尔质量。分子数（物质的量）为 $N_i$、单个分子质量（摩尔质量）为 $M_i$ 的 $i$ 组分的质量 $W_i=N_iM_i$,则质均摩尔质量 $\overline{M_m}$ 为

$$\overline{M_m}=\frac{M_1W_1+M_2W_2+\cdots+M_iW_i}{W_1+W_2+\cdots+W_i}=\frac{\sum\limits_i M_iW_i}{\sum\limits_i W_i}=\frac{\sum\limits_i N_iM_i^2}{\sum\limits_i N_iM_i} \tag{9-2}$$

质均摩尔质量可用光散射法测得。

## 三、$z$ 均摩尔质量

**$z$ 均摩尔质量**（$z$-average molar weight,$\overline{M_z}$）是对 $z$ 量进行统计平均的摩尔质量。$z$ 量的定义为 $z_i=M_iW_i$,则 $z$ 均摩尔质量 $\overline{M_z}$ 为

$$\overline{M_z}=\frac{\sum\limits_i z_iM_i}{\sum\limits_i z_i}=\frac{\sum\limits_i W_iM_i^2}{\sum\limits_i W_iM_i}=\frac{\sum\limits_i N_iM_i^3}{\sum\limits_i N_iM_i^2} \tag{9-3}$$

$z$ 均摩尔质量 $\overline{M_z}$ 可用超离心沉降法测得。

## 四、黏均摩尔质量

用稀溶液黏度法测得的平均摩尔质量为**黏均摩尔质量**（viscosity average molar weight,$\overline{M_\eta}$）,具体定义为

$$\overline{M_\eta}=\left(\frac{\sum\limits_i W_iM_i^\alpha}{\sum\limits_i W_i}\right)^{\frac{1}{\alpha}}=\left(\frac{\sum\limits_i N_iM_i^{(\alpha+1)}}{\sum\limits_i N_iM_i}\right)^{\frac{1}{\alpha}} \tag{9-4}$$

式中,$\alpha$ 为 Mark-Houwink 方程$[\eta]=K(\overline{M_\eta})^\alpha$ 中的指数,对于一定的大分子系统,在一定的温度和相对分子质量范围内,$\alpha$ 为常数,通常在 $0.5\sim1.0$ 之间。黏均摩尔质量没有明确

的统计学意义,但由于稀溶液黏度法用于测定的相对分子质量范围广,仪器设备简单及实验准确,因此黏均摩尔质量在科学领域被广泛使用。

对同一大分子样品,用不同方法测定的平均摩尔质量大小顺序为 $\overline{M_z} > \overline{M_m} > \overline{M_\eta} > \overline{M_n}$。

**例 9-1**　某右旋糖酐样品,其含有 3 mol 摩尔质量为 10.0 kg·mol$^{-1}$ 的组分,3 mol 摩尔质量为 12.0 kg·mol$^{-1}$ 的组分,4 mol 摩尔质量为 14.0 kg·mol$^{-1}$ 的组分,试计算该样品的数均摩尔质量、质均摩尔质量和 $z$ 均摩尔质量,并进行比较。

**解:**数均摩尔质量

$$\overline{M_n} = \frac{\sum_i N_i M_i}{\sum_i N_i}$$

$$= \frac{3 \text{ mol} \times 10.0 \text{ kg·mol}^{-1} + 3 \text{ mol} \times 12.0 \text{ kg·mol}^{-1} + 4 \text{ mol} \times 14.0 \text{ kg·mol}^{-1}}{3 \text{ mol} + 3 \text{ mol} + 4 \text{ mol}} = 12.2 \text{ kg·mol}^{-1}$$

质均摩尔质量

$$\overline{M_m} = \frac{\sum_i N_i M_i^2}{\sum_i N_i M_i}$$

$$= \frac{3 \text{ mol} \times (10.0 \text{ kg·mol}^{-1})^2 + 3 \text{ mol} \times (12.0 \text{ kg·mol}^{-1})^2 + 4 \text{ mol} \times (14.0 \text{ kg·mol}^{-1})^2}{3 \text{ mol} \times 10.0 \text{ kg·mol}^{-1} + 3 \text{ mol} \times 12.0 \text{ kg·mol}^{-1} + 4 \text{ mol} \times 14.0 \text{ kg·mol}^{-1}}$$

$$= 12.4 \text{ kg·mol}^{-1}$$

$z$ 均摩尔质量

$$\overline{M_z} = \frac{\sum_i N_i M_i^3}{\sum_i N_i M_i^2}$$

$$= \frac{3 \text{ mol} \times (10.0 \text{ kg·mol}^{-1})^3 + 3 \text{ mol} \times (12.0 \text{ kg·mol}^{-1})^3 + 4 \text{ mol} \times (14.0 \text{ kg·mol}^{-1})^3}{3 \text{ mol} \times (10.0 \text{ kg·mol}^{-1})^2 + 3 \text{ mol} \times (12.0 \text{ kg·mol}^{-1})^2 + 4 \text{ mol} \times (14.0 \text{ kg·mol}^{-1})^2}$$

$$= 12.6 \text{ kg·mol}^{-1}$$

由计算结果可知,3 种平均摩尔质量的大小顺序为

$$\overline{M_z} > \overline{M_m} > \overline{M_n}$$

平均摩尔质量是大分子化合物的一个重要物理参数,大分子药物在体内的排泄代谢和平均摩尔质量密切相关,摩尔质量大于 $7.0 \times 10^4$ g·mol$^{-1}$ 的大分子药物是不易从体内排出的。

## 第三节　大分子化合物的溶解和溶液性质

大分子溶液是由大分子化合物和溶剂混合形成的分散系统,是真溶液。大分子化合物由于结构复杂,平均摩尔质量大,形状多样,极性不同,影响其溶解的因素很多,溶解过程远比小分子化合物更加复杂。

### 一、大分子的溶解特征

大分子化合物在形成溶液时,要经过**溶胀(swelling)**和溶解两个阶段(图 9-2)。大分子先与溶剂分子发生溶剂化作用,溶剂分子慢慢进入到卷曲的大分子的分子链空隙中[图 9-2(a)],

拆开相互穿透且缠结在一起的大分子链,使得大分子舒展开来,体积逐渐胀大,该过程为溶胀过程[图 9-2(b)],是大分子溶解的前奏。但随着溶胀的进行,链间距离不断增大,链间的相互作用力进一步减弱,越来越多的链段可以松动,当整个大分子链能在溶剂中自由运动并充分伸展[图 9-2(c)],大分子和溶剂分子完全混合,形成均一的大分子溶液,这个过程为大分子的溶解过程。大分子化合物的先溶胀后溶解的特性使得大分子化合物溶解过程非常耗时,一般要好几天,有时甚至长达几个星期。

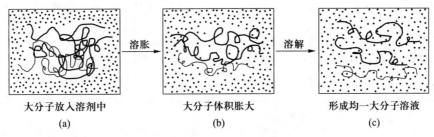

图 9-2　大分子溶解过程的两个阶段

此外,大分子化合物的溶解具有相对分子质量依赖性。相对分子质量越小,溶解度越大;相对分子质量越大,溶解度越小。线型大分子和有交联的大分子的溶解状况也不同,前者可以完全溶解为均一溶液,而后者仅能溶胀,不能溶解。

## 二、溶剂的选择

大分子化合物的溶解过程是大分子和溶剂分子均匀混合形成溶液的过程,其溶剂的选择非常重要,可参考以下几种原则。

### (一) 极性相近原则

大分子和溶剂极性越相近,二者越易互溶。即极性大的大分子溶于极性大的溶剂;极性小的大分子溶于极性小的溶剂;非极性的大分子溶于非极性溶剂。如极性的聚乙烯醇能溶于水,不溶于汽油;非极性的天然橡胶溶于汽油而不溶于甲醇或乙醇。

### (二) 溶度参数近似原则

大分子的溶解能力可近似的用**溶度参数(solubility parameter)**$\delta$ 分析,$\delta$ 是分子间相互作用的量度。根据"溶度参数相近"原则,通常大分子与溶剂的溶度参数越相近,越易溶解,一般 $|\delta_{溶剂} - \delta_{大分子}| > 3.5$,大分子就不溶了,溶度参数可作为选择溶剂的重要依据。常用溶剂和大分子化合物的溶度参数见表 9-1 和表 9-2。

表 9-1　常用溶剂的溶度参数 $\delta_s$　　　　　　　单位:$J^{1/2}/cm^{3/2}$

| 溶剂 | $\delta_s$ | 溶剂 | $\delta_s$ | 溶剂 | $\delta_s$ |
|------|------------|------|------------|------|------------|
| 正丁烷 | 13.5 | 氯仿 | 19.0 | 正丁醇 | 23.1 |
| 正己烷 | 14.9 | 乙酸甲酯 | 19.6 | 乙腈 | 24.3 |
| 正庚烷 | 15.2 | 二氯甲烷 | 19.8 | 乙酸 | 25.8 |
| 乙醚 | 15.7 | 二氯乙烯 | 19.8 | 乙醇 | 26.0 |

续表

| 溶剂 | $\delta_s$ | 溶剂 | $\delta_s$ | 溶剂 | $\delta_s$ |
|---|---|---|---|---|---|
| 环已烷 | 16.8 | 二氯乙烷 | 20.1 | 二甲基亚砜 | 27.4 |
| 甲基异丙基甲酮 | 17.1 | 四氢呋喃 | 20.3 | 甲酸 | 27.6 |
| 乙酸戊酯 | 17.4 | 丙酮 | 20.5 | 甲醇 | 29.7 |
| 四氯化碳 | 17.6 | 二氧六环 | 20.5 | 1,2-丙二醇 | 30.3 |
| 甲基丙烯酸甲酯 | 17.8 | 吡啶 | 21.9 | 乙二醇 | 32.1 |
| 乙酸乙酯 | 18.2 | 苯胺 | 22.1 | 甘油 | 36.2 |
| 苯 | 18.7 | 异丁醇 | 22.4 | 水 | 47.3 |

表 9-2　一些大分子化合物的溶度参数 $\delta_m$　　　单位:$J^{1/2}/cm^{3/2}$

| 大分子 | $\delta_m$ | 大分子 | $\delta_m$ |
|---|---|---|---|
| 聚乙烯 | 16.2 | 聚醋酸乙烯酯 | 19.6 |
| 聚丙烯 | 16.6 | 聚氯乙烯 | 19.8 |
| 聚甲基丙烯酸月桂酯 | 16.7 | 红细胞膜 | $21.1\pm0.8$ |
| 生物膜 | $17.8\pm2.1$ | 二醋酸纤维素 | 22.3 |
| 聚甲基丙烯酸甲酯 | 19.4 | 纤维素 | 32.1 |
| 聚碳酸酯 | 19.4 | 聚乙烯醇 | 47.8 |

### (三) 溶剂化原则

所谓溶剂化原则就是溶剂分子通过与大分子链的相互作用即**溶剂化(solvation)**作用把缠绕的大分子链分开,大分子化合物发生溶胀直至溶解。该原则可解释某些溶度参数相近的大分子-溶剂系统不能很好地互溶的现象。如聚氯乙烯和二氯甲烷,二者溶度参数相等,但却不能互溶,因为溶剂(二氯甲烷)和溶质大分子(聚氯乙烯)之间不能形成氢键,二者间的溶剂化作用不足以使溶质大分子溶胀溶解。

选择大分子溶剂时,除了考虑上述原则,还要考虑目的和用途,如应用于医药方面,溶剂的毒性、溶剂和药物的相互作用及进入机体后的吸收排泄等因素也必须加以考虑。

## 三、大分子溶液的性质

大分子化合物溶解形成的真溶液,许多性质和溶胶相似(见表9-3),但又不同于溶胶,大分子真溶液可用热力学方法来研究。大分子溶液和小分子溶液比较,两者也有相似之处,如二者的性质都可用热力学函数进行描述,但大分子溶液又有其独特性质,三者的性质比较见表9-3。

表 9-3　大分子溶液、溶胶和小分子溶液的性质比较

| 性质 | 大分子溶液 | 小分子溶液 | 溶胶 |
|---|---|---|---|
| 分散相大小 | $10^{-9} \sim 10^{-7}$ | $< 10^{-9}$ | $10^{-9} \sim 10^{-7}$ |
| 溶液系统 | 单相 | 单相 | 多相 |
| 渗透压 | 大 | 小 | 小 |
| 黏度 | 大 | 小 | 小 |
| 对电解质 | 不很敏感 | 不敏感 | 很敏感 |
| 扩散速率 | 慢 | 快 | 慢 |
| 能否通过半透膜 | 不能透过 | 能透过 | 不能透过 |
| 稳定性 | 稳定 | 稳定 | 不稳定 |
| 热力学特性 | 热力学稳定系统 | 热力学稳定系统 | 热力学不稳定系统 |
|  | 符合相律 | 符合相律 | 不符合相律 |

**案例 9-1**

**血液流变学(hemorheology)** 是生物流变学的重要组成部分,是生命科学的一个分支。研究血液及其组成成分流动与变化规律的学科称为血液流变学。全血黏度、血浆黏度是血液流变学的两个主要临床测定指标,不仅对血栓前状态和血栓栓塞性疾病的发生、发展和发病机制的判断有重要价值,而且对心脑血管疾病、糖尿病和某些血液病的诊断也有较重要的应用价值。

**问题:**

(1) 什么是流体黏度?

(2) 流体黏度对流体性质有什么影响?

# 第四节　大分子溶液的流变性

**流变性(rheology)** 是指物质在外力作用下发生流动和变形的性质。生物体中许多重要生命过程都涉及物质的流变性,如血液和淋巴液的循环、胃肠液、乳汁、胆汁的分泌等。药物制剂中,乳剂、膏剂、混悬剂、凝胶剂等剂型的设计、生产和质量评定均和此性质有关。大分子溶液流变性的研究,可以帮助了解大分子的大小、形态、分子间的相互作用等。

## 一、流体的黏度

一般来说,流体的流动可看作是层状流动,运动着的流体内部各液层因移动速度不同,相邻两液层中流速慢的液层阻碍流速快的液层,两层之间的相互作用力叫作流体的内摩擦力。流体流动时产生内摩擦力的这种性质称为流体的黏性,可用**黏度(viscosity)** 来度量。

如图 9-3 所示,a 板和 b 板呈平行状态,两板间盛满某种液体,a 板静止,b 板在外力 $F$ 作用下以速度 $v$ 向 $x$ 方向匀速直线运动,若将两板间的液体沿 $y$ 方向分成无数平行的薄层,则相邻的薄层之间存在速度差,向 $x$ 方向流速大的液层和流速小的液层之间存在着内摩擦

力。假设两液层之间的接触面积为 $A$，相距 $\mathrm{d}y$ 的液层间速度差为 $\mathrm{d}v$，则有

$$F = \eta A \frac{\mathrm{d}v}{\mathrm{d}y} \qquad (9-5)$$

式中，$\eta$ 为该液体的黏度，其物理意义为：相隔单位距离的两液层相差单位速度时，作用于单位面积上的内摩擦力，其单位是 $\mathrm{Pa \cdot s}$ 或 $\mathrm{N \cdot m^{-2} \cdot s}$。而相隔单位距离的两液层保持单位速度时施加的外力叫**切力** (shearing force)，$\frac{\mathrm{d}v}{\mathrm{d}y}$ 称为切速率。温度确定后，黏度为一常数，流体的黏度并不随切力和切速率的变化而变化。

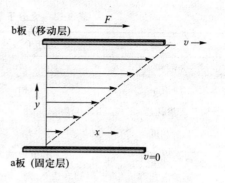

图 9-3　液体的流动

如果用 $\tau$ 表示单位面积上的切力 $\frac{F}{A}$，叫作**切应力** (shearing stress)，则有

$$\tau = \frac{F}{A} = \eta \frac{\mathrm{d}v}{\mathrm{d}y} \qquad (9-6)$$

式（9-5）和式（9-6）称为 Newton 黏度公式。凡是符合 Newton 黏度公式的流体称为 **Newton 流体**（Newtonian fluid），常见的有水、酒精等大多数纯液体，轻质油，低分子化合物的溶液，以及正常人的血清或血浆等。不符合牛顿黏度公式的流体称为**非 Newton 流体**（non-Newtonian fluid），大分子化合物的浓溶液和悬浮液、血液、淋巴液等一般为非 Newton 流体。

## 二、大分子溶液的黏度

在大分子溶液中，由于分散相粒子对流体的流动产生干扰，使得大分子溶液的黏度较普通溶液的黏度大得多，黏度成为大分子溶液的一个重要特征。在大分子溶液中常使用几种黏度的定义和名称见表 9-4。

表 9-4　大分子溶液的黏度几种表示方法*

| 名称 | 定义式 | 含义 | 单位 |
|---|---|---|---|
| **相对黏度 $\eta_r$** (relative viscosity) | $\eta_r = \dfrac{\eta}{\eta_0}$ | 表示大分子溶液黏度对溶剂黏度的倍数 | 1 |
| **增比黏度 $\eta_{sp}$** (specific viscosity) | $\eta_{sp} = \dfrac{\eta - \eta_0}{\eta_0} = \eta_r - 1$ | 表示大分子溶液黏度比纯溶剂黏度增加的相对值 | 1 |
| **比浓黏度 $\eta_c$** (reduced viscosity) | $\eta_c = \dfrac{\eta_{sp}}{c}$ | 表示单位质量浓度的增比黏度 | $\mathrm{m^3 \cdot kg}$ |
| **特性黏度 $[\eta]$** (intrinsic viscosity) | $[\eta] = \lim\limits_{c \to 0} \dfrac{\eta_{sp}}{c} = \lim\limits_{c \to 0} \dfrac{\ln \eta_r}{c}$ | 是溶液无限稀释时的比浓黏度，反映单个大分子对溶液黏度的贡献 | $\mathrm{m^3 \cdot kg}$ |

*$\eta_0$—纯溶剂黏度，$\eta$—溶液黏度，$c$—大分子溶液的质量浓度

应用黏度法测定大分子的平均摩尔质量即是利用特性黏度定义公式,以$\dfrac{\ln \eta_r}{c}$或$\dfrac{\eta_{sp}}{c}$对$c$作图外推到$c \rightarrow 0$时得到$[\eta]$(图9-4),再由特性黏度与大分子黏均摩尔质量$\overline{M_\eta}$之间的经验关系式$[\eta] = K\ (\overline{M_\eta})^a$求得大分子的黏均摩尔质量。式中$K$和$\alpha$是与大分子化合物和溶剂有关的经验常数;在$K$和$\alpha$已知的情况下,通过大分子溶液的特性黏度$[\eta]$可求出大分子化合物黏均摩尔质量。

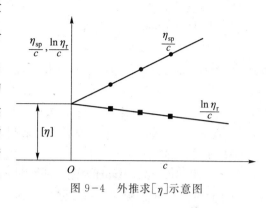

图9-4　外推求$[\eta]$示意图

### 三、流变曲线与流型

研究流体的流变性常以切速率$\dfrac{dv}{dy}$为横坐标,切应力$\tau$为纵坐标作图,所得的曲线称为流变曲线,流体不同则其流变曲线不同,根据流变曲线可将流体分为以下几种。

**(一) Newton 流体**

Newton型流体的切应力$\tau$与切速率$\dfrac{dv}{dy}$的关系符合式(9-6),流变曲线是一条通过原点的直线(见图9-5),表明该流体在很小的外力作用下就可流动。大多数的纯液体、小分子溶液和稀胶体分散系统是 Newton 流体。

**(二) 塑性流体**

**塑性流体(plastic fluid)**是一种非 Newton 流体,塑性流体的流变曲线为一条不通过原点的曲线,见图9-6。该流体的特点是切应力$\tau$小于某定值时,系统只发生可逆的弹性形变而不流动。只有当$\tau$大于塑性流体开始流动时所需的临界切应力$\tau_y$时才产生流动,流动后,塑性流体如同 Newton 流体,切应力与切速率便呈线性关系,$\tau_y$称为塑性流体**塑变值(yield value)**或屈服值,是塑性流体结构稳定性的定量表示。塑性流体是非 Newton 流体中最简单的一种,泥浆、油漆、牙膏及某些药用硫酸钡胶浆等都属于这种流体。

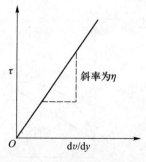

图9-5　牛顿流体的流变曲线

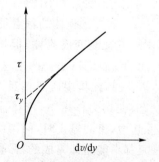

图9-6　塑性流体的流变曲线

**（三）假塑性流体**

假塑性流体（pseudoplastic fluid）的流变曲线是一条通过原点的凸形曲线,没有屈服值,见图9-7。该流体的流动是随着切速率的增加,切应力的增加变慢,黏度也逐渐减小。原因在于大分子或溶胶粒子的结构的不对称性,静止时粒子在液体中有多种取向,但当切速率增加时,粒子逐渐向长轴方向流动。切速率越高,这种粒子转向效应越大,流动的阻力越下降,表观黏度下降,此时切速率与切应力之间又呈线性关系。常见的甲基纤维素、明胶、聚丙烯酰胺类、淀粉、西黄蓍胶、海藻酸钠溶液及某些乳剂多属于假塑性流体。

**（四）胀性流体**

胀性流体（dilatancy fluid）的流变曲线见图9-8,切应力随切速率的变化呈凹型,和假塑性流体正好相反。胀性流体的黏度随着切速率的增加而增大,即流动越快显得越稠,因为这类流体的浓度很大,存在的浓度范围又较窄,静止时流体中的粒子排列很紧凑,但不聚结,粒子间的液层具有润滑作用,流动阻力较小,黏度较低;当流动开始后,粒子间的相互位置发生变化,液层的润滑作用被消减,流动阻力变大,并且这种作用随切速率的增加而增大,黏度增大,该流体也没有塑变值。药物制剂中的一些高浓度的粉末浆状物,如糊剂、栓剂及钻井泥浆、$SiO_2$浆、11%～12%氧化铁溶液都属胀性流体。

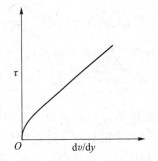
图9-7 假塑性流体的流变曲线

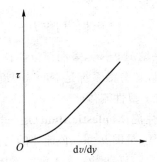
图9-8 胀性流体的流变曲线

**（五）触变型流体**

触变型流体（thixotropic fluid）的流变曲线为由增加切力的上行线和降低切力的下行线构成,两条线不重合,为一封闭的弓形环状曲线,称为滞后圈,见图9-9。触变形流体的特点是静置时呈半固体状态,在切力作用下又能变成流体,保持一定的切速率时,其黏度随时间的增长而减小。产生这种触变性的原因被认为是流体静止时,流体中质点相互形成网架结构,系统呈半固体状态;在切力作用下,流体流动,立体网状结构被破坏;消除切力,流动停止时,网架结构被恢复,而结构的破坏与恢复都不能立即完成的,需要一定的时间,即存在时间的滞后,这种滞后现象造成流变曲线的特殊性。凝胶、高浓度 $Fe(OH)_3$ 溶胶、油制青霉素普鲁卡因注射液及一些凡士林软膏都属于触变性流体。

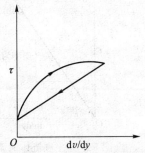
图9-9 触变性流体的流变曲线

# 第五节　大分子电解质溶液

当大分子的分子链上带有可电离基团,溶于水中会解离成大分子离子和小分子离子时,这类大分子化合物称为**大分子电解质**(macromolecular electrolyte)。根据大分子电解质解离后形成的大分子离子的带电荷情况,大分子电解质可分为三种类型:(1)阳离子型电解质:解离后大分子离子带正电荷;(2)阴离子型电解质:解离后大分子离子带负电荷;(3)两性型:解离后的大分子链上同时带有正电荷和负电荷。常见的三种类型的大分子电解质见表 9-5。

**表 9-5　常见三种类型的大分子电解质**

| 阳离子型电解质 | 阴离子型电解质 | 两性型电解质 |
| --- | --- | --- |
| 血红素 | 果胶 | 明胶 |
| 聚乙烯胺 | 阿拉伯胶 | 卵清蛋白 |
| 聚乙烯吡咯 | 西黄蓍胶 | 乳清蛋白 |
| 聚氨烷基丙烯酸甲酯 | 褐藻糖硫酸酯 | $\gamma$-球蛋白 |
| 聚乙烯-$N$-溴丁基吡啶 | 聚丙烯酸钠 | 胃蛋白酶 |
| | 羧甲基纤维素钠 | 鱼精蛋白 |

## 一、大分子电解质溶液的特性

大分子电解质溶液除了具有大分子溶液的一般通性外,还表现出一些特殊的性质。

### (一)高电荷密度和高度水化

大分子电解质的水溶液中,解离的大分子同一条分子长链上带有很多相同电荷的基团,电荷密度很高,使大分子具有高电荷密度的特性。同时这些带电荷的极性基团通过静电作用吸引水分子,使水分子在该基团周围紧密排列形成水化层。这样大分子具有了高度水化的特性。大分子电解质的这两种特性,使大分子链在水溶液中易于伸展,且对溶液 pH 变化敏感。

### (二)电黏效应

由于大分子电解质解离后分子链上的高电荷密度及高度水化作用,使溶液的黏度明显增大,这种现象称为**电黏效应**(electric-viscous effect),这点有别于非电解质大分子溶液。

## 二、Donnan 平衡和渗透压

在测定大分子电解质溶液的渗透压时,发现其值往往偏高。对此英国科学家 F.G.Donnan 用离子隔膜平衡理论进行了解释。大分子电解质溶液中除了有不能透过半透膜的大分子离子,还常有能自由通过半透膜的少量小离子,当达到膜平衡时,小离子在半透膜两边的浓度不相等。这种因大分子电解质的存在而导致小离子电解质在半透膜两边浓度不等的膜平衡现象叫 **Donnan 平衡(Donnan equilibrium)**，Donnan 平衡对于控制生物体内的离子分布和信息传递有重要影响，其影响和生物膜两侧的渗透压密切相关。下面利用 Donnan 平衡对大分子溶液渗透压进行详细讨论。

### (一) 大分子非电解质溶液的渗透压

在半透膜的左侧(L 侧)放大分子非电解质 P 的水溶液(或等电点的大分子溶液)，右侧(R 侧)放纯水[如图 9-10(a)]。起初由于膜两侧化学势存在明显差异，但大分子 P 不能透过半透膜，水分子可以自由通过，水将自右向左渗透，直至水在半透膜两侧的化学势相等时达平衡，此时大分子溶液的渗透压可用讨论非电解质稀溶液的依数性中的 van't Hoff 渗透压公式计算，即

$$\Pi_1 = c_1 RT \tag{9-7}$$

式中，$c_1$ 是大分子 P 的物质的量浓度。

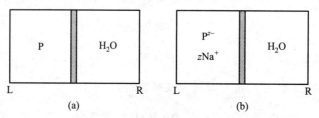

图 9-10 测定大分子渗透液压的两种不同情况

### (二) 大分子电解质溶液(不含小离子)的渗透压

在容器的 L 侧放大分子化合物蛋白质的钠盐 $Na_z P$(不在等电点)，R 侧放纯水，见图 9-10(b)。该大分子电解质 $Na_z P$ 在水中按下式完全解离

$$Na_z P \longrightarrow z\, Na^+ + P^{z-}$$

开始时 L 侧 $Na_z P$ 浓度为 $c_1$，由于蛋白质离子 $P^{z-}$ 不能透过半透膜，而 $Na^+$ 可以自由通过半透膜，溶液中没有其他电解质，但为了保持溶液的电中性，$Na^+$ 和 $P^{z-}$ 必须在同一侧，每个大分子在 L 侧溶液中的质点总数不仅包括蛋白质离子 $P^{z-}$ 数目，还包括 $Na^+$ 总数，即有 $(z+1)$ 个，则所测得的渗透压 $\Pi_2$ 为

$$\Pi_2 = (z+1)c_1 RT \tag{9-8}$$

这样测定渗透压求得的摩尔质量较小，仅是蛋白质离子应有值的 $\dfrac{1}{z+1}$。

### (三) 大分子电解质溶液(含小离子)的渗透压

假如在半透膜 L 侧放 $Na_z P$ 水溶液，R 侧放 NaCl 稀溶液。起初 L 侧 $Na_z P$ 浓度为 $c_1$，R 侧 NaCl 的浓度为 $c_2$[图 9-11(a)]。因为 L 侧没有 $Cl^-$，所以 R 侧 $Cl^-$ 透过半透膜向 L 侧渗透，为了维持溶液的电中性，相等数量的 $Na^+$ 也将渗透至 L 侧，当 NaCl 在膜两侧达到渗透平衡时，设共有 $x$ 浓度的 NaCl 从 R 侧扩散至 L 侧，平衡时浓度分布见图 9-11(b)，此时 NaCl 在膜两边的化学势必然相等，即

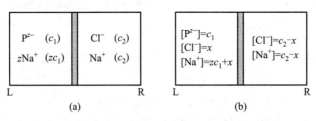

图 9-11　Donnan 平衡示意图

$$\mu(\mathrm{NaCl})_\mathrm{L} = \mu(\mathrm{NaCl})_\mathrm{R}$$

$$RT\ln\alpha(\mathrm{NaCl})_\mathrm{L} = RT\ln\alpha(\mathrm{NaCl})_\mathrm{R}$$

因此 $\qquad\qquad [\alpha(\mathrm{Na^+})\cdot\alpha(\mathrm{Cl^-})]_\mathrm{L} = [\alpha(\mathrm{Na^+})\cdot\alpha(\mathrm{Cl^-})]_\mathrm{R}$

在稀溶液中,可用浓度代替活度,有

$$[c(\mathrm{Na^+})\cdot c(\mathrm{Cl^-})]_\mathrm{L} = [c(\mathrm{Na^+})\cdot c(\mathrm{Cl^-})]_\mathrm{R}$$

渗透平衡时,半透膜右边的 $\mathrm{Na^+}$ 与 $\mathrm{Cl^-}$ 浓度的乘积等于半透膜左边的 $\mathrm{Na^+}$(包括蛋白质电离出来的钠离子)与 $\mathrm{Cl^-}$ 乘积,此关系即 Donnan 平衡的另一种表述。将平衡时半透膜两侧的离子浓度代入上式,有

$$(zc_1+x)x = (c_2-x)^2$$

整理得

$$x = \frac{c_2^2}{zc_1+2c_2} \tag{9-9}$$

平衡时,膜两侧 NaCl 浓度之比为

$$\frac{c(\mathrm{NaCl})_\mathrm{R}}{c(\mathrm{NaCl})_\mathrm{L}} = \frac{c_2-x}{x} = \frac{c_2+zc_1}{c_2} = 1+\frac{zc_1}{c_2} \tag{9-10}$$

由此可见,Donnan 平衡时 NaCl 在膜两侧的浓度是不等的,会产生额外的渗透压。系统的渗透压为

$$
\begin{aligned}
\Pi_3 = \Pi_\mathrm{L} - \Pi_\mathrm{R} &= [c(\mathrm{P^{z-}})+c(\mathrm{Na^+})+c(\mathrm{Cl^-})]_\mathrm{L}\,RT - [c(\mathrm{Na^+})+c(\mathrm{Cl^-})]_\mathrm{R}RT \\
&= (c_1+zc_1+x+x)RT - (c_2-x+c_2-x)RT \\
&= (c_1+zc_1-2c_2+4x)RT
\end{aligned}
\tag{9-11}
$$

将式(9-9)代入式(9-11),得

$$\Pi_3 = \frac{zc_1^2+2c_1c_2+z^2c_1^2}{zc_1+2c_2}RT \tag{9-12}$$

如果 $zc_1 \gg c_2$,即右侧所放的 NaCl 浓度远小于左侧大分子电解质溶液浓度时,得

$$\Pi_3 \approx (c_1+zc_1)RT = (1+z)c_1RT \tag{9-13}$$

此时测得的溶液渗透压比大分子物质本身产生的渗透压要高。

如果 $c_2 \gg c_1$，即右侧 NaCl 浓度远远大于左侧大分子电解质溶液的浓度时，得

$$\Pi_3 \approx c_1 RT \tag{9-14}$$

此时符合理想稀溶液的渗透压公式，测得的渗透压相当于大分子电解质未解离时的渗透压值，由此计算的摩尔质量比较准确。所以测定大分子电解质的渗透压时，要减小 Donnan 平衡的影响，可以在半透膜外放置一定浓度的小分子电解质溶液或降低大分子电解质溶液的浓度，使之可以看作近似理想稀溶液；如果是蛋白质溶液还可以调 pH 至蛋白质的等电点附近。

**例 9-2** 半透膜左侧放置浓度为 $c_1 = 0.1$ mmol·$L^{-1}$ 大分子 $Na_3P$ 水溶液，膜右侧放置浓度为 $c_2 = 1.0$ mmol·$L^{-1}$ 的氯化钠溶液。

(1) 计算 300 K 时大分子溶液的渗透压 $\Pi$；

(2) 若用该渗透压计算大分子的 $M$ 是否会产生误差？怎样消除该误差？

**解：**(1) 设膜平衡后，通过半透膜的 $Na^+$、$Cl^-$ 浓度均为 $x$，根据式(9-9)则有

$$x = \frac{c_2^2}{zc_1 + 2c_2} = \frac{c_2^2}{3c_1 + 2c_2}$$

$$= \frac{(1.0 \text{ mmol} \cdot L^{-1})^2}{3 \times 0.1 \text{ mmol} \cdot L^{-1} + 2 \times 1.0 \text{ mmol} \cdot L^{-1}} = 0.435 \text{ mmol} \cdot L^{-1}$$

根据式(9-11)平衡时渗透压的计算公式，得 300 K 时产生的渗透压

$$\Pi = (c_1 + zc_1 - 2c_2 + 4x)RT = (4c_1 - 2c_2 + 4x)RT$$

$$= (4 \times 0.1 \text{ mmol} \cdot L^{-1} - 2 \times 1.0 \text{ mmol} \cdot L^{-1} + 4 \times 0.435 \text{ mmol} \cdot L^{-1}) \times 8.314 \text{ Pa} \cdot L \cdot mmol^{-1} \cdot K^{-1} \times 300 \text{ K}$$

$$= 349.2 \text{ Pa}$$

(2) 大分子本身的渗透压

$$\Pi = c_1 RT = 0.1 \text{ mmol} \cdot L^{-1} \times 8.314 \text{ Pa} \cdot L \cdot mmol^{-1} \cdot K^{-1} \times 300 \text{ K} = 249.4 \text{ Pa}$$

由于 Donnan 效应致使大分子电解质溶液的渗透压较本身的渗透压大 99.8 Pa，而 $\Pi = c_1 RT = GRT/M$，质量 $G$ 为常数，由此计算出的平均摩尔质量较实际的摩尔质量低，会有误差产生，可通过提高膜外 NaCl 浓度或降低膜内 $Na_3P$ 的浓度消除该误差。

---

**案例 9-2**

微乳凝胶是药物的一种新剂型，它是将微乳加入至大分子材料组成的凝胶基质中，形成透明、均质、稳定的凝胶网状结构，网状结构中含有微乳液滴。微乳凝胶不仅有增加难溶性药物的溶解度、降低皮肤的扩散屏障、增加药物的经皮渗透量等优点，而且还改善了微乳与皮肤的黏附性和涂展性，因此可使药物维持更长的作用时间。

问题：
微乳凝胶利用了凝胶的什么性质达到给药目的？

---

# 第六节 凝 胶

适当条件下，大分子溶液或溶胶的分散相粒子互相交联成立体网状结构，分散介质充斥网状结构缝隙中，不能自由流动，整个网状结构仍具有一定的柔顺性，形成弹性半固体状态的特殊分散系统，这种系统称为**凝胶(gel)**，大分子溶液形成凝胶的过程称为**胶凝(gelation)**。

无论是大分子化合物的胶凝过程还是所形成的凝胶,在生物学及医学上均具有重要意义。

## 一、凝胶的形成和分类

### (一)凝胶的形成

凝胶是一类重要的药物剂型,可以通过分散法和凝聚法进行制备。分散法是通过干凝胶吸收适宜的溶剂后,体积膨胀,粒子分散而形成凝胶;凝聚法则是使大分子溶液或溶胶在适当条件下,分散相粒子相连成网状结构而形成凝胶,即发生胶凝,通常可采取以下措施制备凝胶。

1. 改变温度

温度对胶凝有显著影响。一般情况下,将大分子化合物通过加热溶解于适当的溶剂中,然后降低温度,大分子的溶解度降低析出,由于运动减弱,相互连接后有利于凝胶网状结构的形成。但是羟丙甲基纤维素、伯洛沙姆等大分子化合物的溶液加热发生胶凝,低温反而变成溶液。

2. 转换溶剂

在大分子溶液中加入对分散相溶解度小的溶剂替换原有的溶剂,则系统发生胶凝。如将酒精加入至果胶水溶液中可形成果胶凝胶。

3. 加入电解质

在大分子溶液中加入适量电解质(盐类)也可引起胶凝。其中阴离子起主要作用,盐的浓度较大时,$SO_4^{2-}$ 和 $Cl^-$ 一般加速胶凝,但 $I^-$ 和 $SCN^-$ 阻滞胶凝。

4. 化学反应

利用化学反应可生成不溶物的凝胶,如血纤维蛋白在酶的作用下使血液凝结就是典型的胶凝过程;浓的铝盐溶液和稀氨溶液反应可得到 $Al(OH)_3$ 凝胶。

### (二)凝胶的分类

凝胶根据形态可以分为**刚性凝胶(rigid gel)**和**弹性凝胶(elastic gel)**两类。刚性凝胶是由刚性分散粒子如 $SiO_2$、$TiO_2$、$V_2O_3$、$Fe_2O_3$ 和 $Al_2O_3$ 等无机物颗粒相互交联成网状结构的凝胶,在吸收或脱除溶剂后,其体积无明显变化。刚性凝胶在变成干凝胶后,一般不能再吸收溶剂恢复为原来的凝胶,也称不可逆凝胶。刚性凝胶对溶剂的吸收一般无选择性,只要能润湿凝胶骨架的液体都能被吸收。

弹性凝胶是由柔性线型大分子形成的凝胶,这类凝胶柔软而具有弹性,如明胶、琼脂、橡胶等;它们也称为可逆凝胶,溶剂的吸收或脱除具有可逆性。这类凝胶在脱除大部分溶剂后,外观呈固体状,体积明显收缩。若将此干凝胶放入溶剂中,它会吸收溶剂而体积胀大,重新变回凝胶,该过程可反复进行。干凝胶对溶剂的吸收具有选择性,如橡胶能吸收苯而不能吸收水,明胶只能吸收水而不能吸收苯。

## 二、凝胶的结构和性质

### (一)凝胶的结构

凝胶的三维网状结构有四种类型:① 球形粒子相互串联再搭接成立体网状结构[图 9-12(a)],如 $TiO_2$、$SiO_2$ 凝胶;② 棒状或片状粒子相互支撑构成的网状结构[图 9-12(b)],常见的有 $V_2O_5$、白土凝胶;③ 柔性线型大分子相互交联构成的网状骨架[图 9-12(c)],网架中局部区域的分子间形成有序排列的微晶区,整个网架是微晶区与无定形区相互间隔而构成,常见有明胶、纤维素凝胶;④ 大分子链通过化学键联结而形成的网状结构[图 9-12(d)],如硫化橡胶。

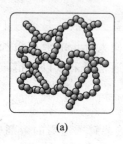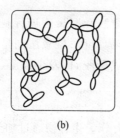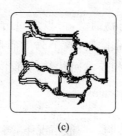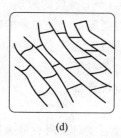

(a)　　　　　　　(b)　　　　　　　(c)　　　　　　　(d)

图 9-12　四种凝胶结构示意图

### (二) 凝胶的性质

凝胶中分散相和分散介质都是连续相,是一种贯穿型网络,特殊结构使它具有以下性质。

**1. 膨胀作用**

**膨胀作用(swelling)**也称溶胀作用,它是弹性凝胶特有的性质,是凝胶吸收液体或蒸气后使自身体积或质量明显增加的现象。

膨胀作用可分为无限膨胀和有限膨胀。若凝胶吸收分散介质使体积胀大,最终网状结构完全解体而溶解成溶液,这种膨胀叫无限膨胀。若凝胶只吸收分散介质,但网状结构并不解体,这种膨胀叫有限膨胀。凝胶膨胀过程可分为两个阶段,第一阶段是溶剂化过程,即溶剂分子迅速进入凝胶中,与凝胶大分子紧密结合形成溶剂化层,使总体积变小,系统放出膨胀热。第二阶段是溶剂分子向凝胶网状结构内部渗透,溶剂化层中的溶剂分子和其外部的溶剂分子之间存在浓度差,于是外部溶剂分子大量渗入凝胶网状结构中,从而产生膨胀压。例如,插入石缝的干木楔能吸水破石,就是因为木质纤维吸水后产生了巨大的膨胀力。

**2. 触变作用**

凝胶在外力作用下网状结构发生解体,线状粒子互相离散,系统出现流动性而成为流体,去掉外力静置一定时间后又逐渐重新交联恢复成凝胶,这种现象称为**触变现象(thixotropy phenomena)**。凝胶网状结构的解体与恢复是可逆的,可反复进行。低浓度的明胶、生物细胞中的原形质、白土凝胶、$Al(OH)_3$、$V_2O_5$ 等凝胶均有明显的触变性。

**3. 离浆作用**

凝胶在放置过程中自动分离出部分液体,自身脱水收缩的现象称为**离浆(synersis)**。离浆的原因在于凝胶网状结构的粒子随放置时间的延长而更加靠近,促使凝胶立体网状骨架收缩并排出部分液体。离浆和物质干燥失水不同,离浆分离出的液体非纯溶剂,而是稀溶胶或含有某些大分子的稀溶液。

弹性凝胶和刚性凝胶都会发生离浆现象,如放在密闭容器中的琼脂凝胶在若干小时后会分离出液体,衰老的皮肤变皱也属离浆现象。弹性凝胶的离浆是膨胀的逆过程,是可逆的(如琼脂凝胶),刚性凝胶的离浆是不可逆的,主要因为凝胶骨架粒子间相互作用力远远大于与液体分子间的作用力,不能吸收液体返回原状,如 $SiO_2$ 等无机凝胶。

4. 凝胶中的扩散与化学反应

凝胶兼具固体和液体的性质,小分子、小离子可在凝胶中扩散,其扩散速率和电导率与在纯液体中基本相同。大分子也可以在凝胶中扩散,但是其扩散较之在液体中的扩散速率明显减慢,因为凝胶网状结构空隙对大分子具有筛分作用,分子越大,扩散速率越慢。如同样的孔径为 5 nm、浓度为 7.5% 的聚丙烯酰胺凝胶,直径为 3.8 nm 的血清蛋白较直径为 18.5 nm 的球形 $\beta$-脂蛋白易通过。利用不同的大分子在凝胶中扩散速率不同的性质,人们可以对大分子进行提纯分离。凝胶色谱和凝胶电泳技术就是根据这一原理建立起来的,已广泛用于蛋白质、维生素、多糖、核酸、激素、酶等物质的分离。

凝胶还可以充当化学反应的介质,若反应生成沉淀物,则沉淀物基本留在原位而难以移动。原因在于凝胶内部的液体被立体网架束缚而相对固定,对流与混合作用难以发生。例如,$K_2Cr_2O_7$ 明胶凝胶放于试管中,在表面上滴上适量 $AgNO_3$ 溶液,几天后可看到橙红色的 $Ag_2Cr_2O_7$ 沉淀沿试管自上而下呈间歇性环状分布,这种现象称为 Lesegang 环(图 9-13)。产生这种现象的原因是当 $AgNO_3$ 溶液向下扩散,和 $K_2Cr_2O_7$ 相遇后反应生成 $Ag_2Cr_2O_7$ 橙红色沉淀。而沉淀的生成必须满足过饱和条件,向上扩散的 $K_2Cr_2O_7$ 继续与 $AgNO_3$ 反应而致第一个 $Ag_2Cr_2O_7$ 环生成,其随后的区域 $K_2Cr_2O_7$ 浓度明显不足,与向下的 $AgNO_3$ 反应,所生成的 $Ag_2Cr_2O_7$ 浓度较低,不足以形成沉淀,因而出现无沉淀的空白区。$AgNO_3$ 通过空白区继续向下扩散,扩散到某一位置时,反应生成的 $Ag_2Cr_2O_7$ 重新达到过饱和又一次生成 $Ag_2Cr_2O_7$ 第二个沉淀环。依此类推,但随着反应物的消耗,环间距增大,环也逐渐变宽、颜色变浅。

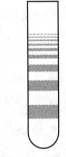

图 9-13 Lesegang 环示意图

# 第七节 大分子化合物在药物制剂中的应用

在药物制剂中,一些具有生理活性的大分子化合物可直接药用,而其他大多数大分子化合物则被广泛用作制剂的辅料及包装材料,下面简单介绍一下大分子化合物在药物制剂中的应用。

## 一、药用大分子化合物

### (一)大分子血浆代用品

明胶、葡萄糖聚合物和羟乙基淀粉等大分子的溶液,它们有维持血管内胶体渗透压及血容量的作用,常作为**血浆代用品(plasma substitute)**。

明胶类大分子是简单的蛋白质,平均相对分子质量 35 000,是第一代血浆代用品,现在常用尿素交联明胶(如 haemaccel)和琥珀酰明胶(如 gelofusine)作为等渗性血浆代用品。第二代血浆代用品为通过 $\alpha$-1,6 糖苷键结合线型大分子而形成的高相对分子质量的葡萄糖大分子化合物——右旋糖酐。目前常用的右旋糖酐血浆代用品是中相对分子质量右旋糖酐(相对分子质量 70 000)和低相对分子质量右旋糖酐(相对分子质量 40 000),其扩充血容量的强度和维持时间依其相对分子质量的增大而逐渐增大,但改善微循环的作用却随其相对分子质量的增大而逐渐减小。羟乙基淀粉类血浆代用品是第三代血浆代用品,常见的有贺斯(HAES)和万汶(Voluve)。还有其他大分子化合物如聚乙烯吡咯烷酮也可作为血浆代用品,但已逐渐退出市场。

**(二) 消毒杀菌剂**

聚维酮-碘(碘伏,PVP-I)是碘元素与聚乙烯吡咯烷酮(PVP)借助氢键和其他引力作用形成的配合物,没有固定的相对分子质量,但其分子结构是一种比较稳固的结构形式,是一种优秀的皮肤消毒剂,对致病菌、真菌和病毒都有良好的杀灭能力,它的构造式见图 9-14。

聚维酮-碘制剂的剂型主要有软膏剂、栓剂、液体制剂、凝胶剂、涂膜剂、贴剂、气雾剂等 20 多种剂型,这些 PVP-I 制剂被广泛地应用于各种皮肤和黏膜消毒、感染的预防。

图 9-14　聚维酮-碘构造式

**(三) 大分子抗肿瘤药物**

许多肿瘤表面带有比正常细胞更多的负电荷,阳离子型大分子化合物如聚乙亚胺、聚-L-赖氨酸能直接中和肿瘤表面的负电荷,导致细胞凝集从而显示细胞毒性,这类大分子可直接作为抗肿瘤活性药物。另外,阳离子型大分子化合物(如聚乙亚胺、聚-L-赖氨酸和聚-L-精氨酸)和阴离子型大分子化合物(如聚马来酸、聚丙烯酸、聚核酸、聚联苯酸酯)还能活化免疫系统,使机体自身发挥抗肿瘤作用。

## 二、大分子化合物作为药物载体

将大分子化合物作为药物载体是改善药物性质的最有效的方法之一。大分子药物载体本身没有药理作用,也不与药物发生化学反应,但与药物连接后能改善药物的性质。通常载体有以下作用:提高药物的选择性、增加药物的作用时间、降低小分子药物的毒性、克服药剂构型中所遇到的困难问题和将药物输送到体内确定的部位(靶位)。药物释放后,大分子载体在体内不会长时间积累,可排出或水解后被吸收。

常用的大分子药物载体的天然大分子化合物主要有胶原、阿拉伯树胶、海藻酸盐、蛋白类、淀粉衍生物、壳聚糖和源于蚕丝的丝素蛋白,它们均具有稳定、无毒的特点。半合成大分子药物载体有羧甲基纤维素、邻苯二甲酸纤维素、甲基纤维素、乙基纤维素、羟丙甲纤维素、丁酸醋酸纤维素、琥珀酸醋酸纤维素等。合成的大分子化合物如聚乙二醇(PEG)、N-(2-羟丙基)甲基丙烯酰胺(HPMA)、乳酸-羟基乙酸聚合物(PLGA)也被广泛应用于药物修饰。

## 三、缓控释制剂中常用的大分子化合物

大分子化合物可以作为**阻滞剂(retardants)** 控制药物释放速度,使药物在体内发挥长效作用或在预定时间内自动以预定速度释放。常见的大分子阻滞材料有:(1) 溶蚀性骨架材料,如蜂蜡、巴西棕榈蜡、聚合磷酸酯、单硬脂酸甘油酯等;(2) 亲水性骨架材料,如甲基纤维素(MC)、羧甲基纤维素钠(CMC-Na)、羟丙基甲基纤维素(HPMC)、聚维酮(PVP)、卡波姆、海藻酸盐、壳聚糖等;(3) 不溶性骨架材料,如无毒聚氯乙烯、聚乙烯、甲基丙烯酸树脂。常见的包衣膜阻滞材料有乙基纤维素、纤维醋法酯、羟丙甲纤维素肽酸酯等;常用的增黏阻滞材料有羧甲基纤维素(CMC)、聚维酮(PVP)、明胶、右旋糖酐等。

大分子化合物除了上述应用,还有很多用途,如磁性聚丁腈丙烯酯(PIBCA)可使抗癌药物实现定向给药、离子交换树脂可掩盖药物的不良味道等(见表9-6)。

表9-6 常见的大分子化合物在药物制剂中的用途

| 大分子化合物 | 用途 |
|---|---|
| 聚乙二醇(PEG) | 溶剂、基质骨架、致孔剂、黏合剂、渗透促进剂、包装材料 |
| 聚乙烯醇(PVA) | 致孔剂、成膜剂、增稠增黏剂 |
| 聚乙烯(PE) | 基质骨架、成膜剂、增黏增稠剂、防黏剂、包装材料 |
| 聚维酮(PVP) | 基质骨架、致孔剂、黏合剂、崩解剂、增黏增稠剂、成膜剂 |
| 甲基纤维素(MC) | 助悬剂、基质骨架、黏合剂、增黏增稠剂、成膜剂 |
| 乙基纤维素(EC) | 溶剂、基质骨架、黏合剂、阻滞剂、成膜剂、包装材料 |
| 羧甲基纤维素钠(CMC-Na) | 助悬剂、基质骨架、黏合剂、增黏增稠剂、崩解剂 |
| 羟丙基甲基纤维素(HPMC) | 助悬剂、基质骨架、黏合剂、增塑剂 |
| 卡波姆(CBM) | 助悬剂、基质骨架、成膜剂、增黏增稠剂 |
| 聚氯乙烯(PVC) | 基质骨架、成膜剂 |

# 参 考 文 献

[1] 傅献彩,沈文霞,姚天扬,等.物理化学(下册).5版.北京:高等教育出版社,2006.

[2] 王思玲,苏德森.胶体分散药物制剂.北京:人民卫生出版社,2006.

[3] 蔡炳新.基础物理化学.2版.北京:科学出版社,2006.

[4] 詹先成.物理化学.5版.北京:高等教育出版社,2008.

[5] 崔黎丽,刘毅敏.物理化学.北京:科学出版社,2011.

[6] 侯新朴.物理化学.6版.北京:人民卫生出版社,2007.

[7] 黄海燕.缓控释制剂研究进展.西昌学院学报,2008,22(2):57-59.

[8] 张美芳,王燕.血液流变学在疾病诊断预防中的应用价值.检验医学与临床,2009,11(21):1870-1871.

[9] 李方园,姜永莉,成颖.PLGA纳米粒抗肿瘤药物载体的研究进展.西北药学杂志,2013,28(6):656-659.

[10] 巴建波,刘玉明,殷明,等.聚维酮碘特性及其制剂研究进展.中国消毒学杂志.2010,27(1):67-69.

[11] Atkins P, de Paula J. 物理化学.7版(影印版).北京:高等教育出版社,2006.

# 习 题

1. 试述大分子的柔顺性及大分子的柔顺性影响因素。
2. 大分子平均摩尔质量的表示方法有哪些?这些量之间有何关系?
3. 大分子的溶解特征是什么?大分子的溶剂选择有哪些原则?

4. 大分子溶液和溶胶有什么异同?

5. 什么是大分子溶液的流变性? 几种常见的流变曲线有什么特点?

6. 试述 Donnan 平衡对测定大分子电解质溶液的渗透压的影响。产生的原因是什么?

7. 蛋白质溶液不在等电点时,如何用渗透压法较准确测定它的平均摩尔质量?

8. 凝胶的网状结构有哪几种类型? 凝胶有哪些重要性质?

9. 某血浆代用品中含有平均摩尔质量 $M_1 = 10^4$ g·mol$^{-1}$ 的大分子 5 mol,$M_2 = 2.5 \times 10^4$ g 的大分子 7 mol,$M_3 = 6 \times 10^4$ g·mol$^{-1}$ 的大分子 70 mol,$M_4 = 7 \times 10^4$ g·mol$^{-1}$ 的大分子 10 mol,$M_5 = 7.5 \times 10^4$ g·mol$^{-1}$ 的大分子 8 mol,计算并比较数均摩尔质量、质均摩尔质量、$z$ 均摩尔质量的大小。

10. 某果胶样品物质的量为 12 mol,是由相对分子质量 $3 \times 10^4$ g·mol$^{-1}$ 和 $1 \times 10^5$ g·mol$^{-1}$ 两种分子组成,它们的物质的量之比为 1:2,试计算该样品的质均摩尔质量和数均摩尔质量比。

11. 298 K 时,半透膜内某蛋白质的钠盐 NaP 水溶液浓度为 0.02 mol·L$^{-1}$,膜外加入浓度为 0.1 mol·L$^{-1}$ 的 NaCl 溶液,试问平衡后膜两侧的溶液中离子浓度和渗透压。

12. 半透膜内放置羧甲基纤维素钠溶液,其浓度为 $1.28 \times 10^{-3}$ mol·L$^{-1}$,膜外放置苄基青霉素钠盐溶液。Donnan 平衡时,测得膜内苄基青霉素离子浓度为 $28 \times 10^{-3}$ mol·L$^{-1}$,求膜内外青霉素离子的浓度比。

# 附　录

## 一、部分物质的热力学数据表

物质的标准摩尔生成焓、标准摩尔熵、标准摩尔生成 Gibbs 自由能及标准摩尔定压热容
（$p^{\ominus}=100$ kPa，$T=298.15$ K）

| 物质 | $\dfrac{\Delta_{\mathrm{f}} H_{\mathrm{m}}^{\ominus}}{\mathrm{kJ \cdot mol^{-1}}}$ | $\dfrac{S_{\mathrm{m}}^{\ominus}}{\mathrm{J \cdot K^{-1} \cdot mol^{-1}}}$ | $\dfrac{\Delta_{\mathrm{f}} G_{\mathrm{m}}^{\ominus}}{\mathrm{kJ \cdot mol^{-1}}}$ | $\dfrac{C_{p,\mathrm{m}}^{\ominus}}{\mathrm{J \cdot K^{-1} \cdot mol^{-1}}}$ |
|---|---|---|---|---|
| Ag(s) | 0 | 42.55 | 0 | 25.351 |
| AgBr(s) | −100.37 | 107.1 | −96.90 | 52.38 |
| AgCl(s) | −127.068 | 96.2 | −109.787 | 50.79 |
| AgI(s) | −61.84 | 115.5 | −66.19 | 56.82 |
| Br$_2$(l) | 0 | 152.231 | 0 | 75.689 |
| Br$_2$(g) | 30.907 | 245.463 | 3.110 | 36.02 |
| C(s,石墨) | 0 | 5.740 | 0 | 8.527 |
| C(s,金刚石) | 1.895 | 2.377 | 2.900 | 6.113 |
| CO(g) | −110.525 | 197.674 | −137.168 | 29.142 |
| CO$_2$(g) | −393.509 | 213.74 | −394.359 | 37.11 |
| CaCO$_3$(s) | −1 206.92 | 92.9 | −1 128.79 | 81.88 |
| CaO(s) | −635.09 | 39.75 | −604.03 | 42.80 |
| Cl$_2$(g) | 0 | 223.066 | 0 | 33.907 |
| F$_2$(g) | 0 | 202.78 | 0 | 31.03 |
| H$_2$(g) | 0 | 130.684 | 0 | 28.824 |
| HBr(g) | −36.40 | 198.695 | −53.45 | 29.142 |
| HCl(g) | −92.307 | 186.908 | −95.299 | 29.12 |
| HF(g) | −271.1 | 173.779 | −273.2 | 29.12 |
| HI(g) | 26.48 | 206.594 | 1.70 | 29.158 |
| H$_2$O(l) | −285.830 | 69.91 | −237.129 | 75.291 |
| H$_2$O(g) | −241.818 | 188.825 | −228.572 | 33.577 |
| H$_2$SO$_4$(l) | −813.989 | 156.904 | −690.003 | 138.91 |
| I$_2$(s) | 0 | 116.135 | 0 | 54.438 |
| I$_2$(g) | 62.438 | 260.69 | 19.327 | 36.90 |
| KCl(s) | −436.747 | 82.59 | −409.14 | 51.30 |

| 物质 | $\dfrac{\Delta_f H_m^{\ominus}}{kJ \cdot mol^{-1}}$ | $\dfrac{S_m^{\ominus}}{J \cdot K^{-1} \cdot mol^{-1}}$ | $\dfrac{\Delta_f G_m^{\ominus}}{kJ \cdot mol^{-1}}$ | $\dfrac{C_{p,m}^{\ominus}}{J \cdot K^{-1} \cdot mol^{-1}}$ |
|---|---|---|---|---|
| KI(s) | −327.900 | 106.32 | −324.892 | 52.93 |
| $N_2$(g) | 0 | 191.61 | 0 | 29.12 |
| $NH_3$(g) | −46.11 | 192.45 | −16.45 | 35.06 |
| $NH_4Cl$(s) | −314.43 | 94.6 | −202.87 | 84.1 |
| NaCl(s) | −411.153 | 72.13 | −384.138 | 50.50 |
| $NaNO_3$(s) | −467.85 | 116.52 | −367.00 | 92.88 |
| NaOH(s) | −425.609 | 64.455 | −379.494 | 59.54 |
| $O_2$(g) | 0 | 205.138 | 0 | 29.355 |
| $SO_2$(g) | −296.830 | 248.22 | −300.194 | 39.87 |
| $SO_3$(g) | −395.72 | 256.76 | −371.06 | 50.67 |
| ZnO(s) | −348.28 | 43.64 | −318.30 | 40.25 |
| $CH_4$(g)甲烷 | −74.81 | 186.264 | −50.72 | 35.309 |
| $C_2H_6$(g)乙烷 | −84.68 | 229.60 | −32.82 | 52.63 |
| $C_3H_8$(g)丙烷 | −103.85 | 270.02 | −23.37 | 73.51 |
| $C_4H_{10}$(g)正丁烷 | −126.15 | 310.23 | −17.02 | 97.45 |
| $C_4H_{10}$(g)异丁烷 | −134.52 | 294.75 | −20.75 | 96.82 |
| $C_5H_{12}$(g)正戊烷 | −146.44 | 349.06 | −8.21 | 120.21 |
| $C_5H_{12}$(g)异戊烷 | −154.47 | 343.20 | −14.65 | 118.78 |
| $C_2H_4$(g)乙烯 | 52.26 | 219.56 | 68.15 | 43.56 |
| $C_3H_6$(g)丙烯 | 20.42 | 267.05 | 62.79 | 63.89 |
| $C_2H_2$(g)乙炔 | 226.73 | 200.94 | 209.20 | 43.93 |
| $C_3H_4$(g)丙炔 | 185.43 | 248.22 | 194.46 | 60.67 |
| $C_3H_6$(g)环丙烷 | 53.30 | 237.55 | 104.46 | 55.94 |
| $C_6H_6$(l)苯 | 49.04 | 173.26 | 124.45 | 135.77 |
| $C_6H_6$(g)苯 | 82.93 | 269.31 | 129.73 | 81.67 |
| $C_7H_8$(l)甲苯 | 12.01 | 220.96 | 113.89 | 157.11 |
| $C_7H_8$(g)甲苯 | 50.00 | 320.77 | 122.11 | 103.64 |
| $C_2H_6O$(g)甲醚 | −184.05 | 266.38 | −112.59 | 64.39 |
| $C_4H_{10}O$(l)乙醚 | −279.5 | 253.1 | −122.75 | |
| $C_4H_{10}O$(g)乙醚 | −252.21 | 342.78 | −112.19 | 122.51 |
| $CH_4O$(l)甲醇 | −238.66 | 126.8 | −166.27 | 81.6 |

续表

| 物质 | $\dfrac{\Delta_f H_m^{\ominus}}{kJ \cdot mol^{-1}}$ | $\dfrac{S_m^{\ominus}}{J \cdot K^{-1} \cdot mol^{-1}}$ | $\dfrac{\Delta_f G_m^{\ominus}}{kJ \cdot mol^{-1}}$ | $\dfrac{C_{p,m}^{\ominus}}{J \cdot K^{-1} \cdot mol^{-1}}$ |
|---|---|---|---|---|
| $CH_4O(g)$ 甲醇 | −200.66 | 239.81 | −161.96 | 43.89 |
| $C_2H_6O(l)$ 乙醇 | −277.69 | 160.7 | −174.78 | 111.46 |
| $C_2H_6O(g)$ 乙醇 | −235.10 | 282.70 | −168.49 | 65.44 |
| $CH_2O(g)$ 甲醛 | −108.57 | 218.77 | −102.53 | 35.40 |
| $C_2H_4O(l)$ 乙醛 | −192.30 | 160.2 | −128.12 | |
| $C_2H_4O(g)$ 乙醛 | −166.19 | 250.3 | −128.86 | 54.64 |
| $CH_2O_2(l)$ 甲酸 | −424.72 | 128.95 | −361.35 | 99.04 |
| $C_2H_4O_2(l)$ 乙酸 | −484.5 | 159.8 | −389.9 | 124.3 |
| $C_2H_4O_2(g)$ 乙酸 | −432.25 | 282.5 | −374.0 | 66.53 |
| $C_7H_6O_2(s)$ 苯甲酸 | −385.14 | 167.57 | −245.14 | 155.2 |
| $C_7H_6O_2(g)$ 苯甲酸 | −290.20 | 369.10 | −210.31 | 103.47 |
| $C_4H_8O_2(l)$ 乙酸乙酯 | −479.03 | 259.4 | −332.55 | |
| $C_4H_8O_2(g)$ 乙酸乙酯 | −442.92 | 362.86 | −327.27 | 113.64 |
| $C_6H_6O(s)$ 苯酚 | −165.02 | 144.01 | −50.31 | |
| $C_6H_6O(g)$ 苯酚 | −96.36 | 315.71 | −32.81 | 103.55 |
| $C_5H_5N(l)$ 吡啶 | 100.0 | 177.90 | 181.43 | |
| $C_5H_5N(g)$ 吡啶 | 140.16 | 282.91 | 190.27 | 78.12 |
| $CF_4(g)$ 四氟化碳 | −925 | 261.61 | −879 | 61.09 |
| $CHCl_3(l)$ 氯仿 | −134.47 | 201.7 | −73.66 | 113.8 |
| $CHCl_3(g)$ 氯仿 | −103.14 | 295.71 | −70.34 | 65.69 |
| $CCl_4(l)$ 四氯化碳 | −135.44 | 216.40 | −65.21 | 131.75 |
| $CCl_4(g)$ 四氯化碳 | −102.9 | 309.85 | −60.59 | 83.30 |
| $C_6H_5Cl(l)$ 氯苯 | 10.79 | 209.2 | 89.30 | |
| $C_6H_5Cl(g)$ 氯苯 | 51.84 | 313.58 | 99.23 | 98.03 |

## 二、部分有机化合物的标准摩尔燃烧焓

($p^{\ominus} = 100$ kPa, $T = 298.15$ K)

| 物质 | | $\dfrac{-\Delta_c H_m^{\ominus}}{kJ \cdot mol^{-1}}$ | 物质 | | $\dfrac{-\Delta_c H_m^{\ominus}}{kJ \cdot mol^{-1}}$ |
|---|---|---|---|---|---|
| $CH_4(g)$ | 甲烷 | 890.31 | $C_3H_8(g)$ | 丙烷 | 2 219.9 |
| $C_2H_6(g)$ | 乙烷 | 1 559.8 | $C_3H_6(g)$ | 环丙烷 | 2 091.5 |

续表

| 物质 | | $\dfrac{-\Delta_c H_m^\ominus}{kJ \cdot mol^{-1}}$ | 物质 | | $\dfrac{-\Delta_c H_m^\ominus}{kJ \cdot mol^{-1}}$ |
|---|---|---|---|---|---|
| $C_4H_8(l)$ | 环丁烷 | 2 091.5 | $(CH_3CO)_2O(l)$ | 乙酸酐 | 1 806.2 |
| $C_5H_{12}(g)$ | 正戊烷 | 3 536.1 | $HCHO(g)$ | 甲醛 | 570.78 |
| $C_5H_{12}(l)$ | 正戊烷 | 3 509.5 | $CH_3CHO(l)$ | 乙醛 | 1 166.4 |
| $C_5H_{10}(l)$ | 环戊烷 | 3 290.0 | $C_3H_6O(l)$ | 丙醛 | 1 816.3 |
| $C_6H_{14}(l)$ | 正己烷 | 4 163.1 | $C_6H_5CHO(l)$ | 苯甲酮 | 3 527.9 |
| $C_6H_{12}(l)$ | 环己烷 | 3 919.9 | $CH_3COC_2H_5(l)$ | 甲乙酮 | 2 444.2 |
| $C_2H_4(g)$ | 乙烯 | 1 411.0 | $C_6H_5COCH_3(l)$ | 苯甲酮 | 4 148.9 |
| $C_2H_2(g)$ | 乙炔 | 1 299.6 | $(CH_3)_2CO(l)$ | 丙酮 | 1 790.4 |
| $CH_3OH(l)$ | 甲醇 | 726.51 | $(C_2H_5)_2O(l)$ | 二乙醚 | 2 751.1 |
| $C_2H_5OH(l)$ | 乙醇 | 1 366.8 | $CH_3OC_2H_5(g)$ | 甲乙醚 | 2 107.4 |
| $C_3H_7OH(l)$ | 正丙醇 | 2 019.8 | $CH_3NH_2(l)$ | 甲胺 | 1 060.6 |
| $C_4H_9OH(l)$ | 正丁醇 | 2 675.8 | $C_2H_5NH_2(l)$ | 乙胺 | 1 713.3 |
| $HCOOH(l)$ | 甲酸 | 254.6 | $HCOOCH_3(l)$ | 甲酸甲酯 | 979.5 |
| $CH_3COOH(l)$ | 乙酸 | 874.5 | $C_6H_5COOCH_3(l)$ | 苯甲酸甲酯 | 3 957.6 |
| $C_3H_6O_2(l)$ | 丙酸 | 1 527.3 | $C_6H_6(l)$ | 苯 | 3 267.5 |
| $CH_2(CHHO)_2(s)$ | 丙二酸 | 861.15 | $C_6H_5OH(s)$ | 苯酚 | 3 053.5 |
| $C_3H_7COOH(l)$ | 正丁酸 | 2 183.5 | $C_{12}H_{22}O_{11}(s)$ | 蔗糖 | 5 640.9 |
| $(CH_2COOH)_2(s)$ | 丁二酸 | 1 491.0 | $C_{10}H_8(s)$ | 萘 | 5 153.9 |
| $C_7H_6O_2(s)$ | 苯甲酸 | 3 226.9 | $C_6H_5N(l)$ | 吡啶 | 2 782.4 |
| $C_6H_4(COOH)_2(s)$ | 邻苯二甲酸 | 3 223.5 | $(NH_2)_2CO(s)$ | 尿素 | 631.66 |

## 三、部分电极的标准电极电势

一些电极的标准电极电势(298.15 K,水溶液)

| 电极 | 电极反应 | $\varphi^\ominus/V$ |
|---|---|---|
| $Li^+/Li$ | $Li^+ + e^- \Longrightarrow Li$ | -3.045 |
| $K^+/K$ | $K^+ + e^- \Longrightarrow K$ | -2.924 |
| $Ba^{2+}/Ba$ | $Ba^{2+} + 2e^- \Longrightarrow Ba$ | -2.906 |
| $Ca^{2+}/Ca$ | $Ca^{2+} + 2e^- \Longrightarrow Ca$ | -2.866 |
| $Na^+/Na$ | $Na^+ + e^- \Longrightarrow Na$ | -2.714 |
| $Mg^{2+}/Mg$ | $Mg^{2+} + 2e^- \Longrightarrow Mg$ | -2.363 |
| $Mn^{2+}/Mn$ | $Mn^{2+} + 2e^- \Longrightarrow Mn$ | -1.180 |
| $OH^-/H_2,Pt$ | $2H_2O + 2e^- \Longrightarrow H_2 + 2OH^-$ | -0.828 |
| $Zn^{2+}/Zn$ | $Zn^{2+} + 2e^- \Longrightarrow Zn$ | -0.762 8 |

续表

| 电极 | 电极反应 | $\varphi^{\ominus}/V$ |
|---|---|---|
| $Cr^{3+}/Cr$ | $Cr^{3+}+3e^-\Longleftrightarrow Cr$ | $-0.744$ |
| $SbO_2^-/Sb$ | $SbO_2^-+2H_2O+3e^-\Longleftrightarrow Sb+4OH^-$ | $-0.67$ |
| $Fe^{2+}/Fe$ | $Fe^{2+}+2e^-\Longleftrightarrow Fe$ | $-0.440\ 2$ |
| $Cr^{3+},Cr^{2+}/Pt$ | $Cr^{3+}+e^-\Longleftrightarrow Cr^{2+}$ | $-0.408$ |
| $Cd^{2+}/Cd$ | $Cd^{2+}+2e^-\Longleftrightarrow Cd$ | $-0.402\ 9$ |
| $Cd^{2+}/Cd(Hg)$ | $Cd^{2+}+2e^-\Longleftrightarrow Cd(Hg)$ | $-0.352\ 1$ |
| $Co^{2+}/Co$ | $Co^{2+}+2e^-\Longleftrightarrow Co$ | $-0.277$ |
| $Ni^{2+}/Ni$ | $Ni^{2+}+2e^-\Longleftrightarrow Ni$ | $-0.250$ |
| $I^-/AgI,Ag$ | $AgI+e^-\Longleftrightarrow Ag+I^-$ | $-0.152$ |
| $Sn^{2+}/Sn$ | $Sn^{2+}+2e^-\Longleftrightarrow Sn$ | $-0.136$ |
| $Pb^{2+}/Pb$ | $Pb^{2+}+2e^-\Longleftrightarrow Pb$ | $-0.126$ |
| $Fe^{3+}/Fe$ | $Fe^{3+}+3e^-\Longleftrightarrow Fe$ | $-0.036$ |
| $H^+/H_2,Pt$ | $2H^++2e^-\Longleftrightarrow H_2$ | $\pm0.000$ |
| $Br^-/AgBr,Ag$ | $AgBr+e^-\Longleftrightarrow Ag+Br^-$ | $+0.071\ 03$ |
| $Sn^{4+},Sn^{2+}/Pt$ | $Sn^{4+}+2e^-\Longleftrightarrow Sn^{2+}$ | $+0.15$ |
| $Cu^{2+},Cu^+/Pt$ | $Cu^{2+}+e^-\Longleftrightarrow Cu^+$ | $+0.153$ |
| $Cl^-/AgCl,Ag$ | $AgCl+e^-\Longleftrightarrow Ag+Cl^-$ | $+0.222\ 4$ |
| $Cl^-/Hg_2Cl_2,Hg$ | $Hg_2Cl_2+2e^-\Longleftrightarrow 2Hg+2Cl^-$ | $+0.268\ 2$ |
| $Cu^{2+}/Cu$ | $Cu^{2+}+2e^-\Longleftrightarrow Cu$ | $+0.337$ |
| $OH^-/Ag_2O,Ag$ | $Ag_2O+H_2O+2e^-\Longleftrightarrow 2Ag+2OH^-$ | $+0.344$ |
| $OH^-/O_2,Pt$ | $1/2O_2+H_2O+2e^-\Longleftrightarrow 2OH^-$ | $+0.401$ |
| $Cu^+/Cu$ | $Cu^++e^-\Longleftrightarrow Cu$ | $+0.521$ |
| $I^-/I_2,Pt$ | $I_2+2e^-\Longleftrightarrow 2I^-$ | $+0.535\ 5$ |
| $MnO_4^-,MnO_4^{2-}/Pt$ | $MnO_4^-+e^-\Longleftrightarrow MnO_4^{2-}$ | $+0.564$ |
| $H^+,醌,氢醌/Pt$ | $C_6H_4O_2+2H^++2e^-\Longleftrightarrow C_6H_4(OH)_2$ | $+0.699\ 3$ |
| $Fe^{3+}/Fe^{2+}$ | $Fe^{3+}+e^-\Longleftrightarrow Fe^{2+}$ | $+0.771$ |
| $Hg_2^{2+}/Hg$ | $Hg_2^{2+}+2e^-\Longleftrightarrow 2Hg$ | $+0.788$ |
| $Ag^+/Ag$ | $Ag^++e^-\Longleftrightarrow Ag$ | $+0.799\ 1$ |
| $Hg^{2+}/Hg$ | $Hg^{2+}+2e^-\Longleftrightarrow Hg$ | $+0.854$ |
| $Hg^{2+},Hg^+/Pt$ | $Hg^{2+}+e^-\Longleftrightarrow Hg^+$ | $+0.91$ |
| $Pd^{2+}/Pd$ | $Pd^{2+}+2e^-\Longleftrightarrow Pd$ | $+0.987$ |
| $Br^-,Br_2/Pt$ | $Br_2+2e^-\Longleftrightarrow 2Br^-$ | $+1.065\ 2$ |
| $Pt^{2+}/Pt$ | $Pt^{2+}+2e^-\Longleftrightarrow Pt$ | $+1.2$ |
| $H^+/O_2,Pt$ | $O_2+4H^++4e^-\Longleftrightarrow 2H_2O$ | $+1.229$ |
| $Mn^{2+},H^+/MnO_2,Pt$ | $MnO_2+4H^++2e^-\Longleftrightarrow Mn^{2+}+2H_2O$ | $+1.23$ |
| $Cr^{3+},Cr_2O_7^{2-},H^+/Pt$ | $Cr_2O_7^{2-}+14H^++6e^-\Longleftrightarrow 2Cr^{3+}+7H_2O$ | $+1.33$ |
| $Cl^-/Cl_2,Pt$ | $Cl_2+2e^-\Longleftrightarrow 2Cl^-$ | $+1.359\ 5$ |
| $Pb^{2+},H^+/PbO_2,Pt$ | $PbO_2+4H^++2e^-\Longleftrightarrow Pb^{2+}+H_2O$ | $+1.455$ |
| $Au^{3+}/Au$ | $Au^{3+}+3e^-\Longleftrightarrow Au$ | $+1.498$ |

续表

| 电极 | 电极反应 | $\varphi^{\ominus}/V$ |
|---|---|---|
| $MnO_4^-,H^+/MnO_2,Pt$ | $MnO_4^-+4H^++3e^-\rightleftharpoons MnO_2+2H_2O$ | $+1.695$ |
| $Ce^{4+},Ce^{3+}/Pt$ | $Ce^{4+}+e^-\rightleftharpoons Ce^{3+}$ | $+1.61$ |
| $SO_4^{2-},H^+/PbSO_4\cdot PbO_2$ | $PbO_2+SO_4^{2-}+4H^++2e^-\rightleftharpoons PbSO_4+2H_2O$ | $+1.682$ |
| $Au^+/Au$ | $Au^++e^-\rightleftharpoons Au$ | $+1.691$ |
| $S_2O_8^{2-},SO_4^{2-}/Pt$ | $S_2O_8^{2-}+2e^-\rightleftharpoons 2SO_4^{2-}$ | $+2.05$ |
| $F^-/F_2,Pt$ | $F_2+2e^-\rightleftharpoons 2F^-$ | $+2.87$ |

## 四、一些生物系统的标准电极电势(298.15 K,pH=7.00)

| 氧化态 | 还原态 | $\varphi^{\ominus}/V$ |
|---|---|---|
| 琥珀酸 | $\alpha$-酮戊二酸 | $-0.68$ |
| 乙酸 | 乙醛 | $-0.60$ |
| 铁氧还蛋白-$Fe^{3+}$ | 铁氧还蛋白-$Fe^{2+}$ | $-0.42$ |
| $H^+$ | $H_2$ | $-0.414$ |
| $NADP^+$ | NADPH | $-0.324$ |
| $NAD^+$ | NADH | $-0.32$ |
| FAD | $FADH_2$ | $-0.22$ |
| 核黄素 | 氢化核黄素 | $-0.219$ |
| 丙酮酸 | 乳酸 | $-0.19$ |
| 草酰乙酸盐 | 苹果酸盐 | $-0.166$ |
| 延胡索酸盐 | 琥珀酸盐 | $+0.03$ |
| 去氢抗坏血酸 | 抗坏血酸 | $+0.08$ |
| 肌红蛋白-$Fe^{3+}$ | 肌红蛋白-$Fe^{2+}$ | $+0.046$ |
| 血红蛋白-$Fe^{3+}$ | 血红蛋白-$Fe^{2+}$ | $+0.17$ |
| 氧化细胞色素 C | 细胞色素 C | $+0.26$ |

# 汉 英 索 引

过饱和溶液　supersaturated solution　192
过饱和蒸气　supersaturated vapor　190
过程　process　6
过渡态　transition state　165
过渡态理论　transition state theory　165
过冷液体　supercooled liquid　191
过热液体　superheated liquid　191

**H**

焓　enthalpy　12
恒沸点　azeotropic point　93
恒沸混合物　azeotropic mixture　93
化学动力学　chemical kinetics　140
化学反应等温式　chemical reaction isotherm　63
化学反应速率　chemical reaction rate　140
化学平衡　chemical equilibrium　5
化学平衡条件　chemical-equilibrium condition　61
化学热力学　chemical thermodynamics　4
化学势　chemical potential　53
化学吸附　chemical adsorption　212
环境　surrounding　4
会溶温度　consolute temperature　96
活度　activity　57
活度因子　activity coefficient　57
活化络合物　activated complex　165
活化络合物理论　activated complex theory　165
活化能　activation energy　151

**J**

积分法　integration method　149
基元反应　elementary reaction　141
极限摩尔电导率　limiting molar conductivity　114
假塑性流体　pseudoplastic fluid　262
胶核　colloidal nucleus　240
胶粒　colloidal particle　240
胶凝　gelation　266
胶束　micelle　204
胶体　colloid　223
胶体化学　colloidal chemistry　223
胶团　colloidal micell　204,240
接触角　elementary reaction　194
介观系统　mesoscopic system　229
界面　interface　181

界面张力　interfacial tension　183
紧密层　contact layer　127
浸湿　immersional wetting　193
净化　purification　227
聚沉　coagulation　243
聚沉值　coagulation value　243
绝对反应速率理论　absolute rate theory　165
绝热过程　adiabatic process　6
均相催化　homogeneous catalysis　171

**K**

可逆电池　reversible cell　121
可逆反应　reversible reaction　154
可逆过程　reversible process　11
可逆相变　reversible transformation　18
空间因子　steric factor　165
扩散　diffusion　234
扩散层　diffusion layer　127

**L**

冷冻干燥　freeze drying　89
离浆　synersis　268
离子导体　ionic conductor　110
离子的电迁移　electromigration of ions　111
离子独立运动定律　law of independent migration of ions　115
离子平均活度　mean activity of ions　118
离子平均活度因子　mean activity coefficient of ions　118
离子平均质量摩尔浓度　mean molality of ions　119
离子强度　ionic strength　120
力平衡　force equilibrium　5
连续反应　consecutive reaction　157
链传递　chain propagation　161
链段　chain segment　254
链反应　chain reaction　161
链引发　chain initiation　161
链终止　chain termination　161
两亲分子　amphiphile　200
量子产率　quantum yield　178
量子效率　quantum efficiency　178
临界胶束浓度　critical micele concentration　204

临界聚沉浓度 critical coagulation concentration 243

零级反应 zero order reaction 147

流变性 rheology 259

流动电势 streaming potential 238

笼效应 cage effect 169

露点 dew point 91

## M

毛细现象 capillary phenomenon 187

酶 enzyme 175

膜天平 membrane balance 208

摩尔电导率 molar conductivity 113

摩尔定容热容 molar isochoric heat capacity 13

摩尔定压热容 molar isobaric heat capacity 13

摩尔热容 molar heat capacity 12

## N

囊泡 vesicle 210

内相 inner phase 245

黏度 viscosity 259

黏均摩尔质量 viscosity average molar weight 255

凝胶 gel 266

浓差超电势 concentration overpotential 136

浓差极化 concentration polarization 136

## O

耦合反应 coupling reaction 77

耦合物质 coupling substance 77

## P

泡点 bubbling point 91

泡沫 foam 207,249

膨胀作用 swelling 268

碰撞理论 collision theory 163

碰撞频率 collision frequency 163

偏摩尔量 partial molar quantity 51

平衡态近似 equilibrium state approximation 160

平行反应 paralled reaction 156

铺展 spreading 192

铺展润湿 spreading wetting 193

铺展系数 spreading coefficient 192

## Q

起泡剂 foaming agent 207,250

起泡作用 foaming action 207

气溶胶 aerosol 224

迁移数 transference number 112

强度性质 intensive properties 5

切力 shearing force 260

切应力 shearing force 260

亲水亲油平衡值 hydrophile and lipophile balance value 202

亲液溶胶 lyophilic sol 224

去润湿作用 reverse wetting action 206

## R

燃烧焓 enthalpy of combustion 23

热 heat 6

热化学 thermochemistry 20

热化学方程式 thermochemical equation 21

热机 heat engine 30

热机效率 efficiency of heat engine 30

热力学 thermodynamics 4

热力学变量 thermodynamic variables 5

热力学第二定律 the second law of thermodynamics 29

热力学第三定律 the third law of thermodynamics 41

热力学第一定律 the first law of thermodynamics 8

热力学能 thermodynamic energy 8

热力学平衡常数 thermodynamic equilibrium constant 64

热力学平衡态 thermodynamic equilibrium state 5

热平衡 thermal equilibrium 5

热容 heat capacity 12

溶度参数 solubility parameter 257

溶剂化 solvation 258

溶胶 sol 223

溶胀 swelling 256

溶致液晶 lyotropic liquid crystal 211

柔顺性 flexibility 253

乳化 emulsify 245

乳化剂 emulsifying agent 207,246